New Materials for 6G Applications

Next Generation Materials Informatics

6G应用中的新材料

下一代材料信息学

朱宏伟 等 ——著

人民邮电出版社

北京

图书在版编目（CIP）数据

6G应用中的新材料 ： 下一代材料信息学 / 朱宏伟等著. -- 北京 ： 人民邮电出版社, 2025. -- ISBN 978-7-115-66293-4

Ⅰ. TB3

中国国家版本馆CIP数据核字第20251F21B0号

内 容 提 要

本书深入剖析6G应用面临的问题和挑战，全面探讨6G应用各环节所涉及的新材料。书中详细介绍新型频谱通信材料、第三代半导体材料、新型光电/热电/铁电材料、智能传感材料、电磁防护与热管理材料及材料信息学等内容。作者团队还结合自身在电子信息新材料领域的研究成果及国内外最新科研动态，对6G应用中新材料的发展趋势进行展望。

本书不仅详尽地介绍了基础知识，还总结了专业应用技术，旨在为信息材料与技术等相关专业的学生、研究人员和工程师提供实用的指南。对于对新材料感兴趣的非专业读者，本书也是极佳的入门读物。

◆ 著　　　朱宏伟　等
责任编辑　林舒媛
责任印制　王　郁　胡　南

◆ 人民邮电出版社出版发行　　北京市丰台区成寿寺路11号
邮编　100164　　电子邮件　315@ptpress.com.cn
网址　https://www.ptpress.com.cn
涿州市般润文化传播有限公司印刷

◆ 开本：720×960　1/16
印张：21.5　　　　2025年6月第1版
字数：356千字　　　2025年6月河北第1次印刷

定价：149.80元

读者服务热线：(010)81055410　印装质量热线：(010)81055316
反盗版热线：(010)81055315

前言

6G是继5G之后的下一代移动通信技术。自5G大规模部署以来，各国逐渐意识到通信技术的进步是国家科技进步的重要组成部分，越来越多的国家着手规划和研发新一代通信系统。这预示着通信技术的不断创新和发展，将为人类社会带来更加便利和高效的体验。回顾通信技术的发展历程，4G的成功应用对社会的经济、文化和人们的生活产生了深刻的影响，而5G更是为工业发展提供了坚实的支撑。6G旨在提供更快的数据传输速率、更高的连接密度和更低的延迟，以实现智慧连接、深度连接、全息连接及广域连接，这对通信速率、时延、能耗及覆盖深度等提出了更大的挑战。6G美好愿景的实现离不开材料、物理、信息等关键基础性技术的创新和突破。

新材料是电子信息、能源、环境、航空航天等高新技术发展的基石和先导，是处于各个产业链最上游、技术壁垒最高的部分。6G系统的技术特征要求基础材料和新一代通信材料完成大规模革新。6G应用中的新材料技术涉及通信工程和材料科学的交叉研究，是6G发展中面临的重大挑战之一。

本书聚焦6G应用面临的问题和挑战，围绕6G应用各环节所涉及的新材料，系统介绍新型频谱通信材料、第三代半导体材料、新型光电/热电/铁电材料、智能传感材料、电磁防护与热管理材料及6G中的材料信息学，并结合作者近年来在电子信息新材料领域的研究成果及国内外最新的科研动态，展望6G应用中新材料的发展趋势。本书既有基础知识的介绍，也有专业应用技术的总结，可作为信息材料与技术等相关专业的学生、研究人员和工程师的参考书。期望本书能对从事该领域研究、开发、生产和应用的相关专业人员有所帮助、有所启迪。

本书的编写团队包括朱宏伟（第1章～第8章），李泽晨（第2章、第3章），胡皓闻（第 4 章、第 5 章），赵轩亮（第 6 章），潘家亮（第 7 章），王泓麟（第 1 章、第 8 章），胡永康（第 1 章、第 8 章），冉宇通（第 5 章）。全书由朱宏伟统稿。

鉴于 6G 应用领域发展迅速，编者能力有限，书中难免存在不足，敬请读者批评指正。

朱宏伟

2025 年 6 月于清华园

目录

第1章

绪　论

自 20 世纪 80 年代初 1G（第一代无线移动通信技术）问世以来，无线移动通信技术约每 10 年更新换代一次，每次升级都带来了更快的速度和更丰富的功能。1G 是一种模拟技术，仅支持语音通话，但语音质量较差，安全性很低，且容易掉线。1G 升级至 2G 后，实现了模拟通信到数字通信的转变。2G 引入了呼叫和文本加密，以及短信和彩信等数据服务，目前仍在世界各地使用。无线网络在实现从 2G 到 3G 的重大飞跃之前，还有两个鲜为人知的临时标准（2.5G 和 2.75G），它们作为过渡来实现慢数据传输。2.75G 在 2.5G 的基础上引入了一种比 2G 更高效的分组交换技术，实现了理论上 3 倍的速度增长。1998 年，3G 带来了更快的数据传输速度，引入了更丰富的功能，如视频通话和移动互联网接入。“移动宽带”首次应用于 3G。与 2G 一样，随着更多功能的引入，3G 发展出了速度更快的 3.5G 和 3.75G。2008 年发布了第四代移动通信技术，即 4G，它支持 3G 一样的移动网络接入（如游戏服务、高清移动电视、视频会议、3D 电视）和其他需要高速传输的功能。

5G 于 2020 年正式推出，旨在提供更快的数据传输速率、更高的连接密度、更低的延迟，且更节能。5G 连接的理论速度为 20 Gbit/s。自 5G 展开部署后，世界各国广泛意识到通信技术的进步是国家科技进步的重要一环，开始对更新一代的 6G 通信系统展开规划和研发。回顾通信技术的发展过程，从 4G 的发展中可以看到，移动通信技术对社会的经济、文化和人们的生活产生了深刻的影响，5G 更是对工业发展起到了坚实的支撑作用。可以预见，6G 将为人类社会，尤其是科技发展带来更多的挑战和机遇。

1.1　材料对人类社会发展的推动作用

纵观人类文明的发展历史，材料的应用一直是科技发展的一个重要指标（见图 1-1）。人类文明的早期都是以当时使用的材料命名的。在石器时代，对材料和形状的认识使人们能够制造出粗糙的石器。在青铜时代，人们发现铜比石料更易于成形，因此开发了其新用途，例如制作成烹饪和贮存食物的器具；而后人们使用青铜制造出更坚固的器具和工具。在铁器时代，铁的发现及其在武器等方面的应用进一步加深了人类对金属的认识。从铁到钢铁的发现标志着科学的巨大进步。而进入工业时代和信息时代后，大量的新材料不断涌现。每一种新材料的发现都带来了全新的应用，拓展了人类生存的物质世界，不断推动着科技的快速发展。

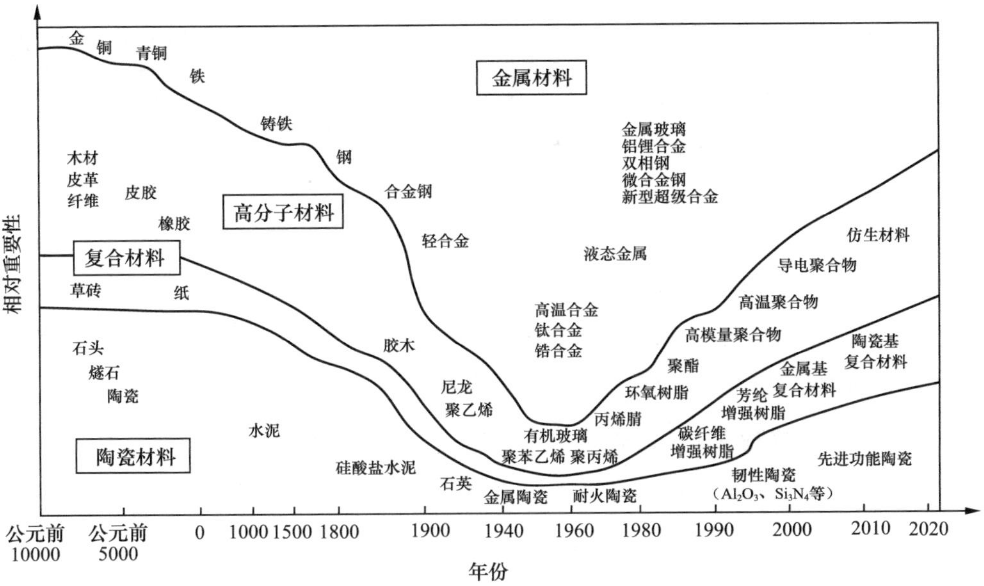

图 1-1　不同历史时期的材料发展（年份坐标非线性）

由此发展而来的材料科学与工程学科，目的是获得有关材料的知识，以便生产具有所需特性的材料。材料的结构和性能取决于材料的化学元素组成。材料科学的基础是建立材料性能与其原子结构之间的关联，而材料工程的相关研究是要在分子尺度上建立材料结构与其宏观特性之间的联系。材料科学与工程学科是一门涉及基础知识广泛的学科，化学、物理、机械和土木工程的基础知识都涵盖其中。近年来，伴随着纳米技术和信息技术的发展，材料科学与工程学科的发展取得了长足的进步。材料科学与工程学科在工业应用中扮演着重要的角色，不仅完善了目前使用的材料体系，而且极大地推动了新产品和新技术的创造。材料科学与工程学科主要包括材料设计、加工改进和分析技术，其作用是将材料提取并转化为有用的结构。材料的化学元素组成至关重要，即使是少量不重要元素的缺失、存在或偏差都可能对材料的最终性能产生显著影响。例如，钢中碳含量发生微小变化，会从根本上改变钢的特性，从而影响其在钢铁工业中的使用。

科学技术在各个领域都在飞速发展，材料科学技术的进步对此起到了关键的作用。目前，材料科学的发展速度超过了历史上任何时期，它通过不断改善现有产品的功能，开发新技术，从而全方位改善人类生活（见图 1–2）。因此，材料学已成为对全球经济产生重大影响的重要学科。每项技术都基于一定的科学原理，新技术的诞生通常建立在对这些科学概念的深刻理解之上。例如，发电机的工作原理涉及电学、磁学、热传导、旋转动力学和摩擦学等知识，飞机机翼周围的空气流动是产生升力的原因，制造喷气式飞机则需要运用金属和合金的化学知识及推进原理等科学概念。近年来，材料科学技术方面取得的突破有助于制造用于轻型车辆的碳纤维复合材料、更耐用喷气发动机的先进合金，以及替代人类关节的生物材料和机器人的人工肌肉，也有助于实现高效能量存储和量子计算。锂离子电池在可再生能源存储方面发挥着重要作用，进一步降低了太阳能和风能的价格，并能与煤炭和汽油竞争。以石墨烯为代表的低维材料的性能远超现有材料，在传感器、高性能晶体管、柔性器件、药物输送、3D 打印、太阳能电池和智能织物等领域引发革命性应用。钙钛矿等新型光伏材料极大地推动了太阳能电池的发展，有望使光电转换效率达到 60% 以上，转换效率远超硅基太阳能电池。

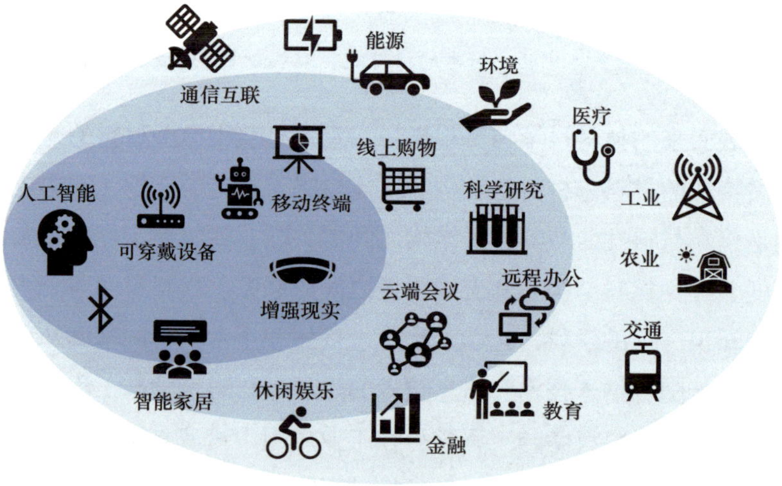

图 1–2　应用驱动新材料的发展

材料科学技术的重大突破对人类社会的发展至关重要。假设在 20 世纪 80 年代制造出今天的智能手机，约需 1.1 亿美元，功率近 200 kW，且相关设备将有 14 m 高。如今，材料科学技术已经使智能手机大众化，体现了材料进步的力量。远不止此，材料科学与工程是能源、环境、交通和医学等领域无数突破的核心。例如，在抗击新型冠状病毒感染（COVID-19）疫情的前线，材料研究人员积极推进生物材料、纳米技术及相关材料研究，助力疫情防控。

人类正处在一场材料科学革命中。早在 2011 年，美国提出材料基因组计划（Materials Genome Initiative，MGI），旨在使用开源方法和人工智能（Artificial Intelligence，AI）技术，加快材料科学的创新步伐，这是应对能源、国家安全、人类生存和发展等重大挑战的关键。通过 AI 绘制出数以亿计的氢、硼、锂、碳等元素的可能组合图，创建一个巨大的数据库，允许研究人员对元素周期表进行“即兴演奏”。这张全新的物理世界“地图”让研究人员比以往任何时候能更快地组合元素，创造出各种新奇的材料和结构。材料制备技术的发展进一步加速了这一过程，使研究人员能够在全新的尺度（从纳米尺度到原子尺度）下开展材料学研究。目前，单原子材料已被成功合成出来并实现了应用。

1.2　关键材料与应用

材料科学与工程学科致力于发现和开发新材料，是物理和化学的交叉学科。例如，与原子结构相关的热力学特性受材料物理性质的影响。工程应用中的材料一般分为金属材料、陶瓷材料、高分子材料和复合材料。现代材料科学由于对空间的探索而得到了飞速发展，其中包括金属合金、二氧化硅和碳材料在内的多种材料被用于建造空间飞行器。材料工程对塑料、生物材料和半导体等的发展具有重要的影响。下面讨论未来（2030 年及以后）在下一代信息技术中发挥重要作用的新材料，按金属材料、陶瓷材料、高分子材料和复合材料进行介绍。

1. 金属材料

人类使用金属材料的历史十分悠久，其发展过程及其应用领域如图 1–3 所示。自公元前 5000 年进入青铜时代开始，铜等金属材料就逐步成为人类生活中使用的重要材料。下面从传输技术和终端技术两方面论述金属材料在下一代信息技术中的可能应用。

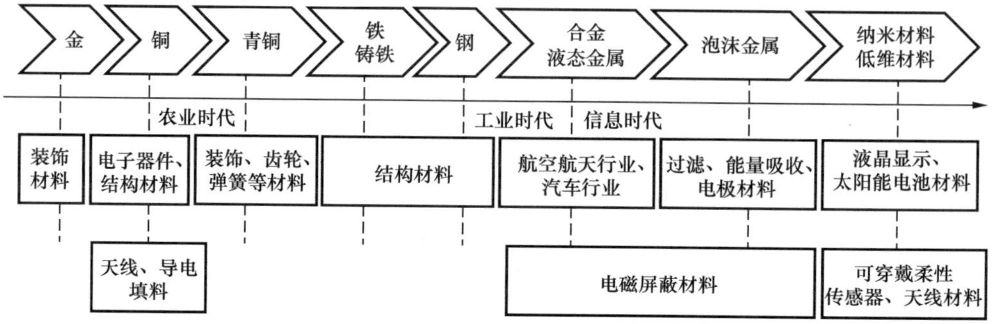

图 1-3　金属材料的发展过程及其应用领域

传输技术是指通过不同信道构成的传输系统保证信息可靠传输的技术，是通信技术中的重要组成部分。其中，用于传输的天线和通信相关器件的材料是关键所在。天线是传输技术中的关键器件之一，金属在天线这一核心应用中具有重要地位。传统天线中使用最广泛的是铜，但在 6G 的太赫兹频段，铜面临着电导率降低、传输损耗高等问题，需要使用新材料替代铜制造天线。纳米碳材料是代替铜的理想天线材料之一。例如，石墨烯是一种由碳原子以 sp[2] 杂化轨道构成的二维材料，其极快的电子迁移率、优异的力学和热学性能使其在光电器件、太赫兹天线、调制器和智能传感器等器件中均得到应用。碳纳米管（Carbon Nanotube，CNT）也是制造太赫兹天线的合适材料，具有太赫兹辐射效率高和损耗低等特点。

6G 网络对功率的要求更高，前端需要加大载波频率、通信带宽和高线性度的信号功率，对可见光通信的射频和功率器件的材料选择提出了严格的要求。因此，新射频器件半导体材料需要更为强大的电磁波吸收能力及优异的电学、光学和力学性能。功率器件中的半导体材料需求则更为广泛，对此类半导体的研究是通信技术乃至工业技术发展的基石之一，后文将继续讨论。

终端技术在极大程度上影响 6G 的应用前景，金属材料在终端技术中的电磁防护和可穿戴柔性器件中具有重要应用。随着信息技术的快速发展，电磁辐射的危害也逐步显现出来。电磁辐射不仅会带来通信设备的信息安全问题，干扰电子设备的正常运行，还会危害人类的身体健康。电磁屏蔽是解决电磁辐射危害的主要方法，即利用电磁防护材料来阻隔或者减弱屏蔽区域与外界的电磁能量传播。

目前广泛使用的电磁防护材料有环氧树脂基高分子复合材料、金属及其合金电磁屏蔽材料和泡沫金属。

环氧树脂基高分子复合材料是由环氧树脂基体和其中添加的泡沫镍、CNT、石墨烯、碳纤维等导电填料构成的，具有一定的电磁屏蔽效果。例如，CNT已在电磁防护领域得到应用，因其具有低密高强、耐高温、耐化学腐蚀、抗疲劳、低热膨胀系数等优点，是环氧树脂基高分子复合材料中的主要导电填料之一。碳系填料的密度较小，适合在便携式电子电器设备中应用。金属材料是该类电磁防护材料导电的重要填料，金属良导体（如银、铜、铝）与磁性金属材料（如铁、钴、镍）是常用的电磁屏蔽金属填料。金属良导体由于具有较高的电导率，广泛用于屏蔽高低频电磁场及静电场。在金属填料中，银的抗氧化能力强、屏蔽效能好。银基填充复合材料对低频磁场几乎无屏蔽作用，但对中高频磁场有显著的反射屏蔽作用。铜的成本较银的低，但导电的稳定性差。而在磁性金属填料方面，通常情况下，铁磁性材料磁导率高但电导率小，不适于屏蔽高频电磁场，多用于屏蔽低频磁场（100 kHz以下）。此外，金属材料在电磁防护的复合填料方面也有重要的应用。将二元化合物及二元以上的化合物填料按单元/多元碳系－单元/多元磁性金属、单元/多元碳系－单元/多元金属、单元/多元碳系－单元/多元金属－单元/多元无机材料等方式复合可得到复合型填料。在复合型填料中，镀金属类导电填料（镀镍碳纤维、镀镍/铜碳纤维、镀银碳纤维等）不仅具有优异的导电性能，还能够弥补纯金属填料导致的密度大等劣势。

金属及其合金电磁屏蔽材料是另一类电磁防护材料，常见的金属及其合金电磁屏蔽材料包括镁合金、镍合金、铝合金等。其中，镁合金电磁屏蔽材料是近年来研究的热点材料，具有密度低、比强度高、力学性能优良、电磁屏蔽性能优良和环境友好等优点。

除以上两种电磁防护材料之外，泡沫金属在电磁防护中也具有较好的应用前景。泡沫金属是近年来开发的一类由相互导通的金属骨架及内部孔洞构成的三维网状结构材料，具有金属材料良好的导电性或磁性，其内部存在多孔结构，可以使电磁波在其孔隙内部发生多次反射损耗，相较于二维金属网具有更高的电磁波屏蔽能力，甚至达到波导窗的屏蔽效果。同时，由于泡沫金属体积小、质量轻，因此适合于移动设备的屏蔽，在“万物互联”的6G时代将具有更广泛的应用。

在6G时代，人体通信技术通过智能传感器取得人体信息，进而通过各种可穿戴设备将每个人都变为通信网络中的节点。例如，将高灵敏度的石墨烯织物黏附在塑料或医用胶带上即可组装得到可穿戴柔性传感器，具有超轻、灵敏度相对较高、可逆性高、易于制造、易于随皮肤变形等性能。新型柔性灵敏材料可与 6G 网络结合，在人体监测、医学及机器人技术等领域发挥巨大作用，有望实现人类个性化需求的美好愿景。

2. 陶瓷材料

陶瓷材料的发展历程及其应用领域如图 1-4 所示，其在下一代信息技术中将同样发挥十分关键的作用。传统陶瓷和工业陶瓷主要用于制造工艺品、日用品等，在通信领域应用得很少。随后发展的先进陶瓷和半导体材料在通信技术发展过程中占据着重要的地位。第二、三代半导体（如 GaAs、SiC、GaN 等）可用于制作芯片中的功率器件、太赫兹频率的放大器和功率器件以及光电器件等，其他陶瓷材料主要用于制作滤波器、天线等部件。

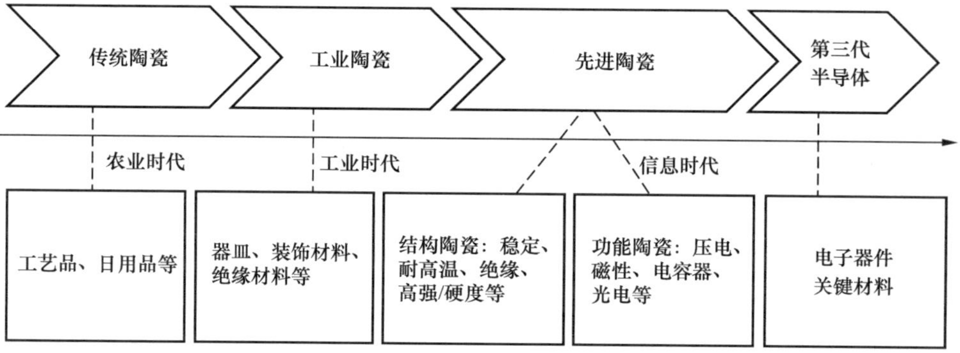

图 1-4 陶瓷材料的发展历程及其应用领域

第二代、第三代半导体将在 6G 建设中发挥重要的作用。由于 6G 应用对通信频率、功率和芯片运算能力的高要求，宽禁带半导体材料逐渐变得重要。在太赫兹频段和 6G 芯片等更高要求的应用场景中，第二代、第三代半导体由于具有更高的电子迁移率、更宽的带隙，比单晶硅器件更有优势。Ⅲ-Ⅴ族化合物中的主要半导体材料包括 GaAs、InP、GaN。SiC 也是重要的第三代半导体。在符合 6G 应用要求的半导体材料中，较早被研究的是 GaAs、InP 等。基于 GaAs 工艺的半导体器件主要有高电子迁移率晶体管（High-Electron-Mobility Transistor，HEMT）、改性高电子迁移率晶体管（Metamorphic High-Electron-Mobility

Transistor，MHEMT）和异质结双极性晶体管（Heterojunction Bipolar Transistor，HBT）等。目前，GaAs MHEMT 的截止频率已超过 500 GHz，最大振荡频率超过 1 THz。InP 是重要的Ⅲ-Ⅴ族化合物材料，是发展太赫兹频段芯片的首选材料。InP 具有高电子迁移率，但带隙较小，因此可以用来进行太赫兹高频、高增益、低噪声的小信号放大器设计。GaN 和 SiC 的带隙更大、临界场强明显更高，是理想的新一代射频功率器件材料和可见光通信材料。目前，与 6G 有关的 GaN 基的半导体器件包括微波器件、可见光通信和功率器件等。而在高压、超高压器件中，SiC 基器件具有更大的优势。

毫米波介电陶瓷是 6G 中可能用到的陶瓷材料之一。在 6G 应用中，高频段毫米波是提升频谱资源利用率，实现低时延、高传输速率的最佳途径。毫米波的普及需要滤波器、谐振器等元器件的同步发展。虽然传统的声表面波（Surface Acoustic Wave，SAW）滤波器和薄膜体声波谐振器（Film Bulk Acoustic Resonator，FBAR）无法用于毫米波通信中，但是利用介质陶瓷材料的压电性，毫米波介电陶瓷可被广泛应用于通信领域中谐振器、滤波器等元器件的制备。毫米波介电陶瓷应具有较小的介电常数（<15）、极高的品质因子、极小的谐振频率温度系数等物理性能。随着毫米波介电陶瓷的介电常数的增大，制成的元器件体积减小，延迟时间增大。对于高频段毫米波，无须考虑元器件微型化，减少延迟时间是选择低介电常数材料的主要因素。高品质因子和更小的谐振频率温度系数使器件具有更好的电磁效率和温度稳定性。

符合 6G 应用需求的介电陶瓷候选材料有硅酸盐陶瓷、刚玉基陶瓷等。由于铁电陶瓷材料具有自发极化特性，其阳离子的规模运动会造成较大的介电损耗，因此铁电陶瓷材料不适合制作毫米波器件，故近年来的相关研究集中于硅酸盐陶瓷。硅酸盐陶瓷结构中含有大量的硅氧四面体，共价性强，因此具有低介电常数。硅酸盐陶瓷成分的不同带来了多样的性能特点。影响毫米波介电陶瓷性能的主要因素包括阳离子、孔隙率、湿度、暗核等。此外，晶体有序性、晶粒尺寸、内应力和晶粒取向也会对毫米波介电陶瓷的性能产生影响。

区别于一般意义上的半导体材料，半导体陶瓷是一类具有半导体特性的无机非金属多晶材料，也是制造传感器和敏感元器件的重要材料，在电子通信领域的应用较为广泛。常见的半导体陶瓷材料有钛酸钡、钛酸银、钛酸钡锶铅固溶体、氧化锌、氧化锡等，可用于制备热敏、湿敏、气敏、压敏及光敏电阻器等多种元器件。热敏、压敏电阻器是由半导体陶瓷制成的元器件中较为重要的两类。例如，正温度系数热敏电阻器在电子通信领域占有非常重要的地位。氧化锌压敏半导体陶瓷是应用最广、性能最好的压敏电阻器材料，可用于制造频率达数十亿赫兹的发射天线。

传统的光电功能材料是晶体或玻璃，但普遍面临着光电性能与制备难度、成本无法兼顾的问题。近年来，兼具这两点的透明光电陶瓷作为新型光电材料受到了广泛关注，是 6G 应用中可能用到的陶瓷材料之一。透明光电陶瓷具有成本低、尺寸大和可用作异型材料的优点，其稀土掺杂量远高于单晶体，用作激光材料时可以增大激光输出功率。近年来，对透明光电陶瓷的研究主要集中于锆钛酸铅镧（Lanthanum-modified Lead Zirconate Titanate，PLZT）陶瓷。PLZT 陶瓷是一种 ABO3 钙钛矿结构的透明陶瓷，具有很高的电光系数，同时由于稀土离子的掺杂而具有优良的发光性能，可用于各类光电存储器和显示设备。但是其显著的场诱导效应、偏振依赖散射损失以及高滞后现象也极大地限制了其应用。

光电探测器和光发射器是可见光通信中的关键部件。光电探测器具有宽光谱、高灵敏度、制备成本低等特性。在该领域，有关钙钛矿材料的研究最为集中，未来可能出现光电性能更优异的半导体材料。以钙钛矿材料为例，其具有高外量子效率、宽吸收光谱、高吸收系数、可调的光学带隙、低缺陷密度、低电荷载体复合率、大电荷载体扩散长度和长寿命，易于用溶液法制备，成本低。近年来，钙钛矿材料光电探测器性能优异，研究进展迅速，此类新材料对可见光通信技术可靠性的支持是决定性的。现有光发射器主要包括激光二极管（Laser Diode，LD）、超辐射发光二极管（Super Luminescent Diode，SLD）和发光二极管（Light Emission Diode，LED）等。

6G 通信技术促使元器件向小型化、高集成密度、高传输速率的方向发展，同时对封装材料的性能提出更高的要求，因此满足集成化和小型化要求的低温共烧（Low Temperature Co-fired，LTC）技术越来越得到重视。LTC 陶瓷具有优异的力学、电学及热学特性，可广泛应用于电子通信领域内滤波器、天线、谐振器等元器件的制造。目前，LTC 陶瓷材料主要包括 3 类：玻璃/陶瓷复合体系、微晶玻璃体系和非晶玻璃体系。其中玻璃/陶瓷复合体系、微晶玻璃体系是研究重点。

除上述几种陶瓷材料以外，高温超导陶瓷也是 6G 中将会用到的一类陶瓷材料。与常规的超导材料相比，高温超导陶瓷的冷却温度更高、生产成本更低，可用于制造滤波器、天线等元器件。

3. 高分子材料

高分子材料的发展过程及其应用领域如图 1–5 所示。橡胶、尼龙、有机玻璃等高分子材料在民用领域应用广泛，但相较于金属材料、陶瓷材料和复合材料，6G 通信技术中用到的高分子材料种类较少。导电高分子材料（Conducting Polymer Materials，CPM）是 6G 应用中备受瞩目的一类高分子材料。

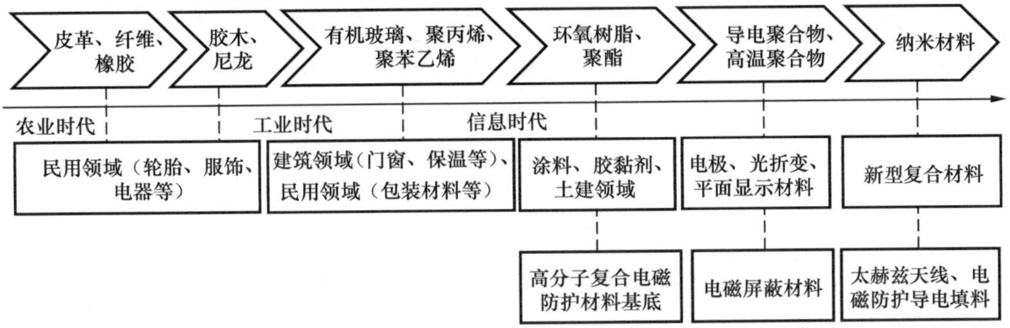

图 1–5 高分子材料的发展过程及其应用领域

CPM 在电磁防护领域具有“诱人”的前景。与传统的金属类电磁屏蔽材料相比，CPM 不仅具有同样优异的电磁屏蔽性能，且具有质量轻、耐腐蚀、电导率易于调节、成本低、加工方便等优点。聚苯胺是一类本征型导电高分子材料，同时也是在电磁屏蔽领域研究最多的导电聚合物之一。与其他 CPM 相比，聚苯胺的制备简便、成本较低，且具有良好的稳定性、高电导率和优异的电磁性能。同时，由于聚苯胺柔软、易加工、密度低，均匀沉积在织物上可以得到具有良好屏蔽性能的电磁辐射防护织物，且能够保持织物原有的服饰性能。另一类 CPM 是通过向高分子基体中加入导电填料而成的复合型导电高分子材料（如前面介绍的金属填料复合材料）。与本征型导电高分子材料相比，复合型导电高分子材料成本更低、制备更简便，应用范围也更广。

4. 复合材料

复合材料的性能一般比其组成材料的性能更为优越。由图 1–6 所示的复合材料发展过程及其应用领域可以看出，早期的纸张、混凝土等复合材料多用于建筑业等领域，而后来兴起的先进复合材料、石墨烯复合材料是信息时代的重要材料。在未来的 6G 建设中，复合材料可以用作高速低损耗的印制电路板（Printed-Circuit Board，PCB）基材、各种应用场景的壳体材料、智能传感器和可穿戴设备中的材料及电磁防护材料等。

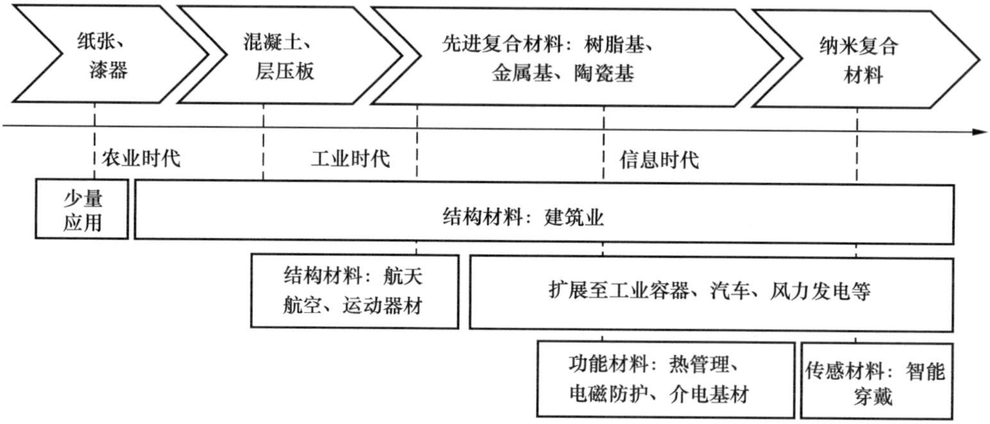

图 1-6　复合材料的发展过程及其应用领域

PCB 广泛应用于电子产品中，树脂基复合材料是 PCB 基材的最佳选择。由于高速电路和高频信号是提高通信效率的重要手段，为适应 6G 通信中更高的工作频率、高速低时延的传输要求并解决由此带来的信号完整性问题，设备的数字电路和微波射频电路等的介电性能都需要相应地提高。介电常数和介质损耗应进一步降低，并继续保持传统 PCB 基材的高耐热和高可靠性等优点。目前通信领域中应用的 PCB 基材主要是树脂基玻纤布增强材料，并覆以铜箔。PCB 基材的介电性能主要由树脂、填料、玻纤布、铜箔和基材的应用环境等决定，可添加多功能树脂，通过提高树脂基体的交联密度改善热稳定性，通过改变树脂、填料和玻纤的成分及含量调整 PCB 基材的介电特性。目前该领域的研究主要集中于工业界，如松下、伊索拉、罗杰斯等企业。可以预测，在巨大的商业利益推动下，未来需研制出介电性能更优的 PCB 基材以支撑 6G 网络建设。

6G 网络建设包括“空-天-地-海”一体化通信建设，基站、卫星、移动终端等各类通信设备需要适用于各种复杂应用场景的壳体材料。例如，实现水下无线 6G 通信的设备壳体需要既满足耐低温、耐冲击、耐蚀和防水等需求，又要有良好的电磁波穿透特性。布设于极端环境的室外天线罩既需要具有经受外部恶劣环境的耐候性，又得不影响天线的信号接收和输出功能。由此可见，壳体材料的应用场景十分复杂且灵活。与其他传统材料相比，复合材料具有可设计性、多功能性和发展性等特点，是满足上述需求的最佳选择。目前，先进树脂基复合材料具有高比强度和比模量、抗疲劳、耐腐蚀、易整体成型等优点，可通过对基体树脂、纤维增强材料及成形工艺的调整设计出所需的性能。可以预见，树脂基复合材料将在实现6G广域连接过程中起到关键的作用。

前面已讨论过电磁防护材料的重要性，在复合材料中，环氧树脂基复合材料是电磁防护材料中重要的一类。环氧树脂基复合材料即在环氧树脂基体中添加导电填料获得具有屏蔽效果的材料。目前，环氧树脂基高分子复合材料的导电填料主要有碳材料、金属材料和镀金属类材料这3类。金属基复合材料在通信领域的应用主要集中在热管理组件上，已有较成熟的解决方案，在新一代通信材料开发中不会成为研究重点。

此外，智能可穿戴设备和传感器将是6G相关研究中的热点。从近期的研究来看，纳米复合材料在6G网络互联环节中将起到非常重要的作用。复合材料能够弥补单一材料的缺陷，发挥其组成材料的优势，在6G建设的新材料竞争中占据关键地位。

1.3 本章小结

6G应用中可能用到的关键材料种类繁多。在金属材料中，石墨烯等纳米碳材料扮演着重要的角色，是天线和可穿戴柔性传感器的重要材料。合金和泡沫金属可以用于电磁屏蔽材料的制备。在陶瓷材料中，第二代、第三代半导体是6G发展的关键材料，可用于制作6G芯片中的功率器件、太赫兹频段的放大器和功率器件以及光电器件等。毫米波介电陶瓷等其他陶瓷材料在6G中的应用主要集中于滤波器、天线等。导电高分子材料是通信应用中备受瞩目的一类高分子材料，主要用于电磁防护领域。在复合材料方面，环氧树脂基复合材料是PCB基材的最佳选择，纳米复合材料则广泛用于智能可穿戴设备和传感器的制备。

第 2 章

6G的技术特征及对新材料的需求

4G 网络长期演进技术（Long Term Evolution，LTE）带动了移动互联网的蓬勃发展，使移动购物和支付、智能家居及移动游戏等创新应用成为现实。移动互联网的巨大成功反过来又成为推动无线技术发展的动力。已经推出的 5G 网络支持多种服务，包括增强移动宽带（Enhanced Mobile Broadband，eMBB）、超可靠和低时延通信（Ultra-Reliable and Low Latency Communication，URLLC）和大规模机器类型通信（Massive Machine Type Communication，mMTC）[1, 2]。2020 年，在 5G 网络全面商用部署后，为保持无线通信系统的可持续性和竞争力，许多国家和机构、业界和学术界开始着手为 6G 设计框架。与前几代通信系统相比，6G 具有革命性，将彻底改变无线通信，实现从“互联事物”向“互联智能”的演进，在数据传输速率、能效、时延、频带宽度、全球网络覆盖范围及智能化等方面都有更高的要求。本章从 6G 通信的 4 个主要技术特征（智慧连接、深度连接、全息连接、广域连接）来分析其对新材料的需求。

2.1 智慧连接

伴随着科学技术的发展，特别是 AI 等技术的兴起，未来无线通信的发展备受关注。随着 5G 在全球范围内的应用，业界和学术界已经开始逐步突破 5G，将 6G 概念化。6G 将带来一场前所未有的变革，与前几代无线通信系统相比具有本质的不同。特别地，6G 将超越移动互联网，与从核心到网络终端设备无处不在的 AI 服务相结合。同时，6G 具有万物互联（Internet of Everything，IoE）的特点，为各行业提供更大的想象空间和应用空间。“智能”将成为 6G 网络的一大标志，即智慧连接。下面从 6G 与 AI、IoE 两部分的结合进行介绍，探讨其中的核心问题，并对未来的发展趋势进行预测。

2.1.1 AI

AI 技术是目前的一大热门话题，其广泛的应用已经逐渐渗入各个领域。机器学习、深度学习等 AI 技术正在为人类日常生活所需的云服务提供支持，无线移动通信网络与 AI 的结合已成为必然趋势。在 5G 系统中，有研究尝试将其与 AI 技术结合，但由于 5G 网络的构建与 AI 技术的发展存在时间差，即当 AI 技术蓬勃发展时，5G 网络架构已经基本定型，故 AI 技术对 5G 网络架构而言，更多的意义在于改造和优化[3]。此外，尽管 AI 技术目前发展迅速，但其在很多领域仍然亟待探索，未来仍有很大的发展空间。而 6G 网络结构目前已初露锋芒，可以预见，未来的 6G 网络更加庞大，终端和网络设备更加多样，应用场景及业务类型更加复杂，将 6G 系统与 AI 技术相结合是一个必然的发展趋势。

AI 技术在 6G 通信中的第一个自然应用是“大数据分析”。可用于 6G 的大数据分析包括 4 种类型，即描述性分析、诊断分析、预测分析和规定性分析。描述性分析挖掘历史数据，以了解网络性能、流量概况、信道条件、用户视角等，显著提高网络运营商和服务提供商的态势感知能力。诊断分析能够自动检测网络故障和服务损害，识别网络异常的根本原因，最终提升网络的可靠性和安全性。预测分析通过数据来预测未来的事件，如流量模式、用户位置、用户行为和偏好及资源可用性。规定性分析利用以上预测为资源分配、网络切片和虚拟化、缓存放置、边缘计算等提供决策。

另外，考虑到网络的规模、密度和异构性，6G 网络是非常复杂的，传统的无线网络优化方法将不适用于 6G。在现有系统基础上进行改造是非常困难的，严重依赖数学模型的传统优化方法也将不再适用[4]。因此，AI 技术在 6G 无线系统中的第二个主要应用是自动化和闭环优化。按照传统的思路，无线网络中的问题是通过应用系统中的规则集来解决的，这些规则集具有先验的领域知识和经验。然而，在复杂的 6G 网络环境中，决策与其对物理系统的影响之间的映射很难被直接分析[5]。AI 技术的最新进展，如深度强化学习（Deep Reinforcement Learning，DRL），可以在决策者和物理系统之间建立一个反馈回路，从而使决策者能够根据系统的反馈不断地优化其行为，最终达到最优。例如，Luong 等[6]采用 DRL 来解决通信和网络中的若干新问题，包括自适应模块化、无线缓存、数据卸载等。

AI 技术为从发射机到接收机的整个物理层链的端到端优化开辟了可能性。无线通信系统的物理层经常会受到各种各样的损伤，包括放大器失真、本振泄露等硬件损伤，以及衰落、干扰等信道损伤。为了与硬件和信道损伤的组合进行可靠、有效的通信，需要对大量的设计参数进行联合控制和优化。现有方法将整个链划分为多个独立的块，每个块都有一个简化的模型，无法准确地捕捉真实系统的整体特征。而在 6G 系统中可以设计一种“智能物理层”的模式。在该模式下，端到端系统通过结合先进的传感和数据采集、AI 技术和特定的信号处理方法，实现自学习和自优化。

此外，AI 任务是计算密集型任务，主要包括训练、开发及部署，后台使用定制的服务器。考虑到智能移动设备的快速增长，预计大量智能应用将部署在无线网络的边缘。因此，6G 无线网络的设计将利用先进的无线通信和移动计算技术，支持各种边缘移动设备上的 AI 应用。为了实现无处不在、多样化的移动 AI 服务，6G 有望为发展先进的通信和计算技术提供灵活的平台。同时，AI 技术也可以为 6G 提供智慧连接，6G 系统在网络元素和网络结构、连接对象（终端设备）和携带信息等方面均支持智能业务。

2.1.2 IoE

随着社会经济的不断发展，人与人之间的交往方式发生了很大的变化。特别是随着互联网时代的到来，大数据、物联网（Internet of Things，IoT）、云计算、数字孪生等产业得到了快速发展，人类对信息的需求日益增加。IoT 作为这个时代重要的信息共享网络，为诸多领域提供了技术支持。无线传感器网络作为 IoT 中一项非常重要的技术，也在不断改变人类的生活方式，其灵活性和简单的部署在诸多行业发挥着巨大的潜力。然而，随着技术的不断发展和 5G、6G 网络的不断完善，IoT 逐渐向 IoE 转变，IoE 实现了更广泛的万物互联，为各行业提供了更大的想象空间和应用空间[6]。例如，智能手机、智能可穿戴设备，甚至生活中的智能汽车和智能冰箱都可以联网，让人们随时获取相关信息，生活更加智能化。

IoE 扩展了 IoT 的范围，实现了信息共享，甚至可以将信息转换为特定的数据来指导互联网中的行为，但同时也存在着时延和能量消耗等问题。尽管 5G 已经作为 IoE 的关键要素进行了尝试性应用，通过 5G 标准化工作，实现了第一个

5G 新无线通信的里程碑，但 5G 作为 IoE 服务的真正载体尚未实现。尽管 5G 系统能够很容易支持基本的 IoE 和 URLLC 服务（如工厂自动化），但是否能够提供未来的智能城市 IoE 应用仍存在争议。此外，虽然 5G 最终支持毫米波频段下的固定接入，但早期 5G 的推出仍有可能使用 6GHz 以下的频段来支持移动性。

与此同时，新的 IoE 服务正以前所未有的速度激增。例如，从扩展现实（eXtended Reality，XR）服务到远程医疗、飞行器、脑机接口和连接的自动操作系统等。为了成功操作 IoE 服务，无线系统必须同时为异构设备跨上下行提供高可靠性、低时延和高数据速率。新兴的 IoE 服务还需要对通信、控制和计算功能进行端到端的协同设计，这一点目前尚未受到足够的重视。为了满足这一新的业务需求，必须解决前所未有的挑战，即从确定控制其性能的基本速率可靠性与时延之间的权衡，到利用低于 6GHz 以下的频段，将无线系统转换成一个自我维持的智能网络结构，灵活地提供和协调通信计算控制定位传感资源，以适应所需的 IoE 场景。

面对这些挑战，6G 无线系统需根据 IoE 应用的性能要求及其伴随的技术趋势而设计，6G 的驱动程序需要结合过往的要求（如加密、更高速率，以及巨大的天线等）和新兴的趋势，包括新的服务和无线设备（如智能可穿戴设备、植入物、XR 设备等）、计算和传感领域，完成一场新的革命[7]。

2.2　深度连接

传统的移动通信系统及最近完成部署的 5G 移动通信系统已经有了“深度覆盖”的概念，例如，为优化室内接入而实现的深度覆盖。如前所述，5G 及未来无线通信网络的通信对象已经拓展为 IoE，因此其网络设计与部署需要兼顾人和物的深度覆盖需求，信息交互需求的类型和场景越来越复杂，对 IoE 的通信需求越来越高。未来的物联需求将会在连接对象活动空间、更深入的感知交互、深入神经的交互等方面发展。6G 系统的接入需求将从深度覆盖演变为深度连接，包括深度感知、深度学习等。

2.2.1 深度感知

触觉互联网是指专门传输及处理触觉数据的网络。目前，触觉互联网遇到的瓶颈源于其敏感的时延要求。人体触觉反应的时延必须低于 1 ms，以避免任何明显的不同步[8]，这给未来的通信网络带来了挑战。此外，触觉数据通常与视觉和听觉信号同步。在这种情况下，如果视觉和触觉运动之间的时间间隔超过 1 ms，便会引发一定的不同步问题。因此降低时延是突破触觉互联网瓶颈必须解决的关键问题。

5G 网络具有超响应连通性，是触觉互联网可以建立连接性的重要基础[8]。通信网络实现深度感知的触觉互联会影响人类社会的方方面面。人类可以从世界各地控制机器人，医疗保健将不再受限于位置，远程呈现系统（如视频会议系统）通过实时触觉反馈进行扩展，从而实现并非每个参与者都能实地访问的环境之间的交互。5G 环境下基于应用的非正交多址与触觉互联网集成的通信体系结构，如图 2-1 所示。该通信体系结构允许实时非正交共享从 eMBB、mMTC 和 URLLC 设备池到共享基站的资源。这一通信体系结构是经典信道接入模型的扩展，该模型探索了非正交多址接入变体对触觉互联网的适用性[9]。

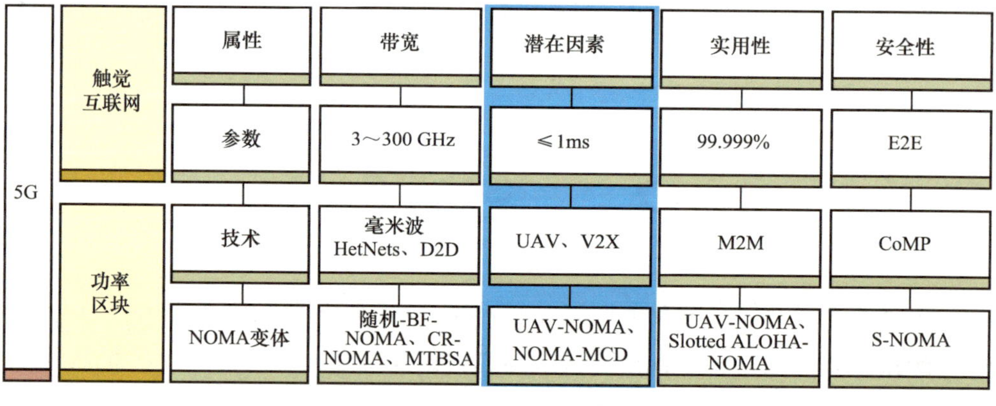

图 2-1 5G 环境下的通信体系结构[8]

对于 6G 系统而言，超低时延（1 ms）、超高实用性（99.999%）、端到端的超安全通信和超高带宽（通常为 1 Gbit · s^{-1}）等要求是形成深度感知触觉互联网面临的挑战。图 2-2 展示了面向 6G 应用的触觉互联网的通用架构。URLLC、mMTC 和 eMBB 等通用服务用于分层。

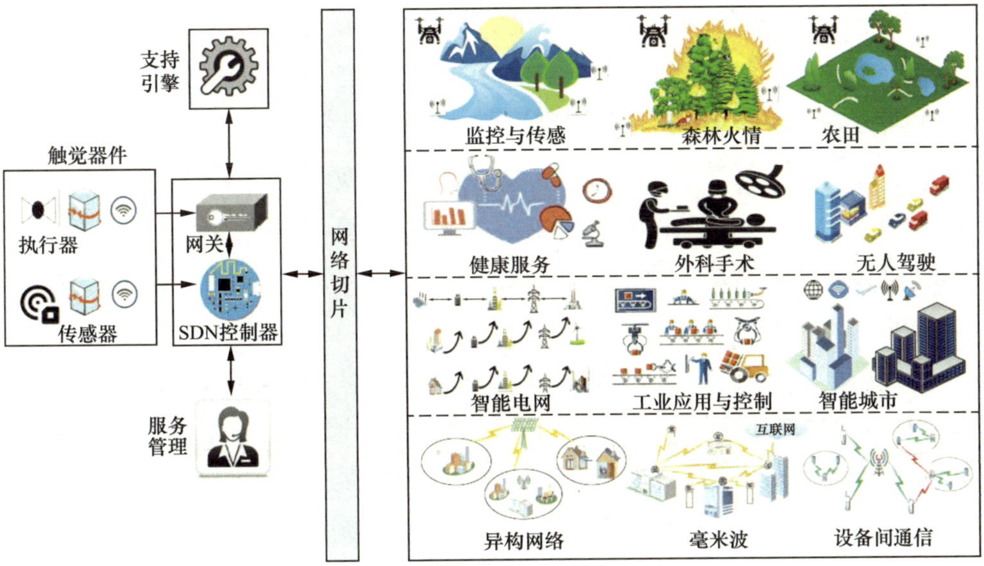

图 2-2　面向 6G 应用的触觉互联网的通用架构[8]

2.2.2　深度学习

人脑具有强大的数据处理能力，每天都要面对来自外部世界的大量数据。在复杂的环境下，大量的物体特征被感官所采集，然后大脑从这些特征数据中提取出抽象特征，并最终做出决策。在游戏、自动控制、语音和图像识别等许多领域，计算机已经显示出与人类相当甚至更强大的能力。使计算机具备这些能力的方法称为深度学习[10]。深度学习是机器学习的一个子类，使用层叠层技术从输入数据中提取特征并最终形成决策。

无线网络具有复杂的特性，如通信信号特性、信道质量、各节点排队状态、路径拥塞状况等，而网络控制目标众多，大多数控制目标会对通信性能（如资源分配、队列管理等）产生影响。为了处理复杂的情况，机器学习技术近年来已被广泛应用。另外，随着现代无线网络越来越复杂，人们对学习系统也提出了更高的要求，如更高的计算能力、更大的数据集、更快且更智能的学习算法、更灵活的输入机制等。深度学习为无线网络配备了一个“人脑”，其接收大量的网络性能参数，如链路信噪比、信道保持时间、链路访问成功/冲突率、路由时延、丢包率、误码率等，并对内在模式（如拥塞程度、干扰对准效果、热点分布等）进行深入分析。这些模式可用于在不同的协议层中执行协议控制，例如，在路由层寻找新的备用路径、在传输层缩小拥塞窗口的大小等。与传统的机器学习技术相比，深度学习技术在无线网络应用中提供了更高的预测精度。无线网络具有复杂的特性，传统机器学习方法缺乏深层的神经网络，对这些特性的分析不够深入；而通过深度学习算法，可以逐层提取隐藏在输入参数中的深度模式，从而提供更高的预测精度。此外，深度学习无须预先处理输入数据，其输入通常是直接从网络中采集的特征参数。考虑到无线网络参数的显著多样性，深度学习的优势降低了设计复杂度，提高了预测精度。

动态的网络条件和业务需求为移动业务管理提供了更大的灵活性。同时，随着用户设备的增加，未来的网络将变得越来越异构和分散，涉及多个网络实体。网络实体的优化决策需要考虑不同的目标，例如数据速率最大化、增强的网络时延和能耗最小化。然而，在快速时变无线信道和不断变化的网络拓扑等移动网络环境的多种业务需求和固有的动态不确定性面前，实现资源和服务管理的优化是一个挑战。在这种时变、不可预测的移动网络环境中，强化学习（Reinforcement Learning，RL）是解决实时动态决策问题的一种可行工具。RL 在做出决策时自然地融入了带有前瞻性的系统进化，这对时变 5G 和 6G 网络来说是必不可少的。然而，传统的 RL 算法在问题的状态空间和动作空间较大时收敛速度较慢。如前所述，DRL 作为 AI 的一个分支，是 RL 与深度学习的结合，在处理大规模动态系统方面具有巨大的潜力。在复杂、密集、异构的 6G 移动环境中，DRL 作为一种解决移动服务、网络管理和控制问题的方法具有广阔的应用前景。

DRL 在未来的 6G 系统中仍有许多问题有待探索，如多智能体 DRL、分布式 DRL 等。在 6G 系统中，由于连接 IoE 设备的数量大幅增加，大多数 IoE 传感器由设备所有者而非运营商拥有。因此，传统的为单个网络实体定制 DRL 的方法在异构的、支持 6G 的物联网中不能很好地工作。多个物联网设备所有者（代理）之间的交互进一步复杂化了网络资源和服务管理，预期问题的状态和操作空间将显著增加[11]。这种情况会不可避免地减慢学习算法的速度，影响学习策略的性能，因此需要研发多智能体 DRL。此外，DRL 需要在一个计算量大的集中式网络控制器上实现。然而，集中式 DRL 与分布式 6G 系统并不匹配，需要设计一个分布式 DRL 的实现方案，将资源密集型的训练任务分解成不同的子任务，以获得具有中等或有限计算能力的单个设备。

2.3 全息连接

增强现实/虚拟现实（Augment Reality/Virtual Reality，AR/VR）是 5G 最重要的需求之一，5G 支持将有线或固定无线接入的 AR/VR 变为支持更广泛应用场景的无线移动 AR/VR。可以预见，未来媒体交互形式将从目前的平面多媒体为主逐渐发展为高保真的 AR/VR 交互为主，甚至是全息信息交互，无线全息通信将成为现实。

2.3.1 全息通信

6G 系统中的某些应用将带来全新的全系统趋势和目标，如更大的传输速率、更多的频谱和更高的可靠性，大规模的多输入多输出（Multi-Input Multi-Output，MIMO）将成为 6G 的重要组成部分。从 4G 到 5G，多天线技术在无线通信中发挥了关键作用，可以通过空间复用显著提高系统容量，通过分集实现可靠传输，通过波束形成克服传播损耗。而对于 6G，预计将部署具有超过 10000 个天线元件的空间复用 MIMO，通过空间复用，在同一频率信道上传输百分之百的并行数据流，从而实现超高的频谱效率；提供数百个波束，以大用户 MIMO 而不是多用户 MIMO 的形式同时服务更多用户 [12]，显著增加网络吞吐量，提高能量利用率和降低时延。此外，空间复用 MIMO 和非正交多址技术的结合将使大规模接入通信支持空间复用连接成为可能，形成超窄光束则有助于克服毫米波和太赫兹波段的严重传输损耗，并减少聚合的同信道小区间干扰。

此外，智能表面和环境也越来越多地出现在人类的生活中，墙壁、道路，甚至整个建筑物都可能用到人造结构。使用这些智能表面和环境进行无线通信将推动 6G 体系结构的发展，同时也会支持创新的通信方式（如使用全息射频和全息 MIMO）。其中，全息射频允许通过空间光谱全息和空间波场合成来控制整个物理空间和电磁场的全闭环。这将大大提高频谱效率和网络容量，有助于图像和无线通信的集成。

2.3.2 增强现实/混合现实/虚拟现实

如前所述，新的 IoE 服务正飞速发展，增强现实/混合现实/虚拟现实（Augment

Reality/Mixed Reality/Virtual Reality，AR/MR/VR）3 种 XR 也随之蓬勃发展。XR 将在整个 6G 频谱中产生许多关键性的应用。由于无法为数据速率密集型 XR 应用提供非常低的延迟，5G 系统无法提供一个完整的沉浸式 XR 体验来捕捉所有的感官输入。真正身临其境的 XR 体验不仅需要结合工程（无线传输、计算、存储）需求的联合设计，还需要来自人类感官、认知和生理学的感知需求，最小和最大的感知需求和限制必须体现在工程过程（计算、处理等）中。

AR 以现实世界为基础给体验者带来感官体验，VR 则是指一种可以创建和体验虚拟世界的网络仿真系统，即利用可穿戴设备体验虚拟的现实世界。目前，二者已经广泛应用于通信、医疗、教育、游戏等各个领域。然而，现有技术尚不支持实时编辑传送虚拟画面，无法随时增改虚拟世界中各类物品的颜色、尺寸等物品属性，难以实现高保真的要求。考虑触觉互联网对时延的敏感性，为了实现人的触觉到视觉的反馈控制，要求往返时延低于 1 ms，现有技术仍难保证达到此低时延要求，因此 AR/VR 的实用性仍有待提高 [14]。

在 6G 系统中，AR/MR/VR 将普遍存在，全息通信及显示可以随时随地进行，人们可以在任何时间和地点享受完全沉浸式的全息交互体验，实现全息连接。

2.4 广域连接

在 6G 时代，人类活动将从地面扩展到空中、太空和深海。为此，6G 网络必须提供全面的无线覆盖。在 5G 的空–地网络基础上，6G 将进一步整合水下（或海洋）网络，形成一个大维度的空–天–地–海网络，即广域连接。

2.4.1 空间需求

如前所述，纵然传统移动通信网络也可以满足随时随地无线接入的需求，但从 5G 系统开始，IoE 的信息交互无论是信息交互类型还是空间范围都将极大地扩展。物联设备的活动范围将扩展通信接入的地理空间，这些物联设备包括布置于深空、深地及深海的无人探测器，中高空有人/无人飞行器，深入极端环境的自主机器人、远程遥控的智能机器设备等 [15]。而且，随着宇航、深海探测等领域科学技术的快速发展，在某些极端环境下的生存能力提升，人类自身的活动空间也在快速扩展。此外，目前人类的特殊通信需求仅局限于少数专业的科学探索领域，而未来的 10 年或 20 年里，人类会有更多机会进入外太空，卫星与地面、卫星之间及卫星与航天器之间的通信需求会更多。人类在地面的活动踪迹也会更多地出现在极地、沙漠腹地等，同时会增加更多远洋的活动、更多地进驻无人岛屿。从 IoE 对地理空间的需求情况来看，6G 系统必须实现广域连接。

2.4.2　空–天–地–海一体化通信

目前的地面网络能力远远不能满足 6G 对极为广泛的覆盖和无处不在的连接要求，因此需要一个集成非地面网络和地面网络的“高维网络”来支持各种应用，如空中飞行、海上航行或陆地车辆行驶。从结构上讲，6G 是一个无单元的 4 层高维度网络，分为空间、天空、陆地和水下（或海洋）网络层，即空–天–地–海一体化网络[16]。

对于空间网络层，将在空间旅行等应用中支持轨道或空间互联网服务，并通过密集部署低地球轨道卫星、中地球轨道卫星和地球静止轨道卫星[17]，为地面网络未覆盖的、未服务和服务不足的地区提供无线覆盖。对于大容量星地传输，将部署毫米波通信卫星，利用激光通信在自由空间实现卫星间的远距离传输。对于天空网络层，该层在低频、微波和毫米波段工作，通过密集使用飞行基站（如无人机）和浮动基站（如高空平台），为紧急事件或偏远山区提供更灵活、可靠的连接。浮动基站子系统的定位特性有助于通过 6G 定义的光接口连接空间网络和无人机基站子系统。地面网络层仍然是为大多数人类活动提供无线覆盖的主要解决方案。为满足全息技术、全感数字现实等具有 $Tbit \cdot s^{-1}$ 数据速率的业务需求，地面网络层将开发太赫兹频段。此外，由于毫米波和太赫兹通信的路径损耗非常大，将部署更多的小基站。对于水下网络层，将为具有军事或商业应用的远海和深海活动提供无线覆盖和互联网服务。由于水下具有不同于陆地的传播特性，利用声波通信和激光通信可以实现双向水下通信的高速数据传输，并部署更多的水下集线器。

图 2–3 展示了高维 6G 空–天–地–海一体化网络及接口。对于高维 6G 网络，有两种设计原则可用于集成地面网络和非地面网络：（1）透明非地面网络，非地面网络仅播放模拟射频中继器；（2）再生非地面网络，即非地面网络再生从

地面网络接收的信号。对于再生非地面网络，空间、机载、水面和水下平台将部署 6G 基站功能。空间/空中接入网络通过网关连接 6G 核心网络，然后为固定甚小口径天线终端（Very Small Aperture Terminal，VSAT）和手持终端/移动终端/IoE 设备提供服务。水面接入网通过网关或空间/天空网络连接 6G 核心网络，水下网络连接地面网络，为水下设备提供服务。因此，对于 VSAT，通信链路是 VSAT →卫星→网关→ 6G 核心网络；对于手持终端/移动终端，通信链路为终端→卫星→网关→ 6G 核心网络、终端→机载站→网关→ 6G 核心网络，或终端→机载站→卫星→网关→ 6G 核心网络；对于水下终端，通信链路是终端→水下站→地面站→卫星→网关→ 6G 核心网络。

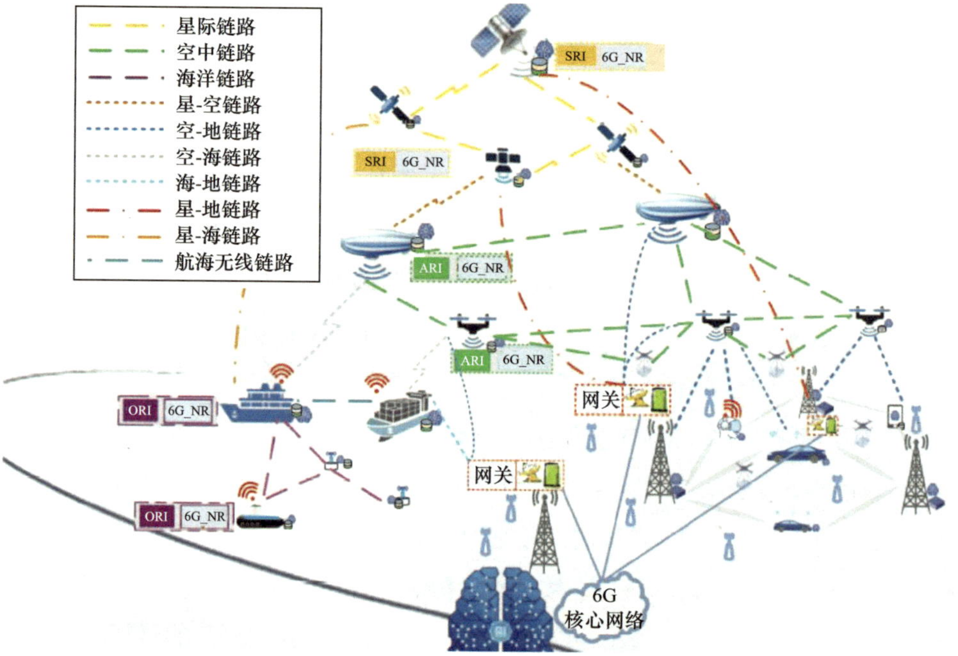

图 2-3　空-天-地-海一体化网络及接口[16]

在高维网络中，多连接技术可以使终端在不同的接入网络层建立多个连接，实现覆盖范围的扩大。为了有效地管理连接，需要动态地进行连接的添加和删除操作。然而，对于高维网络，空间/空中层和地面层之间的无线链路是不理想的，且有较大的延迟。这将极大地影响用于优化连接管理的辅助信息传输。此外，超高移动性的移动基站会引发获取信道状态信息的困难，这也对连接管理提出了挑战。

此外，高维网络中的同一区域可能被多个接入网络层覆盖，导致层间出现严重干扰。协作调度可以抑制这种干扰，通过共享信息来优化用户调度。然而，星–空链路和星–地链路不是尽善尽美的，它们存在较大的时延，这对高维网络中的协作调度是一个挑战。此外，长距离、高移动性的移动基站会产生严重的信道估计误差，这是设计高健壮性、高性能调度算法的另一个挑战。

| 2.5　6G 对新材料的需求 |

6G 系统的技术特征决定了新一代无线通信材料需要完成大规模革新，基础材料技术的发展是提升 6G 射频器件收发效率的关键。新一代通信材料应适应更高的载波频率、更大的通信带宽，且具有更高的效率和高线性度的信号功率输入/输出。

6G 具有全网智能管理和编排能力，能够按需灵活地提供和配置新兴应用和服务。6G 网络是具有自我学习、预测、判断和操作的自治型智能通信网络，由 5G 中的“人—物”互联逐渐演变为人与多种智能体之间的互联，需要使用可感知外部刺激、能判断并适当处理且自身可执行的新型智能传感材料。6G 系统中的感知互联网不同于传统的传感网，其网络主体是具有深度学习能力的多种智能体，能够对感知得到的信息进行反馈和控制，从而获取相应的信息内容及往返控制信息。感知互联技术在数字医疗、神经科学和 AR/VR 等领域将得到广泛应用，对智能表面及智能结构的需求将日益增强。此外，广域连接及空–天–地–海一体化网络的需求使得 6G 系统覆盖范围将进一步扩充至偏远地区、水面、水下、空中乃至卫星中，这意味着 6G 网络将不再使用单一通信手段，只有融合各种无线通信方法，发挥其各自优势，才能够实现一体化的网络。因此对于 100 GHz 以上的太赫兹及可见光等频段，均需要相应的新材料来实现通信系统的完备性。

表 2–1 围绕上述 6G 系统的技术特征及未来发展趋势，列举了 6G 系统对新材料的需求。

表 2-1 6G 系统对新材料的需求

技术特征	发展趋势	新材料需求	材料示例
智慧连接 深度连接	连接对象具有智能，其连接关系不仅是感知，还包括实时的控制与响应，即触觉互联网	实时传送控制、触摸和感应/驱动信息，并进行采样处理	智能传感材料，通常由传感器或敏感元件等与传统材料结合
全息连接	从传统移动通信系统中的基站逐渐演变为高保真/全息信息交互的大型智能表面与智能环境	具有电磁活性，可改变入射和发射无线电波的传播以实现大规模MIMO	超构材料等人工结构、电磁材料人工表面、电子/光子材料等
广域连接	物联设备的活动范围扩展通信接入的地理空间，包括深地、深海和深空等	100 GHz以上的高频段通信系统，实现对高频毫米波、太赫兹及可见光波段的选择性共振或吸收	太赫兹及可见光通信系统中的新材料，如超构材料、III-V族半导体、量子材料、低维材料等

2.6 本章小结

本章围绕 6G 通信的 4 个主要技术特征（智慧连接、深度连接、全息连接、广域连接），重点分析了智能 6G 无线网络的发展；围绕 6G 网络的几大愿景，讨论了 6G 的使用场景和关键功能；考虑到 AI 将作为 6G 的关键技术支撑，讨论了 AI 及 IoE 技术对实现自主网络和设计创新无线网络的影响；介绍了深度感知网络和深度强化学习应用于 6G 面临的挑战以及 AR/MR/VR 将带来的全息交互体验。此外，本章介绍了集成了空间、天空、陆地、水下网络工程的空-天-地-海一体化高维和自主网络架构，以提供全覆盖的无线连接。目前，学术界和产业界都在不断开展相关基础研究工作，加深对 6G 通信的认识。要实现 6G 通信技术的美好愿景，关键在于推动材料基础性技术、物理基础性技术、网络基础性技术等关键技术的不断创新和突破。从纳米材料、复合材料、超构材料、高频毫米波和太赫兹发射等材料基础性技术，到新型无线网络基础设施、深海网络通信等网络基础性技术，都正在根据 6G 通信的高需求而逐步完善。只有通过这些技术的创新和突破，才能实现 6G 通信技术更加可靠、高效、安全、智能的应用。

参考文献

[1] SAAD W, BENNIS M, CHEN M Z. A vision of 6G wireless systems: Applications, trends, technologies, and open research problems [J]. IEEE Network, 2020, 34(3): 134-142.

[2] CHEN M Z, CHALLITA U, SAADW, et al. Artificial neural networks-based machine learning for wireless networks: A tutorial [J]. IEEE Communications Surveys & Tutorials, 2019, 21(4): 3039-3071.

[3] RAPPAPORT T, XING Y C, KANHERE O, et al. Wireless communications and applications above 100 GHz: Opportunities and challenges for 6G and beyond [J]. IEEE Access, 2019, 7: 78729-78757.

[4] RAPPAPORT T, XING Y C, MACCARTNE G R, et al. Overview of millimeter wave communications for fifth generation (5G) wireless networks-with a focus on propagation models [J]. IEEE Trans. Antennas Propag, 2017, 65(12): 6213-6230.

[5] LETAIEF K B, CHEN W, SHI Y, et al. The roadmap to 6G: AI empowered wireless networks [J]. IEEE Communications Magazine, 2019, 57(8): 84-90.

[6] LUONG N C, HOANG D T, WANG P, et al. Data collection and wireless communication in internet of things (IoT) using economic analysis and pricing models: a survey [J]. IEEE Communications Surveys & Tutorials, 2016, 18(4): 2546-2590.

[7] BOULOGEORGOS A, ALEXIOU A, THOMAS M, et al. Terahertz technologies to deliver optical network quality of experience in wireless systems beyond 5G [J]. IEEE Communications Magazine, 2018, 56(6): 144-151.

[8] BUDHIRAJA I, TYAGI S, TANWAR S, et al. Tactile internet for smart communities in 5G: An insight for NOMA-based solutions [J]. IEEE Transactions on Industrial Informatics, 2019, 15(5): 3104-3112.

[9] SIMSEK M, AIJAZ A, DOHLER M, et al. 5G-enabled tactile internet [J]. IEEE Journal on Selected Areas in Communications, 2016, 34: 460-473.

[10] YANG P, XIAO Y, XIAO M, et al. 6G wireless communications: Vision and potential techniques [J]. IEEE Network, 2019, 33(4): 70-75.

[11] CHEN K C, ZHANG T, GITLIN R D, et al. Ultra-low latency mobile networking [J]. IEEE Network, 2018, 33: 181-87.

[12] 陈亮，余少华. 6G 移动通信关键技术趋势初探（特邀）[J]. 光通信研究，2019, 5: 1-8.

[13] BASTUG E, BENNIS M, MÉDARD M, et al. Towards interconnected virtual reality: Opportunities, challenges and enablers [J]. IEEE Communications Magazine, 2017,

55(6): 110-117.

[14] 赵亚军 , 郁光辉 , 徐汉青 . 6G 移动通信网络：愿景、挑战与关键技术 [J]. 中国科学 : 信息科学, 2019, 49(8): 963-987.

[15] DAVID K, BERNDT H. 6G vision and requirements: Is there any need for beyond 5G? [J]. IEEE Vehicular Technology Magazine, 2018, 13(3): 72-80.

[16] ZHANG Z Q, XIAO Y, MA Z, et al. 6G wireless networks: Vision, requirements, architecture, and key technologies [J]. IEEE Vehicular Technology Magazine, 2019, 14(3): 28-41.

[17] LIU J J, SHI Y P, FADLULLAH Z M, et al. Space-air-ground integrated network: A survey [J]. IEEE Communications Surveys & Tutorials, 2018, 20(4): 2714-2741.

第 3 章

6G应用中的新型频谱通信材料

随着 5G 的发展和 6G 时代的到来，通信信道的容量及数据传输速率正面临着前所未有的挑战。无线通信中的频段资源已经日趋紧张，在 6G 复杂的通信环境下，传统的无线通信已难以实现全面的高速覆盖。5G 通过整合 24 ～ 100 GHz 的频谱资源，尽可能地提升频谱利用效率。在 6G 技术的研发过程中，探索如何进一步扩展 100 GHz 以上的频谱资源，如何获得不同的频谱来源至关重要。持续增长的需求使未来无线通信系统亟须扩展频谱资源，太赫兹频谱和可见光频谱是 6G 通信中两类重要的候选频谱。太赫兹频谱技术受到欧、日、美等国家（地区）的高度重视，在通信领域被广泛开发利用。可见光通信（Visible Light Communication，VLC）作为一种新型通信方式，是短距离无线通信及水下通信的一个重要选择。本章从太赫兹通信和可见光通信两种新型通信方式出发，探讨其中使用的新材料，并分析其面临的技术挑战。

3.1 太赫兹通信材料

太赫兹波是一种高频电磁波，频率范围在 10^{11} ～ 10^{13} Hz，位于红外线和微波之间，图 3-1 显示了其在电磁频谱的波段。相较于红外线和微波，太赫兹具有很多独特的性质[1]。因其特殊的频段位置，已经发展成熟的微波理论和光学理论均不适用于太赫兹波。

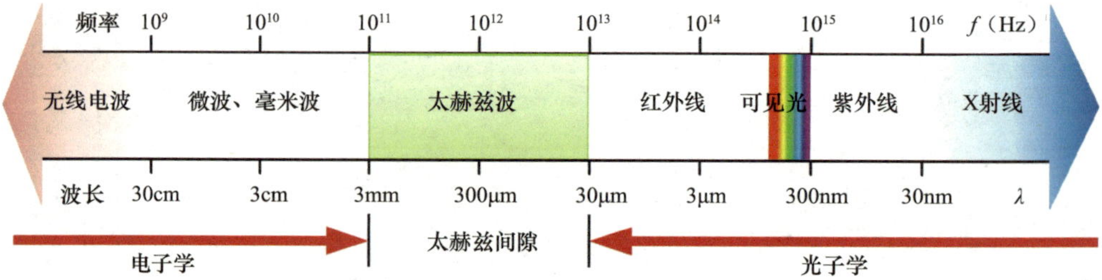

图 3-1 太赫兹波在电磁频谱中的波段[1]

如前所述，目前无线通信正面临着有限的频谱资源与庞大的业务需求之间的矛盾，而使用太赫兹通信的优势在于：较之红外通信，其不易受大气闪烁的影响；较之毫米波通信，其可用带宽更大，载波频率更高。近 20 年来，随着材料科学的发展，太赫兹系统发生了一场革命，越来越多的新型高功率辐射源、相对灵敏的探测器开始崭露头角。本节围绕太赫兹通信的 3 个关键环节（辐射、探测、调制）展开介绍，探讨其中已经使用及未来可能使用的新材料。

3.1.1　太赫兹辐射源材料

太赫兹辐射源是太赫兹通信系统中的核心器件，用于产生信号。按原理及性能的不同，太赫兹辐射源可分为光子学太赫兹源、半导体太赫兹源、真空电子学太赫兹源等。光子学太赫兹源利用激光和非线性频率下的转换等技术来实现太赫兹辐射，在常温下工作且易于调谐，可产生宽带太赫兹辐射。但由于激光光子能量到太赫兹光子能量转换效率的限制，光子学太赫兹源效率较低，难以实现高峰值功率与高平均功率，在功率与效率两方面仍存在瓶颈。随着半导体技术的发展，毫米波振荡器件的截止频率得到了提升，固态半导体电子学辐射源取得了很大进展。因其具有较高的工作效率、较好的稳定性、低噪声、低成本等优点，在太赫兹辐射方面具有强大的应用潜力与价值。下面围绕目前使用较为广泛、未来应用价值较高的几种太赫兹辐射源，对其核心材料的选择及其面临的挑战进行讨论。

1. 光整流晶体

基于光整流的太赫兹源是一种光子学太赫兹源，具有较高的电场幅值、较宽的调谐范围、较高的输出效率等优点，可在室温下稳定运行。基于光整流产生太赫兹的模型最早由 S. L. Chuang 于 1992 年提出。Andrei 等[2] 在 2008 年用飞秒脉冲激光泵浦（pump，也称抽运）$MgO:LiNbO_3$ 晶体，产生了能量为 30 μJ 的太赫兹波。光整流效应是一种非线性效应，是电光效应的逆过程，入射光子通过差频过程产生一个低频电场，即太赫兹辐射，同时引发表面耗尽场效应、光致丹倍效应（Photo-Dember Effect）、线性光致电流效应等（见图 3-2）[3]。光整流的物理过程是一个瞬间完成的过程，而产生的太赫兹辐射强度与非线性介质的低频极化电场强度对时间的二阶偏导数成正比。因此，从原理上看，光整流晶体产生太赫兹波的能量来源于入射激光脉冲，该过程的能量转换效率主要取决于入射激光脉冲的能量、入射激光脉冲与产生的太赫兹波脉冲之间的相位匹配程度，以及光整流晶体的非线性系数。通常，由于光整流过程中同时存在吸收损耗和波矢失配，当非线性晶体在太赫兹波段的吸收系数较大时，由光整流产生的太赫兹波强度有所下降，因此选择合适的非线性晶体尤为重要。性能良好的非线性晶体应具有较大的有效非线性系数、较小的太赫兹波段吸收系数，同时还要求晶体具有较大的抗损伤阈值、较宽的透光范围及良好的物理化学性能与力学性能。

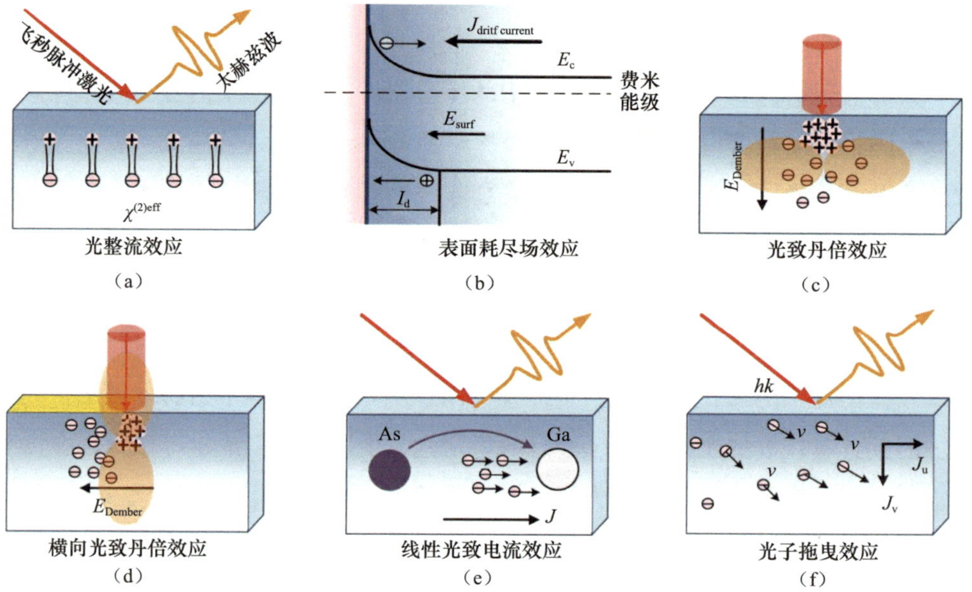

图 3-2 光整流效应及其附加效应的原理 [3]

常用的非线性介质有 $LiNbO_3$、$LiTaO_3$，有机非线性晶体 DAST，半导体 GaAs、ZnTe、GaP 等。DAST 具有较大的非线性系数和品质因数，有研究利用该晶体在 1.5 μm 的电信波长产生了场强高达 50 kV · cm^{-1} 的周期性太赫兹波。然而，DAST 晶体也存在明显的缺点，如导热性能差、抗损伤阈值低、在太赫兹波段的吸收系数较大。此外，目前生产高质量、大尺寸的 DAST 晶体仍存在一定困难 [4]。

ZnTe 晶体在 800 nm 的入射激光下的折射率与太赫兹波段近似相等，容易实现较大程度的相位匹配，因此被广泛用作光整流的非线性介质，并可获得 1.3 ～ 4 THz 的连续光谱。但 ZnTe 的非线性系数和品质因数较小，难以适用于需要高功率太赫兹波的场合。与之结构相似的 CdTe 晶体具有较大的非线性系数和品质因数，但其带隙相对较小，会强烈吸收 800 nm 的入射激光，难以作为非线性介质。GaAs、InTe 等半导体材料与 ZnTe 类似，均不适用于产生高功率太赫兹波。

$LiNbO_3$ 作为一种近化学计量比晶体（Li∶Nb＝1∶1），非线性系数和品质因数都很大，且具有较大的带隙，一般不会吸收 800 nm 的入射激光[5]，对能量较高的入射光进行光整流后，可以获得更高的能量转换效率、更高能量的太赫兹波。$LiNbO_3$ 是目前应用最广泛的强太赫兹源材料之一，有效非线性系数达到 168 $pm\cdot V^{-1}$，大于半导体的典型值，小于有机材料的对应值。室温下 $LiNbO_3$ 的太赫兹吸收系数相对较大，但通过将晶体冷却至低温，可以显著减小该系数。研究表明，在相同能量的入射激光脉冲下，由 $LiNbO_3$ 产生的太赫兹波的能量比 ZnTe 的高出一个数量级[6]。另外，当一定波长和能量的强激光入射晶体时，其折射率会发生改变，从而影响到相位匹配情况[7]。采取适当比例的 MgO 掺杂可以改善这一问题，有效提高其抗损伤阈值与抗折射率变化的能力。Suizu 等[8]利用切连科夫效应，在 MgO∶$LiNbO_3$ 晶体中产生了宽带太赫兹辐射，实验装置如图 3-3 所示。与“纯 $LiNbO_3$”相比，掺杂摩尔百分比为 5% 的 MgO，可以使抗光折变能力提高两个数量级、抗光损伤阈值提高 3 个数量级，从而大幅度提高光整流产生太赫兹波的输出功率及稳定性[9]。此外，Mg^{2+} 的掺杂比例会影响 $LiNbO_3$ 晶体对太赫兹波的吸收，当 Mg^{2+} 的掺杂比例稍高于实现抗光折变的阈值时，$LiNbO_3$ 对太赫兹波的吸收达到最小值[10]。同时，$LiNbO_3$ 对太赫兹波的吸收也会随着温度的下降而明显下降，在 −173 ℃的低温下 $LiNbO_3$ 对太赫兹波的吸收损耗仅为 4.8 cm^{-1}，对应的品质因数为 48.6，超过了 DAST 晶体，在产生更高功率的太赫兹波方面具有一定潜力。

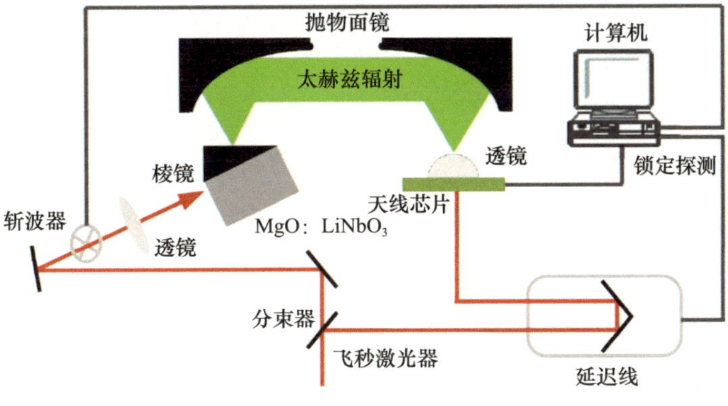

图 3-3　MgO:$LiNbO_3$ 晶体产生宽带太赫兹辐射的装置[8]

图 3-4 显示了常见太赫兹辐射源的性能比较[10]。现有的激光光源可产生以 1 THz 为中心的单周期脉冲，或以 2 THz 为中心的准单周期脉冲，峰值场为 1 mV · cm^{-1} 或 2 mV · cm^{-1}。其中，两种主要的光整流技术是斜脉冲前沿泵浦 $LiNbO_3$ 光整流和具有极大非线性系数的有机晶体光整流。前者可应用于不同的泵浦波长，强大的激光器在其基础波长处驱动整流过程，也适用于高平均功率和高重复率的场景。但因为存在材料吸收，斜脉冲前沿泵浦 $LiNbO_3$ 产生的太赫兹脉冲的光谱范围被限制在 3 THz 以下。DAST、DSTMS 等有机非线性晶体具有极大的非线性系数，因此具有很好的转换效率。然而，相位匹配和材料吸收需要在 1200 ～ 1500 nm 的近红外波长下进行泵浦，这对没有额外波长转换的商用飞秒激光系统来说是非标准的。另外，由于热效应和大面积晶体有限的效率，在高激光重复率下往往具有低损伤阈值（约 1 mJ · cm^{-2}）。对于这两种光整流技术，由于过程的级联特性，光子转换效率会超过 100%，有可能发生光谱损耗问题，影响泵浦激光强度。

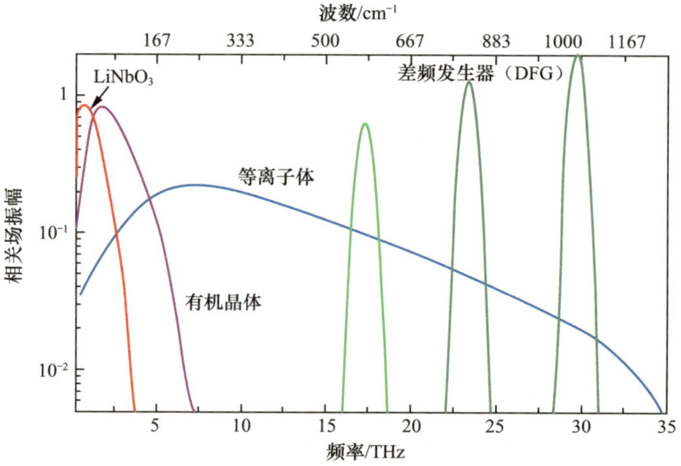

图 3-4 常见太赫兹辐射源的性能比较[10]

总之，光整流方法产生太赫兹波的关键在于非线性晶体的选择，较大的有效非线性系数、较小的太赫兹波段吸收系数、较大的抗损伤阈值、较宽的透光范围等是该非线性晶体应具备的特性。光整流方法具有较高的时间分辨率和较宽的频谱范围，但相位匹配、输出功率及成本等问题仍需解决。

2. 量子级联激光器

量子级联激光器（Quantum Cascade Laser，QCL）是利用Ⅲ-Ⅴ主族的超晶格材料制成的紧凑型半导体光源，多用于中红外波段，2002 年开始用于太赫兹频率范围 [11]。THz-QCL 可产生百毫瓦量级的太赫兹辐射，具有体积小、易集成、能量转换效率高等优点，已成为太赫兹辐射源的一大热点。

THz-QCL 与中红外 QCL 相似，利用半导体耦合量子阱子带跃迁的原理，一系列量子阱中形成的电子子带之间的跃迁激发出激光，通过将许多活动区域“级联”在一起，注入的电子在通过器件时经历多次激光跃迁 [10]（见图 3–5）。因此，激光的整个特性通过能带结构调控和半导体超晶格的设计来控制。在中红外波段，QCL 在高输出功率、室温和连续波等工作条件下都获得了优异的性能，可覆盖 2.7 ～ 25 μm 的宽光谱范围。在超出限制波段（大于 50 μm）时，QCL 在 1 ～ 5 THz 范围内的高功率（大于 1 W）、光子和远场工程、量子限制线宽、频率梳和脉冲产生等领域也展现出显著的性能 [11]。THz-QCL 所需的低温条件可通过使用斯特林制冷器来实现。上述进展不断推动了 THz-QCL 走向商业化。尽管仍存在挑战，但由于其紧凑且用户友好的几何结构及强大的输出功率，THz-QCL 仍是产生 THz 波的重要技术手段，需要进一步开发和利用。

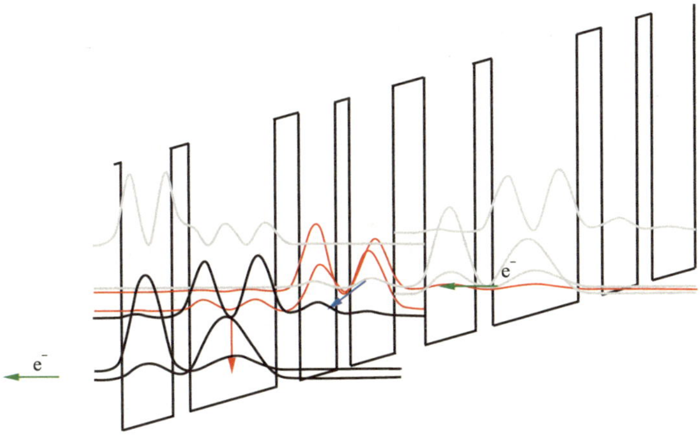

图 3–5　THz-QCL 的原理 [10]

对于高效率的激光器而言，其发挥作用的器件的增益要大于损耗。要提高器件的增益，必须实现高能级对于低能级的粒子数反转。而降低器件的损耗，需设计更好的波导。由于 THz-QCL 发出的光子能量较低（通常低于极化光学声子能量），采用传统的电子–声子散射来实现粒子数反转较为困难，可通过设计不同的有源区结构（如超晶格结构、束缚态向连续态跃迁结构及共振光学声子结构等[12]）来解决。

中红外 QCL 多使用 GaAs/AlGaAs 材料体系，其有源区结构设计是一个重要限制因素。在没有外加磁场的情况下，其在脉冲模式下的工作温度可升至 –73.5 ℃。如前所述，QCL 可以通过斯特林制冷器实现商业化，若考虑更主流的应用和更低的成本，使用佩尔捷制冷器是更好的选择，但需要将最高工作温度提高至 –33 ℃左右。

一个解决办法是使用其他半导体材料，如 InGaAs 和 InAs，由于其较低的有效质量和较高的增益，可以有效改善上述温度限制的问题。然而，实现高质量生长以控制光学损耗至关重要，某些新型的材料体系包括 Si-Ge 异质结、Ⅲ主族氮化物量子阱和Ⅱ-Ⅵ主族材料也开始受到关注。值得注意的是，后两种材料由于其较大的纵向光学声子能量（大于 70 meV），需避免高温操作（热激活声子散射）。此外，抑制非辐射散射的一个更有效的方法是在一系列量子点内实现级联激光，量子点会导致动量空间的零能量色散，从而减少非辐射散射[13]。自上而下和自下而上的量子点图案化研究已经被提出或正在研发过程中，前者依赖于先进加工技术和表面钝化的改进，后者则需要全新的生长技术（如原位定位生长量子点技术）。

对于降低器件损耗的波导而言，目前广泛使用的是表面等离子体（单金属）波导和金属–金属波导[10]（见图 3–6）。后者有利于在更高温度下工作，也有利于在较低 QCL 频率下工作，缺点是较低的输出光束剖面和较低的输出功率。为了解决上述问题，初步做法是采用镶嵌面透镜、喇叭天线和光子晶体。尽管如此，仍不能同时满足单片几何、大功率和可控远场辐射剖面的要求。光子异质结构等解决方案在本质上都是频率选择性的，并不适合未来的一系列挑战（如宽带放大器、脉冲产生和频率梳）[14]，更高效的波导仍然需要后续研发。

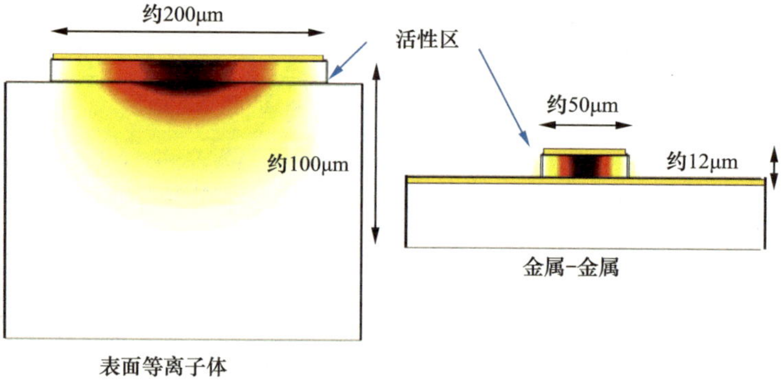

图 3–6　表面等离子体（单金属）波导和金属–金属波导[10]

尽管未来面临相当大的挑战，但THz-QCL仍是目前唯一在1 THz以上具有高输出功率的紧凑型光源。在可调谐性方面，THz-QCL可在耦合微腔结构中利用金属反射镜、石墨烯或超构材料，将极窄的双金属腔与表面发射谐振器相结合。在宽带方面，THz-QCL可通过全新的有源区、波导设计来显著降低群速度色散，同时通过实施混合主动-被动方法，或通过设计具有新颖结构的合适饱和吸收体组件、开发具有适当太赫兹吸收特性的新颖的材料来实现。此外，为了实现广泛可调传感系统的目标，可使用宽带、高效集成的太赫兹外耦合器，利用准周期结构（一维光栅、二维准晶体）甚至随机谐振器来打破辐射模式的对称性[15]。

3. 太赫兹时域光谱光电导器件

自20世纪80年代以来，时域光谱学（Time-Domain Spectroscopy，TDS）的出现使光谱仪广泛应用于太赫兹波段，研究人员开始使用光电开关进行宽带太赫兹辐射的产生和检测。近年来，该领域已经取得了重要进展。采用低温生长的GaAs代替原来在蓝宝石上制备的硅半导体，其他材料（如InGaAs合金和石墨烯基材料）也已经被广泛使用。在激光器方面，从Ti:Sapphire（约800 nm）基激光激发扩展到适合于稀土掺杂光纤激光器（1050 ～ 1550 nm），为超短脉冲提供了更便宜、更便携、更稳定和更可靠的来源。目前，基于光电导器件的太赫兹时域光谱系统的输入信号的动态范围已达到90 dB，带宽达6 THz[16]。

除了改变所用半导体外，触点也从相对简单的蝶形、偶极子或带状线结构演变成相当复杂的几何结构[10]（见图3-7），改善了进入半导体的光辐射耦合并限制了半导体-金属电荷传输时间[17]。某些设计包含额外的触点，允许检测太赫兹电场的不同成分，使偏振分辨TDS成为可能[18]。该技术在一次太赫兹测量中提供的信息是原来的两倍，且消除了由材料的各向异性（如双折射和光学活性）引起的不确定性。

光电导发射器目前面临的一个最重要的技术挑战是提高成本效益、实现大规模生产可行性。低温GaAs（InGaAs）仍然是光电导器件中应用最广泛的材料之一，但其制备方法有两大缺点。首先，即使在相同的标准条件下且在同一个反应器中生长，半导体的特性也很难再现。其次，其生长需要在分子束外延设备上进行，不适合太赫兹器件的大规模生产。尽管有些方法（如引入纳米间隙）可以显著改善光导探测器的性能，并消除对载流子寿命短的材料的需求，但其生产需要使用非常高分辨率的制造技术（如电子束光刻），进行大规模实施有一定困难。

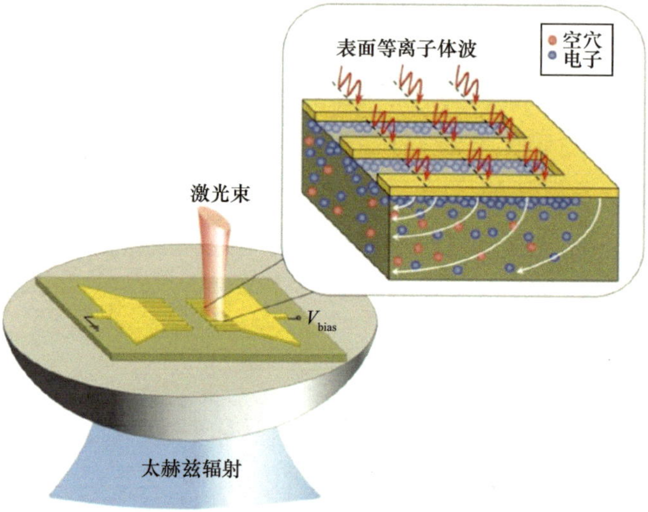

图 3-7　纳米图形触点光导开关 [10]

在紧凑型片上开发太赫兹光谱测量系统有望将太赫兹光谱测量扩展到新的应用领域 [19]，这将成为进一步发展光电导太赫兹器件的驱动力。未来应继续推动更紧凑的飞秒激光系统和太赫兹光源的发展，从而优化当前的体系，推动太赫兹器件的发展。

在材料方面，离子注入、纳米尺度和纳米结构半导体在替代低温生长材料方面展现出良好的效果，通过化学气相沉积、原子层沉积和其他技术（比分子束外延更经济）生长的材料的质量正在改善。虽然器件和天线设计方面的进展已经通过电子束光刻技术等得到验证，但高通量制造技术仍需要改进。尽管极限紫外光子成像技术的应用还相对局限于复杂的微电路生产，但该技术能够实现 10 nm 尺度器件的大规模生产，对于制备某些特定结构（如等离子体纳米结构）是最佳的选择 [20]。

4．自旋电子太赫兹发射器

太赫兹光电导器件自问世以来经历了巨大的发展，新型半导体材料和接触结构的应用显著地提升了其带宽、功率和可靠性。尽管在工业规模上制造这些器件的可行性仍然是一个待解决的问题，但预计未来几年有望出现有效的解决方案。半导体和绝缘体是目前最常用的固体太赫兹源基础材料，广泛应用于光整流晶体和光电流等方面。由于所使用的大多数半导体材料是极性的（如 ZnTe、GaP、GaSe、GaAs 或有机材料[21]），且太赫兹辐射在光学声子共振附近有强烈的衰减，因此在 1 ～ 15 THz 存在发射强度降低的问题。这一限制在金属中是不存在的，因为金属具有无特征的太赫兹折射率[22]。例如，基于金属结构的太赫兹发射器的带宽可高达 3 THz。然而，由已经获得的太赫兹场振幅可知，金属基太赫兹辐射源仍无法直接提供适合强场应用的太赫兹波[23]。目前，所有发射极仅利用了电子的电荷特性，而借助电子自旋来产生光电流的方法也是可行的。例如，近年来出现的自旋电子太赫兹发射器（Spintronic THz Emitter，STE），能将超快自旋光电流转换为横向电荷电流。

如图 3–8 所示，STE 采用由铁磁性（F）和非磁性（N）金属薄膜制成的双层结构。飞秒泵浦脉冲通过光学反式基底，在金属堆中产生非平衡电子分布。由于 F 层中多数自旋和少数自旋的输运性质明显不同，从 F 层到相邻 N 层的自旋输运被激发出来[24]。当 N 层由重金属构成时，自旋轨道耦合引起电子的自旋偏转。这种反向自旋霍尔效应将平面外自旋电流转换为所需的亚皮秒平面内电荷电流，从而发射太赫兹电磁脉冲。

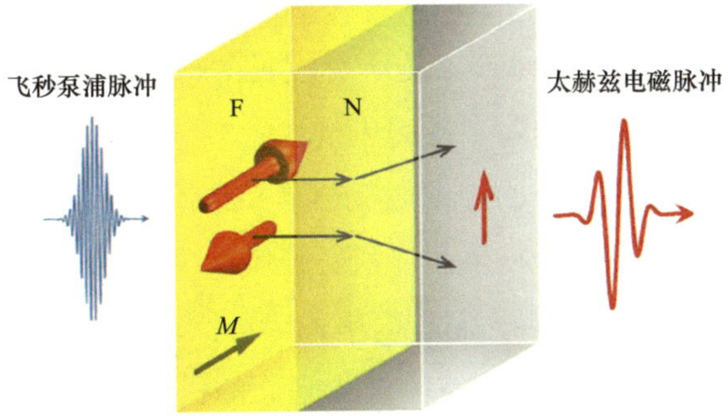

图 3–8　STE 的基本结构及原理[24]

STE 的概念已在多项研究中得到了验证，太赫兹振幅对 N 膜厚度的依赖性表明，光电流在靠近 F/N 界面的厚度为 1 ～ 3 nm 的超薄层中流动。在第一个优化过程中，通过使用薄膜（增加激发密度和金属的面电阻），以 Pt 和 W 等重金属作为 N 层（最大化从自旋到电荷的电流转换），并使用 W|F|Pt 三层膜（同时利用正向的自旋极化电子和反向的自旋极化电子），成功增强了太赫兹辐射。

研究表明，采用玻璃衬底上的 W（厚度为 2 nm）|$Co_{40}Fe_{40}B_{20}$（厚度为 1.8 nm）|Pt（厚度为 2 nm）3 层结构，并利用钛宝石激光振荡器的激光脉冲（能量为 2.5 nJ，

持续时间为 10 fs，中心波长为 800 nm，重复频率为 80 MHz），可实现优化的太赫兹辐射。发射的太赫兹电磁脉冲无间隙地覆盖了 1 ～ 30 THz 的范围，且峰值大大超过了基准发射极[25]。对宽带线性光谱来说，该光谱技术极具前景，特别是在难以达到的 5 ～ 15 THz 范围内。

以上基于自旋电子学的 3 层结构的制备方法简单，不需要任何光刻步骤，易于扩展。成本主要由基板价格决定，比直径相当的 ZnTe 晶体的价格低两个数量级。为了实现大规模 STE，可将放大的 Ti:Sapphire 激光系统产生的强激光脉冲（能量为 5.5mJ，持续时间为 40 fs，中心波长为 800 nm，重复频率为 1 kHz）作为准直光束（直径为 4.8 cm）定向到 STE 上。对于电光探测，发射的太赫兹光束将聚焦在 ZnTe(110) 晶体上（厚度为 10 μm）[26]。在相同的激励条件下，大面积 STE 的峰值仍然低于现有太赫兹发射器（如基于 $LiNbO_3$ 的太赫兹发射器）所产生的峰值。但与其他发射器相比，大面积 STE 具有独特的特性，在非线性太赫兹光谱中具有重要的应用潜力：

（1）发射光谱宽且无间隙，与等离子体源的发射光谱相当；

（2）操作与泵浦波长无关，任何高功率激光都足以驱动大规模的 STE，而与输出波长无关；

（3）由于其金属叠层比所涉及的所有波长薄得多，因此不会出现相位匹配问题，薄金属也有助于基体去除多余的热量；

（4）直接用于传输模式，由于发射极很薄并且依赖于二阶非线性光学过程，因此保持了泵浦光束的高斯分布且允许紧密聚焦；

（5）金属薄膜堆结构完善，制造简单，成本低；

（6）线性极化发射的太赫兹波的极化平面的极性和方位角可以方便地通过 STE 的磁化设置，STE 的磁化可通过外部磁场进行调制。

总之，STE 的研究刚刚起步，有许多改进方法，例如增强泵吸、优化 F 和 N 材料、改善散热、采用较短的泵脉冲和天线结构等，这些方法有望推动 STE 加快进入 $mV \cdot cm^{-1}$ 的领域。因此，STE 在非线性太赫兹光谱中还有很大的应用潜力。

3.1.2 太赫兹探测材料

太赫兹频段的探测是太赫兹通信的关键环节。传统的半导体器件，如晶体管和二极管，受限于制备技术，工作频率一般不超过 0.1 THz。而光子型半导体器件则因能隙限制，主要在 10 THz 以上的频段工作。因此，太赫兹频段的探测技术成为亟待解决的问题，是突破太赫兹通信技术瓶颈的关键。

理想的太赫兹探测器应满足以下 5 个要求：高灵敏度［即具有低噪声等效功率（Noise Equivalent Power，NEP）］、可在室温下工作、快速光响应（即低响应时间）、宽动态范围（即最低和最高可测量入射光功率之间的范围广）、可在广泛的太赫兹频率范围内工作（尤其是 1 THz 以上）。商用室温太赫兹探测器，例如热释电探测器和高莱探测器，具有极高的灵敏度（NEP 约为 1 nW · $Hz^{-1/2}$），但响应时间较长，分别为 100 ms 和 30 ms。测辐射热计太赫兹探测器的 NEP 为 0.5 pW · $Hz^{-1/2}$，同时可实现响应时间为 50 ps 的快速操作，但需要在低温（约 −269 ℃）条件下工作，且动态范围较窄（最大可探测功率约 0.1 μW）。肖特基二极管结合了高速（皮秒范围内的响应时间）和高灵敏度（NEP 为 10 ～ 100 pW · $Hz^{-1/2}$），但截止频率较低（仅在 1 THz 以下工作），动态范围较窄[27,28]。因此，目前尚无商用太赫兹探测器能同时满足所有这些要求。

近年来，量子阱、CNT、半导体纳米线（Nanowire，NW）和二维材料等纳米结构材料逐渐成为高性能太赫兹探测器的新发展方向[29]。由于具有优异的电学和光学性能，基于此类材料的光电器件（包括太赫兹探测器）引起了研究人员极大的研究兴趣。它们的光电特性可以通过化学掺杂、改变栅压等多种手段调节，实现通道传输特性的优化。本节围绕上述新型纳米材料，首先简要介绍其物理特性及其作为太赫兹光电探测器的优点，然后讨论不同的光探测机理，对材料选择进行评估，同时提出太赫兹探测器的发展前景及其面临的挑战。

1. 基于二维材料的太赫兹探测器

与 Si、GaAs 等传统半导体材料相比，石墨烯、过渡金属二硫族化合物（Transition Metal Dichalcogenide，TMDC）和黑磷（Black Phosphorus，BP）等二维材料在太赫兹探测方面更具竞争力。首先，由于在二维平面垂直方向上的量子限制，电子态密度在靠近导带和价带边缘处出现尖峰，与入射光子之间的相互作用更强，光吸收能力也更强[30]。其次，二维材料可通过掺杂及对层数的调控而具有不同的带隙，实现超宽带光响应。最后，二维材料表面没有悬键，由于表面的自然钝化作用，便于与其他二维材料构建垂直异质结，而无须考虑传统的晶格失配问题。不同二维材料形成的异质结具有不同的光电特性，为光探测提供了多样化的选择[31-33]。同时，原子厚度和层间的弱相互作用使得二维材料易于缩小以制备纳米器件。二维材料的光电特性还可以通过调控栅压和化学掺杂等多种手段来调节，便于优化通道的传输特性。因此，基于二维材料的太赫兹探测器近年来备受关注。

石墨烯是碳的一种平面同素异形体。单层石墨烯通过 sp^2 杂化形成碳–碳间距为 1.42×10^{-10} m 的六角形蜂窝结构[34]，剩余的半满 p_z 轨道与晶格平面垂直，形成共轭 π 键［见图 3–9（b）］。1947 年，P. R. Wallace 首次使用紧束缚模型来计算石墨烯的能带结构，揭示了其独特的半金属行为。石墨烯的能带结构对称，导带和价带在狄拉克点相交，具有零带隙［见图 3–9（a）］[35]。石墨烯的费米能级位于狄拉克点。在狄拉克点附近，能量与动量呈线性关系，电子表现为相对论性的无质量狄拉克费米子，可远程传播而不发生散射[36]。与单层石墨烯不同，双层石墨烯或石墨烯纳米带为带隙很小的半导体。石墨烯的费米能级还可以通过栅极电压和化学掺杂[37, 38]等方式调节。此外，石墨烯具有超高的载流子迁移率，对于悬浮石墨烯，其载流子输运仅受本征源的限制，包括纵向声子散射、晶格缺陷、波纹和拓扑缺陷等[39]。载流子迁移率高达 2×10^5 $cm^2 \cdot V^{-1} \cdot s^{-1}$[40]。当石墨烯放置在衬底上时，由于杂质散射、界面散射和制备过程中形成的褶皱和裂纹等外部限制，载流子迁移率迅速降低。在 Si/SiO_2 衬底上，石墨烯的载流子迁移率[41]仅为 4×10^4 $cm^2 \cdot V^{-1} \cdot s^{-1}$。石墨烯在室温下具有优异的性能，是一种非常有潜力的太赫兹场效应晶体管（Field Effect Transistor，FET）探测器材料，这一点在理论上也得到了证实[42]。

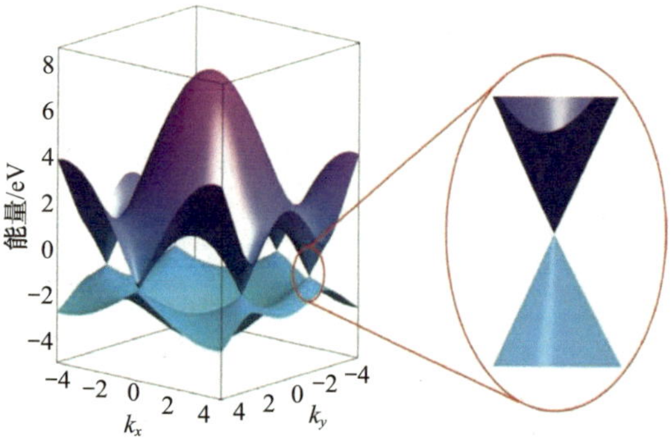

（a）

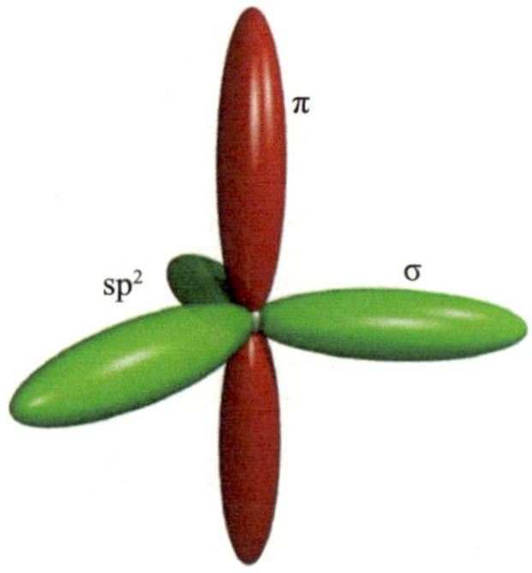

（b）

图 3–9　石墨烯的电子结构[35]

（a）能带结构；（b）碳原子轨道杂化成键的方式

石墨烯的吸收光谱覆盖了从可见光到太赫兹的超宽带范围。通过掺杂可以在石墨烯中打开 $2E_F$ 的光学带隙（E_F 为费米能级）。因此，石墨烯吸收光子时有两种光激发模式：带间跃迁和带内跃迁。对于光子能量高于带隙的可见光和近红外，电子从价带激发至导带，这一过程称为带间跃迁。在此过程中，单层石墨烯具有 2.3% 的恒定光吸收率[43]。在中红外等低频率区，光子能量小于 $2E_F$，由于泡利阻塞效应，无法进行带间跃迁，此时石墨烯主要通过自由载流子吸收光子实现无序介导。而在太赫兹波段，石墨烯与光子的耦合通过带内跃迁增强，从而实现对太赫兹波的灵敏探测（见图 3-10）[44]。

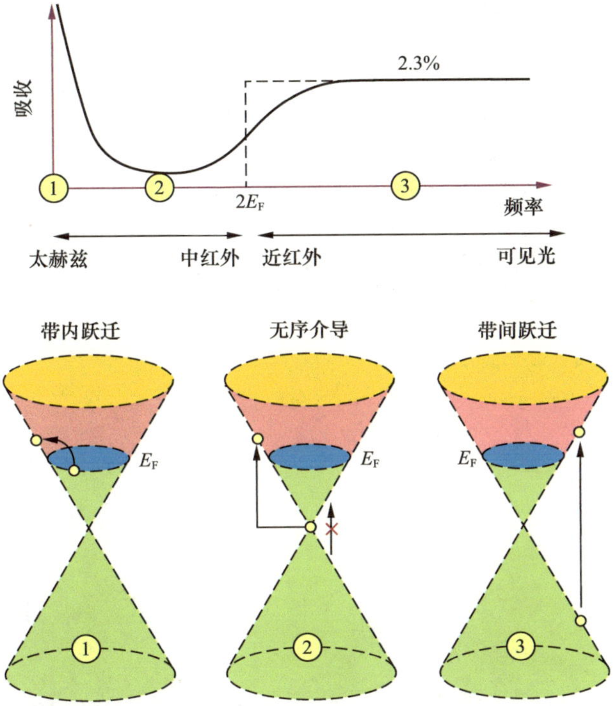

图 3-10 石墨烯的光子吸收机理[44]

1993 年，Dyakonov 和 Shur 首次提出石墨烯 FET 可用于探测太赫兹辐射，利用晶体管的非线性特性，导致辐射引起的直流定向，光响应出现在源极和漏极之间的前额电压中，且与辐射强度成正比[45]。在共振区，等离子体波受到微弱阻尼，借助腔中等离子体波的干扰，产生共振增强响应，图 3-11 显示了石墨烯 FET 结构及等离子体波的谐振。即使系统中没有额外的天线，太赫兹辐射也通过接触垫和连接线耦合到 FET 上。在此基础上增加适当的天线或腔耦合可以提高灵敏度[46]，这是近年来石墨烯 FET 探测器的主要发展方向。图 3–12（a）显示了具有顶栅天线耦合配置的等离子体波石墨烯 FET，该探测器在 0.29 ～ 0.38 THz 范围内的 NEP 为 10^{-9} W · $Hz^{-1/2}$。在室温下对目标进行测量时，双层石墨烯 FET（栅压 V_g=3 V）安装在空间分辨率为 0.5 μm 的平面转换台上。太赫兹成像由 200 × 550 个扫描点组成，扫描点通过在光束焦点中的物体光栅扫描收集，每个点的积分时间为 20 ms [见图 3–12（b）][47]。Liu 等对 FET 进行了进一步改进，探测器由分裂栅极石墨烯 FET 和对数天线组成。NEP 值在 0.04 THz 和 0.14 THz 时均小于 0.1 nW · $Hz^{1/2}$，与商用探测器相比极具竞争力[48]。

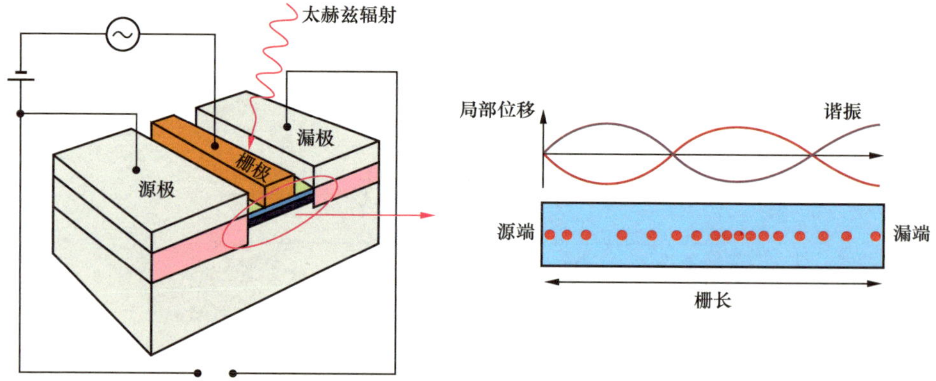

图 3–11　石墨烯 FET 结构及导离子波的谐振[35]

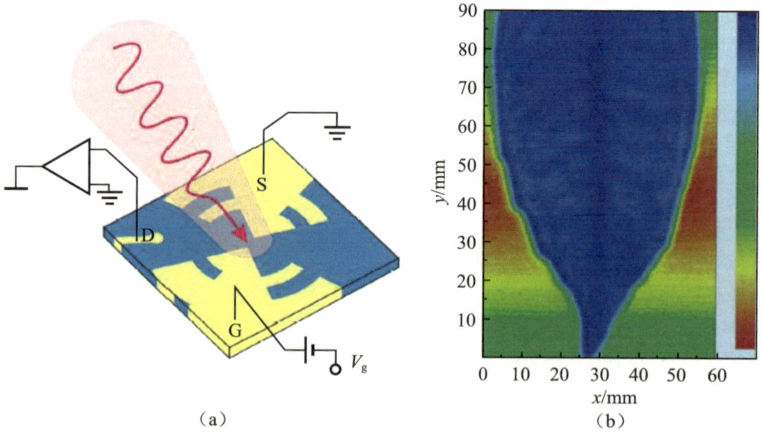

图 3–12　等离子体波石墨烯 FET 太赫兹探测器的结构及成像[47]

（a）结构示意；（b）叶片图像

另一种常见的探测方式是利用光热电效应（Photothermoelectric Effect，PTE）来产生电场。PTE 是基于非均匀光照引起的热电效应。当具有不同泽贝克（Seebeck）

系数的导体或半导体相接触，在入射波的作用下，由光照产生的温度分布会在两者之间形成稳定的光电压。与光伏效应（Photovoltaic Effect，PV）不同，PTE 中不产生电子–空穴对，取而代之的是光子能量被石墨烯中的自由载流子所吸收，电子被加热，电子由热端向冷端运输的过程中与声子发生散射，最终载流子与晶格达成热平衡状态，从而在两种材料之间形成稳定的电势差。PTE 器件在零偏压下工作，其响应性仅与泽贝克系数的差异和温度梯度相关。因此，在设计器件时，需建立温度分布或泽贝克系数沿沟道的不对称性。通常通过形成 p-n 结、界面结或使用栅极控制、非对称天线和非对称电极材料等手段来实现。

2014 年，Cai 等[49]报道了一种采用标准双角度蒸发技术制造的不对称电极高灵敏度石墨烯 PTE 太赫兹探测器（见图 3–13）。采用不同的金属接触，费米能量和泽贝克系数在器件沟道上是不对称的，从而在辐射下产生光电压。栅极电压可调节石墨烯的费米能量，从而影响光响应。响应时间主要由石墨烯的热时间常数决定，约为 100 ps，NEP 为 16 pW · $Hz^{-1/2}$。此外，为了收集更多的入射光，将器件做成图 3–13（d）所示的阵列结构（有效面积为 500 μm × 500 μm），实现局部太赫兹波段的快速、灵敏探测。

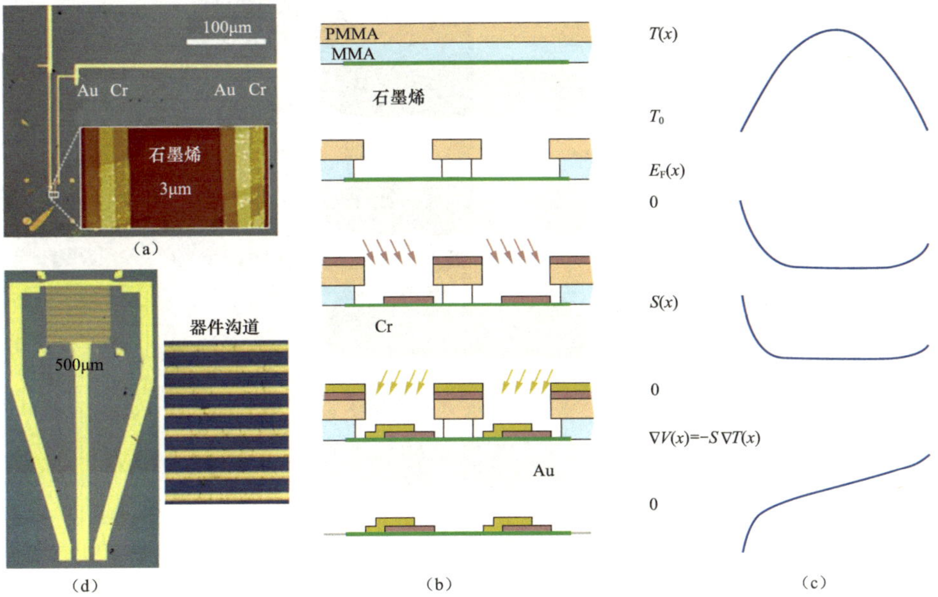

图 3–13　基于不对称电极的石墨烯 PTE 太赫兹探测器[49]

（a）电接触和连接到剥离的石墨烯层的双金属接触；（b）光刻序列；（c）器件上的电子温度、费米能级、泽贝克系数和势梯度分布

2015 年，Tong 等[50]展示了一种具有不对称电极的半边缘接触石墨烯 PTE 探测器。该探测器通过双贴片天线和片上硅透镜进行增强，使探测性能提高了 4 个数量级，最大电压响应度达到 4.9 V · W^{-1}。2019 年，Tielrooij 等[28]设计了一种以单层石墨烯构建的同质 p-n 结为基础的太赫兹探测器，采用了间隙为 100 nm 的双极性天线，同时在位于天线上方的石墨烯通道中创建 p-n 结，并在 p-n 结处强烈集中入射辐射，创建光响应（见图 3–14）。该探测器具有优异的灵敏度，在室温下 NEP 为 80 pW · $Hz^{-1/2}$，响应时间低于 30 ns，具有宽动态范围（线性功率依赖超过 3 个数量级）和宽带操作（测量范围为 1.8 ～ 4.2 THz），综合性能最佳[51]。

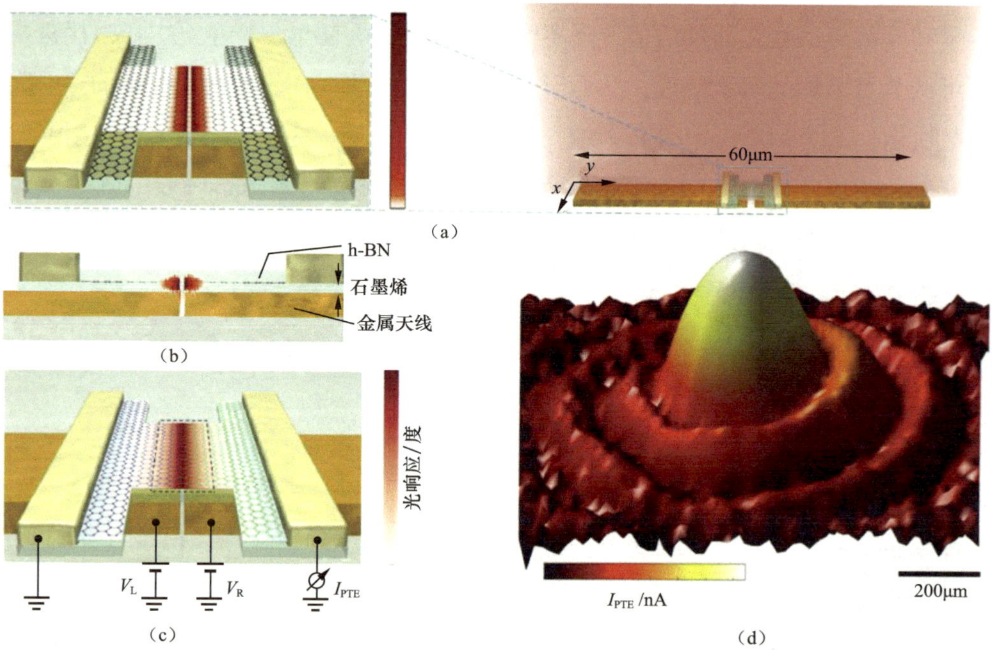

图 3–14　石墨烯同质 p-n 结太赫兹探测器[28]

（a）～（c）器件结构示意；（d）光电流成像

除了上述两种常见机理外，基于测辐射热计以及 p-i-n 结等方式的探测器也受到关注。例如，Yan 等[52]将石墨烯用作热电子测辐射热计，由于较弱的电子–声子相互作用，使用了具有可调谐带隙的双层石墨烯。通过施加垂直电场，在低温下产生电子温度相关电阻，因此可用于测温。在超低温下，1 μm^2 样品的 NEP 可达 5×10^{-9} pW · $Hz^{-1/2}$，接近于目前最先进的测辐射热计（过渡边缘传感器）。

尽管石墨烯探测器具有高灵敏度、宽动态范围等优势，目前其发展仍面临一些挑战，如探测器有源区（100 ～ 200 nm）的低光吸收和较短的光载流子寿命，在实际应用过程中需要在高响应度、超快时间响应和超高速时间响应之间进行权衡。此外，由于石墨烯的零带隙特性，传统石墨烯材料的高暗电流显著降低了光探测的灵敏度，限制了其进一步发展。其他新型二维材料（如硅烯、锗烷、锡烯、磷烯、TMDC、BP 等）正逐渐崭露头角，为太赫兹探测器开辟了新的发展空间。Nicolosi 等[53]根据电学和掺杂特性总结了不同类型的层状材料（见图 3–15），包括原子薄的六方氮化硼（h-BN）、TMDC、BP、金属卤化物（如 PbI_2 和 $MgBr_2$）、金属氧化物（如 MnO_2 和 MnO_3）、Ⅲ-Ⅴ半导体（如 InSe 和 GaAs）和Ⅴ-Ⅵ半导体（如 Bi_2Te_3 和 Sb_2Se_3 及卤化物钙钛矿）。

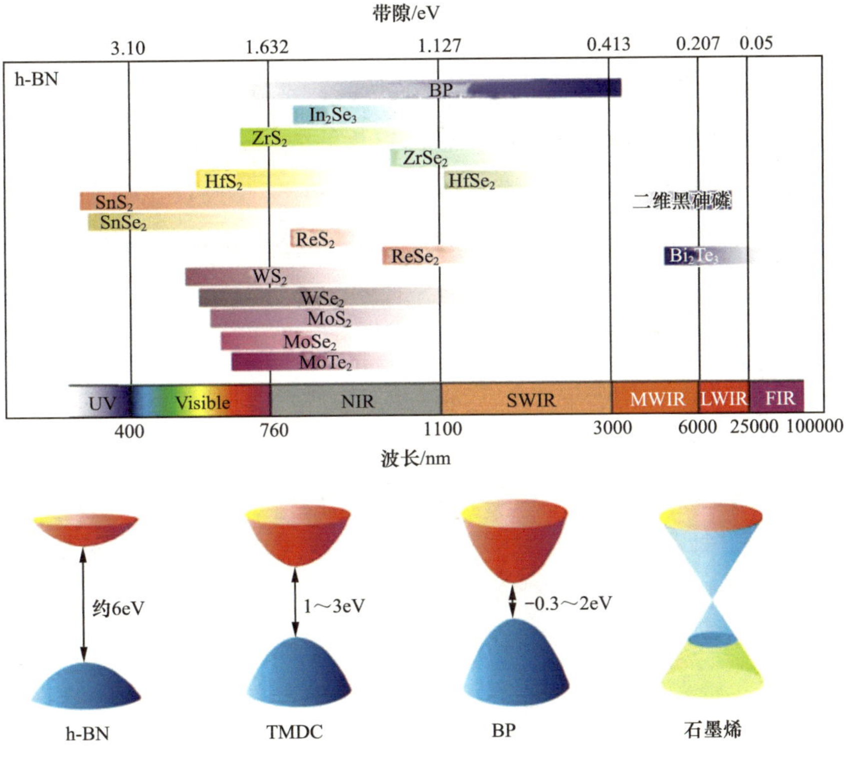

图 3–15　层状材料的带隙及其在电磁波谱上的位置[35]

TMDC 的典型化学式为 MX_2，其中 M 为ⅣB-Ⅷ过渡金属，X 为硫族元素。不同的 TMDC 具有相似的晶体结构，其单层结构以 X-M-X 的形式存在，X-M-X 是夹在两个硫原子平面之间的金属原子平面[54]。对于块体材料，相邻层之间通过范德瓦耳斯力弱连接。由于堆积顺序和金属原子配位的不同，块状 TMDC 具有多种相，包括 1T、2H 和 3R。TMDC 的能带结构与其厚度有关，随着材料由块体向单层变薄，其能带结构由较小的间接带隙向较大的直接带隙过渡。因此，基于量子效应，TMDC 可通过改变层的数量来调节带隙，从而实现对不同波长光的探测。金属原子及其配位环境的多样性也会导致其具有多种能带结构，例如，$PtSe_2$ 是金属性的，而 MoS_2 呈半导体性。此外，TMDC 还具有其他新奇的特性，如 TaS_2 中的电荷密度波（Charge Density Wave，CDW）和 $NbSe_2$ 中的超导性等[55]，这些特性皆有望在光电探测领域得到应用。TMDC 与光子之间的主要相互作用过程是光伏效应，其能带结构与厚度相关，因此吸收光谱随厚度而变化。同时，TMDC 表现出很强的光电导效应，光电导的超高速响应时间（皮秒级）为高速太赫兹器件的发展提供了巨大的潜力。

如图 3-15 所示，对于传统的 TMDC（MoS_2、WS_2 等），其较大的本征带隙（1.2 ～ 1.9 eV）阻碍了太赫兹光子的有效吸收，难以实现太赫兹波段的探测。若能减小其本征带隙，则可将光吸收推向更长的波长。Xie 等[56] 在 MoS_2 中引入 S 或 Mo 缺陷以改变 S 或 Mo 的比例，从而减小 MoS_x（x 代表 S/Mo 原子比）的带隙。减小带隙后的 MoS_x 可实现对太赫兹波段的响应，但室温下的热动能 $E=k_BT$ 为 26 meV，大于 MoS_x 的带隙，导致来自带间跃迁的有效太赫兹光子响应信号完全被热激发（形成巨大的暗电流）所覆盖。因此，带隙的调节要适度，既要实现良好的响应，又不至于使响应被暗电流所覆盖。最终，通过优化电子浓度涨落和电子散射概率，选择原子比为 2.19 的富 Mo 空位样品，在 2.52 THz 的辐射下获得了 10 mA · W^{-1} 的高光响应度，这是传统 MoS_2 材料在太赫兹探测中的首次应用。

近期，一些具有特殊光电性质的 TMDC 也被证明能够实现太赫兹探测。$PdTe_2$、$PtTe_2$ 和 $PtSe_2$ 这类拓扑半金属，具有特殊的Ⅱ型狄拉克锥能带结构。在没有洛伦兹不变性的情况下，当时间反转或反转对称性被破坏时，该结构具有Ⅱ型外尔（Weyl）费米子，且由于弱范德瓦耳斯力的存在，表现出手性相关的奇异输运现象，如手性反常、反常热电或量子化光电流效应。层状Ⅱ型狄拉克半金属也可与其他二维材料结合，形成具有分立器件综合性能的范德瓦耳斯异质结构，为探索新型光电器件提供了有效途径[57]。Xu 等[58] 利用 $PtTe_2$ 制备了在太赫兹范围内工作的平面探测器［见图 3-16（a）］。为了增强对毫米级波长的吸收，他们将一个具有亚波长间隙的蝶形天线与 $PtTe_2$ 相连。利用这一简单的结构，当太赫兹波与倾斜带色散耦合时，由于非平衡载流子的扩散，产生自供电的光电流，且在较小的偏压下促进了响应度的量级增强。研究表明，即使在零偏压下，狄拉克锥耦合单极之间的非对称激发也会发生。在零偏压下，$PtTe_2$ 基太赫兹探测器在 0.12 THz 下的响应度可达 1.6 A · W^{-1}（或 101 V · W^{-1}）。$PtTe_2$ 与石墨烯可搭接形成平面异质结，在室温下实现 537 V · W^{-1} 的自供电模式响应度，在一定偏压下可以进一步提高到 1.4 kV · W^{-1}，在灵敏度和速度上与商业化器件相媲美。此外，前述具有 CDW 性质的 TaS_2 等 TMDC 材料近期也被用于太赫兹探测。1T-TaS_2 此前已实现在室温下的高达 1 A · W^{-1} 超宽带光响应度 [59]。在 $K_{0.3}MoO_3$、TaS_3 等多种材料中进行大量的光泵浦实验，实现了可见光和近红外波段动态相变的光控制。这些结果都揭示了 CDW 效应在电子和光电应用中的潜力。与其他经典的 CDW 体系相比，2H-$TaSe_2$ 的相图相对简单，没有电子–电子相互作用或超导跃迁竞争引起的 Mott 态，为二维 CDW 的测量提供了一个纯粹而规范的系统 [60]。最引人注目的是，2H-$TaSe_2$ 的频率相关电导和光泵实验都表明集体响应的强共振与位于毫米波和太赫兹频率范围内的 CDW 基态有关，而太赫兹频率范围内的 CDW 基态使其成为实现光子能量远低于单粒子间隙的高灵敏度光电器件的首选 [61, 62]。Wang 等 [63] 在平面金属-$TaSe_2$-平面金属的原型装置中首次演示了由 CDW 激发介导的室温毫米波/太赫兹探测见［图 3–16（b）］，实现了低能电磁辐射到电信号的高效率转换。利用该结构中的局域表面等离子体诱导电场，正常态和 CDW 凝聚态之间的耦合提供了高达 40 A · W^{-1} 的响应度，低噪声等效功率降至 1 pW · $Hz^{-1/2}$，从室温到临界相变点 T_p 实现快速响应，为毫米波/太赫兹波段实现大面积、快速成像和遥感等需求开辟了一条新途径。

BP 是磷最稳定的层状结构同素异形体之一。在 BP 的块体材料中，层间通过弱范德瓦耳斯力连接，间距为 5.5×10^{-10} m。由于层间的相互作用，多层 BP 的晶格结构略有变化。在单层 BP 中，每个原子通过 sp^3 杂化与其他 3 个相邻原子强共价结合，形成褶皱蜂窝状晶格。这种特殊结构定义了两个平面内晶体方向：锯齿（Zigzag，ZZ）方向和扶手椅（Armchair，AC）方向，导致电、光和热等性能的各向异性。通常沿 ZZ 方向的载流子有效质量比沿 AC 方向的载流子有效质量大一个数量级 [64, 65]。因此，沿 AC 方向的载流子迁移率和电导比沿 ZZ 方向的载流子迁移率和电导高。此外，BP 沿 ZZ 方向的导热系数大于沿 AC 方向的导热系数，这是各向异性热电特性的根源。每个原子的剩余轨道由氧和水反应性很强的孤对电子占据，因此 BP 在空气中会迅速退化[66]，必须进行严密封装，且不易与其他材料进行复合，这在一定程度上限制了 BP 在实际应用中的潜力。BP 是一种带隙相当大的直接带隙半导体，带隙随层数的增加而单调减小，从约 2 eV（单层）到约 0.3 eV（块体）。BP 的带隙位于石墨烯（0～0.3 eV）和 TMDC（1～2 eV）之间，其光电特性也近乎二者之间。由于高载流子迁移率（约 1000 $cm^2 \cdot V^{-1} \cdot s^{-1}$）和大开关比（约 10^5）[67]，同时具有低暗电流和高响应度，因此 BP 非常适合太赫兹检测。与石墨烯类似，BP 与光子的相互作用包括两个过程：带间跃迁和带内跃迁。当光子能量大于带隙时，带间跃迁占主导地位。当光子能量小于带隙时，带内跃迁控制光子吸收过程。在长波长下，高载流子迁移率使吸收增强，使 BP 能够在具有快速响应的纳米晶体管中检测太赫兹[68]。

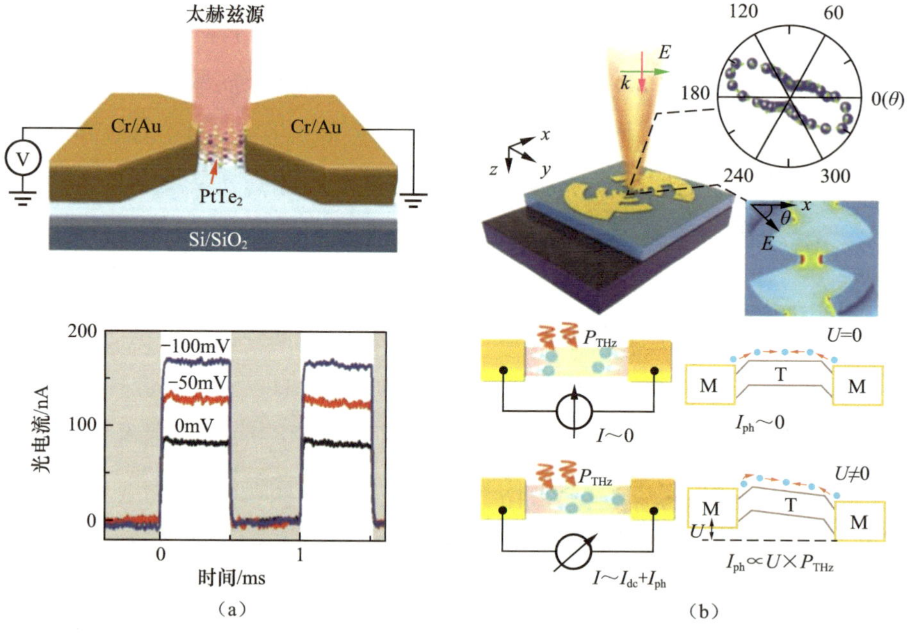

图 3-16　TMDC 太赫兹探测器

（a）$PtTe_2$ 太赫兹探测器[58]；（b）$TaSe_2$ 太赫兹探测器[63]

Leong 等[69]利用二维 BP 薄片在室温下实现了太赫兹响应。采用机械剥离法在 SiO_2/Si 上制备 BP 薄片，并通过对数周期天线进行接触［见图 3-17（a）］，观察到源于 PTE 的太赫兹响应，获得了 0.9 $mV \cdot W^{-1}$ 的响应度，响应时间约为 20 ps，这表明 BP 是一种很有前途的太赫兹探测材料。此外，若存在非对称掺杂或天线馈电等非对称性，BP 中的光热效应也是电子在太赫兹频率下通过带内过程驱动的光响应。由于其面内各向异性，BP 具有很高的导电性和导热性。理论上和实验都证实 BP 具有较大的泽贝克系数。Guo 等[70]在蝶形天线的两个套筒之间引入超短沟道，采用一种简单的方法实现了基于 PTE 效应的探测，其中入射光强烈集中在多层膜 BP 的光活性区［见图 3-17（b）］。在该结构中，沟道长度小于表层厚度，使电场显著增强。另外，在由非对称金属-半导体界面构成的超短通道中，可快速提取热电子。该探测器实现了大于 297 $V \cdot W^{-1}$ 的最高响应度和小于 58 $pW \cdot Hz^{-1/2}$ 的光学 NEP，与前述石墨烯 PTE 探测器类似。天线结构的优化设计和泽贝克系数的调整也为 BP PTE 探测器的进一步改进提供了可能。

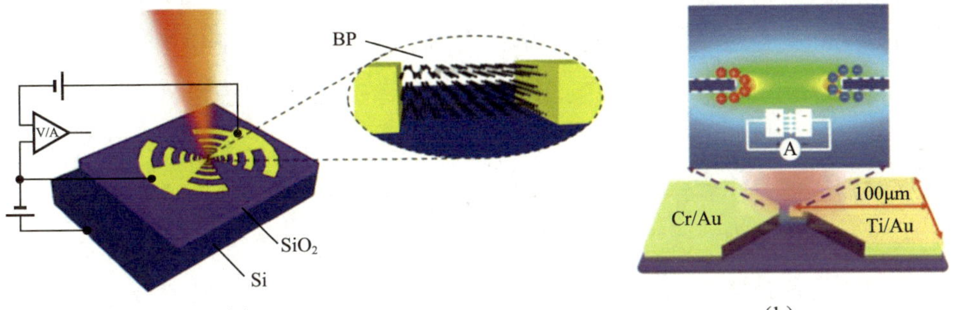

图 3-17　BP 太赫兹探测器

（a）对数周期天线[69]；（b）蝶形天线[70]

以上二维材料是目前应用较广泛的几种太赫兹探测候选材料，其他材料如二维拓扑绝缘体[71]、二维自卷曲材料[72]等在太赫兹探测领域也表现出优异的性能。例如，层状 Bi_2Se_3 作为一种拓扑绝缘体，由于其独特的物理性能（如量子振荡、弱反局域化等）及优异的光电特性（如厚度和尺寸依赖性的光吸收、可调谐的表面带隙和偏振敏感的光电流等），有望在太赫兹波段得到应用。Tang 等[73]利用外延技术成功制备了高质量的亚毫米级二维 Bi_2Se_3 薄片，Bi_2Se_3 背栅 FET 具有 10^6 的超高开关电流比和 39.4 $cm^2 \cdot V^{-1} \cdot s^{-1}$ 的高迁移率，成功实现了太赫兹波段的探测。Deng 等[74]利用自卷曲方法，将二维石墨烯 FET 转换为三维管状石墨烯 FET，管状谐振微腔使内部的光场得到增强，同时光与石墨烯的相互作用面积增加，光响应性显著提高，室温下在太赫兹区域展现出较高的性能，在 3.11 THz 下的光响应度达到了 0.232 $A \cdot W^{-1}$。

综上所述，二维材料的多样性和优异的物理性能使其在太赫兹探测领域具有显著优势。上述探测器按探测机理可分为测辐射热计、PTE 探测器、等离子体波直射探测器、热载流子辅助光电导探测器、热载流子辅助肖特基结探测器和基于隧道效应的双层石墨烯异质结构探测器等。目前，二维材料仍未充分开发利用，对其本征特性尚未完全了解，诸多新的光电探测机制有待进一步探索。例如，在空间周期性石墨烯结构中出现的等离子体棘轮效应，在理论上已被证明是一种有效的太赫兹检测方法[75]，但需要实验进一步证实。石墨烯中的电磁感应透明性与朗道能级之间的特定选择规则有关，已用于太赫兹信号检测[76]。同时，二维材料制备方法的改进也促进了新型太赫兹探测器的开发。例如，原本认为由于太赫兹光子能量低而难以实现的光导太赫兹探测器，目前已通过石墨烯纳米网格实现[77]。由随机取向和相互连接的单层石墨烯片组成的三维微孔石墨烯也被证实能有效地增强太赫兹辐射和 PTE 探测器响应的。随着制备方法的成熟和对光探测机制的新认识，二维材料的巨大潜力有望在不久的将来得到充分开发。为实现高性能太赫兹探测器，需要在制作工艺方面付出更多努力。一方面，大多数敏感的太赫兹探测器采用由机械剥离法形成的层状材料或异质结构，考虑到后续异质结的制备，其工艺效率较低且复杂，大面积、高质量的二维材料的可控合成是太赫兹探测器阵列等实际应用的关键。另一方面，某些二维材料由于其高表面/体积比，在环境中会迅速退化，严重影响器件的性能。因此，成熟的表面钝化或封装技术具有重要意义，对于 BP 太赫兹探测器更是如此。综上，二维材料的优异物理性能为太赫兹的检测提供了广阔的前景，但其实际应用仍然任重道远。

2. 基于一维材料的太赫兹探测器

一维纳米结构器件是未来电子学研究的热点，在光电探测领域具有广泛应用。如前所述，二维材料因其优异的光电特性及层状结构可实现较好的光吸收，且可互相搭接形成异质结，是太赫兹探测方面的优势候选材料。与二维材料不同，一维材料如 CNT、NW 等虽然不具有二维结构，但在大规模并行化、掺杂控制、表面效应等方面具有天然的优势，易于通过材料形貌、尺寸和成分的原子-纳米控制来改变材料的能带结构，且同样易于构建异质结构。这些优势使得一维材料有望在太赫兹探测领域实现应用。

CNT 可以看作由石墨烯薄片卷曲形成的管状结构，具有超宽带的光吸收和高载流子迁移率（室温下可达 10^5 $cm^2 \cdot V^{-1} \cdot s^{-1}$）。通过改变卷曲方向可获得金属 CNT、准金属 CNT 和半导体 CNT[78, 79]。打开带隙后，半导体 CNT 的室温泽贝克系数[80]可达 260 $\mu V \cdot K^{-1}$。由于空气中的氧掺杂作用，CNT 通常表现为 p 型。CNT 还有一个特点是其偏振敏感的光吸收，对不同方向入射的波具有不同的响应，考虑到这些突出的特点，目前有很多研究致力于发展基于 CNT 的太赫兹探测器。

CNT 结构的多样性使其光响应机理的分析相对复杂。Barkelid 和 Zwiller[81] 比较了静电掺杂诱导的金属 CNT 和半导体 CNT 同质结的光响应机制。对于具有双极电输运行为的金属 CNT，p-n 结中的空间光电流映射（532 nm 可见光激发）相当广［见图 3–18（a）］。当激光聚焦到结界面时，光电流与两个栅极电压的函数呈现一个六区分布的图像，证明了 PTE 效应的主导作用。而对于具有单极性的半导体 CNT，其电子电导远低于空穴电导，p-n 结界面的窄光电流分布和双重光电流映射则表现为基于光伏机制的特征［见图 3–18（b）］。此外，实验同时证明了悬浮的 CNT 通过减少与基底的热耦合来增强 PTE 效应的贡献。Buchs 等[82]发现肖特基势垒高度可以影响半导体 CNT p-p 结构的机制，将 p-n 掺杂改为 $p\text{-}p^+$ 掺杂时，光电流极性发生了两次反转，说明 p-p 结构中存在 PTE 机制。通过研究带隙对准金属 CNT 光探测机理的影响，发现当准金属 CNT 的带隙小于 50 meV 时，静电掺杂 p-n 结处的光响应受 PTE 效应的控制。然而，当带隙大于 80 meV 时，尽管泽贝克绝对系数增大，但 PV 效应占主导地位。考虑到准分子 CNT 的激子结合能约为 50 meV[83]，对于带隙较小的准金属 CNT，内建电势不足以造成电子–空穴对的分离，因此 PTE 效应主导光响应。随着带隙的增大，内建电势的强度增大，PV 效应最终占据主导。对于太赫兹波段，由于其光子能量较低，往往不足以激发电子–空穴对的分离，因此 CNT 基探测器多考虑以 PTE 作为主要机制。He 等[84]使用半导体 CNT 与金属 CNT 的混合物，通过化学改性制成 p-n 结，制备了一种在室温下工作的自供电、宽带、大面积和偏振敏感的太赫兹探测器［见图 3–18（c）、图 3–18（d）］。该探测器在整个太赫兹频谱范围内都是灵敏的，响应度高达 2.5 $V \cdot W^{-1}$，极化率高达 5∶1。热电和光热特性明确地揭示了由等离子体吸收和集体天线效应触发的太赫兹光信号的光热电机制，对泽贝克系数进行合理的设计将进一步提升其性能。

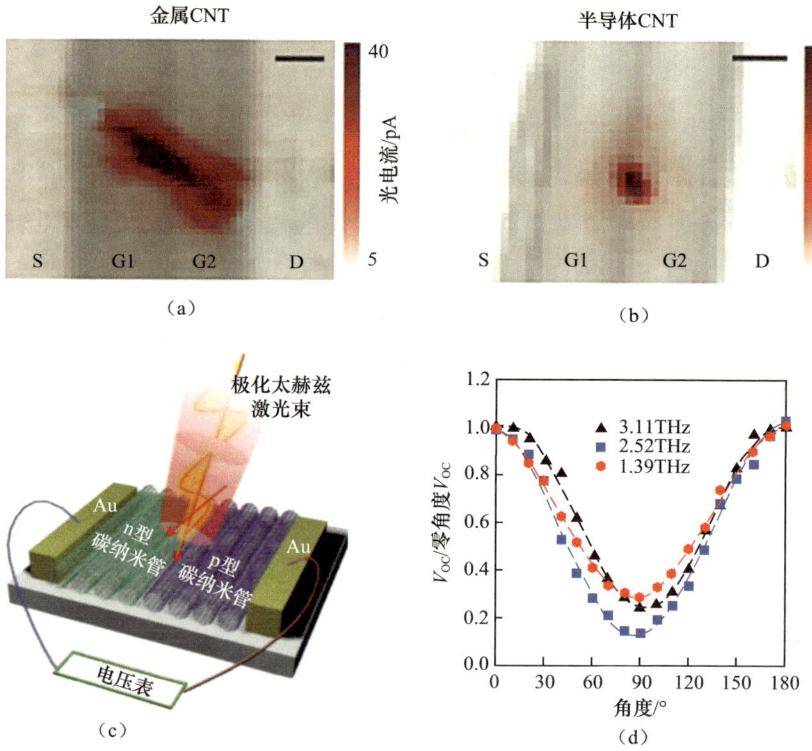

图 3-18　CNT 的光响应机制及太赫兹探测器

（a）金属 CNT 的光电流分布 [81]；（b）半导体 CNT 的光电流分布 [81]；（c）、（d）基于 p-n 结的太赫兹探测器 [84]

半导体 NW 是电子和光子器件的基础材料，具有广泛的应用前景，工作频率覆盖可见光至太赫兹波段，可通过合成和组装形成具有特定成分的结构。通过精确控制其化学、几何和电子特性，NW 在工程上可提供所需的传输及光学特性。研究表明，半导体 NW 可以作为一维 FET 的有源器件用于太赫兹探测器。基于 NW 的 FET 具有完整的互补金属氧化物半导体（Complementary Metal Oxide Semiconductor，CMOS）功能、极低的漏电流，以及对栅极电压和温度的移动性依赖性，采用单片封装栅极结构，无须在器件上形成结或电荷梯度，且垂直卷绕栅极结构也可批量制造。在 FET 中，NW 沟道传导特性的非线性行为可通过不对称配置实现。例如，通过将天线的两个波瓣中的一个连接到侧向栅极电极，另一个连接到 NW 的一端（源或漏极端子），或通过沟道材料本身的不对称性实现。

2012 年，S. Vitiello 等 [85] 利用掺杂 Se 的 InAs 纳米线制备了基于一维 FET 结构的低噪声太赫兹探测器［见图 3-19（a）］。该探测器使用非对称的对数周期天线作为电极，在 NEP 低于 2.5×10^{-9} W · Hz$^{-1/2}$ 的情况下，在室温下获得了约 1.5 V · W^{-1} 的最高响应度，足以与商业太赫兹非制冷探测系统相媲美。未来的器件优化仍有足够的空间，除了辐射馈电器件的正确设计外，调控阻抗匹配、谐振频率和天线波瓣几何结构等可以在不同程度上提升性能。2014 年，进一步设计出一种基于锥形纳米线 FET 的太赫兹探测器[86]，由于中心有源器件本身的不对称性，不需要对天线等结构进行设计［见图 3-19（b）］。辐射信号在光电压和光电流两种模式下检测，仅使用源极和漏极触点连接到天线的两个波瓣，获得了高达 55 V · W^{-1} 的响应度和 3×10^{-10} W · Hz$^{-1/2}$ 的 NEP。D.S. Ponomarev 等[87]报道了一种基于新型器件结构的 GaAs-Sn 纳米线探测器，在 GaAs-FET 沟道中获得有效厚度小于 Sn 纳米线间距的准一维电子气，同时由于 GaAs 中没有异质界面和电子气的掩埋，消除了表面散射，性能超过金属半导体 FET。两种可能的探测机制分别为由亚太赫兹辐射的电子加热而产生的测辐射热机制和与校正衰变等离子体振荡有关的机制。该研究从理论上预测并从实验上证实了一种新的器件 GaAs-FET 结构，有效检测了室温和低温下的亚太赫兹辐射。

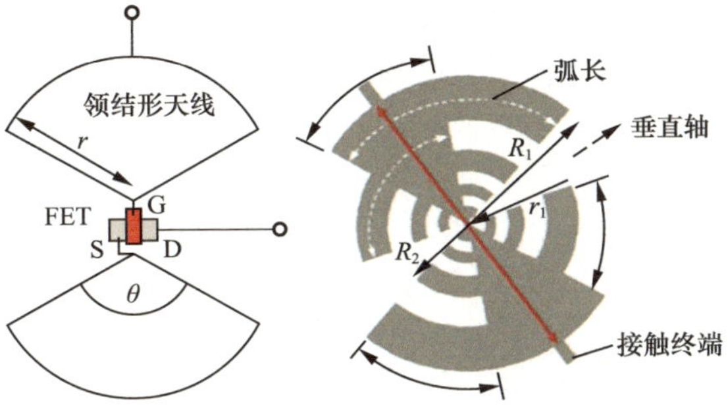

（a）

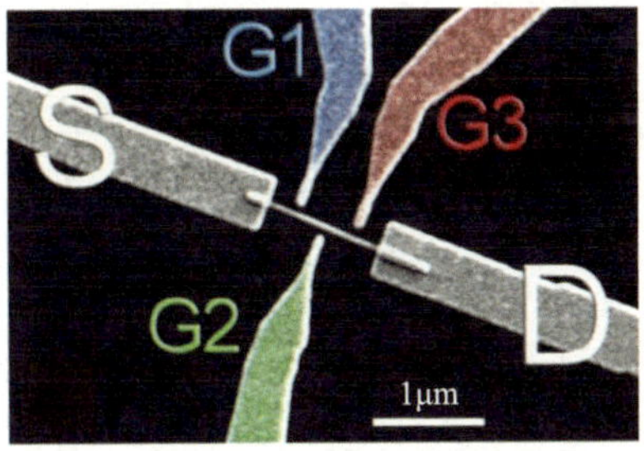

（b）

图 3-19　半导体 NW 太赫兹探测器

（a）掺杂 Se 的 InAs 纳米线[85]；（b）锥形纳米线[86]

对于半导体 NW 太赫兹探测器，虽然制备方法及探测范围仍有欠缺，但其低噪声功率及高响应度使其在通信中具有很大的应用价值，其性能在未来仍存在较大的提升空间。使用包栅技术构建纳米线异质结构是一种显著改善 FET 传输特性的有用方法，有望产生具有与更高迁移率的硅场效应晶体管相当的探测器，减小通道到栅极的电容，且尺寸极小。此外，对器件的结构进行优化，包括仔细设计栅极的几何结构和尺寸以量化入射辐射能量下的等离子体波，从而在室温下实现共振工作。对天线和基片进行适当缩放，使其在太赫兹波段工作没有内在的限制，甚至可以扩展到相对较大的阵列单元。上述优势都说明半导体 NW 在新一代太赫兹探测器中具有很强的竞争力。

3. 基于量子阱的太赫兹探测器

量子阱探测器（Quantum-well Photodetector，QWP）具有新颖的特性，依赖于子带间（Intersubband，ISB）跃迁。ISB 跃迁是发生在两个导带或价带之间的一个重要跃迁过程，在红外及太赫兹光电器件中得到了广泛应用，具有高振荡强度和宽波长范围，且具有从Ⅲ-Ⅴ主族半导体合金到二维半导体的优异功能和多功能性。此外，量子阱 ISB 跃迁解除了扩散界面和晶格匹配生长要求的材料限制，在红外和太赫兹波段的光电探测器和量子级联激光器中保持了优势。太赫兹 QWP 具有响应速度快、灵敏度高、稳定性好等优点，在通信、成像等领域具有重要的应用。

近年来，Ⅲ主族氮化物异质结构逐渐发展成为面向 ISB 器件的材料体系。在近红外和中红外波段已取得了若干重大进展，包括超快全光开关、光电探测和量子级联电致发光等。与砷化物量子阱相比，Ⅲ主族氮化物的主要优势在于其具有更高的光学声子频率，远远超出太赫兹范围（例如，GaN 超过 22 THz，GaAs 约为 9 THz）。因此，Ⅲ主族氮化物器件可以在砷化物半导体的禁带内以太赫兹频率工作。早期研究中基于 GaN 的太赫兹 ISB 跃迁的工作主要集中于利用各种 GaN/AlGaN 量子阱结构进行吸收光谱测量，以及太赫兹 ISB 光电探测和电致发光。虽然上述结果展现了其潜在的优势，但在实现 GaN-ISB 器件的全部潜力之前，在材料和结构设计方面仍面临诸多挑战。从材料的角度来看，在基于垂直传输的器件（如 ISB 光电探测器和光发射器）中，Ⅲ主族氮化物半导体通常会存在高密度穿线位错，对性能影响极大。目前，高质量 GaN 衬底的开发和商业化正在取得实质性进展。从结构设计角度来看，主要挑战源于自发极化和压电极化。沿极性晶体 c 轴生长的量子阱（Ⅲ主族氮化物异质结构最常见的生长方向）存在强大的内部电场，内部电场产生梯形的传导和价带排列，使 ISB 跃迁蓝移，因此增加了长波 ISB 器件的复杂度。此外，在为太赫兹 ISB 跃迁设计的宽量子阱中，第一激发态必然落在能带列阵的三角区域，远低于势垒的顶部。因此，从这些子带中提取载流子到无束缚态的叠加连续体（如 ISB 光探测所需）变得极其困难。量子阱的低能态（量子级联激光器的基础）之间的阱间隧穿输运存在同样的问题。

为了应对这一挑战，一个解决办法是利用阶梯量子阱结构。例如，在每个阱中使用两层或多层不同的 AlGaN 成分以产生更多势能。Sudradjat 等[88]对该方法进行改进，在每个阱中使用两个不同的 AlGaN 层，以允许束缚–准束缚设计（第一激发子带几乎与阱的顶部共振），获得了在红外波段工作的量子阱光电探测器。该结构的一个潜在缺点是在每个量子阱周期中都有额外的异质界面，使得束缚态特别容易受到界面粗糙度散射的影响，导致极大的 ISB 衰变寿命和相应的较大光谱展宽。另一个解决方法是沿半极性（或非极性）晶体方向生长量子阱，在这种情况下，内部电场显著减少（或完全消除）。近年来，随着高质量的半极性和非极性独立 GaN 衬底的商业化，非极性Ⅲ主族氮化物量子阱已用于测量太赫兹 ISB 吸收。Durmaz 等[89]展示了半极性 GaN 衬底上的Ⅲ主族氮化物的太赫兹 QWP。与非极性表面相比，该衬底在原子动力学方面具有更小的各向异性，可简化外延生长，得到了 10 mA · W^{-1} 的高响应度。Globisch 等[90]采用分子束外延技术生长了掺杂 Be 的 InGaAs/InAlAs 多层异质结构，在 500 ～ 600 ℃下退火 15 ～ 120 min 后显著提升了材料的电子寿命，获得了具有多种电学特性的宽带太赫兹光电导接收器。Wang 等[91]制备了一种具有 GaAs/AlGaAs 非对称台阶多量子阱的宽带偏压可调谐太赫兹量子阱光电探测器，在 4.5 THz 和 6.5 THz 有两个光子响应峰，实现了偏压调谐和宽带检测。这种宽频带和偏压可调 QWP 可应用于搜索跟踪和目标识别等领域。为了获得更高响应的 QWP，在优化和更好的设计方面仍需要进一步研究。

此外，由于衍射极限的限制，将太赫兹波耦合到一个小型 QWP 器件较为困难，Li 等[92]设计了微波传输线来有效提取射频信号，利用太赫兹 QWP（器件面积为 400 μm × 400 μm）实现了 6.2 GHz 调制的太赫兹辐射的快速检测（见图 3–20）。QWP 具有高达 4.3 GHz 的调制响应带宽，利用交互模式的光学拍成功实现太赫兹探测。在 100 ～ 150 mV 的工作电压范围内，QWP 的峰值响应度为 0.7 A · W^{-1}，NEP 为 0.4 pW · $Hz^{-1/2}$，但其工作温度仍有待改善。总之，对于量子阱太赫兹探测器，目前多利用阶梯量子阱结构或使用沿半极性或非极性晶体方向生长的量子阱以克服其强大的内部电场，从而实现高效探测。此外，对于光栅等结构仍需进行精细的设计与优化，工作温度过低的问题也有待解决。

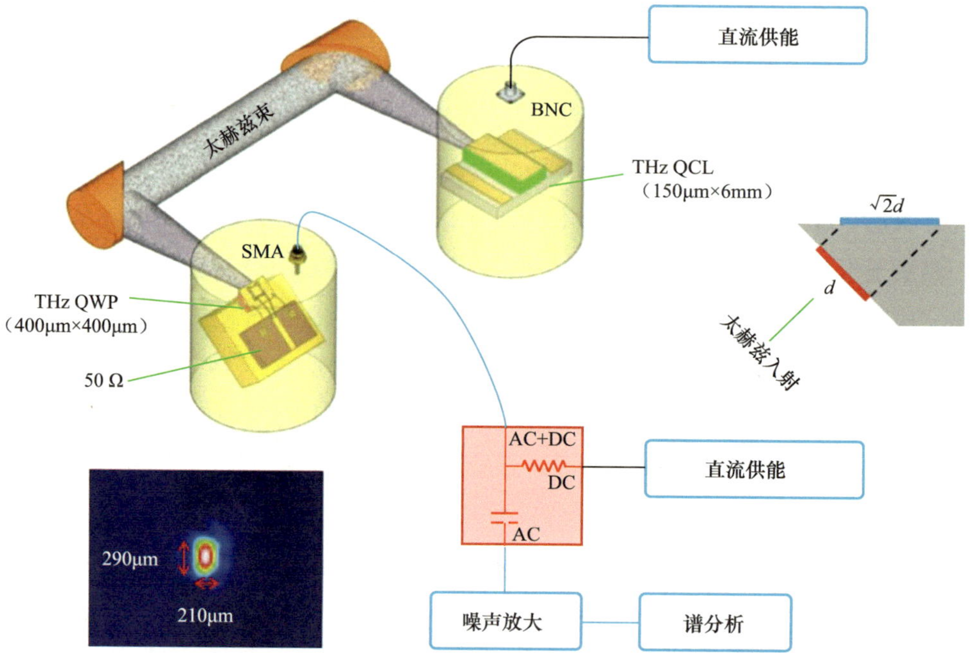

图 3-20　基于量子阱微波传输线实现太赫兹快速检测的实验装置[92]

3.1.3　太赫兹调制材料

由于 6G 系统中信息访问和消耗的增加，无论是短距离（芯片上）还是长距离（设备之间）的应用，都需要更多的带宽和更快的数据传输速率。光调制器和互连技术可以满足这一需求，同时有助于降低功耗和最小化串扰（保持信号保真度）。因此，借助宽带全光器件和电路，可实现兆兆位数据通信。在过去几十年中，设计可见光和近红外波段的光学元件及电路的技术已经基本成熟。对于太赫兹波段，其频谱中的带宽与实际传输距离密切相关，需要根据目标传输距离为不同的应用开发合适的调制技术。例如，在 1 m 范围内的近程通信中，需要使用脉冲幅度调制、开关键控和脉冲位置调制等基于 100 fs 长脉冲交换的调制，超短太赫兹脉冲可以被光子和等离子体波器件产生和检测。对于远程通信，传输波形需动态适应由分子吸收决定的太赫兹光谱窗口，因此需要距离自适应型的多宽带脉冲调制。此外，还需要监测由大气衰减产生的独特太赫兹吸收峰，以防止恶意窃听信号传输[93]。总之，对于需要容纳大量连接、延迟与数据传输速率等需求革命性提高的 6G 系统，多种形式的调制技术必不可少，因此需要足够的核心部件实现对太赫兹波的调制。考虑到太赫兹波在电磁波谱中的位置，传统的微波与光学调制技术及器件并不适用。随着现有和新兴技术对紧凑、高效、快速和宽带调制器的要求越来越高，高性能的太赫兹调制器变得不可或缺，因此需要使用全新的材料与方法。

调制器是一种能够控制和操纵电磁波的物理量（如振幅、极化、相位和时空特性）的装置。太赫兹调制器的工作原理主要基于电学、光学、磁光、热学等效应，其有源区较常用的材料是半导体，可单独用于宽带操作或与金属光栅或超原子结合以获得共振工作频率。近十几年来，太赫兹调制方面的研究取得了开创性的进展。基于石墨烯等二维材料、光子晶体和具有独特结构的超构材料的太赫兹调制器都展现了较好的性能。下面围绕这几种关键材料，介绍其物理特性及其作为太赫兹调制器的优势，讨论不同的调制形式与机理，对材料选择做出评估，同时提出未来的发展前景及面临的挑战。

1. 基于二维材料的太赫兹调制器

通常来说，金属具有较高的自由载流子密度，是调制太赫兹辐射的首选材料，但本征金属缺乏可任意调谐的特性。而对于半导体材料，电、光等刺激可轻松调节其自由载流子密度，逐渐成为最受欢迎的选择之一。此外，发展其他具有太赫兹应用潜力的功能材料也有助于某些特定场合的应用。近年来，除了传统的半导体外，二维材料受到广泛关注。石墨烯和 TMDC 等二维材料由于其能带结构（非对称的导带谷或线性色散等）和量子限域效应（增强的载流子-载流子相互作用、更高的激子结合能等）而表现出不同寻常的光学性质，在光电子领域得到了广泛的应用。石墨烯的线性 E-k 色散表现出极高的载流子迁移率、宽光谱响应以及红外和太赫兹频率下的等离子体响应 [94]。过渡金属元素（Mo、Nb、W、Hf 等）和硫族元素（S、Se、Te 等）组合形成的 TMDC 也展现出一系列不同的特性，如半导体（窄禁带和宽禁带）、半金属及超导特性等。此外，与块体材料相反，层状材料可与其他二维材料或块体材料集成，借助沿晶格平面的柔性和力学强度，形成具有原子级平整和干净界面的范德瓦耳斯异质结，便于采用聚合物辅助法或直接转移法沉积到目标衬底上 [95]。下面针对石墨烯与 TMDC 两类典型的二维材料，分别阐述其在太赫兹调制技术中的潜力与挑战。

如前所述，石墨烯具有独特的电学、光学和力学性能，其光吸收机理包括带内跃迁和带间跃迁。带间跃迁在光学和近红外波段占主导地位，而带内跃迁则发生在与低能光子（远红外和太赫兹）的相互作用上。利用石墨烯在太赫兹波段的带内跃迁机制，Rodriguez 等 [96] 制备了基于单层石墨烯的宽带太赫兹调制器。通过施加栅极偏压和调整石墨烯片的费米能级来调控器件的性能。图 3–21（a）显示了轻掺杂 Si 衬底上的器件中单层石墨烯的结构，其太赫兹辐射吸收取决于其费米能级的位置。图 3–21（b）展示了导致太赫兹调制的带内吸收现象，当费米能级靠近狄拉克点时，载流子的可用态数量减少，相应的太赫兹吸收也减少。当栅极电压使费米能级偏离狄拉克点时，更多的电子态释放出来，导致吸收增加。如图 3–21（c）所示，在考虑衬底损耗和反射后，器件产生了约 15%（570 ～ 630 GHz）的强度调制。石墨烯的本征吸收导致器件的插入损耗约为 0.2 dB，调制频率约为 20 kHz。

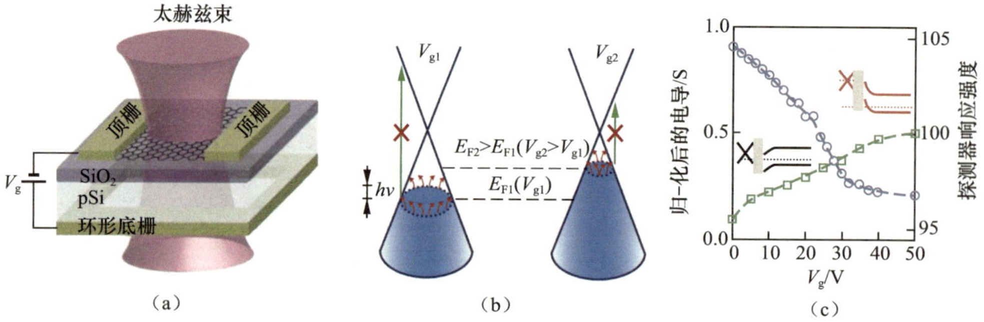

图 3–21　单层石墨烯宽带太赫兹调制器 [96]

（a）器件结构示意；（b）带内跃迁与带间跃迁的机理示意；（c）石墨烯电导率与响应随栅压的变化

此外，基于等离子体波或电荷密度振荡机制可制成可调谐的等离子体滤波器。Ju 等 [97] 首次演示了图案化石墨烯纳米带中的可调谐太赫兹等离子体，通过将石墨烯图案化为微米条带，使正常入射的太赫兹波耦合到亚波长电荷密度振荡中所需的额外 k 矢量，如图 3–22（a）所示。基于这一现象，证明了等离子吸收达到 13%，振荡器强度比传统半导体中的二维电子气高一个数量级。通过栅极实现了大于 10^{13} cm^{-2} 的高载流子密度，这在传统电介质中是不可行的（受到场致击穿的限制）。如图 3–22（b）所示，通过改变载流子密度（费米能级）和图案尺寸，在传输和波长中实现了可调谐响应，从图 3–22（b）中也可得到栅极偏置范围内约 53% 的调制深度的保守估计。图 3–22（c）、图 3–22（d）显示了等离子体子频率（ω_p）、载流子密度（n）和带状物尺寸（w）之间的关系，ω_p 与 $n^{1/4}\times w^{-1/2}$ 成正比。与传统半导体或金属中的平方根依赖性相比，载流子密度的四分之一功率标度是无质量狄拉克电子的特征。太赫兹辐射与深亚波长（约 $\lambda/25$）图案化结构在室温下进行强耦合，借助其固有的无质量载流子特性，展示了石墨烯等离子体电子学在太赫兹调制及光电子方面的巨大潜力。

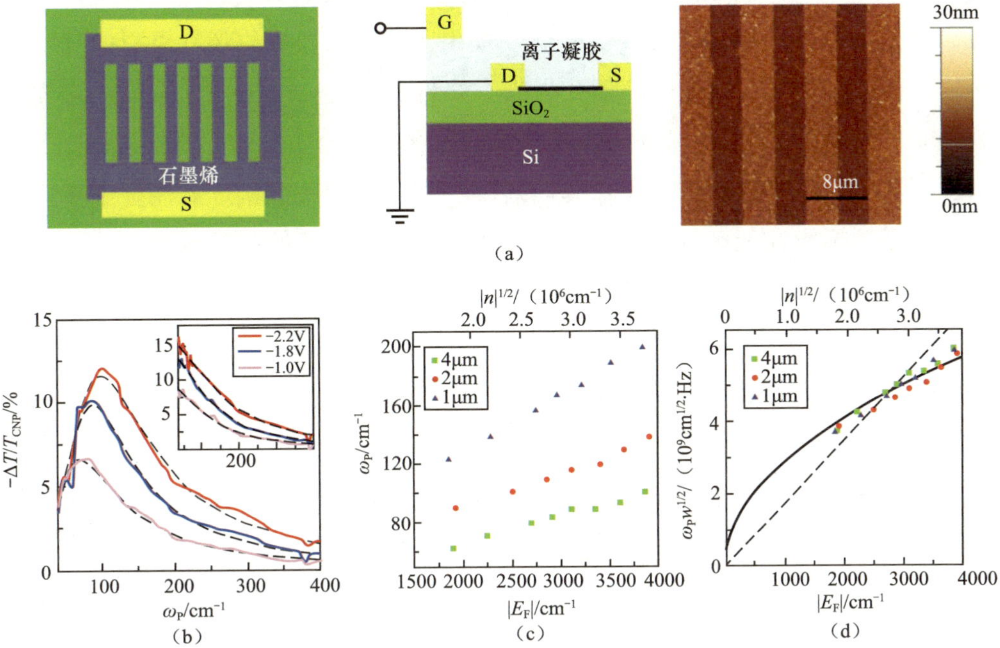

图 3-22 图案化石墨烯纳米带可调谐等离子体太赫兹调制器[97]

（a）器件结构示意；（b）调制深度与波数、电压的关系；（c）等离子体频率与费米能级的关系；（d）等离子体频率、带状物尺寸与费米能级的关系

除了独立石墨烯调制器的宽带和共振机制外，将石墨烯与超构材料进行集成也是一种常用策略。超构材料又称人工电磁材料，是一种人工复合介质，通过改变其尺寸结构可调节其谐振频率，在太赫兹领域具有广泛应用。超构材料在自然界中是不存在的，是人工将亚波长结构单元进行周期性或非周期性排列而成的，其中每一个结构单元的尺寸均远小于其工作波长，因此可看作一种均匀电磁材料。超构材料的特性一般用介电常数与磁导率来描述，二者随结构单元的尺寸而变化，故可人为控制其电磁特性。超构材料在太赫兹领域相对于自然媒介的优势在于可通过调节其结构单元的尺寸来增强其对太赫兹波的响应。

Lee 等[98]提出了一种可同时提供振幅和相位调制的石墨烯与超构材料的集成器件［见图 3-23（a）］。在柔性聚酰亚胺（Polyimide，PI）基片上制备了石墨烯层和六角非对称双分裂环阵列，并将其与栅接触层夹在介质层之间。采用薄金属阵列作为接触面，使太赫兹光束的衰减达到最小值，同时选择尺寸和间距为亚波长（约 $\lambda/150$）以实现超常光传输。在 32.2° 相位变化的共振条件下，获得了 47% 的最大振幅调制深度。为了增加太赫兹辐射与石墨烯之间的相互作用，并提高电控调制器的调制速度，Gao 等[99]提出了一种石墨烯与超构材料的复合结构，其中石墨烯与金膜中的环形孔集成［见图 3-23（b）］。金属-石墨烯界面处孔的近场增强使石墨烯中的太赫兹吸收增加了约 7 倍（与纯石墨烯片相比）。施加栅极偏压可实现对石墨烯片的调谐，产生了约 50% 的幅度调制。工作速度取决于石墨烯所在的区域，该区域仅限于孔径下方，器件孔径与面积之比减小约 1%。反过来，SiO_2/Si 结构中的相关电阻电容（RC）时间常数显著变小，从而极大地提升了工作速度（达兆赫兹量级）。类似地，Yang 等提出互补设计，用于在更高的速度下获得频率可调谐性[100]。在分裂环谐振器的间隙中排列和放置石墨烯，谐振频率发生了约 40% 的偏移，而发射的太赫兹波的振幅变化最小，石墨烯的活性区面积为 80 μm^2，仅为总单元面积的 0.032%。在合理选择介电常数和厚度的情况下，调制频率有望扩展至 GHz 范围。通过亚表面和谐振器改善太赫兹辐射和二维材料的耦合也是一种有效的方法，但其操作带宽窄。在波导中或波导上加入石墨烯有助于太赫兹光束传播的受限模式或消失模式的面内耦合。Mittendorff 等[101]将石墨烯集成到硅太赫兹波导中［见图 3-23（c）］，通过电压偏置调节石墨烯的费米能级，在 0.2 ～ 0.7 THz 的频率范围内实现了太赫兹横向电模式约 90% 的调制深度。石墨烯在波导结构中的位置是由支撑模的最大值来确定的，以提供最大的可调谐性。调制深度随频率下降，取决于波导的尺寸和模式。但该器件具有很高的插入损耗（约 16 dB），这主要归因于自由空间与波导耦合过程中的损耗及石墨烯和掺杂 Si 衬底中的自由载流子吸收。Liang 等[102]展示了具有圆形同心环形光栅与石墨烯集成的太赫兹 QCL，同心环的设计使得只有一个太赫兹模式向外发射。石墨烯的费米能级由栅极电极调谐，当栅极电压足够大时，可实现约 100% 的调制深度。施加不同的栅极电压也会引起石墨烯介电常数的变化，进而影响激光腔的折射率，从而导致位移。这种集成方式因其小型化、与太赫兹辐射的相互作用更强且消除了额外的分立元件而提高了调制深度。

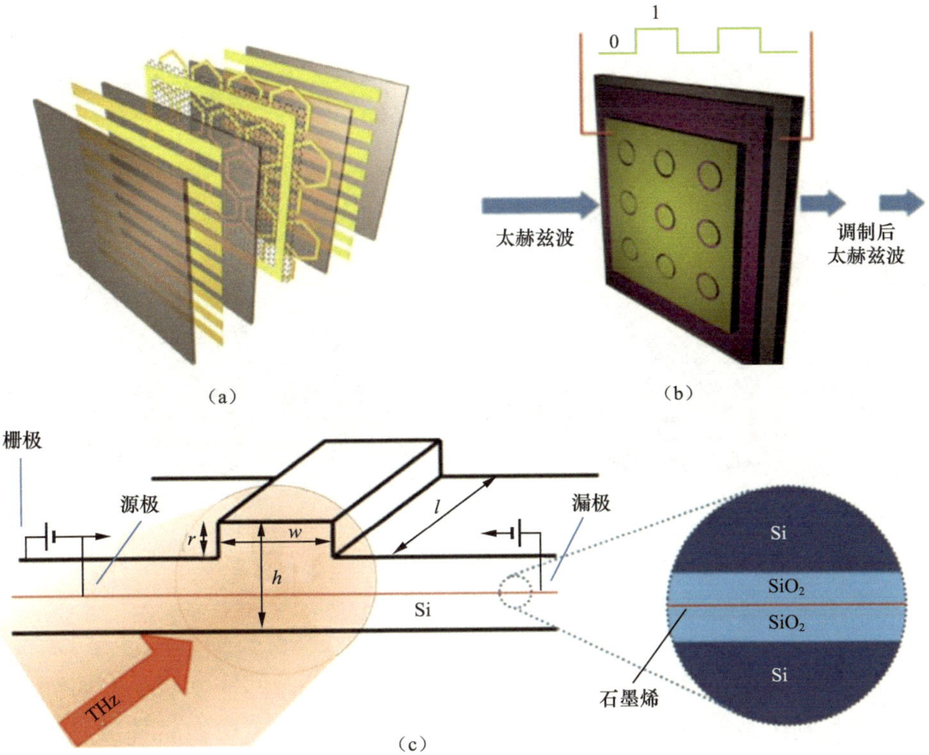

图 3-23 石墨烯与超构材料、波导等复合结构太赫兹调制器

(a) 石墨烯和六角非对称双分裂环阵列组成的太赫兹调制装置示意[98]；(b) 石墨烯与金膜环形孔集成的电光调制器原理[99]；(c) 石墨烯-硅混合波导几何结构[101]

上述石墨烯调制器主要从电学角度出发，对石墨烯的载流子密度、费米能级等特性进行调控，从而达到所需的调制效果。除电学调制外，全光学调制和磁光调制也是目前较为常见的两种方法。Weis 等[103]展示了在 780 nm 光泵浦下基于 Si 衬底转移石墨烯的宽带太赫兹调制器 [见图 3-24 (a)]。与相同泵浦功率水平下的裸硅相比，单层石墨烯的添加增强了宽带调制。在 0.2 ～ 1 THz 的频率范围内，器件的平均调制深度约为 72%。光激发引起石墨烯和 Si 中不同的载流子密度，石墨烯在泵浦光波长下的吸收约为 2.3%，剩余部分被 Si 吸收。因此，Si 中产生较高的诱导载流子密度，载流子传输到石墨烯中，使得石墨烯薄膜的太赫兹导电率更高。Li 等[104]采用类似的方式，对几何结构稍加修改制备了石墨烯-硅杂化结构二极管，用于太赫兹辐射。施加正偏置电压导致太赫兹传输，而负偏置电压则使太赫兹的传输降低。与 Weis 等的装置类似，光激发在 Si 和石墨烯中诱导出载流子，其浓度的差异使载流子进一步扩散到石墨烯中。正偏压使 Si 中

的耗尽区变薄，超过阈值电压（0.5 V）时，载流子在回路中形成电流。相应地，石墨烯的光电导性增加，产生太赫兹辐射的衰减。此外，在一定的负偏压下，石墨烯中的载流子密度达到阈值，使器件的响应饱和。

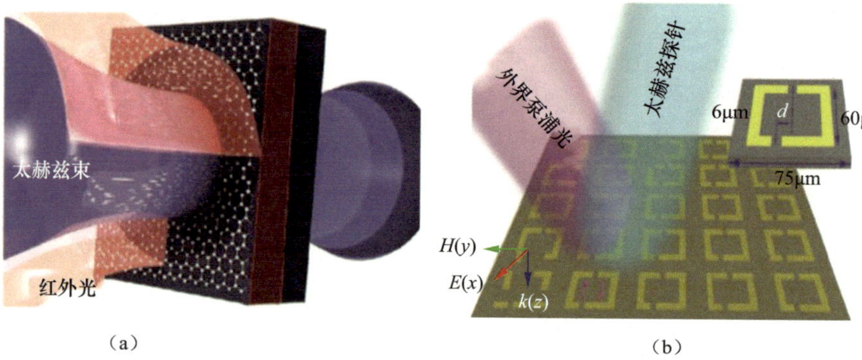

图 3-24　二维材料全光学太赫兹调制器

（a）Si 衬底转移石墨烯[103]；（b）块体 MoS_2 与超构材料复合结构[108]

与石墨烯类似，将 TMDC 与 Si 进行复合也可以达到同样的效果。Chen 等[105]展示了一种利用 MoS_2-Si 复合结构的宽带太赫兹调制器，在 532 nm 连续光泵浦下，器件的调制深度可达约 75%。在相同的泵浦功率下，与纯硅相比，MoS_2 增强了太赫兹波的衰减，且存在与上述 Weis 等提出的类似机制。Si 向 MoS_2 的载流子扩散增强了异质结构的太赫兹调制。该研究也证明了界面存在的必要性，因为 Si 在连续波泵浦下的载流子贡献对于改善太赫兹调制是必不可少的。利用类似的原理，Zheng 等[106]通过在 MoS_2-Si 复合结构中引入太赫兹超构材料产生了窄带的频率响应。该器件在 4 W·cm^{-2} 的连续波泵浦注量下，将太赫兹辐射调制近 90%。超构材料根据入射极化提供独立的频率窗口，而异质结构中自由载流子密度的增加导致太赫兹透射率下降。此外，Fan 等[107]研究了一种基于 WS_2-Si 复合器件的宽带太赫兹调制器，单层 WS_2 的带隙为 2 eV，而 Si 的带隙为 1.12 eV。该异质结构在光激发下在 Si 中产生大量的电子–空穴对，WS_2 的吸收几乎可以忽略不计。与纯硅相比，通过界面分离电子–空穴对（在 Si 中产生）有助于抑制复合，从而提高 WS_2-Si 复合材料的导电性。对 WS_2 进行退火处理增强了 p 型掺杂，使异质结转变为交错型结构。空穴的势垒减小，导致更有效的分离，太赫兹调制更明显。基于上述原理，在 2.59 W·cm^{-2} 的泵浦注量下实现了对太赫兹传输约 99% 的调制深度。值得注意的是，与 MoS_2-Si 复合器件相比，WS_2-Si 复合异质结具有更大的调制深度，可获得更小的光注入量。由于载流子的分离有助于提高太赫兹的导电率，因此带隙匹配至关重要。与 WS_2 相比，MoS_2 具有更小的带隙和电子转移势垒高度。与漂移相比，扩散速率增加，从而使分离效率降低。此外，在连续波光激发下，仅单层或多层 TMDC 无法实现足够的调制，这也表明异质结界面对太赫兹电导率的提高起着重要的作用。

对于基于二维材料-硅复合结构的调制系统，异质结界面是电荷分离的必要条件，对器件的功能和增强调制至关重要。此外，还有一种方法对数百纳米厚的 TMDC 层状薄膜材料进行脉冲光激发。此类薄膜不具备前文所述的原子厚度，但可以提供足够的调制深度，且可独立使用，不需要载流子分离界面。Srivastava 等[108]使用块体 MoS_2 实现了光交换，如图 3-24（b）所示。通过调节 MoS_2 的光电导，谐振器的行为在超快时间尺度上即可发生改变，在一定程度上得益于脉冲激励和 MoS_2 中的快速载流子复合寿命。自由载流子的平均自由程限制着 MoS_2 的光致电导，适用于包括柔性基体在内的不同类型基体。这种不对称的裂环结构导致了间隙中的电场集中，而“有源区”的光电导增加导致电容的减小，从而导致共振猝灭。必须注意的是，在较大的激发注量下，热载流子产生大量声子，相对较长的弛豫寿命限制了载流子-声子能量弛豫途径，从而增加了热载流子的寿命。

磁场对狄拉克费米子的影响也是一个热点研究方向。若干磁光效应已经被证实，并得到了相应的应用[109-111]。单层石墨烯是其中一个很好的研究对象，因为其复电导率在强磁场下会发生变化。若施加垂直于石墨烯平面的磁场，电子将被迫以闭合的圆形“回旋加速器”轨道运动，其内部电子的回旋加速谐振频率位于太赫兹波段，且可以通过载流子密度进行调谐。然而，在石墨烯中实现上述效应需要超过 5 T 的强磁场，这是器件集成的一个重要技术瓶颈。但是，对其基本原理和限制机制的探索，为后续开发用于操纵和隔离太赫兹辐射的超薄组件奠定了基础。Poumirol 等[112]证明了石墨烯磁光特性的电控制，在原子薄片石墨烯中实现了磁圆二色性和法拉第旋转的静电控制。利用低背景掺杂的高迁移率层，捕获到整个电导响应并实现双极门控。石墨烯的低回旋加速质量使其导电性对外加磁场非常敏感。此外，回旋加速的频率取决于掺杂程度[113]，而掺杂程度很容易通过栅极偏压调控。同需要低温的二维电子气不同[114]，石墨烯的磁光效应可以在接近室温的条件下测量。基于此，可实现基于磁光效应的静电控制。在 SiO_2/Si 上转移一层均匀的石墨烯，施加磁场后，在石墨烯的太赫兹消光光谱中观察到回旋加速共振。在固定掺杂密度下，回旋加速共振随外加磁场线性移动，在 5 T 时达到 43% 的消光。如果将石墨烯的迁移率提高几个数量级（例如，通过 h-BN 封装），可显著降低回旋加速器所需的磁场强度，使其更具实用价值。

以上总结了近年来二维材料太赫兹调制方面的代表性工作。太赫兹通信技术在一些技术层面仍需面对若干重要挑战。获得大的调制深度是基于二维材料的太赫兹调制器的主要目标，超过 7 dB 的大调制深度是当前的目标，但对于较短距离的数据传输，较小的值（约 4 dB）已经足够，这也是利用太赫兹通信系统的原因之一。大多数设计都依赖于金属光栅、亚表面和近场增强来获得更强的电磁辐射耦合。此外，具有原子厚度的半导体产生的最大载流子密度具有一定的阈值，提高载流子密度一般通过脉冲激发、离子凝胶门控或与半导体集成等方法实现，但代价是能耗高、工作速度慢。在这方面，可实现某些基于较小调制深度和速度的应用。工作速度通常是使用调制器的关闭和开启状态之间的切换时间来定义的，在电动装置中，主要受其 RC 时间常数的限制。前述基于电学效应的二维材料太赫兹调制器的最大工作速度被限制在几千赫兹到一百兆赫兹之间。通过减少活性区面积来提高运行速度是可行的，但距离实际应用所需的速度（>1000 MHz）还有很长的路要走。一种在 AlGaAs/InGaAs 中使用二维电子气的高速太赫兹调制器可在室温下以大约 14 GHz 的速度工作[115]。与槽波导集成后，器件显示出超过 15 dB 的调制和极低的插入损耗（约为 2 dB）。这一速度提高了近两个数量级，同时具有很高的调制深度，是太赫兹通信技术的一大进步。作为比较，全光学调制器中的数据传输速率通常为几十 Gbit · s^{-1}。Liu 等[116]首次展示了千兆赫兹操作及几个超过此速度的器件[117-120]。脉冲激励有助于加快半导体带填充的时间尺度，具有极高峰值功率的超快光学激光脉冲（10 ～ 100 fs）有助于产生大量载流子。在这种情况下，载流子的上升时间和复合时间仅取决于材料的固有特性和能量松弛路径（通常在单层材料中为几十皮秒）。整个系统的最终速度仍受脉冲激光重复频率的限制，增加重复频率会导致峰值功率的降低，同时影响最大载流子密度（调制深度）。尽管全光学器件具有吸引力，但超快的光刺激和通过光学整流或光导天线产生的太赫兹辐射通常需要飞秒激光。将光源与单个平台上的调制器设备集成尚不实用，目前仅能在自由空间（垂直触发和调制）体系中使用[121]。

虽然将二维材料与半导体集成可以显著提高调制深度，但也可能导致载流子复合寿命增加两到三个数量级（皮秒到纳秒），尤其是在 TMDC 中。这一问题可以通过使用多层 TMDC 来缓解，例如基于光学调制的多层 MoS_2 调制器，二维材料厚度的增加使光电导增大。此外，也可以通过设计薄膜的微观结构（晶粒尺寸）来加速载流子复合，但这会降低总光电导[122]。

另外需要考虑的问题是工作带宽，即调制器的有效工作频率范围。虽然独立的二维材料可以提供宽带操作，但其与入射太赫兹辐射的耦合效率很小。与超构材料复合可增强耦合效率，但共振又会导致带宽减小。还可使用的方法是与波导集成，用于面内耦合和宽带操作（波导截止频率），该方法往往需要更长的结构以实现一定的调制深度。当太赫兹与自由空间源（探测器）耦合时，整个结构长度上的损耗累积，同时会引入高插入损耗。如前所述，在活性层（石墨烯）引入具有场增强的器件有助于改善调制深度，但由于石墨烯关闭态的电导率较高，将引入较大的插入损耗。因此，在场增强几何体中通常要考虑调制深度和插入损耗之间的权衡。最理想的选择是利用导电率较低的活性层，如半导体（传统半导体或 TMDC），将损耗降到最低。

综上所述，基于二维材料太赫兹调制技术要从研究阶段向主流技术的转变，仍然需要在工作速度、带宽等方面取得显著的进展。尽管目前的重点是探索和确定潜在的候选材料，但更迫切的工作是优化器件操作，以满足上述性能指标，进而推动太赫兹通信技术的发展。太赫兹波段的主要优点在于可用带宽和潜在的高数据传输速度。在改善宽带调制器中的光耦合、降低单位长度的损耗、最小化插入损耗、大幅提高数据传输速率（超过 $Gbit \cdot s^{-1}$ 并接近 $Tbit \cdot s^{-1}$）等方面，仍有许多研究工作待开展。

2. 基于光子晶体的太赫兹调制器

还有一种调制方式是基于光子晶体的太赫兹直接调制。晶体的传导性能与其组成成分和晶格结构密切相关，晶体中原子的周期性结构产生周期性势场，电子在这种周期性势场中运动时会产生布拉格散射，从而形成能带结构，这些能带之间可能存在带隙[123]。根据量子力学，电子在晶体内以波的形式传播，如果波的能量落在带隙中，则无法传播，例如在半导体能带结构中，价带和导带之间存在禁带。

光子晶体（Photonic Crystal，PC）的概念最初由美国的 E. Tablonovitch 和 S.

John 在 1987 年几乎同时提出[124, 125]。以晶体的概念作为类比，光子晶体是由两种或两种以上折射率不同的宏观介质交替排列形成的周期性结构，其工作原理可类比常见的电子带隙晶体，以周期性介电常数（或周期折射率）代替周期电势场，若组成材料之间的介电常数差异足够大，且材料对光的吸收足够低，来自各个界面的光反射与折射就会使光子产生一系列与电子相同的现象。光子晶体能够调制具有相应波长的电磁波——当电磁波在光子带隙材料中传播时，由于存在布拉格散射而受到调制，电磁波能量形成能带结构。能带之间的带隙称为光子带隙[126]。

光子带隙是光子晶体最主要的特征之一，可通过对其调谐进而控制光的传播行为，为光子器件和集成光路奠定了基础。在光子带隙中的光子无法通过光子晶体，即阻止特定频率的光在某一方向上的传播。如果在光子晶体中引入具有不同折射率或不同尺寸的材料缺陷，使其原有的周期性结构遭到破坏，则带隙中将出现一个或多个窄频带的缺陷态，从而实现对光传播的控制。含有缺陷的光子晶体可将频率处于缺陷态的光子局限在缺陷位置，偏离光子时快速衰减。随着光子晶体理论和实验研究的不断发展，尤其是制备方法和技术的提高和完善，以光子晶体为基底的研究和应用取得了诸多成果。如前所述，以周期排列结构为介质的光子晶体可以抑制布拉格散射引起的电磁波传播，且在透射光谱中显示出禁带，因此通过对介电结构进行调制，可以实现带隙分布的任意控制。

对组成光子晶体的周期性材料而言，在外场激励（光、电、温度、磁场等）下晶格参数或折射率会发生改变，光子带隙会发生迁移，即禁带可以从一个频率范围转移至另一个频率范围。原本处于禁带的光波不再处于新的禁带范围内，可在光子晶体中传输，这是光子晶体用作功能器件的一个思路。另一个思路是利用缺陷，外场激励使缺陷材料的晶格参数或折射率发生改变，而其余材料不变，这样光子禁带的位置并未发生改变，但缺陷态会从一个频率转移至另一个频率。在太赫兹频段，可基于上述两种思路操纵禁带或禁带中的缺陷态而产生动态转移，进而制备基于光子晶体的太赫兹调制器。

2007 年，Li 等[127]设计了一种基于光子晶体的电控太赫兹调制器，以 SiO_2 为基础材料，制备了一种带有线缺陷的二维三角晶格结构［见图 3-25（a）］，向其气孔中填充聚苯胺电流变液，同时施加电场。当电场变化时，电流变液的介电常数也随之变化，导致光子带隙发生动态迁移。原本处于禁带范围的太赫兹波段，此时不再处于新的禁带范围，可沿线缺陷通过光子晶体，从而实现通断调制。调制带宽约为 10 kHz，调制深度值约为 30%。L. Fekete 等[128]以一维光子晶体中插入 GaAs 片缺陷为基础，制备了一种太赫兹调制器。由超短的 810 nm 激光脉冲激发 GaAs 表面载流子来实现对太赫兹波的有效控制［见图 3-25（b）］，响应时间为 130 ps，调制深度值为 50%。在后续的研究中，又使用 Cr 掺杂的 GaAs 代替本征 GaAs 作为缺陷，并用飞秒激光代替超短脉冲。太赫兹波被限制在光子晶体的激发层，太赫兹和光载流子的相互作用加强，从而在较低的光学泵浦能量下实现了很高的调制深度[129]。

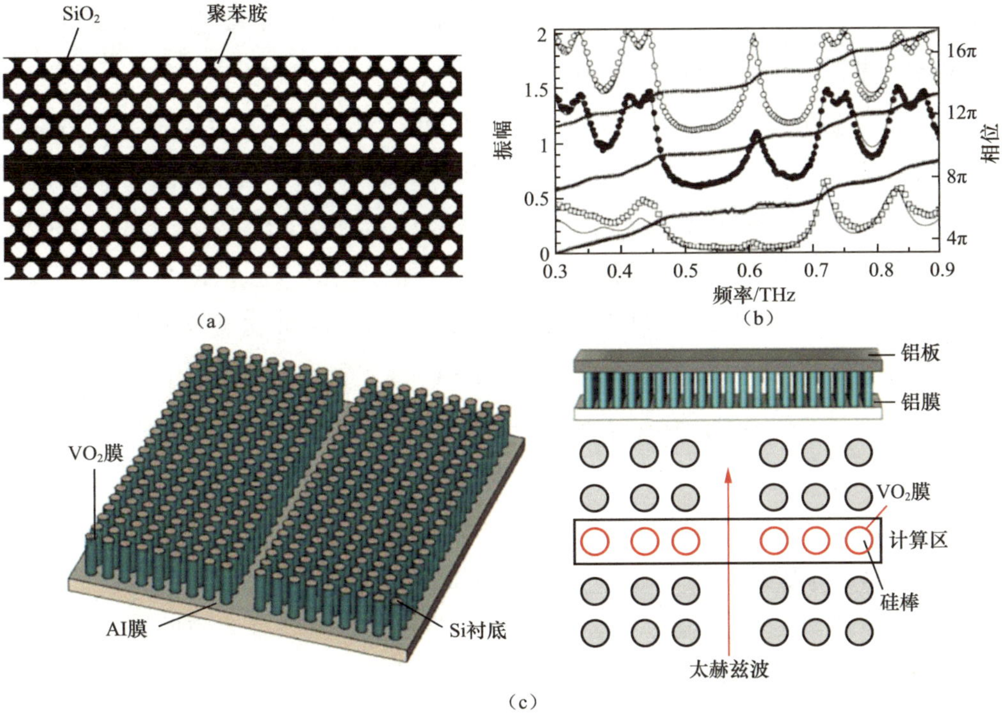

图 3-25　基于光子晶体的太赫兹调制器（1）

（a）SiO_2 二维三角晶格结构[127]；（b）改变 GaAs 表面载流子密度实现对太赫兹波的调控[128]；（c）光子晶体波导 -VO_2 太赫兹调制器[131]

2010 年，Su 等[130]提出了一种基于液晶的二维硅光子晶体的太赫兹调制器。该调制器在光子晶体中引入液晶为点缺陷和线缺陷，并通过调控液晶的电压使折射率发生变化，使光子带隙中缺陷态的位置发生转移，从而实现太赫兹波的通断调制。调制深度大于 30 dB，但调制时间较长。后来他们又提出一种基于聚苯胺的新型光控光子晶体调制器，用光激发来改变聚苯胺的折射率。由于聚苯胺具有快速的非线性响应时间，该调制器高速、易集成，但光泵浦功率较高，能耗较大。2012 年，Fan 等[131]提出了一种基于光子晶体波导上覆盖具有半导体–金属相变的 VO_2 膜的太赫兹调制器［见图 3–25（c）］。借助 VO_2 的相变，波导从绝缘态变为金属态，通带从 0.68 ～ 0.8 THz 和 1.02 ～ 1.25 THz 转移至 0.8 ～ 1.45 THz。该调制器具有很高的调制深度及敏感度，在太赫兹多窗口调制器方面具有广阔的应用前景。

2017 年，Jeyachitra 等[132]利用线缺陷和点缺陷设计并分析了一种基于光子晶体的非线性太赫兹调制器，通过控制外加泵浦强度，实现了基于聚苯胺和 GaAs 的太赫兹调制器。该调制器由一个六边形空气孔阵列构成的二维光子晶体设计而成，选择 Si 作为衬底材料。该结构由两个线缺陷作为波导，单点缺陷作为沿 z 方向的微腔，采用聚苯胺或 GaAs 掺杂中心点缺陷，在光子晶体中形成微腔［见图 3–26（a）］。线缺陷作为传输太赫兹波的波导，点缺陷作为谐振腔，如果点缺陷被聚苯胺和 GaAs 等可调谐材料填充，当泵浦光作用于点缺陷时，折射率将发生变化。基于此，聚苯胺和 GaAs 的点缺陷的缺陷模式将出现或消失。仿真结果表明，与聚苯胺基太赫兹调制器相比，GaAs 基调制器具有更好的调制效果，GaAs 的插入损耗较聚苯胺降低了 5.74 dB。这类调制器非常适用于 6G 超高速通信。同年，Chen 等[133]设计了一种基于三角晶格光子晶体的可调谐八波长太赫兹调制器，可调制 8 个太赫兹波长，实现更大的通信容量。图 3–26（b）展示了八波长太赫兹调制器的结构，光子晶体中引入 3 个正方形点缺陷作为点缺陷腔，不同的正方形点缺陷产生不同波长的缺陷模式。通过调整线缺陷波导和反射屏障的位置，可以提高传输速率。该太赫兹调制器具有低的插入损耗和高的消光比，在多波长、大容量太赫兹通信系统中具有广阔的应用前景。

综上所述，基于光子晶体的太赫兹调制器需要选择晶格参数或折射率随外界激励而改变的材料，以实现光子带隙的迁移，从而控制太赫兹波的通断。还可合理引入缺陷，使缺陷态的频率发生转移，实现太赫兹波的动态转移。SiO_2、GaAs、聚苯胺等材料各有优劣，考虑到 6G 通信系统在速度、容量、功耗方面的高要求，应合理做出权衡。

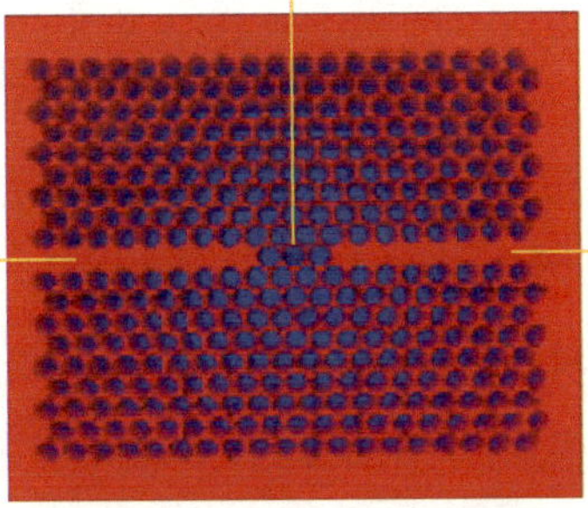

(a)

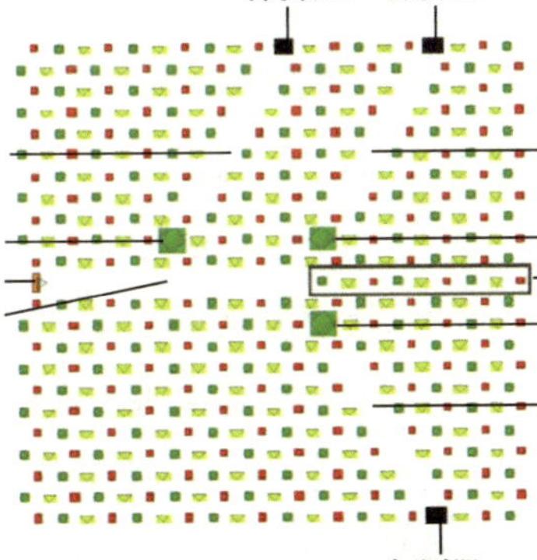

(b)

图 3-26 基于光子晶体的太赫兹调制器（2）

（a）光子晶体非线性太赫兹调制器[131]；（b）八波长太赫兹调制器的结构[133]

3. 基于超构材料的太赫兹调制器

如前所述，超构材料因其可以通过调整尺寸和结构来调节谐振频率，在太赫兹领域具有广泛应用，是推进各类太赫兹器件和系统发展的理想材料。作为具有亚波长单元的人工电磁介质，超构材料以自然存在的材料无法提供的方式操纵电磁波。超构材料的概念最初由 Veselago 在 1967 年提出，但直到 30 年后才有了首次应用实验的报道[134]。此后，超构材料逐渐成为微波和光学频率领域的研究主题。因此，可重构超构材料在太赫兹波段操纵电磁波并获得可调谐和可切换电磁特性（如强度、相位、极化、传播方向和光束形状）的能力受到了极大关注。下面从太赫兹波的强度、相位和偏振几个特性进行分类，介绍各种超构材料的应用。

（1）基于超构材料的太赫兹强度调制器

太赫兹波强度的主动控制在通信领域至关重要。由于超构材料的散射特性不受天然材料规格的限制，且可以通过其几何结构来设计，因此利用可重构超构材料来控制太赫兹波的强度已经得到了广泛的研究。目前已报道多种不同类型的太赫兹强度调制器，其中不乏利用外界光、电、热和力等刺激来实现高调制深度、高调制带宽和高调制速度等性能。

2006 年，Padilla 等[135]初步开展了基于超构材料的太赫兹强度调制器的研究，在高电阻率 GaAs 衬底上获得了由二维分频分裂环谐振器（Split Ring Resonator,

SRR）阵列组成的亚表面，通过在 GaAs 衬底上产生自由载流子，实现了对亚表面电磁响应的光学控制。结果表明，SRR 间隙中的光生载流子通过降低 SRR 间隙中的电阻来削弱 SRR 谐振行为，在波长为 800 nm 的情况下，泵浦光功率从零增至 10 mW，SRR 谐振频率下的太赫兹波强度从 95% 降至 65%。此后，基于不同单元结构和光吸收衬底的光控超构材料被广泛研究，极大地改善了调制深度、调制带宽和调制速度等性能。例如，Chen 等[136]使用光控 SRR 超构材料，利用单元中心的分裂间隙提供洛伦兹线形近似的共振响应，从而实现了更高的调制深度。电容性硅板在中心间隙处与 SRR 金属痕迹相连［见图 3-27（a）］，通过控制入射到硅板上的光功率调节硅的导电性。超构材料的洛伦兹线形近似的共振响应发生位移，在谐振频率处实现了显著的强度调制。在波长为 800 nm 的情况下，当光功率在 0 ～ 500 mW 变化时，超构材料谐振频率发生 20% 的偏移，在 1.06 THz 调制深度达到 70%。Zhang 等[137]使用具有两个谐振频率的亚表面单元来扩展强度调制带宽，在沉积在 Si 衬底上的 VO_2 层上制备了超构表面［见图 3-27（b）］。VO_2 在室温下具有类似半导体的行为，但在热、电、光或力的刺激下则表现出绝缘体到金属的转变，其介电性能在太赫兹频率下发生显著变化[138, 139]。通过增加亚表面的入射光功率，VO_2 层的电导率增加，亚表面共振行为减弱。当入射光功率从零调谐至 3 W 时，在 0.34 THz 获得了 80% 的调制深度，调制频率为 1 MHz。Matsui 等[140]通过引入有机/无机半导体界面提高了光控可重构超构材料的调制深度。当入射光强度从零变化至 8.5×10^2 mW · cm^{-2} 时，在镀有铜酞菁（CuPc）的 Si 衬底上制备 SRR 超构材料［见图 3-27（c）］，在 0.32 THz 和 0.5 THz 获得了高达 80% 的调制深度。这主要是由于电荷在光照下从 Si 衬底转移至 CuPc 层，从而使 CuPc 金属化。电荷转移与 CuPc 中的强电子 - 空穴结合能有关，是低介电常数有机共轭材料的典型特征。

光吸收半导体光控可重构超构材料的调制速度受限于光载流子产生/复合次数。为了提高调制速度，研究人员开始探索使用超短激光脉冲和短载流子寿命半导体衬底。目前，在 800 nm 的光波长下，使用 ErAs/GaAs 超晶格衬底已经实现了高达 20 ps 的调制时间[136]。此外，为了获得偏振不敏感的太赫兹强度调制，已开发了几种具有对称单元几何结构的可重构超构材料[141-143]。

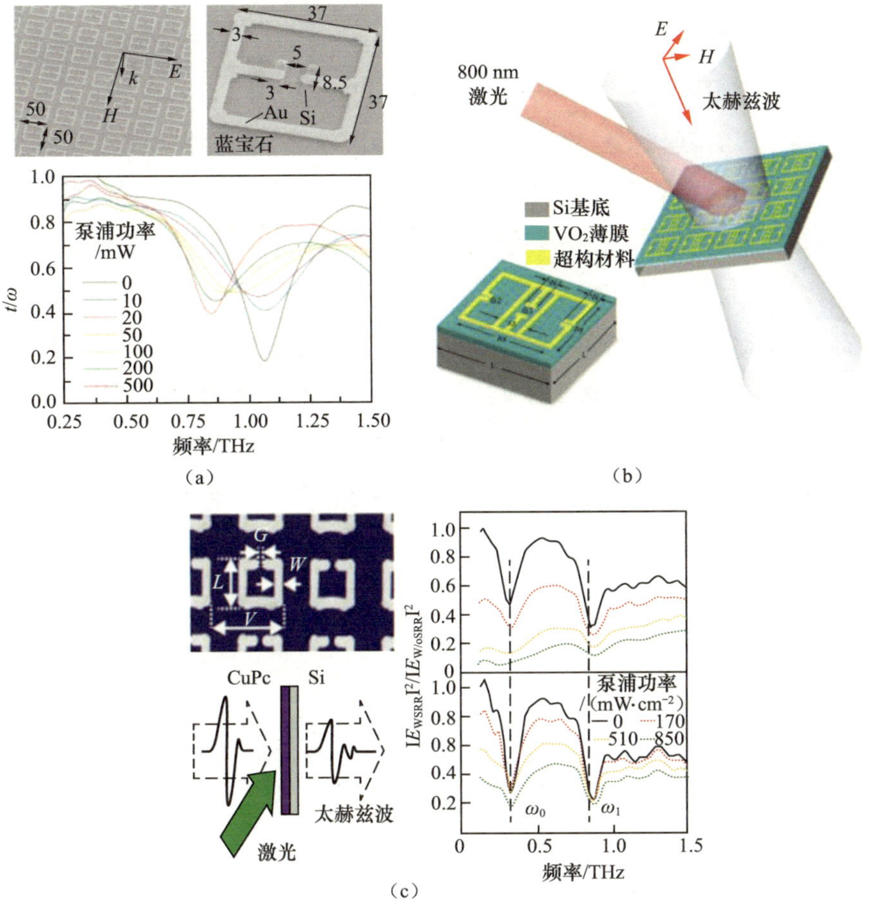

图 3–27 光控可重构超构材料太赫兹强度调制器

（a）光控 SRR 超构材料 [136]；（b）Si 衬底上的 VO_2 超构表面 [137]；（c）镀 CuPc 的 Si 衬底上的 SRR 超构材料 [140]

值得注意的是，由于太赫兹强度调制的共振特性，大多数光控可重构超构材料受限在窄频带内工作，且调制速度受限于光载流子产生/复合次数，这在一定程度上限制了它们在太赫兹通信系统中的潜在应用。使用热刺激在热可调基底上构建的超构材料可以突破这一限制，研究人员为此开发了具有热可调介电特性的不同类型的衬底，如 VO_2 和超导体等。Driscoll 等 [144] 使用 VO_2 基 SRR 超构材料，在将器件温度从 28 ℃升至 68 ℃时，在谐振频率处实现了高达 60% 的调制深度［见图 3–28（a）］。通过使用替代单元设计，可使超构材料在更宽的带宽下工作。Seo 等 [145] 使用不同长度的纳米谐振器矩形槽作为 VO_2 层上的超构材料单元［见

图 3–28（b）]，通过结合纳米谐振器槽的共振行为设计其长度，获得了宽操作带宽。当温度从 32 ℃升至 102 ℃时，在 0.2 ～ 2.0 THz 的频带上实现了消光比大于 10^4 的太赫兹强度调制。Chen 等[146] 利用热刺激改变外延 $YBa_2Cu_3O_7$（YBCO）高温超导薄膜上 SRR 超构材料的谐振频率，当 YBCO 层的温度从 –253 ℃升至 –191 ℃时，在超构材料谐振频率下达到 75% 的调制深度［见图 3–28（c）］。热刺激也可用来重新配置超构材料的物理结构，以引入太赫兹强度调制。Tao 等[147] 使用 Au-SiN_x 悬臂梁上制造的 SRR 超材料，在热刺激下实现了重新定向和弯曲，悬臂梁的弯曲角度通过控制装置温度来调节［见图 3–28（d）］。结果表明，入射太赫兹波与 SRR 的耦合效率得到了调谐，通过超构材料的透射波强度在谐振频率处发生了变化。当器件温度升至 500 ℃，对应悬臂梁角度从 0° 到 80° 的变化，在超构材料谐振频率处实现了高达 85% 的调制深度。尽管热控可重构超构材料可以提供非常高的调制深度和调制带宽，但其调制时间也受到超构材料结构单元热质量的约束，限制在毫秒级。

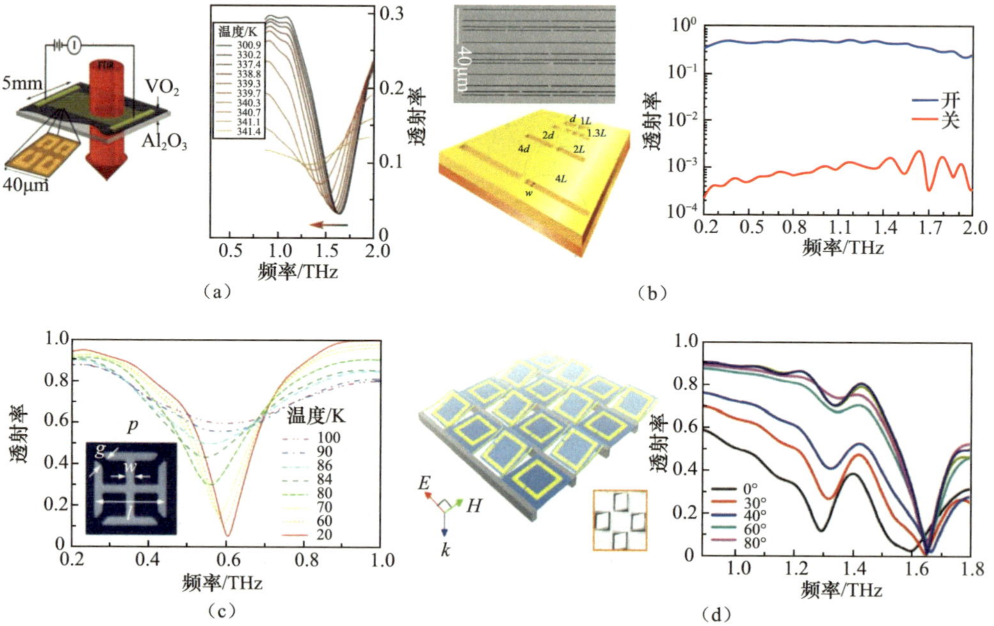

图 3–28 热控可重构超构材料太赫兹强度调制器

（a）VO_2 基 SRR 超构材料[144]；（b）纳米谐振器矩形槽超构材料与 VO_2[145]；（c）外延 YBCO 上的 SRR 超构材料[146]；（d）Au-SiN_x 悬臂梁上的 SRR 超构材料[147]

基于不同基底的电控可重构超构材料在调制速度上具有一定优势。其工作机制主要包括改变肖特基结中的载流子密度、构建异质结构和栅控石墨烯调节等。肖特基结中的载流子密度可以通过施加偏压改变结的耗尽宽度来控制，因此，将肖特基结嵌入超构材料单元结构内，可以对超构材料散射参数进行电调谐。这一策略最初在 2006 年通过在 n-GaAs 层上制备 SRR 超构材料得到验证。Chen 等 [149] 使用 Ti/Au 作为超构材料的微量元素，与基体形成肖特基接触，利用肖特基结调谐施加的反向偏压，以控制耗尽宽度，进而调制亚表面发射太赫兹的强度［见图 3-29（a）］。当外加电压在 0 ～ 16 V 范围内变化时，在谐振频率处可获得高达 50% 的调制深度。此后，研究人员开始探索其他类型的超构材料单元在不同频率下的太赫兹强度调制性能，提高调制深度、调制带宽、调制速度和偏振不敏感度。为了将调制带宽扩展到 SRR 共振带之外，Karl 等 [150] 将 SRR 单元分成具有独立偏压的列阵列，在 n-GaAs 层上实现了可切换衍射光栅。通过调节相邻列间的电压差，控制肖特基结的耗尽宽度。通过调制深度大于 20 dB 的可重构衍射光栅获得了较宽的调制带宽。Paul 等 [151] 在 n-GaAs 衬底上使用对称超构材料单元实现了偏振无关的太赫兹强度调制，利用交叉形超构材料单元，在 0.63 THz 处获得了高达 36% 的调制深度。此外，HEMT 也用于在高速电控超构材料单元中实现对载流子密度的控制。Shrekenhamer 等 [152] 通过在每个 SRR 单元的间隙中嵌入 HEMT，开发了一种电控 SRR 超构材料。HEMT 由未掺杂的 InGaAs 沟道与半绝缘 GaAs 衬底上的轻掺杂肖特基层连接而成［见图 3-29（b）］。HEMT 的源极和漏极与 SRR 金属相连。通过改变 HEMT 栅端和源端的电压差，控制非掺杂 InGaAs 沟道中的电荷密度。当调制频率高达 10 MHz 时，在 0 ～ 3 V 范围内改变外加电压，在 0.46 THz 可获得 30% 的调制深度。在另一项工作中，太赫兹强度调制是通过改变在 InAlN/AlN/GaN/AlN/GaN 双通道异质结上制备的偶极超构材料的谐振频率来实现的 [153]，在异质结通道中诱导的二维电子气的电子浓度由外加电压控制。诱导二维电子气的高迁移率特性实现了高达 1 GHz 的调制频率，当外加电压从零变化到 6 V 时，谐振频率从 0.27 THz 移至 0.351 THz，超构材料谐振频率的调制深度达到 85%。如前所述，由于石墨烯的费米能级和载流子密度可以通过电学控制，将超构材料与石墨烯进行集成也可实现较好的调制性能。

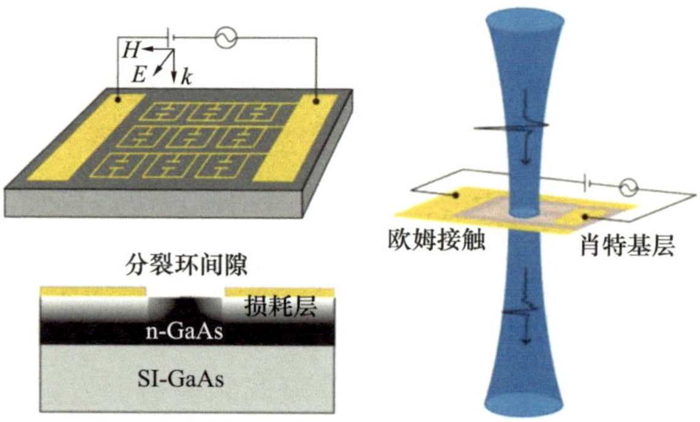

（a）

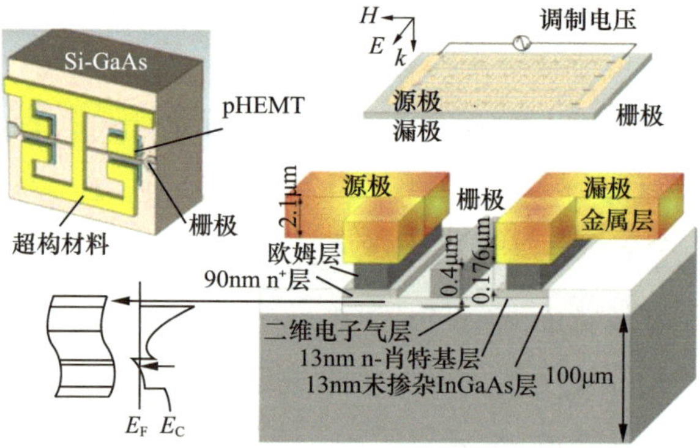

（b）

图 3–29　电控可重构超构材料太赫兹强度调制器

（a）n-GaAs 上的 SRR 超构材料 [149]；（b）SRR 单元与 HEMT 复合 [152]

超构材料单元的机械控制重构也是一种改变其在太赫兹频率下散射参数并进行太赫兹强度调制的方法。例如，Fu 等 [154] 研究了一种机械控制可重构的超构材料，其结构单元由两个不对称的分裂环组成。通过与超构材料集成的静电梳状驱动器可改变分裂环的间距［见图 3–30（a）］，进而改变分裂环间的电磁耦合强度，从而改变介电谐振频率。当在 500 μs 内将间距从 0 μm 增至 20 μm 时，可实现高达 31% 的谐振频率偏移和大于 90% 的调制深度。Han 等 [155] 将微机电系统（Microelectromechanical System，MEMS）电容器与 SRR 超构材料的结构单元集成在一起，通过调节每个单元的电容来控制超构材料的谐振频率［见图 3–30（b）］。在谐振频率处，调制深度高达 87%，调制频率达 1.5 kHz。为减小谐振超构材料的窄操作带宽限制，研究人员还探索了 MEMS 可重构结构单元的替代几何结构。Unlu 等 [156, 157] 将带有悬浮金膜的 MEMS 开关置于 Si 衬底上的固定金片上，通过驱动 MEMS 开关，金膜偏转并接触到金片［见图 3-30（c）］，超构材料的表面阻抗从电容状态变为电感状态，超构材料散射特性从低通滤波器转换为截止频率与单元尺寸成反比的带通滤波器。因此，通过使用微米尺度的结构单元，可在太赫兹的宽操作带宽范围内实现高电磁强度调制。在调制频率超过 20 kHz 时，在 0.1 ～ 1.5 THz 频带上的调制深度大于 70%。

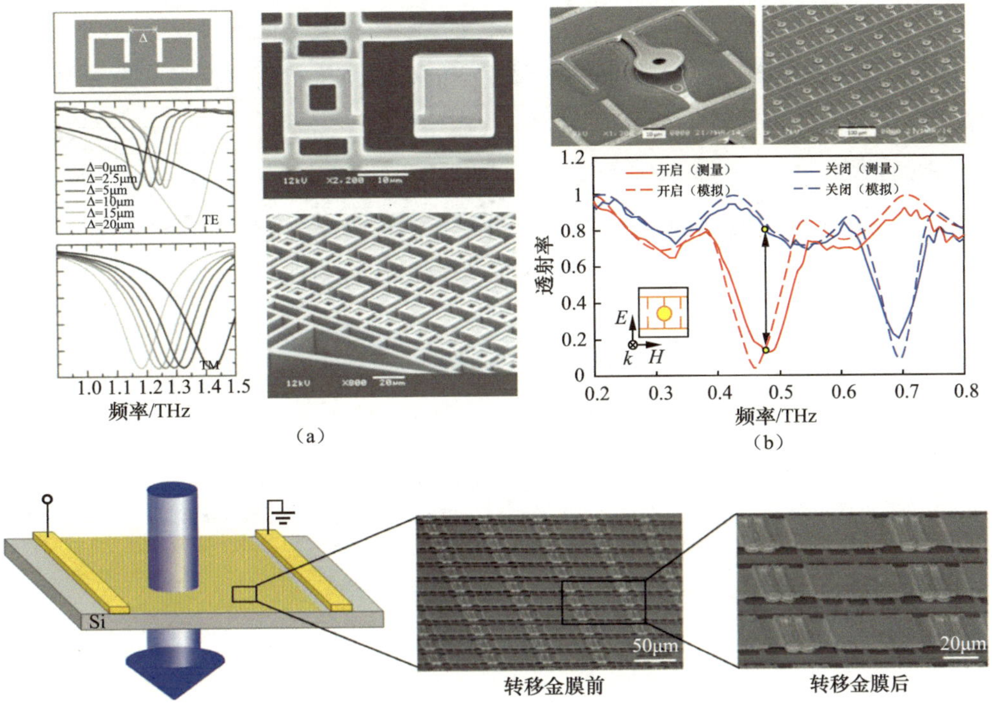

图 3-30 机械控制可重构超构材料太赫兹强度调制器
（a）不对称分裂环超构材料 [154]；（b）MEMS 与 SRR 超构材料 [155]；
（c）MEMS 开关与 Si 衬底上的固定金片 [156]

（2）基于超构材料的太赫兹相位调制器

以上介绍了基于外界光、电、热和力等刺激而实现的对太赫兹波强度的调制，对太赫兹波相位的调制也是一项关键技术。现有的光学和微波相位调制技术在太赫兹频率下无法有效工作，例如，之前证明的基于半导体量子阱和液晶的太赫兹相位调制器显示出低相位调制效率 [158-160]。这主要是由太赫兹波与相位调制量子阱以及尺寸远小于太赫兹波长的液晶区域之间的弱相互作用导致的。使用超构材料是解决此问题的一个很好的方法，因为超构材料可以被设计成相位调制介质，和太赫兹波之间发生更强的相互作用。目前，基于可重构超构材料的太赫兹相位调制器已面世，多数已报道的器件通过光或电刺激来控制共振超构材料的强度或谐振频率。

基于光控超构材料的太赫兹相位调制一般对光吸收半导体基片上制备的光激发超构材料的散射参数进行动态调谐。Manceau 等[161]将光学刺激施加在超构材料上，调控其与在 GaAs 衬底上制备的双 SRR 结构单元的谐振频率。该方法不仅调制了通过超构材料发射太赫兹波的强度，而且在超构材料谐振频率附近引入了显著的相移。通过改变入射光泵浦强度（0 ～ 6 μJ · cm^{-2}），在 1 ～ 1.25 THz 范围内实现了大于 π/4 的非共振相移［见图 3–31（a）］。Chowdhury 等[162]将硅岛置于 SRR 超构材料结构单元的分裂间隙内，由于 Si 中光载流子的产生，增强了光照下的导电性。该结构将超构材料结构单元从分裂环转换为闭合环，抑制了 SRR 超构材料的基波和三阶共振，并引入了二阶共振，在 SRR 谐振频率附近获得了显著的相位调制。当光泵从零变化至 1200 mW 时，相位调制值达到 π/2［见图 3–31（b）］。

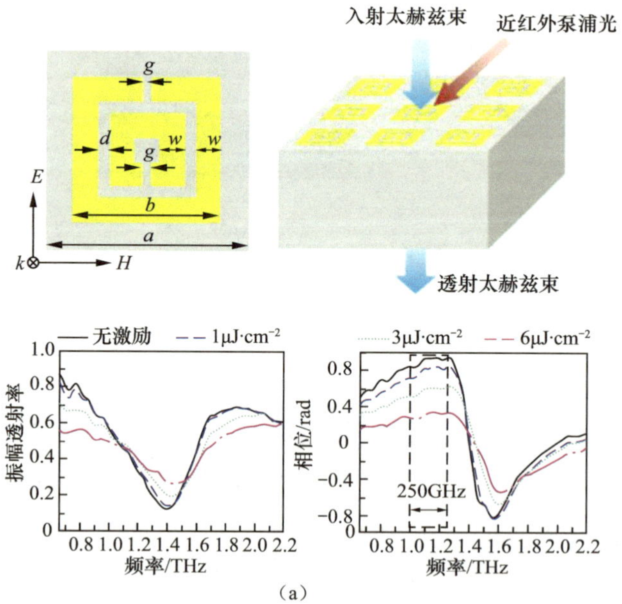

图 3–31　光控可重构超构材料太赫兹相位调制器

（a）超构材料与双 SRR 结构[161]

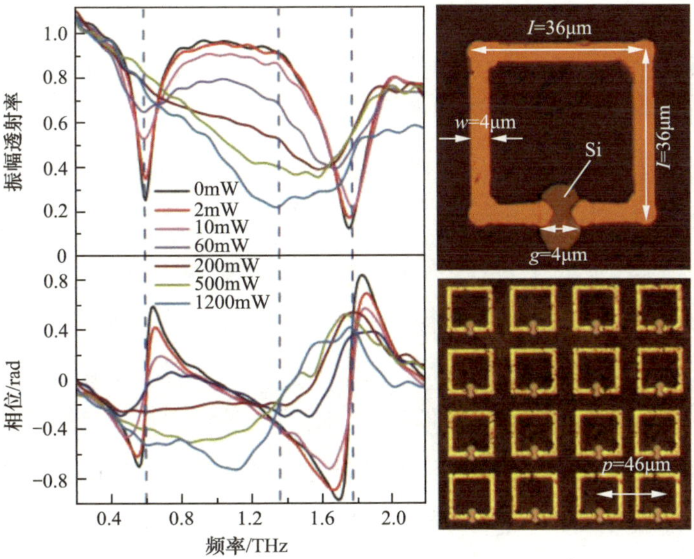

（b）

图 3-31　光控可重构超构材料太赫兹相位调制器（续）
（b）硅岛与 SRR 超构材料[162]

与强度调制器类似，电控相位调制器由于具有较低的复杂性和成本而优于光控相位调制器。因此，多数研究面向基于不同基底的可重构超构材料对太赫兹辐射相位的调控。半导体肖特基结中载流子密度的电控变化常用来重构超构材料的相位响应。例如，Chen 等[163]在 n-GaAs 层上制备 SRR 超构材料的结构单元以形成肖特基结，通过调节 SRR 单元电池与衬底之间的电压差，改变肖特基结的耗尽宽度，控制载流子密度，从而控制了 SRR 间隙附近的局部介电特性，改变了 SRR 谐振频率的强度，同时改变了谐振频率附近的超构材料相位响应。当外加电压在 0 ～ 16 V 范围内变化时，引入 55% 的强度变化，相移可达到 π/6 [见图 3-32（a）]。还可以通过液晶中的电控折射率变化来改变液晶加载超构材料的相位响应。Lin 等[164]在两片熔融石英载玻片上制备亚波长金光栅，用 PI 覆盖并用聚酯薄膜分离，光栅之间填充 255 μm 厚的向列相液晶，通过调节施加在光栅上的电压，控制液晶层的折射率，从而改变通过光栅的太赫兹光束的相位。亚波长金光栅不仅起到透明电极的作用，还使透射的太赫兹波在光栅中极化。当外加电压从 0 V 升至 170 V 时，分别在 0.28 THz、1.18 THz 和 1.88 THz 处实现了 9°、35° 和 66° 的相移 [见图 3-32（b）]。另外，电刺激下 VO_2 介电性质的变化可用来控制 VO_2 基超构材料的相位响应。Hashemi 等[165]在 VO_2 层上制备了一个具有“十字形”单元胞的共振亚表面，通过外加电流在每个单元胞上调节 VO_2 层的温度。相应地，VO_2 层的双电性质被调谐，亚表面谐振频率发生位移，引入显著的相位调制。当外加电流从 12 mA 升至 14 mA，同时引入 50% 的强度变化，相位调制值达到 π/3。此外，栅控石墨烯中的载流子密度变化也用来改变与石墨烯集成的超构材料的相位响应。Miao 等[166]通过反射石墨烯亚表面实现了广泛可调谐的太赫兹相位调制，亚表面由一系列从均匀反射的铝膜上分离出来的铝台面组成，将石墨烯层转移至结构上，由一层凝胶状离子液体覆盖。由于铝台面和铝平面的结合形成了一个磁共振腔，亚表面在正常入射的太赫兹波中表现出磁共振行为。通过调节石墨烯层和顶部栅极之间的电压控制石墨烯层的载流子密度和电阻率，亚表面的磁共振从欠阻尼状态变为过阻尼状态，在谐振频率附近出现大的相位调制。在谐振频率处，以显著的强度调制和信号衰减为代价，获得了高达 180° 的太赫兹相位调制值［见图 3-32（c）］。

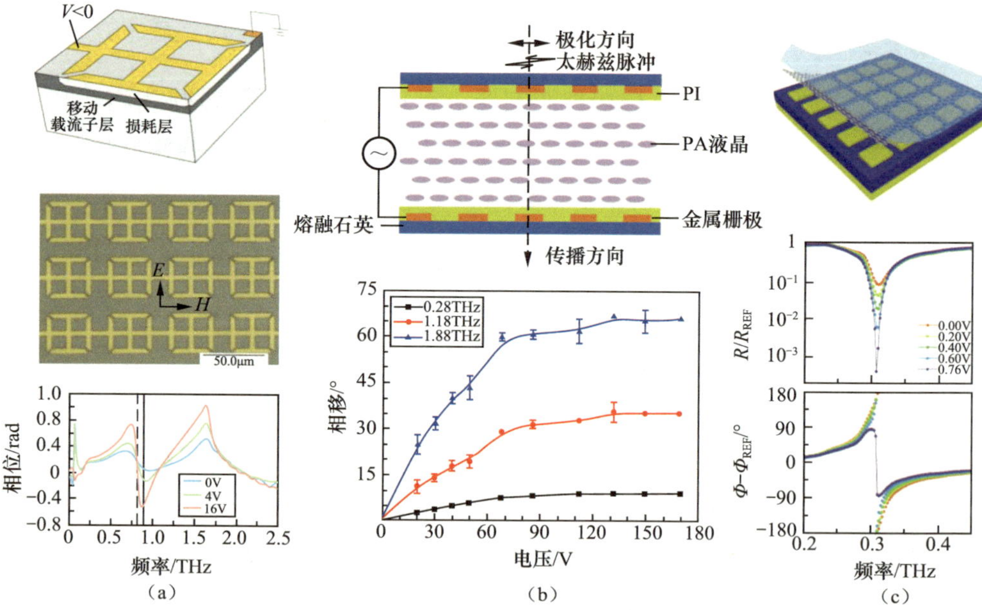

图 3-32 电控可重构超构材料太赫兹相位调制器

（a）n-GaAs 层上 SRR 超构材料[163]；（b）亚波长金光栅[164]；（c）反射石墨烯亚表面[166]

（3）基于超构材料的太赫兹偏振调制器

除强度和相位以外，太赫兹波偏振的主动控制对实现可重构的太赫兹滤波器、分束器和隔离器，以及实现太赫兹通信系统具有重要意义。偏振分集能够从成像和光谱系统中的扫描对象中提取更多的信息，同时可提高无线通信系统的频谱效率，并支持更高的数据传输速率[167–169]。天然手性材料中因其分子缺乏镜像对称性而使电磁波的偏振态发生旋转，受天然手性材料这一性质的启发，研究人员研究了不同类型的具有手性单元的超构材料对太赫兹波偏振态的影响，并基于此开发了无源器件，如偏振片、波片、分束器和隔离器。下面讨论可重构超构材料在光、电、热和力等外界刺激下实现对太赫兹波偏振的主动操纵。

光刺激常通过改变在光吸收半导体衬底上制备的超构材料结构单元的手性，以控制太赫兹波的偏振状态。Kanda 等[170]在光吸收衬底上制备二维“万字型”结构阵列来诱导实现光控太赫兹偏振的调制。这种超构材料结构由于其平面性质，在没有光激励的情况下不能控制太赫兹波的偏振，而在光激发的条件下，基底中产生的光载流子形成了与“万字型”图案互补的高导电区域分布。金属图案和光载流子分布的结合形成了三维手性形态，根据图案的手性方向旋转入射太赫兹波的偏振［见图 3–33（a）］。由于产生了更多的光载流子，在更高的光功率下获得了更大的偏振旋转角。当光泵功率在 0 ～ 100 mW 的范围内变化时，将一种右旋“万字型”超构材料的太赫兹偏振角度从 –0.05° 旋转至 0.58°。在后续工作中，通过使用由 PI 层隔开的不同尺寸的手性互补的“万字型”谐振器的双层结构，获得了更强的手性和更大的偏振旋转角[171]。这主要归因于超构材料单元结构沿太赫兹波传播方向的镜像对称性的破坏，在超构材料谐振频率下，入射电场和入射磁场引起的磁矩较大，获得了最强的手性强度。因此，诱导的手性通过超构材料的共振强度来控制，将光吸收硅岛与超构材料结构结合起来，利用光泵光束在 Si 中产生光载流子来抑制超构材料的共振。当光激发从零变化至 40 μJ · mm^{-2}［见图 3–33（b）］时，获得了 45° 的太赫兹偏振旋转角。

Zhang 等[172]设计了手性超构材料单元，在光激发下提供从左旋到右旋或从右旋到左旋的光学可切换手性。硅板嵌入超构材料结构单元内，结构单元以四重旋转对称排列［见图 3–33（c）］。该结构将太赫兹波的偏振由线偏振转换为圆偏振。在光激发下，光生载流子将硅板从绝缘态转变为导电态，从而根据太赫兹频率改变超构材料的手性。还有一种控制太赫兹波偏振的方法是在光吸收半导体衬底上对所需的超构材料阵列进行光学投影，无须制备超构材料结构，只需通过衬底上光激发区导电操纵太赫兹波偏振。Kamaraju 等[173]使用阴影掩模在高电阻率 Si 衬底上投射光栅形状的光学图案，光载流子使光激发区变得更具导电性，获得了一种高光强的金属型线栅偏振器。在较低的光强度下，当光激发区表现出较弱的金属行为时，平行和垂直于光诱导线偏振的太赫兹波分量经历了不同的相移和衰减水平，从而实现了光学控制的椭圆偏振［见图 3–33（d）］。

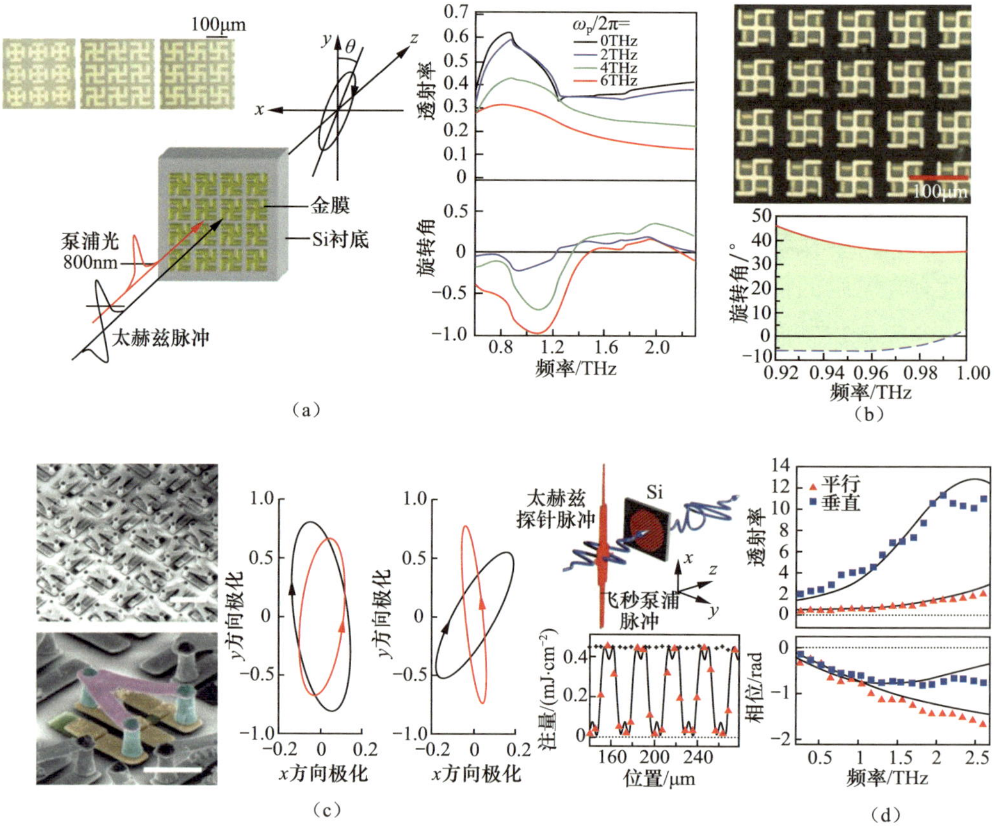

图 3–33　光控可重构超构材料太赫兹偏振调制器

（a）光吸收 Si 衬底上二维“万字型”结构阵列[170]；（b）“万字型”谐振器双层结构[171]；（c）手性超构材料单元[172]；（d）高电阻率 Si 衬底上的光学图案[173]

对于电控的太赫兹偏振调制器，通常采用具有电控介电特性的材料来控制太赫兹波的偏振。例如，Wang 等[174]利用液晶的电控双折射开发宽带可调谐波片，将高双折射向列相液晶夹在两个磺酸偶氮染料取向层之间，在两层磺酸偶氮层的外表面复合了金属丝网和多孔石墨烯层。这一组合用作垂直于线栅极化的太赫兹波的透明偏压电极，通过增加偏压电极上的电压，有效降低了异常折射率，在太赫兹波传输的分量之间成功引入了电控相位延迟。当外加电压从 0 V 升至 50 V 时，太赫兹波的偏振态由线形变为圆形，由圆形变为椭圆，再由椭圆变为线形。

对于热控太赫兹偏振调制器，通常利用超构材料在热可调衬底上的偏振响应来控制太赫兹波的偏振。VO_2 是一种常用的衬底材料，Shin 等 [175] 设计了基于 VO_2 的可热切换型线偏振器，由沉积在 VO_2/Al_2O_3 层上的 Au/Ti 亚波长金属光栅组成。通过选择金属光栅的尺寸，使入射太赫兹波在室温、0.1 ～ 2 THz 的频率范围内发生偏振。当器件温度提高至 101 ℃时，VO_2 层从绝缘体相转变为导体相。因此，通过光栅传输的太赫兹波显著衰减［见图 3-34（a）］。当器件温度从 23 ℃升至 101 ℃时，消光比高达 26 dB，调制深度高达 89%。Wang 等 [176] 展示了在太赫兹频率下基于 VO_2 的可热切换四分之一波片，该波片由非对称十字孔阵列组成，十字孔末端嵌入 VO_2 板。形成十字孔的两个垂直槽的谐振频率随槽长改变。通过调节十字不对称度来控制两个垂直槽的谐振频率，穿过共振亚表面的透射光束在谐振频率周围发生 180° 的相移，亚表面表现出双折射行为。通过控制两个垂直狭缝的长度，在保持相同的传输系数的情况下，在沿狭缝轴方向偏振的两个太赫兹光束之间引入了 90° 的相位差。将温度从 127 ℃升至 227 ℃，VO_2 层从绝缘体相转变为导体相。两个垂直槽的有效长度及其谐振频率发生改变，四分之一波片的工作频率切换至 0.5 THz［见图 3-34（b）］。

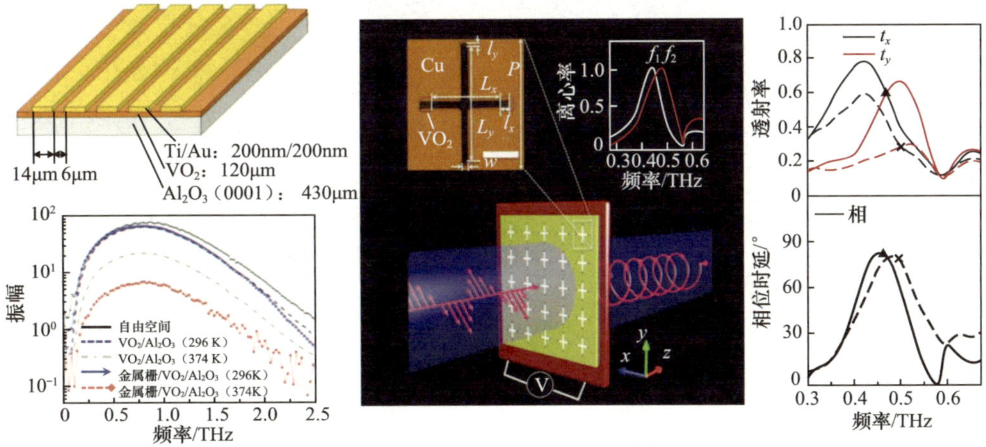

（a）　　　　　　　　　　　　（b）

图 3-34　热控可重构超构材料太赫兹偏振调制器

（a）基于 VO_2 的可热切换型线性偏振器 [175]；（b）基于 VO_2 的可热切换四分之一波片 [176]

超构材料结构单元的机械重构也是一种调节其手性和各向异性以操纵太赫兹极化的有效方法。例如，Zhu 等 [177] 将十字交叉超构材料单元与梳状驱动器集成，通过调整单元的几何对称性，引入机电控制的各向异性。十字结构的一根梯形金属梁在驱动平台上制造，另外三根梯形金属梁固定在基板上，通过机电驱动可移动的梯形，打破了十字结构的四重对称性。这一过程改变了垂直入射的太赫兹波的超构材料谐振频率，太赫兹波的偏振方向平行于结构单元的镜像对称轴。而垂直于单元镜像对称轴极化的正常入射太赫兹波对超构材料谐振频率没有显著影响。因此，超构材料显示出从负值到正值的可调谐双折射，可以通过改变可移动梯形金属梁的位置来进行机电控制［见图 3–35（a）］。Kan 等[178, 179]采用垂直可变形的螺旋超构材料结构单元，将阿基米德螺线形状的平面镀金 Si 结构悬浮在 Si 衬底上，通过施加静电力或气压实现从平面螺旋到三维螺旋的垂直变形。因此，超构材料的手性和太赫兹偏振旋转被驱动力引起的垂直变形所调节。与静电力驱动相比，气压驱动提供了更大的几何变形。将气体（N_2）压强从 −8 Pa 升至 8 Pa，螺旋的高度在 −53 μm 和 54 μm 之间变化［见图 3–35（b）］。由此，在超构材料谐振频率附近实现了 28.1° 和 −28.7° 的方位极化旋转。

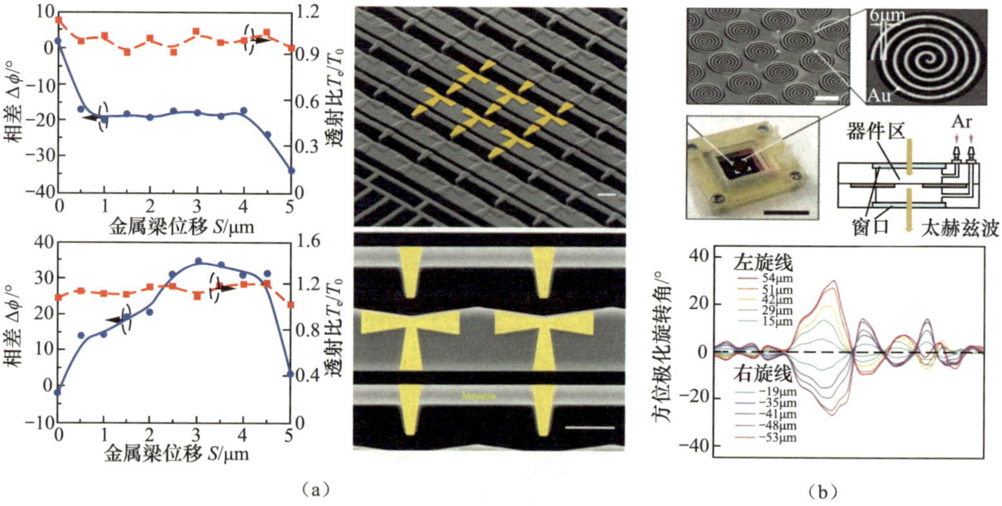

图 3–35　机械控制可重构超构材料太赫兹相位调制器

（a）十字交叉超构材料单元与梳状驱动器集成[177]；（b）垂直可变形的螺旋超构材料[179]

综上所述，超构材料在太赫兹频段提供了独特的功能，目前已成为动态控制和操纵太赫兹波频谱和空间特性的首选材料体系。电控可重构超构材料是太赫兹系统中最理想的太赫兹光束操作平台。可重构超构材料结构和重构机制的选择最终取决于实际应用和所使用的太赫兹通信方式。通信系统通常需要具有高调制速度的可重构超构材料，且对调制带宽有更宽松的限制。随着太赫兹通信系统的快速发展及高性能 QCL、电子太赫兹源/探测器和太赫兹焦平面阵列的不断涌现，预计可重构超构材料将在 6G 通信系统中发挥重要作用。

3.2　可见光通信材料

如前所述，6G 通信网络相对于此前的 5G 系统，不只满足于“城市、车联网、物联网”的覆盖范围，而将进一步扩充至偏远地区、水面、水下、空中乃至卫星中，成为一个空-天-地-海一体化的网络，从而实现 IoE。但这些场景所处的环境差异巨大，因此 6G 通信网络将不再是使用单一通信手段的通信网络，只有融合各种无线通信方法，发挥其各自优势，才能实现一体化的网络。毫米波和太赫兹频段目前都是学术界和工业界研究的热点，使用较高的频率将对系统架构产生深远的影响，因为在这些频率下，无线部件需要根据波长精心设计。此外，研究还需要着眼于更高频的频段，包括红外线和可见光。VLC 是继白光发光二极管（LED）之后，大约在 20 年前提出的概念，近年来受到了广泛关注。目前，VLC 是一种相当成熟的无线通信技术，其相关光器件已经应用了几十年，且具有较低的成本。一般来说，VLC 中光的传播与太赫兹的传播很相似，传播距离短，信号容易被物体阻挡。

VLC 以可见光光谱作为频谱，无须授权，且能够实现高速通信，是常规无线局域网络的一个很好的替代品。VLC 在室内环境中有其独特的优势，可以实现高保密、人体无害、无电磁辐射的高速通信，覆盖人们近 80% 的活动范围。此外，VLC 在室外地面通信中也具有良好的应用前景，例如车间通信有可能成为首个实现 VLC 的应用场景[178]。VLC 利用 400 ～ 800 THz 的超宽频谱，可实现大气内外、水面水下等场景中的同环境设备间及不同环境设备间的通信。VLC 系统的基础是单点对单点的系统[179]，而随着系统容量需求的逐渐增加，多输入多输出的系统也在逐渐发展。

VLC 的基本原理是通过 LED 向外界传输信号，LED 同时也用作照明。输入信息需要经过调制，然后由 LED 将电信号转换成光信号，光电探测器检测光信号并将光信号恢复为电信号。接收部分对电信号进行处理和解调，实现对电信号的控制和应用。典型的 VLC 主要由发射部分和接收部分组成，其关键器件在于发射部分中的电光转换器件和接收部分中的光电转换器件。其中，发射器件主要包括激光二极管（Laser Diode，LD）、LED 和最近新研制的超辐射发光二极管（Super Luminescent Diode，SLD），接收器件主要包括光电二极管（Photo-Diode，PD）、雪崩光电二极管（Avalanche Photo-Diode，APD）、图像传感器和某些特殊应用场景下的特种接收器，如日盲型光电探测器和单光子探测器等。作为 VLC 系统的主要组成部分，这些器件的发展极大地推动了 VLC 的发展。本节主要围绕 6G 系统中 VLC 的应用，从发射和探测两方面介绍相关新材料的研究进展和面临的挑战，并对其未来发展趋势进行展望。

3.2.1 可见光光源材料

LD、LED 和 SLD 这 3 种发光器件的主要参数比较如表 3-1 所示。

表 3-1 LD、LED 和 SLD 发光器件的主要参数对比

器件类型	辐射方式	光效下降现象	-3 dB 带宽
LD	受激辐射	无	>1 GHz
LED	自发辐射	有	<100 MHz
SLD	放大的自发辐射	无	400 ～ 800 MHz

目前，LED 和 LD 是较常见的两种发光器件 [180, 181]，SLD 是介于 LED 和 LD 之间的一种发光器件。SLD 具有 LD 的光束方向性和 LED 高发散度的优点，且带宽大、亮度高、无光斑。2016 年首次提出了基于 InGaN 的大功率蓝光 SLD，具有 800 MHz 的高带宽。随着制造技术的发展，SLD 有望成为一种很有前途的可见光发射器件。

与其他光源相比，LED 的高速响应使在发光的同时实现高速通信成为可能。白光 LED 的应用最普遍，制备方法目前已有多种。例如，荧光粉转换法使用磷光体将蓝色 LED 转换为重铬酸盐或三色白光，即单片型白光。该方法工艺简单，成本低，但由于荧光粉引入了延时，使 LED 调制带宽发生了变化。多芯片白光 LED 更适用于通信系统，即将两个或多个不同颜色的灯组合在一起形成白光，如红绿蓝 LED，该方法成本高，但调制性能好 [182]。

可通过蓝色 LED 刺激黄色荧光粉产生白光，或通过紫外线 LED 刺激红绿蓝

荧光粉产生白光来制备白光 LED。研究表明，等离子体 LED[183] 和微型 LED[184] 具有比普通 LED 更高的带宽，可用于 VLC 系统中。Li 等 [183] 采用金属有机化学气相沉积（Chemical Vapor Deposition，CVD）法在蓝宝石衬底上生长了 GaN 基 LED 外延结构，制备了一种表面等离子体 LED，通过表面等离子体提高了载流子的自发辐射率，使带宽提高至 201.13 MHz。Sun 等 [184] 研制了一种微型 LED 阵列，像素尺寸在 30 ～ 60 μm，无须预均衡即可达到 600 MHz 的带宽，实现单通道 3 Gbit · s^{-1} 的高速传输［见图 3–36（a）］，且封装的 LED 可实现大规模生产。由于目前 LED-VLC 系统的发送/接收信号是电压型的，因此 LED 在宽范围内良好的功率–电压线性度有助于获得高速传输。该研究证明了 LED 的自由空间数据传输能力可以通过改善 LED 的非线性来实现。通过优化电气连接和封装结构，可进一步提高通信和照明性能。此外，硅基 LED 由于具有抗静电能力强、寿命长、生产效率高等优点，在 VLC 中得到了广泛的应用。例如 Zhou 等 [185] 研制的硅基 LED 采用表面 GaN 织构来提高发光效率，结合银反射镜和互补电极，降低了 Si 表面和电极的光吸收，提高了垂直 LED 的单面发光能力［见图 3–36（b）］；同时，获得了良好的预测负荷范围的线性度，用于水下环境的高速 VLC 系统实现了水下 1.2 m 距离的高速传输（15.17 Gbit · s^{-1}）。但实验系统目前仍受到驱动电路和散热的限制，如果采用更好的驱动电路和更好的散热，有望进一步提高数据传输速率。此外，使用成品 LED 也是 VLC 系统的一种选择。例如，Bian 等 [186] 利用 4 个单色低成本商用 LED 作为光源，以不到 50 美分的价格创下了在 1.6 m 的自由空间中实现 15.73 Gbit · s^{-1} 传输速率的纪录。

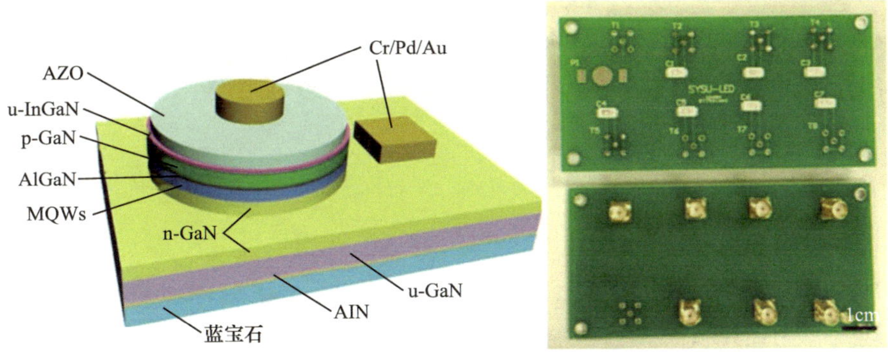

（a）

图 3–36　等离子体及硅基 LED-VLC 发射器

（a）微型 LED 阵列发射器 [184]

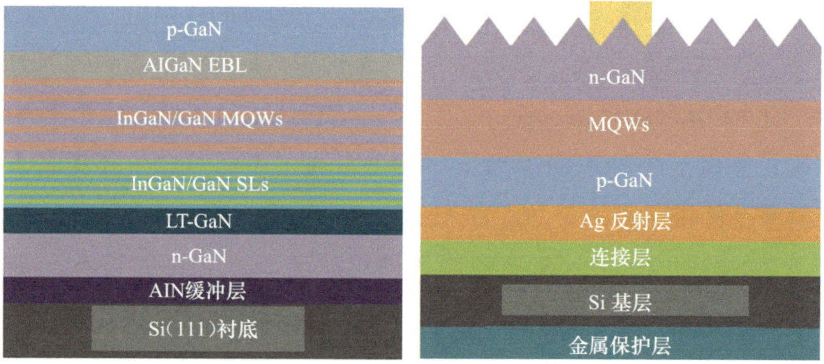

（b）

图 3-36 等离子体及硅基 LED-VLC 发射器（续）
（b）表面 GaN 织构的硅基 LED[185]

综上所述，LED 在 6G 系统中实现商业集成仍需时日，主要挑战在于其十分有限的带宽，这在一定程度上制约了整个通信系统的速率。未来应根据 6G 通信的需求，寻找相应的新材料和新机制来实现超高带宽的光源器件。

3.2.2 可见光接收材料

VLC 系统中的接收器承担着将光信号转换成电信号的作用。目前，PD 和 APD 是 VLC 系统中的主要接收器。前者通常用于高速 VLC，接收速率可达 1 Gbit · s^{-1}，成本较低，但灵敏度稍差。后者灵敏度较高，主要用于对接收灵敏度要求较高的场景[182]。为了进一步提高 PD 的灵敏度，Li 等[187]设计了一种基于三原色 LED 和硅 p-i-n 型 PD 的阵列作为探测器，作为整个 VLC 系统的集成接收机。使用集成的 3×3 阵列，单个二极管的尺寸为 3 mm×3 mm，带宽为 25 MHz，集成阵列的总尺寸小于 5 cm×5 cm，实现了 1.2 Gbit · s^{-1} 的可见光通信，同时极大提高了接收机的视场角[188]。

太阳背景光是 VLC 系统中的主要噪声干扰源。过强的环境光会使接收器饱和，失去接收信号的能力。解决该问题的方法是使用日盲型光电探测器，即只对太阳光覆盖波段外的某一波段有响应，从而避免太阳光的干扰。强光场景的日盲光电探测器多使用 AlGaN 作为敏感材料，仅对不被太阳光覆盖的部分紫外波段敏感。2005 年，Tut 等[189]首次使用 AlGaN 基肖特基二极管作为日盲 PD，在日盲区达到了 0.147 A · W^{-1} 的响应度。2015 年，Guo 等[190]以含氟聚合物 CYTOP

作为光保护层，通过旋涂法制备了稳定的钙钛矿型 $CH_3NH_3PbI_{3-x}Cl_x$ 型光探测器。如图 3-37（a）所示，该探测器为简单的金属-半导体-金属结构，响应度提升至 7.85 A · W^{-1}，反应时间在亚微秒范围内。值得注意的是，含氟聚合物薄膜将器件的寿命提升至近 100 天。然而，作为一种通信接收器，日盲 PD 的瞬态响应和稳定性还需要进一步研究。

对于水下长距离等高灵敏度的特殊环境与应用领域，单光子探测技术得到了广泛的研究。2002 年，Verevkin 等 [191] 开发了一种基于 NbN 的超导单光子探测器，对 405 nm 的光的量子效率约为 10%，光子计数频率为 10 GHz。近年来，美国国家标准与计数研究院开发了用于红外波段和紫外波段的 MoSi 超导纳米线的单光子探测器。与传统技术相比，这两种超导单光子探测器具有检测效率高、暗计数低、定时抖动小等优点，但其对冷却技术的要求十分复杂，这成为其应用中的一个主要限制因素 [192, 193]。

聚焦光学元件也是 VLC 系统中的重要组成部分，它通过对接收到的光信号进行聚焦，提高接收信号的信噪比，从而提高传输速率。然而，信噪比的增加往往意味着视角的减小。为此，Dong 等 [194] 提出了一种利用柔性纳米材料将可见光转换为对接收器更为灵敏的红外光的非成像光学对焦器，如图 3-37（b）所示。该装置极大地提高了接收器的灵活性，实现了 0.5 m 和 400 Mbit · s^{-1} 自由空间的 VLC，将传输速率提高了 60%。此外，Yang 等 [195] 通过在聚合物基片上添加一维二元布拉格光栅，实现了带宽为 125 MHz、速率为 250 Mbit · s^{-1} 的 VLC，传输速率提高了 67%。

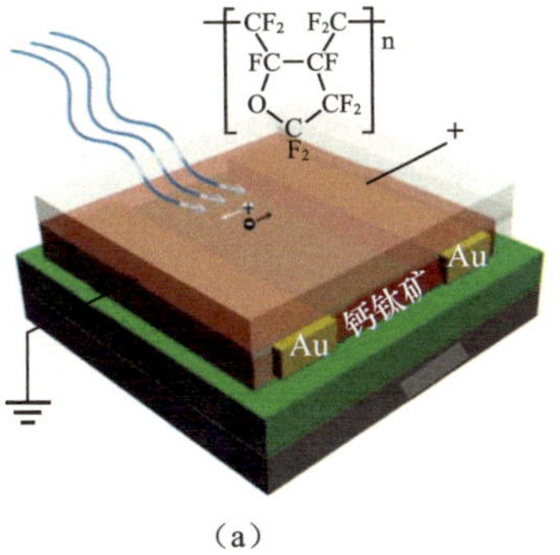

（a）

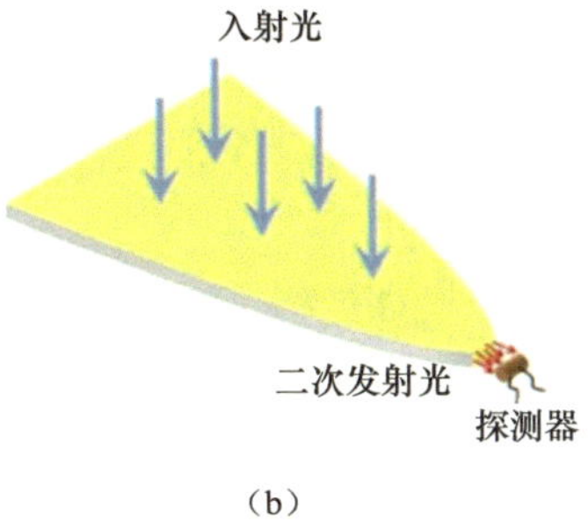

（b）

图 3-37　VLC 接收器

（a）钙钛矿型日盲探测器 [190]；（b）柔性纳米材料非成像光学对焦器 [194]

如前所述，目前 VLC 仍受限于 LED 的带宽限制、探测器的低灵敏度和系统的非线性问题，未来的高速 VLC 系统需要使用基于新材料的新型光电器件。新光源应具有更宽的调制带宽和更高的光学效率，而新探测器应具有更好的可见光波段灵敏度和内外量子效率。此外，在 VLC 的后续发展中，需引入更先进的光电子器件，如外调制器、光放大器、光开关、多路复用器和解复用器等。

3.3 本章小结

在过去的数十年中，无线通信系统对带宽和数据传输速率的要求大幅度提高。预计未来 5 ～ 10 年，数据传输速率的需求将达到 5 ～ 10 Gbit · s^{-1}，这意味着需要寻求新的频谱资源以实现更高的带宽。太赫兹波段和可见光波段作为未来 6G 系统中的两个核心波段，相关技术尚不成熟。通信系统中的每一个器件、每一项技术都需要在原有的基础上精进，这离不开新材料、新机理的发现及应用。本章从太赫兹通信和可见光通信两方面出发，阐述了各个环节需要用到的新材料、最新进展及相关的挑战。现有研究已经在太赫兹通信和可见光通信两个领域中取得了一系列令人瞩目的成果，但在材料的稳定性、专用器件的选择、光学天线的研究、信道模型的建立等方面仍面临诸多严峻挑战。可以预见的是，通过各方面有针对性的研究，太赫兹通信和可见光通信将实现更快速的发展，各种新材料也将在 6G 中大放异彩。

参考文献

[1] 叶龙芳 . 基于光整流的太赫兹源与新型太赫兹导波结构研究 [D]. 成都：电子科技大学 , 2013.

[2] STEPANOV A G, BONACINA L, CHEKALIN S V, et al. Generation of 30 μJ single-cycle terahertz pulses at 100 Hz repetition rate by optical rectification [J]. Optics Letters, 2008, 33(21): 2497-2499.

[3] HUANG Y Y, YAO Z H, HE C, et al. Terahertz surface and interface emission

spectroscopy for advanced materials [J]. Journal of Physics: Condensed Matter, 2019, 31(15):153001.

[4] SCHNEIDER, NEIS M, STILLHART M, et al. Generation of terahertz pulses through optical rectification in organic DAST crystals: theory and experiment [J]. JOSAB, 2006, 23(9): 1822-1835.

[5] 马新发, 张希成. 亚皮秒光整流效应 [J]. 物理, 1994, 23(7): 390-393.

[6] ZHANG X, XU J. Introduction to THz wave photonics [M]. New York: Springer, 2010, 36-38.

[7] 邵立. 光整流太赫兹源及其研究进展 [J]. 激光与红外, 2008, 38(9): 8732-8735.

[8] SUIZU K, TSUTSUI T, SHIBUYA T, et al. Cherenkov phase matched THz-wave generation with surfing configuration for bulk Lithium Nobate crystal [J]. Optics Express, 2009, 17(9): 7102-7109.

[9] SUIZU K, KOKETSU K, SHIBUYA T, et al. Extremely frequency-widened terahertz wave generation using Cherenkov-type radiation [J]. Optics Express, 2009, 17(8): 6676-6681.

[10] DHILLON S S, VITIELLO M S, LINFIELD E H, et al. The 2017 terahertz science and technology roadmap [J]. Journal of Physics D: Applied Physics, 2017, 50(4): 043001.

[11] KÖHLER R, TREDICUCCI A, BELTRAM F, et al. Terahertz semiconductor-heterostructure laser [J]. Nature, 2002, 417: 156-159.

[12] VITIELLO M S, SCALARI G, WILLIAMS B, et al. Quantum cascade lasers: 20 years of challenges [J]. Optics Express, 2015, 23(4): 5167-5182.

[13] DUPONT E, FATHOLOLOUMI S, WASILEWSKI Z R, et al. A phonon scattering assisted injection and extraction based terahertz quantum cascade laser [J]. Journal of Applied Physics, 2012, 111(7): 073111.

[14] SIRTORI C, BARBIERI S, COLOMBELLI R, et al. Wave engineering with THz quantum cascade lasers [J]. Nature Photonics, 2013, 7: 691-701.

[15] VITIELLO M S, NOBILE M, RONZANI A, et al. Photonic quasi-crystal terahertz lasers [J]. Nature Communications, 2014, 5: 5884.

[16] DIETZ R J B, GLOBISCH B, ROEHLE H, et al. Influence and adjustment of carrier lifetimes in InGaAs/InAlAs photoconductive pulsed terahertz detectors: 6 THz bandwidth and 90 dB dynamic range [J]. Optics Express, 2014, 22(16): 19411-19422.

[17] YANG S H, HASHEMI M R, BERRY C W, et al. 7.5% optical-to-terahertz conversion efficiency offered by photoconductive emitters with three-dimensional plasmonic contact electrodes [J]. IEEE Transactions on Terahertz Science & Technology, 2014,

4(5): 575-581.

[18] CASTRO-CAMUS E, ALFARO M. Photoconductive devices for terahertz pulsed spectroscopy: a review [J]. Photonics Research, 2016, 4(3): 36-42.

[19] CUNNINGHAM J, BYRNE M B, WOOD C D, et al. On-chip terahertz systems for spectroscopy and imaging [J]. Electronics Letters, 2010, 46(26): 34-37.

[20] SINGH A, PAL S, SURDI H, et al. Carbon irradiated semi insulating GaAs for photoconductive terahertz pulse detection [J]. Optics Express, 2015, 23(5), 6656-6661.

[21] KAMPFRATH T, BATTIATO M, MALDONADO P, et al. Terahertz spin current pulses controlled by magnetic heterostructures [J]. Nature Nanotechnology, 2013, 8: 256.

[22] HIBBERD M T, LAKE D S, JOHANSSO NA B, et al. Magnetic-field tailoring of the terahertz polarization emitted from a spintronic source [J]. Applied Physics Letters, 2019, 114: 031101.

[23] TOROSYAN G, KELLER S, SCHEUER L, et al. Optimized spintronic terahertz emitters based on epitaxial grown Fe/Pt layer structures [J]. Scientific reports, 2018, 8: 1311.

[24] FÜLÖP J A, TZORTZAKIS S, KAMPFRATH T, et al. Laser-driven strong-field terahertz sources [J]. Advanced Optical Materials, 2020: 1900681.

[25] SEIFERT T, JAISWAL S, MARTENS U, et al. Efficient metallic spintronic emitters of ultrabroadband terahertz radiation [J]. Nature Photonics, 2016, 10: 483-488.

[26] MILOT R L, KLUG M T, DAVIES C L, et al. The effects of doping density and temperature on the optoelectronic properties of formamidinium tin triiodide thin films [J]. Advanced Materials, 2018, 30: 1804506.

[27] SIZOV F, ROGALSKI A. THz detectors [J]. Progress in Quantum Electronics, 2010, 34: 278-347.

[28] CASTILLA S, TERRÉS B, AUTORE M, et al. Fast and sensitive terahertz detection using an antenna-integrated graphene pn junction [J]. Nano Letters, 2019, 19(5): 2765-2773.

[29] WANG Y, DENG X, ZHANG G, et al. Terahertz photodetector based on double-walled carbon nanotube macrobundle-metal contacts [J]. Optics Express, 2015, 23(10): 13348-13357.

[30] BRITNELL L, RIBEIRO R M, ECKMANN A, et al. Strong light-matter interactions in heterostructures of atomically thin films [J]. Science, 2013, 340(6138): 1311-1314.

[31] YANG J, QIN H, ZHANG K. Emerging terahertz photodetectors based on two-dimensional materials [J]. Optics Communications, 2018, 406: 36-43.

[32] LONG M, WANG P, FANG H, et al. Progress, challenges, and opportunities for 2D material based photodetectors [J]. Advance Functional Materials, 2019,29(19): 1803807.

[33] LI X,TAO L, CHEN Z, et al. Graphene and related two-dimensional materials: structure-property relationships for electronics and optoelectronics [J]. Applied Physics Reviews, 2017, 4(2): 021306.

[34] WALLACE P R. The band theory of graphite [J]. Physics Reviews, 1947, 71(9): 622-634.

[35] ROGALSKI A, KOPYTKO M, MARTYNIUK P. Two-dimensional infrared and terahertz detectors: Outlook and status [J]. Applied Physics Reviews, 2019, 6: 021316.

[36] LI X, ZHU H. The graphene-semiconductor Schottky junction [J]. Physics Today, 2016, 69(9): 46-51.

[37] SEMENOFF G W. Condensed-matter simulation of a three-dimensional anomaly [J]. Physics Reviews Letters, 1984, 53(26): 2449-2452.

[38] NOVOSELOV K S, GEIM A K, MOROZOV S V, et al. Two-dimensional gas of massless Dirac fermions in graphene [J]. Nature, 2005, 438(7065): 197-200.

[39] MOROZOV S V, NOVOSELOV K S, et al. Giant intrinsic carrier mobilities in graphene and its bilayer [J]. Physics Reviews Letters, 2008, 100(1): 016602.

[40] BOLOTIN K I, SIKES K J, et al. Ultrahigh electron mobility in suspended graphene [J]. Solid State Communication, 2008, 146(9-10): 351-355.

[41] DENG S, BERRY V. Wrinkled, rippled and crumpled graphene: an overview of formation mechanism, electronic properties, and applications [J]. Mater Today, 2016, 19(4): 197-212.

[42] CHEN J H, JANG C, XIAO S, et al. Fuhrer, Intrinsic and extrinsic performance limits of graphene devices on SiO_2 [J]. Nature Nanotechnology, 2008, 3(4): 206-209.

[43] LI Z Q, HENRIKSEN E A, et al. Dirac charge dynamics in graphene by infrared spectroscopy [J] Nat Phys, 2008, 4(7): 532-535.

[44] LOW T, AVOURIS P. Graphene plasmonic for terhertz to mid-infrared applications [J]. ACS Nano, 2014, 8(2): 1086-1101.

[45] DYAKONOV M, SHUR M S. Shallow water analogy for a ballistic field effect transistor: New mechanism of plasma wave generation by the dc current [J]. Physics Reviews Letters, 1993, 71: 2465-2468.

[46] DYAKONOV M, SHUR M. Plasma wave electronics: Novel terahertz devices using two dimensional electron fluid [J]. IEEE Trans Electron Devices, 1996, 43: 1640-1646.

[47] VICARELLI L, VITIELLO M S, et al. Graphene field-effect transistors as room-temperature terahertz detectors [J]. Nat Mater, 2012, 11: 865-871.

[48] LIU C, WANG L, CHEN X, et al. Room-temperature high-gain long-wavelength photodetector via optical-electrical controlling of hot carriers in graphene [J]. Advanced Optical Materials, 2018, 6: 1800836.

[49] CAI X, SUSHKOV A B, et al. Sensitive room-temperature terahertz detection via the photothermoelectric effect in graphene [J]. Nature Nanotechnology, 2014, 9(10): 814-819.

[50] TONG J, MUTHEE M, CHEN S Y, et al. Antenna enhanced graphene THz emitter and detector [J]. Nano Letters, 2015, 15(8): 5295-5301.

[51] DENG X Q, WANG Y X, ZHAO Z R, et al. Terahertz-induced photo-thermoelectric response in graphene-metal contact structures [J]. Journal of Physics D:Applied Physics, 2016, 49(42): 7.

[52] YAN J, KIM M H, ELLE J A, et al. Dual-gated bilayer graphene hot electron bolometer [J]. Nature Nanotechnology, 2012, 7(7): 472-478.

[53] NICOLOSI V, CHHOWALLA M, et al. Liquid exfoliation of layered materials [J]. Science, 2013, 340: 1226419.

[54] WANG Y H, HUANG K J, WU X. Recent advances in transition-metal dichalcogenides based electrochemical biosensors: a review [J]. Biosens Bioelectron, 2017, 97: 305-316.

[55] XI X, WANG Z, ZHAO W, et al. Ising pairing in superconducting $NbSe_2$ atomic layers [J]. Nature Physics, 2015, 12 (2): 139-143.

[56] XIE Y, LIANG F, et al. Defect engineering of MoS_2 for room-temperature terahertz photodetection [J]. ACS Applied Materials & Interfaces, 2020, 12(6): 7351-7357.

[57] NOVOSELOV K S, MISHCHENKO A, et al. 2D materials and van der Waals heterostructures [J]. Science, 2016, 353: 461.

[58] XU H, GUO C, ZHANG J, et al. $PtTe_2$-based type-Ⅱ Dirac semimetal and its van der Waals heterostructure for sensitive room temperature terahertz photodetection [J]. Small, 2019, 1903362.

[59] WU D, MA Y, et al. Ultrabroadband photosensitivity from visible to terahertz at room temperature [J]. Science Advanced, 2018, 4: 3057.

[60] ZAITSEV-ZOTOV S V, MINAKOVA V E. Evidence of collective charge transport in the ohmic regime of o-TaS_3 in the charge-density-wave state by a photoconduction Study [J]. Physics Review Letters, 2006, 97: 266404.

[61] SUGAI S. Lattice vibrations in the charge-density-wave states of layered transition metal dichalcogenides [J]. Physica Status Solidi B, 2010, 129: 13-39.

[62] TSEN A W, HOVDEN R, et al. Structure and control of charge density waves in two-dimensional 1T-TaS_2 [J]. Proceedings of the National Academy of Sciences of the United State of America, 2015, 112: 15054.
[63] WANG L, WANG J, et al. Distinctive performance of terahertz photodetection driven by charge-density-wave order in CVD-grown tantalum diselenide [J]. Advanced Functional Materials, 2019, 29(45): 1905057.
[64] FEI R, YANG L. Strain-engineering the anisotropic electrical conductance of fewlayer black phosphorus [J]. Nano Letters, 2014, 14 (5): 2884-2889.
[65] QIAO J, KONG X, HU Z X, et al. High-mobility transport anisotropy and linear dichroism in few-layer black phosphorus [J]. Nature Communications, 2014, 5: 4475.
[66] HUANG Y, QIAO J, et al. Interaction of black phosphorus with oxygen andwater [J]. Chemistry of Materials, 2016, 28(22): 8330-8339.
[67] LI L, YU Y, et al. Black phosphorus field-effect transistors [J]. Nature Nanotechnology, 2014, 9(5): 372-377.
[68] VITI L, POLITANO A, VITIELLO M S. Black phosphorus nanodevices at terahertz frequencies: Photodetectors and future challenges [J]. APL Materials, 2017, 5(3): 035602.
[69] LEONG E, SUESS R J, et al. Terahertz photoresponse of black phosphorus [J]. Optics Express, 2017, 25: 11.
[70] GUO W L, DONG Z, et al. Sensitive terahertz detection and imaging driven by the photothermoelectric effect in ultrashort-channel black phosphorus devices [J]. Advanced Science, 2020, 1902699.
[71] CHEN S L, CHANG Y C, et al. Efficient real-time detection of terahertz pulse radiation based on photoacoustic conversion by carbon nanotube nanocomposite [J]. Nature Photonics, 2014, 8: 537.
[72] BHOWMICK S, FROST T, BHATTACHARYA P. Quantum dot rolled-up microtube optoelectronic integrated circuit [J]. Optics Letters, 2013, 38: 1685-1687.
[73] TANG W W, POLITANO A, et al. Ultrasensitive room-temperature terahertz direct detection based on a Bismuth selenide topological insulator [J]. Advanced Functional Materials, 2018, 1801786.
[74] DENG T, ZHANG Z H, et al. three-dimensional graphene field-effect transistors as highperformance photodetectors [J]. Nano Letters, 2019, 19: 1494-1503.
[75] YU A. Plasmon ratchet effect with electrons and holes simultaneously existing in the graphene channel: A promising effect for the terahertz detection [J]. Journal of Physics D: Applied Physics, 2018, 51(39): 395103.

[76] LIU S, YANG W X, ZHU Z, et al. Effective terahertz signal detection via electromagnetically induced transparency in graphene [J]. Journal of the Optical Society of America B, 2016, 33(2): 279.
[77] YUAN W, LI M, et al. The fabri-cation of large-area, uniform graphene nanomeshes for high-speed, room-tem-perature direct terahertz detection [J]. Nanoscale Research Letters, 2018, 13(1): 190.
[78] DURKOP T, GETTY S A, COBAS E, et al. Extraordinary mobility in semiconducting carbon nanotubes [J]. Nano Letters, 2004, 4: 35.
[79] KRUPKE R, HENNRICH F, et al. Separation of metallic from semiconducting single-walled carbon nanotubes [J]. Science, 2003, 301: 344.
[80] NAKAI Y, HONDA K, et al. Giant Seebeck coefficient in semiconducting single-wall carbon nanotube film [J]. Applied Physics Express, 2014, 7: 025103.
[81] BARKELID M, ZWILLER V. Photocurrent generation in semiconducting and metallic carbon nanotubes [J]. Nature Photonics, 2014, 8: 47.
[82] BUCHS G, BAGIANTE S, STEELE G A. Identifying signatures of photothermal current in a double-gated semiconducting nanotube [J]. Nature Communications, 2015, 6: 4987.
[83] WANG F, CHO D J, et al. Observation of excitons in one-dimensional metallic single-walled carbon nanotubes [J]. Physics Review Letters, 2007, 99: 227401.
[84] HE X W, FUJIMURA N, et al. Carbon nanotube terahertz detector [J]. Nano Letters, 2014, 14: 3953−3958.
[85] VITIELLO M S, et al. Room-temperature terahertz detectors based on semiconductor nanowire field-effect transistors [J]. Nano Letters, 2012, 12: 96−101.
[86] VITIELLO M S, et al. Terahertz photodetectors based on tapered semiconductor nanowires [J]. Applied Physics Letters, 2014, 105: 231112.
[87] PONOMAREV D S, GORODETSKY A, et al. Enhanced terahertz emission from strain-induced InGaAs/InAlAs superlattices [J]. Journal of Applied Physics, 2019, 125: 151605.
[88] SUDRADJAT F F, ZHANG W, et al. Far-infrared intersubband photodetectors based on double-step III-nitride quantum wells [J]. Applied Physics Letters, 2012, 100: 241113.
[89] DURMAZ H, NOTHERN D, et al. Terahertz intersubband photodetectors based on semi-polar GaN/AlGaN heterostructures [J]. Applied Physics Letters, 2016, 108: 201102.
[90] GLOBISCH B, DIETZ R J, et al. Terahertz detectors from Be-doped low-temperature grown InGaAs/InAlAs: Interplay of annealing and terahertz performance [J]. AIP

Advances, 2016, 6: 125011.

[91] WANG H X, FU Z L, et al. Broadband bias-tunable terahertz photodetector using asymmetric GaAs/AlGaAs step multi-quantum well [J]. Applied Physics Letters, 2018, 113: 171107.

[92] LI H, WAN W J, et al. 6.2-GHz modulated terahertz light detection using fast terahertz quantum well photodetectors [J]. Scientific Reports, 2017, 7: 3452.

[93] MA J, SHRESTHA R, et al. Security and eavesdropping in terahertz wireless links [J]. Nature, 2018, 563(7729): 89.

[94] YAN H, LI X, et al. Tunable infrared plasmonic devices using graphene/insulator stacks [J]. Nature Nanotechnol, 2012, 7: 330.

[95] LIAO L, LIN Y C, et al. High-speed graphene transistors with a self-aligned nanowire gate [J]. Nature 2010, 467: 305.

[96] RODRIGUEZ B S, et al. Broadband graphene terahertz modulators enabled by intraband transitions [J]. Nature Communications, 2012, 3: 780.

[97] JU L, GENG B, et al. Graphene plasmonics for tunable terahertz metamaterials [J]. Nature Nanotechnol, 2011, 6: 630.

[98] LEE S H, CHOI M, et al. Switching terahertz waves with gate-controlled active graphene metamaterials [J]. Nature Materials, 2012, 11: 936.

[99] GAO W, SHU J, et al. High-contrast terahertz wave modulation by gated graphene enhanced by extraordinary transmission through ring apertures [J]. Nano Letters, 2014, 14: 1242.

[100] YANG K, LIU S, et al. Graphene-based tunable metamaterial terahertz filters [J]. Applied Physics Letters, 2014, 105: 093105.

[101] MITTENDORFF M, LI S, MURPHY T E. Graphene-based waveguide-integrated terahertz modulator [J]. ACS Photonics, 2017, 4: 316.

[102] LIANG G, HU X, et al. Integrated terahertz graphene modulator with 100% modulation depth [J]. ACS Photonics, 2015, 2: 1559.

[103] WEIS P, GARCIA J L, et al. Spectrally wide-band terahertz wave modulator based on optically tuned graphene [J]. ACS Nano, 2012, 6: 9118.

[104] LI Q, TIAN Z, et al. Active graphene-silicon hybrid diode for terahertz waves [J]. Nature Communications, 2015, 6: 7082.

[105] CHEN S, FAN F, et al. Ultrasensitive terahertz modulation by silicon-grown MoS_2 nanosheets [J]. Nanoscale, 2016, 8: 4713.

[106] ZHENG W, FAN F, et al. Optically pumped terahertz wave modulation in MoS_2-Si heterostructure metasurface [J]. AIP Advances, 2016, 6: 075105.

[107] FAN Z, GENG Z, et al. Optical controlled terahertz modulator based on tungsten disulfide nanosheet [J]. Scientific Reports, 2017, 7: 14828.

[108] SRIVASTAVA Y K, CHATURVEDI A, et al. MoS_2 for ultrafast all-optical switching and modulation of THz Fano metaphotonic devices [J]. Advanced Optical Materials, 2017, 5: 1700762.

[109] CRASSEE I, ORLITA M, et al. Intrinsic terahertz plasmons and magnetoplasmons in large scale monolayer graphene [J]. Nano Letters, 2012, 12: 2470.

[110] HADAD Y, DAVOYAN A R, ENGHETA N, et al. Extreme and quantized magneto-optics with graphene meta-atoms and metasurfaces [J]. ACS Photonics, 2014, 1: 1068.

[111] ZANOTTO S, LANGE C, et al. Magneto-optic transmittance modulation observed in a hybrid graphene-split ring resonator terahertz metasurface [J]. Applied Physics Letters, 2015, 107: 121104.

[112] POUMIROL J M, LIU P Q, et al. Electrically controlled terahertz magneto-optical phenomena in continuous and patterned graphene [J]. Nature Communications, 2017, 8: 14626.

[113] ANDO T, ZHENG Y, SUZUURA H. Dynamical conductivity and zero-mode anomaly in honeycomb lattices [J]. Journal of the Physical Society of Japan, 2002, 71: 1318.

[114] CRASSEE I, LEVALLOIS J, et al. Multicomponent magneto-optical conductivity of multilayer graphene on SiC [J]. Physical Review B, 2011, 84: 035103.

[115] SINGH P K, SONKUSALE S. High speed terahertz modulator on the chip based on tunable terahertz slot waveguide [J]. Scientific Reports, 2017, 7: 40933.

[116] LIU A, JONES R, et al. A high-speed silicon optical modulator based on a metal-oxide-semiconductor capacitor [J]. Nature, 2004, 427: 615.

[117] LIAO L, SAMARA D, et al. High speed silicon Mach-Zehnder modulator [J]. Optics Express, 2005, 13: 3129.

[118] LIU A, LIAO L, et al. High-speed optical modulation based on carrier depletion in a silicon waveguide [J]. Optics Express, 2007, 15: 660.

[119] THOMSON D J, GARDES F Y, et al. 50-Gb/s silicon optical modulator [J]. IEEE Photonics Technology Letters, 2012, 24: 234.

[120] PHARE C T, et al. Graphene electro-optic modulator with 30 GHz bandwidth [J]. Nature Photonics, 2015, 9: 511.

[121] CHAI Z, HU X, et al. Ultrafast all-optical switching [J]. Advanced Optical Materials, 2017, 5: 1600665.

[122] GOPALAN P, CHANANA A, et al. Ultrafast THz modulators with WSe_2 thin films [J]. Optical Materials Express, 2019, 9: 826.

[123] 伐因斯坦, 弗里特金, 英丹博姆. 现代晶体学 [M]. 吴自勤, 孙霞, 译. 合肥: 中国科学技术大学出版社, 2011.

[124] YABLONOVITCH E. Inhibitec spontaneous emission in solid-state physics and electronics [J]. Physical Review Letters, 1987, 58(20): 2059-2062.

[125] JOHN S. Strong localization of photons in certain disordered dielectric superlattices [J]. Physical Review Letters, 1987, 58(23): 2486-2489.

[126] 叶玉堂, 肖峻, 饶建珍, 等. 光学教程 [M]. 2 版. 北京: 清华大学出版社, 2011.

[127] LI J. Terahertz modulator using photonic crystals [J]. Optics Communciations, 2007, 269(1): 98-101.

[128] FEKETE L, et al. Ultrafast opto-terahertz photonic crystal modulator [J]. Optics letters, 2007, 32(6): 680-682.

[129] FEKETE L, et al. Fast one-dimensional photonic crystal modulators for the terahertz range [J]. Optics express, 2007, 15(14): 8898-8912.

[130] 苏坚, 陈鹤鸣. 基于液晶光子晶体的太赫兹波调制器 [J]. 光学学报, 2010, 30(09): 2710-2713.

[131] FEI F, YU H, et al. Terahertz modulator based on insulator-metal transition in photonic crystal waveguide [J]. Applied Optics, 2012, 51, 20.

[132] JI K, CHEN H, ZHOU W, et al. A tunable eight-wavelength terahertz modulator based on photonic crystals [J]. Journal of Applied Spectroscopy 2017, 84(5): 824-828.

[133] GNANAKUMAR D, JEYACHITRA R K. Design and performance analysis of nonlinear photonic crystals based THz modulator for ultra-high speed communication [C]. IEEE Workshop on Recent Advances in Photonics, 2017.

[134] SHELBY R A, SMITH D R, SCHULTZ S. Experimental verification of negative index of refraction [J]. Science, 2001, 292: 77-79.

[135] PADILLA W J, TAYLOR A J, HIGHSTRETE C, et al. Dynamical electric and magnetic metamaterial response at terahertz frequencies [J]. Physics Review Letters, 2006, 96: 107401.

[136] CHEN H T, O'HARA J F, AZAD A K, et al. Experimental demonstration of frequency-agile terahertz metamaterials [J]. Nature Photonics, 2008, 2: 295-298.

[137] ZHANG Y, QIAO S, SUN L, et al. Photoinduced active terahertz metamaterials with nanostructured vanadium dioxide film deposited by sol-gel method [J]. Optics Express, 2014, 23: 11070.

[138] STEFANOVICH G, PERGAMENT A, STEFANOVICH D. Electrical switching and Mott transition in VO_2 [J]. Journal of Physics: Condensed Matter, 2000, 12: 8837-8845.

[139] HASHEMI M R, BERRY C W, MERCED E, et al. Direct measurement of vanadium dioxide dielectric properties in W-band [J]. Journal of Infrared, Millimeter, and Terahertz Waves, 2014, 35: 486-492.

[140] MATSUI T, TAKAGI R, TAKANO K, et al. Mechanism of optical terahertz-transmission modulation in an organic inorganic semiconductor interface and its application to active metamaterials [J]. Optics Letters, 2013, 38: 4632-4635.

[141] BAI Y, CHEN K. Polarization independent and optical-controlled metamaterial modulator in terahertz regime [J]. Lasers and Electro-Optics Pacific Rim, 2015.

[142] FAN F, CHEN M, CHEN S, et al. Complementary plasmonic arrays for extraordinary transmission and modulation of terahertz wave [J]. IEEE Photonics Technology Letters, 2015, 27: 2485-2488.

[143] JINGSUO H, JIAOLEI L, HAILIN C, et al. A polarization-independent terahertz modulator based on metamaterials with symmetric structure [J]. Proceedings of SPIE, 2014: 9275.

[144] DRISCOLL T, KIM H T, CHAE B G, et al. Memory metamaterials [J]. Science, 2009, 325: 1518-1521.

[145] SEO M, et al. Active terahertz nanoantennas based on VO_2 phase transition [J]. Nano Letters, 2010, 10: 2064-2068.

[146] CHEN H T, YANG H, SINGH R, et al. Tuning the resonance in high-temperature superconducting terahertz metamaterials [J]. Physics Review Letters, 2010, 105: 247402.

[147] TAO H, STRIKWERDA A C, FAN K, et al. MEMS based structurally tunable metamaterials at terahertz frequencies [J]. Journal of Infrared, Millimeter, and Terahz Waves, 2011, 32: 580-595.

[148] BUCHNEV O, WALLAUER J, WALTHER M, et al. Controlling intensity and phase of terahertz radiation with an optically thin liquid crystal-loaded metamaterial [J]. Applied Physics Letters, 2013, 103: 141904.

[149] CHEN H T, PADILLA W J, ZIDE J M O, et al. Active terahertz metamaterial devices [J]. Nature, 2006, 444: 597-600.

[150] KARL N, REICHEL K, CHEN H T, et al. An electrically driven terahertz metamaterial diffractive modulator with more than 20 dB of dynamic range [J]. Applied Physics Letters, 2014, 104: 091115.

[151] PAUL O, IMHOF C, LÄGEL B, et al. Polarization-independent active metamaterial for high frequency terahertz modulation [J]. Optics Express, 2009, 17: 819.

[152] SHREKENHAMER D, ROUT S, STRIKWERDA A C, et al. High speed terahertz modulation from metamaterials with embedded high electron mobility transistors [J]. Optics Express, 2011, 19: 9968-9975.

[153] ZHANG Y, et al. Gbps terahertz external modulator based on a composite metamaterial with a double-channel heterostructure [J]. Nano Letters, 2015, 15: 3501-3506.

[154] FU Y H, et al. A micromachined reconfigurable metamaterial via reconfiguration [J]. Advanced Functional Materials, 2011, 21: 3589-94.

[155] HAN Z, KOHNO K, FUJITA H, et al. MEMS reconfigurable metamaterial for terahertz switchable filter and modulator [J]. Optics Express, 2014, 22: 21326-21339.

[156] UNLU M, HASHEMI M R, BERRY C W, et al. Switchable scattering meta-surfaces for broadband terahertz modulation [J]. Scientific Reports, 2014, 4: 5708.

[157] UNLU M, JARRAHI M. Miniature multi-contact MEMS switch for broadband terahertz modulation [J]. Optics Express, 2014, 22: 32245-32260.

[158] LIBON I H, BAUMGÄRTNER S, HEMPEL M, et al. An optically controllable terahertz filter [J]. Applied Physics Letters, 2000, 76: 2821-2823.

[159] KERSTING R, STRASSER G, UNTERRAINER K. Terahertz phase modulator [J]. Electron Letters, 2000, 36: 1156-1158.

[160] HSIEH C F, PAN R P, TANG T T, et al. Voltage-controlled liquid-crystal terahertz phase shifter and quarter-wave plate [J]. Optics Letters, 2006, 31: 1112-1114.

[161] MANCEAU J M, SHEN N H, KAFESAKI M, et al. Dynamic response of metamaterials in the terahertz regime Blueshift tunability and broadband phase modulation [J]. Applied Physics Letters, 2010, 96: 021111.

[162] CHOWDHURY D R, SINGH R, O'HARA J F, et al. Dynamically reconfigurable terahertz metamaterial through photo-doped semiconductor [J]. Applied Physics Letters, 2011, 99: 231101.

[163] CHEN H T, PADILLA W J, CICH M J, et al. A metamaterial solid-state terahertz phase modulator [J]. Nature Photonics, 2011, 3: 148-151.

[164] LIN X, WU J B, et al. Self-polarizing terahertz liquid crystal phase shifter [J]. AIP Advances, 2011, 1: 032133.

[165] HASHEMI M R, YANG S H, et al. Electrically controlled beam-steering through vanadium dioxide metasurfaces [J]. Scientific Reports, 2016, 6: 35439.

[166] MIAO Z, WU Q, et al. Widely tunable terahertz phase modulation with gate-controlled graphene metasurfaces [J]. Physics Review X, 2015, 5: 041027.

[167] VAUGHAN R G. Polarization diversity in mobile communications [J]. IEEE Transactions on Vehicular Technology, 1990, 39: 177-186.

[168] LEE W C Y, YEH Y. Polarization diversity system for mobile radio [J]. IEEE Transactions on Communications, 1972, 20: 912-923.

[169] NABAR R U, BOLCSKEI H, et al. Performance of multiantenna signaling techniques in the presence of polarization diversity [J]. IEEE Transactions Signal Processing, 2002, 50: 2553-2562.

[170] KANDA N, KONISHI K, et al. Light-induced terahertz optical activity [J]. Optics Letters, 2009, 34: 3000-3002.

[171] ZHOU J, CHOWDHURY D R, et al. Terahertz chiral metamaterials with giant and dynamically tunable optical activity [J]. Physics Review B, 2012, 86: 035448.

[172] ZHANG S, et al. Photoinduced handedness switching in terahertz chiral [J]. Nature Communications, 2012, 3: 942.

[173] KAMARAJU N, RUBANO A, et al. Subcycle control of terahertz waveform polarization using all-optically induced transient metamaterials [J]. Light Science & Applications, 2014, 3: 155.

[174] WANG L, et al. Broadband tunable liquid crystal terahertz waveplates driven with porous graphene electrodes [J]. Light Science & Applications, 2015, 4: 253.

[175] SHIN J H, MOON K, et al. Metal-VO_2 hybrid grating structure for a terahertz active switchable linear polarizer [J]. Nanotechnology, 2015, 26: 315203.

[176] WANG C D, ZHANG L, et al. Switchable ultrathin quarter-wave plate in terahertz using active phase-change metasurface [J]. Scientific Reports, 2015, 5: 15020.

[177] ZHU W M, LIU A Q, et al. Microelectromechanical Maltese-cross metamaterial with tunable terahertz anisotropy [J]. Nature Communications, 2012, 3: 1274.

[178] KAN T, ISOZAKI A, et al. Spiral metamaterial for active tuning of optical activity [J]. Applied Physics Letters, 2013, 102: 221906.

[179] KAN T, ISOZAKI A, et al. Enantiomeric switching of chiral metamaterial for terahertz polarization modulation employing vertically deformable MEMS spirals [J]. Nature Communications, 2015, 6: 9422.

[180] WANG F M, LIU Y F, et al. 3.075 Gb/s Underwater Visible Light Communication Utilizing Hardware Pre-equalizer with Multiple Feature Points [J]. Optical Engineering 2019, 58(5): 1.

[181] FUJIEDA I, KOSUGI T, et al. Speckle noise evaluation and reduction of an edge-lit backlight system utilizing laser diodes and an optical fiber [J]. Journal of Display Technology, 2009, 5(11): 414-417.

[182] 迟楠，贾俊连 . 面向 6G 的可见光通信 [J]. 中兴通讯技术，2020, 26(2): 11-19.
[183] LI J H, FADIL A, OU H Y, et al. Enhancement of the modulation bandwidth for surface plasmon coupled LEDs for visible light communication [C]//Conference on Lasers and Electro-Optics, San Jose. CA. USA, 2016:1-2.
[184] SUN Z K, TENG D D, LIU L L, et al. A power-type single GaN-based blue LED with improved linearity for 3 Gb/s free-space VLC without pre-equalization [J]. IEEE Photonics Journal, 2016, 8(3): 1-8.
[185] ZHOU Y J, ZHU X, HU F C, et al. Common-anode LED on a Si substrate for beyond 15 Gbit/s underwater visible light communication [J]. Photonics Research, 2019, 7(9): 1019.
[186] BIAN R, TAVAKKOLNIA I, HAAS H. 15.73 Gb/s visible light communication with off-the-shelf LEDs [J]. Journal of Lightwave Technology, 2019, 37(10): 2418-2424.
[187] LI J H, HUANG X X, JI X M, et al. An Integrated PIN-array receiver for visible light communication [J]. Journal of Optics, 2015, 17(10): 105805.
[188] LI J H, XU Y F, SHI J Y, et al. A 2×2 Imaging MIMO system based on LED visible light communications employing space balanced coding and integrated PIN array reception [J]. Optics Communications, 2016, 367: 214-218.
[189] TUT T, BIYIKLI N, KIMUKIN I, et al. High bandwidth-efficiency solar-blind AlGaN Schottky photodiodes with low dark current [J]. Solid-State Electronics, 2005, 49(1): 117-122.
[190] GUO Y L, LIU C, TANAKA H, et al. Air-stable and solution-processable perovskite photodetectors for solar-blind UV and visible light [J]. The Journal of Physical Chemistry Letters, 2015, 6(3): 535-539.
[191] VEREVKIN A A, ZHANG J, SLYZ W, et al. Superconducting single-photon detectors for GHz-rate free-space quantum communications [C]//Free-Space Laser Communication and Laser Imaging II. 2002, 4821: 447-454.
[192] VERMA V B, KORZH B, BUSSIERES F, et al. High-efficiency superconducting nanowire single-photon detectors fabricated from MoSi thin-films [J]. Optics Express, 2015, 23: 33792.
[193] SLICHTER D H, VERMA V B, LEIBFRIED D, et al. UV-sensitive superconducting nanowire single photon detectors for integration in an ion trap [J]. Optics Express, 2017, 25(8): 8705.
[194] DONG Y R, SHI M, YANG X L, et al. Nanopatterned luminescent concentrators for visible light communications [J]. Optics Express, 2017, 25(18): 21926.

[195] YANG X, SHI M, YU Y, et al. Enhancing communication bandwidths of organic color converters using nanopatterned hyperbolic metamaterials [J]. Journal of Lightwave Technology, 2018,36(10): 1862-1867.

第 4 章

6G应用中的第三代半导体材料

6G 的发展离不开电子信息技术的革新和半导体材料的发展。在不断研发新型半导体材料的同时，需要对现有的半导体材料进行改进，从而进一步减小器件尺寸、提高电路集成度、降低材料功耗等等。此外，基于量子力学理论，将量子材料和半导体材料结合，也可以大幅度减小材料的尺寸，使维度降低，从而使材料中的量子尺寸效应、量子干涉效应和量子遂穿效应更加显著。

如第 3 章所述，6G 的发展离不开太赫兹技术的突破。在太赫兹波的应用中，稳定、高效的太赫兹辐射源是非常重要的。基于超构材料的太赫兹功能器件，如太赫兹调制器、太赫兹波导、太赫兹滤波器等的发展也同样离不开第三代半导体材料[1–5]。本章首先简单回顾第一代、第二代、第三代半导体材料的发展历程（见图 4–1），并针对其中最具代表性的材料，具体介绍其结构、性能及其在 6G 应用中的潜力。

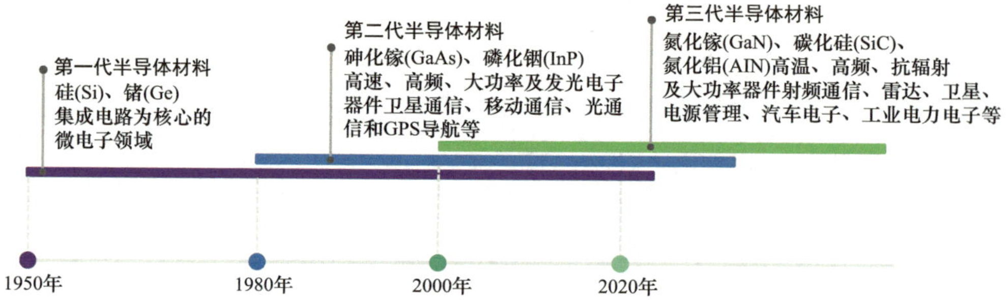

图 4–1　第一代、第二代、第三代半导体材料的发展历程

| 4.1　第一代、第二代半导体材料的发展 |

第一代半导体材料主要是指以硅（Si）、锗（Ge）等元素为代表的半导体材料，广泛应用于集成电路、电子信息、网络工程、3C（计算机类、通信类和消费类电子产品的统称）电子、航空航天、新能源光伏等领域，取代了传统的电子管，使整个微电子产业、信息技术产业、先进制造业迈向以集成电路为核心的新时代。可以说，第一代半导体材料是 21 世纪人类社会全面现代化的核心。

随着科技的发展，工业对半导体芯片材料的要求不断攀升，而 Si 的储量也在不断下降，因此亟需寻找能替代 Si 的半导体材料，为制造未来的电子设备奠定材料基础。第二代半导体材料，也称为化合物半导体，主要包括二元化合物半导体，如砷化镓（GaAs）、磷化铟（InP）、锑化铟（InSb）；三元化合物半导体，如 GaAsAl、GaAsP；某些固溶体半导体，如 Ge-Si、GaAs-GaP；玻璃半导体（又称非晶半导体），如非晶硅、玻璃态氧化物半导体；有机半导体，如酞菁铜、聚丙烯腈等。基于上述材料制备的芯片可以满足高性能微波、毫米波、发光器件对于高频、高速、大功率的要求，广泛应用于卫星通信、移动通信、光通信和全球定位系统（Global Positioning System，GPS）导航等领域。第一代、第二代半导体材料物理参数对比如表 4-1 所示。

表 4-1　第一代、第二代半导体材料物理参数对比

物理参数	第一代半导体材料		第二代半导体材料	
	Si	Ge	GaAs	InP
带隙（常温）/eV	1.12	0.66	1.42	1.34
能带类型	间接	间接	直接	直接
击穿场强/（$MV\cdot cm^{-1}$）	0.3	—	0.4	0.5
截止频率/GHz	20	—	150	300
本征载流子密度/cm^{-3}	1.5×10^{10}	2.4×10^{13}	1.8×10^{6}	1×10^{14}
饱和漂移速度/（$\times10^{6}\ cm\cdot s^{-1}$）	10	6	20	22
电子迁移率（常温）/（$cm^{2}\cdot V^{-1}\cdot s^{-1}$）	1350	3800	8500	4600
空穴迁移率/（$cm^{2}\cdot V^{-1}\cdot s^{-1}$）	420	1400	320	150
相对介电常数	11.9	16	12.8	10.8
热导率/（$W\cdot cm^{-1}\cdot K^{-1}$）	1.48	0.6	0.5	7

4.1.1　砷化镓

在第二代半导体中，GaAs 是最具代表性的一种材料，从 1964 年开始进入实用阶段。GaAs 属于Ⅲ-Ⅴ族化合物半导体，具备闪锌矿晶格结构，晶格常数为 5.65×10^{-10} m，熔点为 1238 ℃，带隙为 1.42 eV。GaAs 在常温环境下呈黑灰色，它在 600 ℃以下可以在空气中稳定存在，且不会被非氧化性的酸侵蚀。GaAs 可以制成电阻率比 Si、Ge 高 3 个数量级以上的半绝缘高阻材料，用于制作集成电

路衬底、红外探测器、γ 光子探测器等。由于其电子迁移率比 Si 大 5 ～ 6 倍，故在微波器件和高速数字电路等方面得到重要应用。基于 GaAs 的半导体器件具有高频、高温、低温性能好，噪声小，抗辐射能力强等优点。此外，GaAs 还可用于制造转移器件——体效应器件。

GaAs 具有比 Si 更优异的电子特性，可用于 250 GHz 以上的高频应用场景。GaAs 和 Si 同类器件同时在高频下操作时，GaAs 产生的噪声更小。另外，由于具有较高的阈值电压，GaAs 比 Si 器件更适合高功率的应用场景。GaAs 也可用于制作多种二极管以发射微波。基于以上特性，GaAs 电路在移动电话、卫星通信、微波点对点连线、雷达系统等方面都有广泛应用。GaAs 的另一个优点是具有直接带隙及较好的发光性能。而 Si 是间接带隙材料，仅能发出非常微弱的光。在 5G 系统中，GaAs 已经得到了广泛的应用。其在 6G 应用中使用太赫兹波段，同样表现出优异的性能。

早在 1972 年，就有研究者首次提出，由半导体材料制备的光电器件对皮秒级光脉冲可产生皮秒量级响应 [6]。利用超短激光脉冲触发的 Si 和 GaAs 可以实现直流电压转换 [7]，与 Si 相比，GaAs 的电子迁移率和电阻率更高。1981 年，研究人员利用 GaAs 成功产生了数千伏的电脉冲。1984 年，获得了约 1.6 ps 脉宽的电磁脉冲 [8]，并利用 GaAs 作为光电导开关在另一侧探测到了信号。该实验被誉为太赫兹光电子学的奠基之作 [9]。1985 年，研制出在 150 kV 偏压下产生 100 kV、2 kA 电脉冲的高功率 GaAs 开关 [10]。1988 年，采用 120 fs 的激光脉冲触发光电导开关，得到高于 100 GHz 甚至超过 1 THz 的宽谱电磁脉冲 [11]。另外，由于 GaAs 具有高载流子迁移率和长载流子寿命，非常适合作为光电导天线材料来产生太赫兹波 [12–15]。

GaAs 还具有磁阻效应 [16–23]，n 型 GaAs 在低温下具有跃迁导电机制，在 0 ～ 1.5 T 磁场和 15 ～ 1.5 K 温度区间内呈现负磁阻。掺杂 Mn 的 GaAs 在室温、1 T 磁场和 110 V 偏压下呈现出高于 600% 的磁阻。通过在半绝缘的 GaAs 基底上沉积两个相距 2 μm 的 Au 电极，制成肖特基二极管，在室温、0.8 T 磁场下，正磁阻可达 105%，表现出巨磁阻特性。GaAs 的磁阻性能预计在 6G 系统中具有广阔的应用前景。

4.1.2 磷化铟

在第二代半导体材料中，InP 比 GaAs 具有更好的性能。InP 晶体呈沥青光泽的深灰色，熔点为 1070 ℃，属于纤锌矿结构，常温下带隙为 1.34 eV。通常，

InP 通过 In 和红磷在石英管中加热反应制得。

同 Si 和 GaAs 相比，InP 具有较高的光电转换效率和工作温度，以及较强的抗辐射能力等特点，在太赫兹、激光器、太阳能电池、光电探测器和光纤网络系统、入户光纤和数据中心，以及目前正在大力发展的 5G 移动网络等民用和军事领域应用广泛 [24-26]。例如，在卫星领域，利用 InP 芯片制造的接收机和放大器可在 100 GHz 以上的频率下工作。另外，InP 基太阳能电池最高可以实现 44.7% 的转化效率，在卫星通信和卫星太阳能电池等领域的应用潜力巨大 [27]。在第二代半导体材料中，虽然 GaAs 发现和应用得较早，但是由于 InP 在多个方面都具有更明显的优势，因此其发展十分迅速，在很短的时间内成长为第二代半导体的核心材料之一。

合成 InP 通常以红磷作为原材料，工业制备 InP 的方法和制备 GaAs 的不同，需要更精密的注入和扩散技术，如溶质扩散合成法、梯度凝固法、原位合成法等。在制备过程中，InP 发生了由多晶到单晶的转变。

大尺寸的 InP 单晶是未来 InP 制备的主要方向。早在 2002 年，美国研究人员利用温度梯度凝固技术制备了 6 英寸（1 英寸 = 2.54 厘米）的 InP 单晶。日本研究人员分别利用改进的热壁液封直拉技术和垂直凝固技术制备了 6 英寸的 InP 单晶。目前，国际上 4 英寸的 InP 单晶及加工技术已实现产业化。6 英寸的 InP 单晶生长及加工技术正在向着批量化的方向发展。今后，4 英寸的 InP 单晶将代替 2 英寸衬底成为市场主流产品，6 英寸的 InP 单晶衬底逐渐向高端应用发展。

5G 时代无线通信网络频率已高达 25 GHz，第一代 Si-Ge 半导体在这一频率下已经无法发挥性能。在第二代半导体材料中，InP 的成本较低，为其大规模应用提供了一定优势。但是，未来的 6G 频率将远远高于 25 GHz，在太赫兹波段中，InP 可能无法发挥性能。

随着通信波段频率的不断提升，第二代半导体材料的弊端越来越凸显，如带隙仍然不够大，击穿电场较低，在高温、高功率的应用场景下不理想。与第二代半导体材料相比，第三代半导体材料在结构和性能设计等方面均有很大的突破。首先，第三代半导体材料的带隙明显增大，具有较高的击穿电场、较强的抗辐射性、较高的热导率和较高的饱和漂移速度等优点。此外，第三代半导体可以在高温、高电压和高频率的条件下稳定运行，耗能较少，效率更高。重点发展面向 6G 应用的第三代半导体材料已经是业界和学术界的共识。

4.2 第三代半导体材料的结构与性能特点

近年来，随着前沿科技领域的飞速发展，特别是随着 5G 时代的到来，第三代半导体材料也逐渐获得了广泛应用。世界各国都将第三代半导体材料及相关器件等的发展列为半导体领域最重要的新兴技术领域。2020 年，我国首度定义了“新基建”的概念。新基建是指新型基础设施建设，主要包含 5G 基站建设、特高压、城际高速铁路和城市轨道交通、新能源汽车充电桩、大数据中心、人工智能、工业互联网七大领域，涉及通信、电力、交通等多个社会民生重点行业。以第三代半导体材料为基础的电子器件是支撑新基建中 5G 基站建设、特高压、城际高速铁路和城市轨道交通、新能源汽车充电桩等领域的关键核心部件。

第三代半导体材料主要是指以碳化硅（SiC）、氮化镓（GaN）、氧化锌（ZnO）、金刚石、氮化铝（AlN）为代表的宽带隙（> 2.3 eV）半导体材料。和第一代、第二代半导体材料相比，第三代半导体材料具有高击穿电场、高饱和漂移速度、高热导率、高电子密度等优势，更适合制作高温、高频、抗辐射及大功率器件。第三代半导体主要应用在半导体照明、电力电子器件、激光器和探测器等领域，被誉为固态光源、电力电子、微波射频器件的“核心”，是光电子和微电子等产业的“新发动机”。

典型的第三代半导体材料的基础物理参数及其与第一代、第二代半导材料的对比如表 4–2 所示。

表 4–2　3 代典型半导体材料的基础物理参数对比

物理参数	Si	GaAs	GaN	AlN	SiC
带隙（常温）/eV	1.12	1.42	3.39	6.02	3.26
相对介电常数	11.9	12.8	9.0	4.68	10.0
热导率 /（$W \cdot cm^{-1} \cdot K^{-1}$）	1.48	0.5	1.3	2	4.5
电子迁移率（常温）/（$cm^2 \cdot V^{-1} \cdot s^{-1}$）	1350	8500	1250	1000	1000
击穿场强 /（$MV \cdot cm^{-1}$）	0.3	0.4	3.3	12	3.0
饱和漂移速度 /（$cm \cdot s^{-1}$）	1.0×10^7	2.0×10^7	2.2×10^7	1.4×10^7	2.0×10^7

从应用的角度看，第三代半导体材料具有应用学科交叉性强、应用领域广、产业关联性大等特点，在半导体照明、新一代移动通信、智能电网、高速轨道交

通、新能源汽车、消费类电子等领域具有广阔的应用前景，是支撑信息、能源、交通、国防等产业发展的重点新材料。

4.3 典型的第三代半导体材料

在第三代半导体材料中，发展较为成熟的是 GaN、AlN 和 SiC，下面具体介绍这 3 种材料的特点与应用。

4.3.1 氮化镓

GaN 是一种发热量较低且具有较高击穿场强的半导体材料，通常工作在高温、大功率及高频等场景中。GaN 具有超高的功率密度和优越的集成度，是基站、雷达和航空电子等无线通信设备的首选放大器材料。另外，GaN 具有较宽的带隙，广泛应用于蓝光 LED[28] 及军工、新能源、光学探测等领域。从 2G 到 6G，通信频率不断向高频过渡，基站、通信设备对射频器件的高性能要求也在不断提高。GaN 的应用始于 4G 通信系统。在 5G 应用中，由于基站和移动终端的数据传输速率更高，调制技术的频谱利用率更高，对前端器件和模块的要求也更高。同 GaAs 和 Si 相比，GaN 的高频性能更为优异。通常 Si 基器件仅能工作在 3.5 GHz 以下，GaAs 的工作频率可以达到 40 GHz，但随着频率的增高，其功率达到饱和，需要多级放大才能满足实际需求，因此其最终的器件体积较大；而 GaN 既可以解决在高频、高功率下的问题，又可以减少晶体管集成的数量，故而成为 5G 乃至 6G 时代的最重要的材料之一。我国很早就将 GaN 基半导体材料及器件的研究纳入国家重点研发项目。据预测，全球 GaN 器件的市场规模在 2024 年将超过 20 亿美元，其中无线通信和军事应用占绝大部分。可以预见，在 6G 时代，GaN 仍然是最为核心和关键的前端材料之一[29]。

GaN 是一种极其稳定的化合物，由Ⅲ主族元素 Ga 和Ⅴ主族元素 N 组成，熔点高达 1700 ℃，具有高电离度和高硬度。在一个标准大气压下，GaN 晶体的空间结构为六方纤锌矿型，如图 4-2 所示。GaN 材料一般通过金属有机化合物化学气相沉积（Metal-Organic Chemical Vapor Deposition，MOCVD）方法制备。

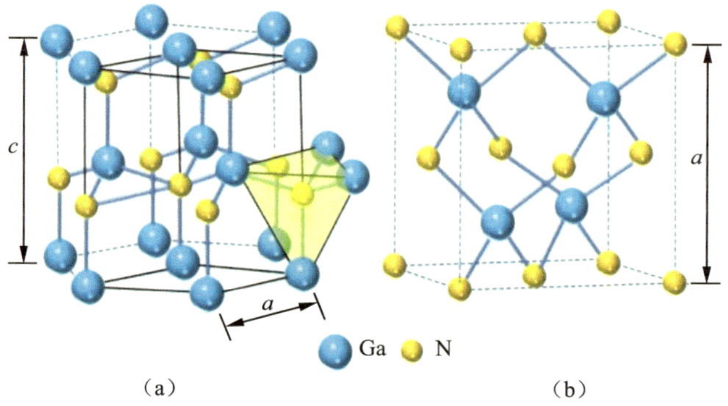

图 4-2 GaN 晶体结构[28]
（a）纤锌矿结构；（b）闪锌矿结构

图 4-2（a）所示为稳定状态下 GaN 的纤锌矿结构，其上下两个原子面的原子分别位于六方结构的顶点和面心，中间层的每个原子处于底面 3 个原子的空隙处。图 4-2（b）展示了亚稳定状态下 GaN 的闪锌矿结构，即立方密堆积结构，其中每个 Ga 原子和距离最近的 4 个 N 原子以共价键相结合。在 Ga—N 键中，Ga 原子和 N 原子的电负性不同（差值约为 1.23），共价电子会更靠近 N 原子。对于六方纤锌矿的结构，在晶体的 *c* 轴上缺乏反演对称性，从而在宏观上表现出自极化特性。

图 4-3 展示了不同极性的六方纤锌矿 GaN 晶体结构。根据极化结构的不同，GaN 可分为 Ga 极性和 N 极性两种结构，其化学性质截然不同。很多国家和地区在 GaN 单晶材料研究方面都取得了重要进展，部分企业已经实现了 GaN 单晶的商业化，技术趋于成熟。自 20 世纪 90 年代日本科学家中村修二首次提出横向外延法制备 GaN 以来，经过一系列的技术迭代，高质量 GaN 材料的可控精确合成工艺已经日益成熟[30-32]。材料制备技术的优化使 GaN 的应用得到了迅猛的发展。下一阶段的发展方向是大尺寸、高完整性、低缺陷密度、自支撑衬底材料的制备。

GaN 的带隙比 Si 和 GaAs 的高，可以在 28 V 或更高的电压下工作，而 GaAs 工作电压为 10 V，Si 基器件约为 6 V，所以 GaN 尤其适合于长距离通信。目前，限制 GaN 应用的一个主要因素是成本。相对于 GaAs 和 Si，GaN 的成本依然过高。此外，基于 SiC 晶圆生长 GaN 的工艺还不够成熟，良品率不高。现阶段 5G 和未来 6G 应用仍然需要传统 Si 基半导体和新兴第三代半导体的相互补充和共存发展。

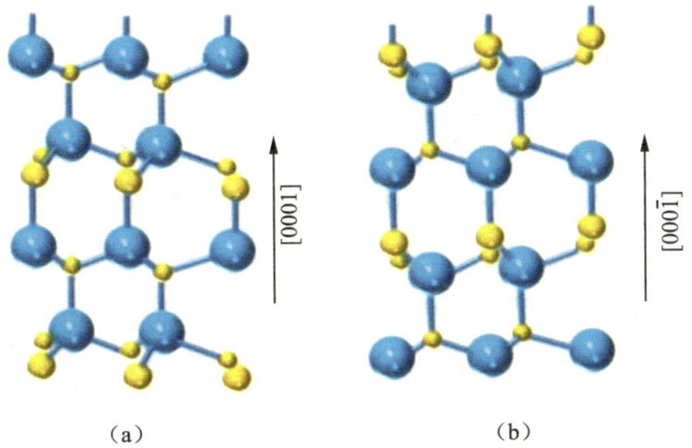

图 4-3 不同极性的六方纤锌矿 GaN 晶体结构[29]
（a）Ga 面；（b）N 面

2016 年，有研究报道了一种在 GaN 衬底上利用晶格匹配直接外延生长二维 MoS_2 单晶晶片的方法（见图 4-4）[32]。单层的三角形 MoS_2 与 GaN 形成了二维/三维半导体异质结，MoS_2/GaN 的接触电阻小于 4 Ω · cm^2，从而实现了面外方向的大电流。这表明 GaN 是一种有潜力替代 Si 的化合物半导体衬底材料，并能够与其他二维半导体材料实现良好的适配。

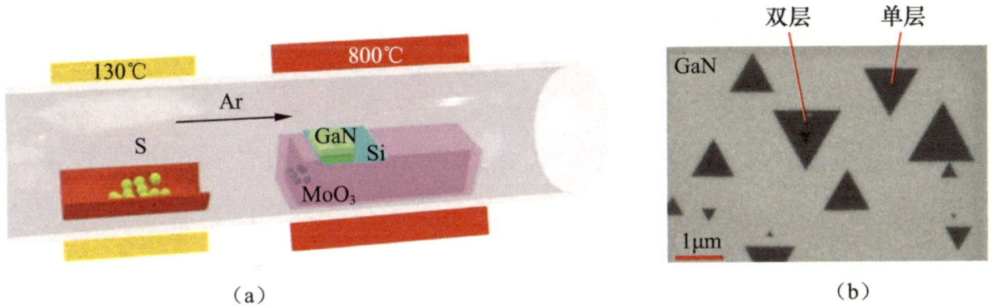

图 4-4 GaN 晶格匹配外延生长二维 MoS_2 单晶[32]
（a）生长示意；（b）SEM（扫描电子显微镜）图像

从系统集成的角度考虑，GaN 的优势在于其可以使拓扑结构更加紧凑。基于 GaN 设计的 HEMT 适合制作高压下高频开关，使器件更轻薄，功率密度进一步提高，转换效率进一步提升，整个系统成本进一步降低。GaN 器件通常采用传统 CMOS 的晶圆制造工艺来加工、制造。由于在 GaN 衬底上制备外延层比在 Si 衬底上更复杂，且外延层对器件的动、静态电性能的影响更明显，所以 GaN 器件对工艺的要求非常高。在外延生长方面，GaN 和单晶 Si 的晶格匹配度差，导致

GaN 器件的良品率低，成本增加。在设计方面，GaN 晶体管的栅极需要驱动才能实现正常开关，而 GaN 的栅极电压阈值和最大电压都很小，容易误开启，因此在设计上难度较大。上述都是未来 6G 时代 GaN 材料需要克服的短板。

纵观第三代半导体材料的发展，GaN 仍然是面向当前 5G 应用和未来 6G 应用最关键的半导体材料之一。在 5G 通信领域，GaN、GaAs 和 InP 是射频应用中常用的半导体材料。与 GaAs 和 InP 相比，基于 GaN 制作的器件输出功率更大。在目前 5G 关键技术大规模 MIMO 应用中，基站收发信机上使用大数量（如 32/64）的阵列天线来实现更大的无线数据流量和连接可靠性。这种架构需要相应的射频收发单元阵列与之配套，导致射频器件的数量大幅增加。GaN 的小尺寸、高效率和高功率密度的特点可实现高度集成化的解决方案（如模块化射频前端器件）。同时，在 5G 毫米波应用上，GaN 的高功率密度特性在实现相同覆盖条件及用户追踪功能下，可有效减少收发通道数及整体方案的尺寸，实现性能成本的最优化组合。

除了基站射频收发单元阵列中所需的射频器件数量大为增加，基站密度和基站数量也会显著增加。相比 3G 和 4G 应用，5G 应用中的射频器件数量增加了几十倍甚至上百倍，而 6G 应用中则可能增加上千倍。因此，成本的控制非常关键，而 Si 基 GaN 在成本上具有巨大的优势。随着 Si 基 GaN 技术的成熟，GaN 会以其具有竞争力的高性价比得到市场的青睐。

对比同为第三代半导体材料的 SiC，二者尽管都具有快速开关的性能，但是 GaN 比 SiC 的损耗低。在高功率和更高压应用场景下，SiC 具有更好的成熟度和性价比。而在 100 ～ 600 V 的低中压应用中，GaN 能发挥出更高的性价比。基于这两种第三代半导体材料制作的前端器件在结构上也具有显著不同，GaN 器件通常用作结型场效应晶体管（Junction Field-Effect Transistor，JFET）横向结构，SiC 器件通常用作金属 – 氧化物 – 半导体场效应晶体管（Metal-Oxide-Semiconductor Field Effect Transistor，MOSFET）垂直结构，后者在高电压下的表现更出色[33]。

除了在射频领域的应用，GaN 在电源管理应用中的表现也很突出。GaN 器件的导通电阻是传统 Si 器件的一半，在相同输出电流下其损耗更低，能效更高。低损耗意味着低发热，所以采用 GaN 器件可以有效简化散热器件的结构，优化热管理系统设计。GaN 器件的开关频率比 Si 器件高 10 倍[34, 35]，在单位器件上可以制作更多数量的 GaN 晶体管，从而使器件体积成倍缩小。GaN 器件的功率密度很高，可达到 Si 基材料的 4 倍以上，因此 GaN 器件在减小体积的同时可以增大输出功率。以手机充电器为例，和传统的基于 Si 材料的解决方案相比，GaN 可以将充电速度提升数倍。在无线充电领域，基于 GaN 高频特性的无线充电器件的效率比传统材料有显著提升。目前，支持无线充电的智能手机要求发射端和接收端要精确对齐。而改善这一技术的一种可行方法是应用磁共振原理。Si 基器件的充电效率仅为 60% ～ 70%，而 GaN 器件的充电效率可以达到 80% ～ 90%[36]。

GaN 还是一种具有独特光电特性的半导体材料。其宽禁带可以激发蓝光，在光学存储、激光输出、高亮度 LED 及无线基站等应用领域具有明显的应用优势[37]。GaN 的这一特点可以应用于激光雷达。通过释放激光脉冲，快速形成三维图像或为周围环境制作电子地图，为自动驾驶提供重要的技术支撑。GaN 有望实现在保证成本和大批量生产的前提下，最大限度地提升对环境的感知能力。

4.3.2 碳化硅

SiC 是一种典型的 Si 基化合物半导体材料，具有带隙大、击穿场强高、电子迁移率高、热导率高、介电常数小、抗辐射能力强、化学稳定性好等优异的物理、化学性质，且与 Si 集成电路工艺兼容。SiC 在高温、高频、大功率、抗辐射非易失性存储器和光电器件中均有良好的表现。此外，由于其特有的带隙，SiC 是一种理想的短波长发光材料，在极端环境下比 Si 和 GaAs 等材料具有更好的性能。SiC 可以应用在人造卫星、火箭、雷达、通信、海洋勘探、石油钻井、发电传输、汽车等领域。SiC 还具有低活化、低放射性余热及抗高热载荷等特点，可在热核反应等极端高温苛刻条件下应用[38–41]。

早在 20 世纪 60 年代，SiC 器件的优点就已经受到广泛关注。之所以尚未推广、普及，是因为存在诸多包括制备在内的技术问题。SiC 在压力下一般不会融化，在约 2500 ℃的升华点直接转变为气态。因此，SiC 单晶的生长仅能从气相开始，这一过程比 Si 的生长要复杂得多（Si 在约 1400 ℃即熔化）[42]。SiC 无法大规模商业应用的主要障碍是缺少一种合适的用于工业化生产功率半导体器件的衬底材料，其可控制备仍然是最亟待解决的瓶颈问题[43, 44]。SiC 器件的掺杂多采用离子注入技术。该技术不受热力学限制，可引入特定的杂质并严格控制其浓度。离子注入后通过热退火来消除缺陷和内应力。

SiC晶体的基本结构单元是以C或Si为中心的正四面体，属于密堆积结构（见图4–5）。根据单向堆积方式的不同产生了不同的晶型。密堆积有3种不同的位置，分别记为*A*、*B*、*C*。根据不同的堆积顺序，SiC晶体表现出立方闪锌矿或六方纤锌矿结构。如堆积顺序为*ABC'ABC*，则得到立方闪锌矿结构，记作3C-SiC或β-SiC，这是一种纯立方结构的晶型。若堆积顺序为*AB'AB*，则得到纯六方结构，记作2H-SiC。其他结构多为以上两种堆积方式的混合。不同SiC多型体在SiC双层密排面的晶格排列完全相同，具有相同的化学性质；但在物理性质方面，特别是半导体特性方面表现出多样的特性。对于SiC密排结构，根据单向密排方式的不同产生各种不同的晶型，目前已发现约200种。利用SiC的这一特点，可以制备多种不同多型体间晶格完全匹配的异质结和超晶格，进而制造具有优秀性能的器件。其中，较常见且应用较广泛的是4H和6H晶型。4H-SiC尤其适用于微电子领域，用于制备高频、高温、大功率器件，6H-SiC用于光电子领域可实现全彩显示。

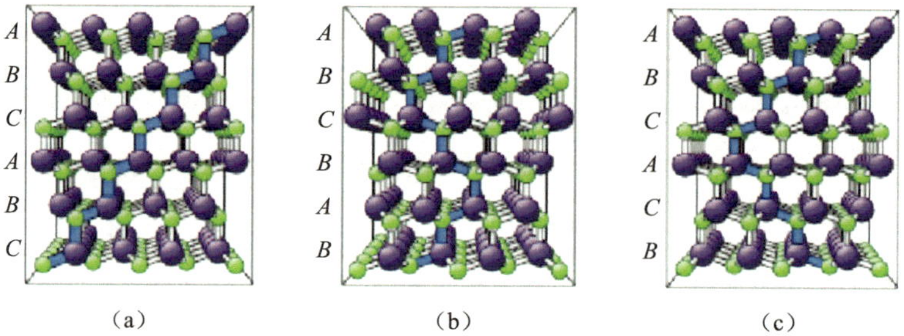

图4–5　SiC结构示意[38]

（a）3C-SiC；（b）4H-SiC；（c）6H-SiC

SiC晶体虽然是一种理想的半导体材料，但在经过离子注入等半导体加工工艺后，不可避免会出现晶格缺陷甚至局部非晶化，对其物理性能造成极大的损害。非晶SiC兼有化学无序和拓扑无序两重结构特征，是非晶半导体材料的代表，已经成为微电子和光电子领域及核能领域的研究热点。

Si器件无法实现高压、高频。Si基绝缘栅双极型晶体管（Insulated Gate Bipolar Transistor，IGBT）在一般情况下仅能在20 kHz以下频率下工作。而SiC-MOSFET不仅适合于600～10 kV的电压范围，同时具备单极型器件的优异开关性能。相较于Si基IGBT，SiC-MOSFET在开关电路中具有更低的开关损耗和更高的工作频率。20 kHz 的 SiC-MOSFET 模块的损耗比 3 kHz 的 Si 基 IGBT 模块低一半，一个 50 A 的 SiC 模块即可取代一个 150 A 的 Si 模块。

SiC-MOSFET 模块在光伏、风电、电动汽车及轨道交通等中、高功率电力系统应用中具有巨大的优势。SiC 器件的高压、高频和高效率的优势，可以突破现有电动汽车电机设计上因器件性能而受到的限制，是目前电动汽车电机领域研发的重点 [45–47]。例如，已有车企研发混合动力汽车（Hybrid Electric Vehicle，HEV）和纯电动汽车（Electric Vehicle，EV）的功率控制单元（Power Control Unit，PCU），采用 SiC-MOSFET 模块，功率控制单元的体积减小至原来的 1/5，功率驱动模块可以集成到电机内，实现了一体化和小型化目标。预计在 2025 年，SiC-MOSFET 模块将广泛应用在电动汽车上。

SiC 肖特基二极管是一种单极型器件，相较于传统的硅基二极管具有更理想的反向恢复特性。在器件从正向导通向反向阻断转换时，几乎没有反向电流。因此，SiC 肖特基二极管可以工作在更高的频率，在相同频率下具有更高的效率。SiC 肖特基二极管的另一个重要的特点是具有正温度系数（即随温度的上升电阻逐渐上升），适合并联使用，显著提升了系统的安全性和可靠性 [48]。综上，SiC 肖特基二极管的主要优势如下：①几乎无开关损耗；②更高的开关频率；③更高的效率；④更高的工作温度；⑤正温度系数，适合于并联工作；⑥开关特性几乎与温度无关。SiC 肖特基二极管广泛应用于开关电源、功率因数校正（Power Factor Correction，PFC）电路、不间断电源（Uninterrupted Power Supply，UPS）、光伏逆变器等中、高功率领域，可显著减少电路的损耗，提高电路的工作频率。

近年来，由于离子注入等工艺的发展，SiC 器件的通态阻抗不断减小，与 Si 相比，其阻抗仅为十分之一。此外，SiC 器件自身发热量小，导热性能优异，可以在高温下正常工作。随着 SiC 技术的发展，其在第三代半导体中的重要性也在不断提高。

图 4–6 对比了 GaN-SiC 结构和 GaN-Si 结构的器件的工作温度。在工作状态下，GaN-Si 芯片的体相温度区间为 91 ～ 255 ℃，而 GaN-SiC 芯片的体相温度区间为 92 ～ 200 ℃，前者的温度比后者高约 55 ℃。而在沟道处，前者的工作温度比后者高 27%，过高的温度使前者寿命仅为后者的几百分之一到几十分之一 [49, 50]。

将 GaN 与 SiC 这两种典型的第三代半导体结合可以进一步提升性能 [51]。如图 4–7 所示，GaN 具有高击穿场强、高功率密度、小尺寸、低容量、高阻抗、宽带隙等优点，SiC 具有低射频损耗、高效率、少散热、高热导率等优点，二者结合可以使芯片的尺寸及复杂度减小，使散热冷却加快、重量减轻、成本下降、性能提高。

图 4-6　GaN-SiC 结构和 GaN-Si 结构的器件的工作温度对比

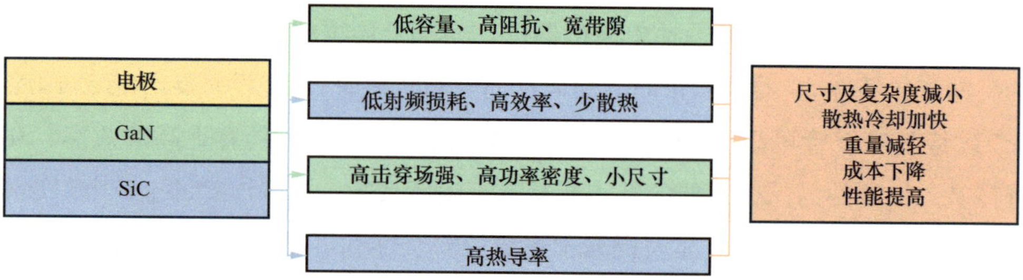

图 4-7　GaN-SiC 器件性能

目前，工业界对 GaN-SiC 器件高度重视，已经开展了多年的研究。图 4-8 回顾了 GaN 基第三代半导体器件的研发过程，随着产品的不断更迭，最大工作频率在不断上升，工作电压在不断下降，产品尺寸也在不断减小。从 3G 到 5G 再到 6G，第三代半导体的地位在不断提升。

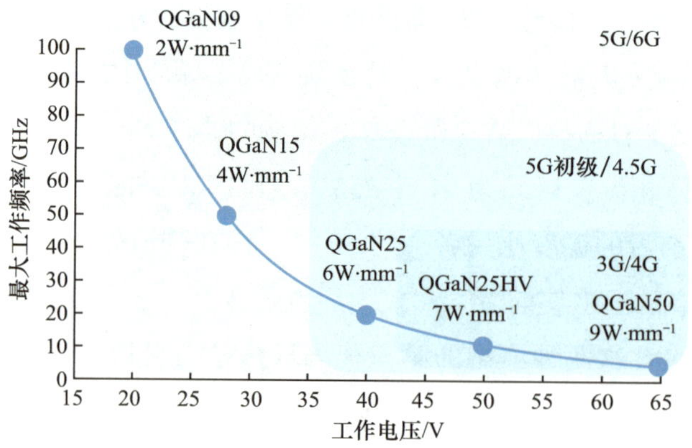

图 4-8　GaN 器件的研发过程

图 4-9 展示了第一代 SiGe MIMO 天线，第二代 GaAs 基 MIMO 天线和第三代 GaN 基 MIMO 天线在尺寸和性能上的差异。可以看到，第三代半导体在器件尺寸上具有最大的优势。

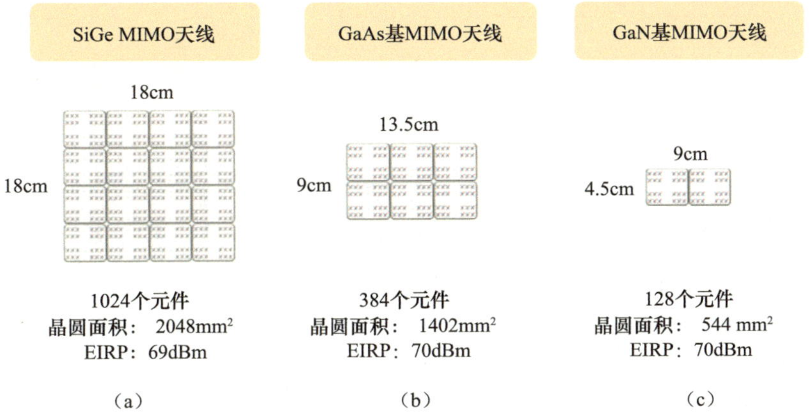

图 4-9　第一代、第二代、第三代半导体 MIMO 天线器件的技术分析
（a）第一代 SiGe 半导体；（b）第二代 GaAs 基半导体；（c）第三代 GaN 基半导体

总体来说，SiC 和 GaN 均具有优越的性能和广泛的应用前景。现阶段，SiC 在我国的应用并不十分广泛，目前主要应用于军工领域，如通信和侦察等领域，在民用领域应用较少。随着我国可持续发展战略的深入推进，SiC 材料势必受到更多的关注，SiC 半导体相关产业会取得更加迅猛的发展。

4.3.3　氮化铝

AlN 是一种共价键化合物，属类金刚石氮化物六方晶系，晶体结构为纤锌矿型，无毒，通常呈白色或灰白色。AlN 的晶体结构如图 4-10 所示。AlN 的室温强度高，且强度随温度的升高下降较慢。其导热性能好，热膨胀系数小，最高可在 2200 ℃下稳定存在，是良好的耐热冲击材料。此外，其抗熔融金属侵蚀的能力强，是熔铸纯铁、铝或铝合金的理想坩埚材料。AlN 是电绝缘体，介电性能良好。GaAs 表面的 AlN 薄膜，可保护其在退火时免受离子的注入。此外，AlN 是由六方氮化硼转变为立方氮化硼的催化剂。AlN 在室温下与水缓慢反应，其可在 800 ～ 1000 ℃由铝粉在氨或氮气氛中合成，或由 Al_2O_3-C-N_2 前驱体体系在 1600 ～ 1750 ℃反应合成，也可由氯化铝与氨经气相反应制得，AlN 薄膜可采用

$AlCl_3$-NH_3 前驱体体系通过气相沉积法合成。

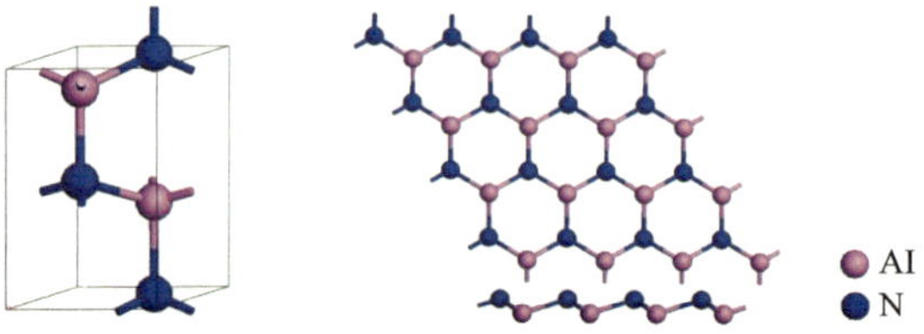

图 4-10　AlN 的晶体结构 [52]

AlN 材料是Ⅲ族氮化物，具有 0.7 ～ 3.4 eV 的带隙，广泛应用于光电子领域。与 GaAs 等材料相比，AlN 覆盖的光谱带宽更大，尤其适合从深紫外光到蓝光方面的应用。另外，Ⅲ族氮化物具有化学稳定性好、热传导性能优良、击穿场强高、介电常数低等优点，与 Si、Ge、GaAs 甚至 SiC 器件相比，可以在更高频率、更高功率、更高温度等极端环境下工作，是最具发展潜力的一类半导体材料。

AlN 材料具有宽禁带（6.2 eV）和高热导率（3.3 $W \cdot cm^{-1} \cdot K^{-1}$），且与 AlGaN 层晶格、热膨胀系数匹配得更好，是制备高功率发光器件、紫外探测器及高功率、高频电子器件的理想衬底材料。

早在 1974 年，研究人员在蓝宝石衬底上通过射频溅射沉积 AlN 薄膜。经过几十年的发展，AlN 薄膜的制备技术已经趋于成熟 [52-55]。例如，在石墨烯表面可直接生长致密的 AlN 薄膜（见图 4-11）[56]。AlN 在石墨烯上的生长不受晶格失配的限制，可以有效释放应力，降低位错密度，获得高品质薄膜，甚至可以解决大功率器件的散热问题。同时，前驱体在石墨烯表面具有较低的迁移势垒，可以加速横向外延生长，在较小的厚度下即可得到平整薄膜。通过在石墨烯上生长 AlN，不仅避免了转移过程中的污染、破损问题，还可以实现批量规模化制备。

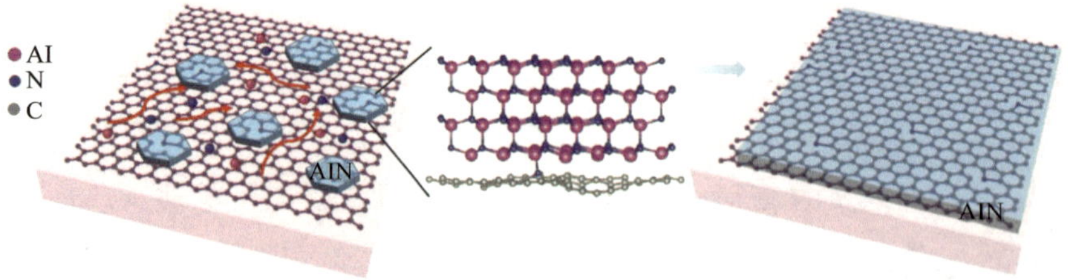

图 4-11　石墨烯表面生长 AlN 薄膜 [56]

AlN 可以显著改善器件性能，是电子器件发展的原动力和基石。近年来，

GaN 基蓝光/绿光 LED、紫外探测器及大功率高频 HEMT 器件取得了重大进展[56]。AlN 与 GaN 材料相比具有更高的热导率，且更容易实现半绝缘。与 SiC 相比，AlN 晶格失配更小，可大大降低器件结构中的缺陷密度，有效提高器件性能。AlN 是生长Ⅲ族氮化物外延层及器件结构的理想衬底，其优点包括：①同 GaN 仅有很小的晶格失配和热膨胀系数失配，且化学性质相容；②与 GaN 晶体结构相同，不出现层错层，同样有极化表面；③具有很高的稳定性和纯度，很少造成污染。由于 GaN 与 Si 的晶格不适配，GaN 基器件与 Si(001) 衬底的兼容性较差；在低温条件下，可以通过在 Si 衬底上溅射沉积 AlN 作为成核层来解决兼容性的问题。

在 AlN 单晶材料研发方面，美国和日本的发展水平最高，我国在 AlN 的 MOCVD 外延生长方面也已有初步探索。

4.4　本章小结

以 Si、Ge 为代表的第一代半导体材料和以 InP、GaAs 为代表的第二代半导体材料将人类社会从电力时代推进至信息化时代，对人类文明做出了重要贡献。从应用领域来看，第一代半导体主要应用于计算领域，第二代半导体主要应用于通信领域，二者都有一定的局限性。随着科技的发展及社会的进步，人类对信息化的依赖程度和期望不断增高，第三代半导体材料承担了重要的使命。

以 GaN、SiC、AlN 为代表的第三代半导体材料在 5G 建设中已经发挥了非常重要的作用，有望以其优越的性能在未来 6G 应用中持续发挥作用。随着数据流量增加、宽带升级与频率提高，基站端与终端需要满足更高、更多需求的材料，通信组件与电子器件同样需要更高频、更高温、更高功率的材料。

同 GaAs 相比，GaN 的大功率、高频性能更出色，随着材料品质的提升和成本的下降，有望广泛应用于微电子领域和光电子领域。微电子领域的应用主要包括无线通信、光通信、无线局域网、汽车电子产品、军事电子产品等方面；光电子领域的应用主要为射频集成电路，如功率放大器（Power Amplifier，PA）和低噪声放大器（Low Noise Amplifier，PA）等通信器件。在 6G 时代，GaN 将会是最重要的前端器件核心材料之一。SiC 主要作为高功率半导体材料，应用于汽车以及工业电力电子，如新能源汽车功率驱动系统、高铁驱动电源、光伏逆变器、工业驱动电源等，在大功率转换应用中具有巨大的优势。AlN 适合作为先进高功率发光器件、紫外探测器及高功率高频电子器件的理想衬底材料。

随着 5G 的普及和 6G 的启动，新能源汽车、物联网等诸多新兴市场均对化合物半导体材料提出了更高的需求和期望。在本章所介绍的半导体材料中，有些一直广泛应用于 3G、4G 和 5G 应用中，有些在更高频的波段的应用中崭露头角。毫无疑问的是，第三代半导体材料是化合物半导体发展的新机遇，必将在未来的 6G 时代发挥关键的作用。

更值得关注的是，以金刚石、氧化镓为代表的第四代超宽禁带半导体材料，以及以锑化镓、锑化铟为代表的超窄禁带半导体材料，正逐步登上科技舞台。金刚石具有极高的击穿电压和热导率，被誉为“终极半导体”，在核能电源、高频功率器件、量子计算等前沿领域展现出独特的应用潜力；氧化镓具备低成本、可实现大尺寸单晶生长的能力，是继第三代超宽禁带半导体材料之后极具竞争力的宽禁带半导体材料。与此同时，第四代半导体正在探索极端条件下的信息传输与处理能力，为面向未来的 6G 通信、太空探测及极端环境电子系统提供具有突破性的材料基础。半导体材料体系正从第三代向更具潜力的第四代迈进，在高频、宽带、高能效等多个维度开启材料科技的新纪元，并且将在即将到来的 6G 时代中扮演更为核心的角色。

参考文献

[1] CHEN H T, PADILLA W J, CICH M J, et al. A metamaterial solid-state terahertz phase modulator [J]. Nature Photonics, 2009, 3(3): 148-151.

[2] KLEINE-OSTMANN T, DAWSON P, PIERZ K, et al. Room-temperature operation of an electrically driven terahertz modulator [J]. Applied Physics Letters, 2004, 84(18): 3555-3557.

[3] TONG J, MUTHEE M, CHEN S Y, et al. Antenna enhanced graphene THz emitter and detector [J]. Nano Letters, 2015, 15(8): 5295-5302.

[4] WU D, FANG N, SUN C, et al. Terahertz plasmonic high pass filter [J]. Applied Physics Letters, 2003, 83(1): 201-204.

[5] LIBON I H, BAUMGÄRTNER S, HEMPEL M, et al. An optically controllable

terahertz filter [J]. Applied Physics Letters, 2000, 76(20): 2821-2823.
[6] LEE, CHI H. Picosecond optoelectronic switching in GaAs? [J]. Applied Physics Letters, 1977, 30(2): 84-86.
[7] CHI H L, MATHUR V K. Picosecond photoconductivity and its applications [J]. IEEE Journal of Quantum Electronics, 1981, 17(10): 2098-2112.
[8] AUSTON D H, CHEUNG K P, SMITH P R. Picosecond photoconducting Hertzian dipoles [J]. Applied Physics Letters, 1984, 45(3): 284-286.
[9] STRICKLAND D, MOUROU G. Compression of amplified chirped optical pulses [J]. Optics Communications, 1985, 55(6): 447-449.
[10] NUNNALLY W C, HAMMOND R B. 80 cm·W photoconductor power switch [J]. Applied Physics Letters, 1984, 44(10): 980-982.
[11] SMITH P R, AUSTON D H. Subpicosecond photoconducting dipole antennas [J]. IEEE Journal of Quantum Electronics, 1988, 24(2): 255-260.
[12] GARCIA NUNEZ C, BRAA D C, ALEJANDRO F, et al. A novel growth method to improve the quality of GaAs nanowires grown by Ga-assisted chemical beam epitaxy [J]. Nano Letters, 2018: 3608-3615.
[13] HUBER D, REINDL M, COVRE DA SILVA S F, et al. Strain-tunable GaAs quantum dot: a nearly dephasing-free source of entangled photon pairs on demand [J]. Physical Review Letters, 2018, 121(3): 033902.
[14] KWOEN J, JANG B, LEE J, et al. All MBE grown InAs/GaAs quantum dot lasers on on-axis Si (001) [J]. Optics Express, 2018, 26(9): 11568.
[15] LCHNER F, FEDOTOVA A N, LIU S, et al. Polarization-dependent second harmonic diffraction from resonant GaAs metasurfaces [J]. ACS Photonics, 2018,5(5):1786-1793.
[16] BELL D J, DONG L, NELSON B J, et al. Fabrication and characterization of three-dimensional InGaAs/GaAs nanosprings [J]. Nano Letters, 2006, 6(4): 725-729.
[17] THORNTON T J, PEPPER M, AHMED H, et al. One-dimensional conduction in the 2D electron gas of a GaAs-AlGaAs heterojunction [J]. Physical Review Letters, 2015, 56(11): 1198-1201.
[18] ALI H, ZHANG Y, TANG J, et al. High-responsivity photodetection by a self-catalyzed phase-pure p-GaAs nanowire [J]. Small, 2018: 1704429.
[19] CHEN M W, KIM H K, OVCHINNIKOV D, et al. Large-grain MBE-grown GaSe on GaAs with a Mexican hat-like valence band dispersion [J]. Npj 2d Materials & Applications, 2018, 2(1): 2.
[20] LUO Y, YAN X, ZHANG J, et al. A graphene/single GaAs nanowire Schottky junction

photovoltaic device [J]. Nanoscale, 2018, 10(19): 9212-9217.

[21] MAX W, NILS L, MARTIN K, et al. Observation of bosonic condensation in a hybrid monolayer $MoSe_2$-GaAs microcavity [J]. Nature Communications, 2018, 9(1): 3286.

[22] PONOMAREV D S, LAVRUKHIN D V, YACHMENEV A E, et al. Lateral terahertz hot-electron bolometer based on an array of Sn nanothreads in GaAs [J]. Journal of Physics D: Applied Physics, 2018, 51(13): 135101.

[23] SCHLAEPFER F, LUCCHINI M, SATO S A, et al. Attosecond optical-field-enhanced carrier injection into the GaAs conduction band [J]. Nature Physics, 2018, 14: 560-564.

[24] DIETRICH P-I, BLAICHER M, REUTER I, et al. In-situ 3D nano-printing of freeform coupling elements for hybrid photonic integration [J]. Nature Photonics, 2018, 12: 241-247.

[25] VALENTINA, ZANNIER, FRANCESCA, et al. Growth dynamics of InAs/InP nanowire heterostructures by Au-assisted chemical beam epitaxy [J]. Nanotechnology, 2019, 30(9): 094003.

[26] DE VALICOURT G, CHANG C M, EGGLESTON M S, et al. Photonic integrated circuit based on hybrid III-V/silicon integration [J]. Journal of Lightwave Technology, 2018, 36(2):265-273.

[27] SADEGHI S, BAHMANI JALALI H, MELIKOV R, et al. Stokes-shift-engineered indium phosphide quantum dots for efficient luminescent solar concentrators [J]. ACS Applied Materials & Interfaces, 2018, 10(15): 12975-12982.

[28] QIN H, LUAN X, FENG C, et al. Mechanical, thermodynamic and electronic properties of wurtzite and zinc-blende GaN crystals[J]. Materials, 2017, 10(12):1419.

[29] GUO J, QIU C, ZHU H, et al. Nanotribological properties of Ga- and N-faced bulk gallium nitride surfaces determined by nanoscratch experiments [J]. Materials, 2019,12(17):2653.

[30] CHEN Y, LIUK, LIU J, et al. Growth of 2D GaN single crystals on liquid metals [J]. Journal of the American Chemical Society, 2018, 140(48): 16392-16395.

[31] ISHII A, TATANI T, ASANO H, et al. Computational study for growth of GaN on graphite as 3D growth on 2D material [J]. Physica Status Solidi, 2009, 7(2): 347-350.

[32] RUZMETOV D, ZHANG K, STAN G, et al. Vertical 2D/3D semiconductor heterostructures based on epitaxial molybdenum disulfide and gallium nitride [J]. ACS Nano, 2016, 10(3):3580-3588.

[33] GUPTA C, LUND C, CHAN S H, et al. In situ oxide, GaN interlayer-based vertical trench MOSFET (OG-FET) on bulk GaN substrates [J]. IEEE Electron Device Letters,

2018, 38(3): 353-355.
[34] YI S, ZHOU K, FENG M, et al. Room-temperature continuous-wave electrically pumped InGaN/GaN quantum well blue laser diode directly grown on Si [J]. Light Science & Applications, 2018, 7(1): 13.
[35] FENG M, WANG J, ZHOU R, et al. On-chip integration of GaN-based laser, modulator, and photodetector grown on Si [J]. IEEE Journal of Selected Topics in Quantum Electronics, 2018: 11, 1-5.
[36] ROCCAFORTE F, FIORENZA P, GRECO G, et al. Emerging trends in wide band gap semiconductors (SiC and GaN) technology for power devices [J]. Microelectronic Engineering, 2018, 187-188: 66-77.
[37] LI K H, FU W Y, CHEUNG Y F, et al. Monolithically integrated InGaN/GaN light-emitting diodes, photodetectors, and waveguides on Si substrate [J]. Optica, 2018, 5(5): 564.
[38] QU S, WANG C, LI S, et al. Influence of the misorientation of 6H-SiC substrate on the quality of GaN epilayer grown by MOVPE [J]. Journal of Alloys & Compounds, 2011, 509(8): 3656-3660.
[39] VIROJANADARA C, SYVJARVI M, YAKIMOVA R, et al. Homogeneous large-area graphene layer growth on 6H-SiC(0001) [J]. Physical Review B Condensed Matter, 2008, 78(24): 245403.
[40] MRTENSSON P, OWMAN F, JOHANSSON L I. Morphology, atomic and electronic structure of 6H-SiC(0001) surfaces [J]. Physica Status Solidi, 1997, 202(1): 501-528.
[41] ZOULIS G, SUN J, VASILIAUSKAS R, et al. Seeding layer influence on the low temperature photoluminescence intensity of 3C-SiC grown on 6H-SiC by sublimation epitaxy [J]. Materials Science Forum, 2012, 711: 149-153.
[42] BHATNAGAR M, BALIGA B J. Comparison of 6H-SiC, 3C-SiC, and Si for power devices [J]. IEEE Transactions on Electron Devices, 1993, 40(3): 645-655.
[43] MICHON A, VEZIAN S, OUERGHI A, et al. Direct growth of few-layer graphene on 6H-SiC and 3C-SiC/Si via propane chemical vapor deposition [J]. Applied Physics Letters, 2010, 97(17): 171909.
[44] SOLTAMOV V A, SOLTAMOVA A A, BARANOV P G, et al. Room temperature coherent spin alignment of silicon vacancies in 4H- and 6H-SiC [J]. Physical Review Letters, 2012, 108: 226402.
[45] LI K, EVANS P, JOHNSON M. SiC/GaN power semiconductor devices: a theoretical comparison and experimental evaluation under different switching conditions [J]. Iet Electrical Systems in Transportation, 2018, 8(1): 3-11.

[46] LU J, KAI S, WU H, et al. Modeling of SiC MOSFET with temperature dependent parameters and its applications[C]. Proceedings of the 2013 IEEE Applied Power Electronics Conference and Exposition(APEC). 2013, 13530117.

[47] LELIS A J, HABERSAT D, GREEN R, et al. Time dependence of bias-stress-induced SiC MOSFET threshold-voltage instability measurements [J]. IEEE Transactions on Electron Devices, 2008, 55(8): 1835-1840.

[48] MOMENI PAKDEHI D, APROJANZ J, SINTERHAUF A, et al. Minimum resistance anisotropy of epitaxial graphene on SiC [J]. ACS Applied Materials & Interfaces, 2018, 10: 6039-6045.

[49] RIZZI A, LANTIER R, LüTH H. Boundary conditions and the macroscopic field at SiC/AlN and SiC/GaN heterostructures [J]. Physica Status Solidi A, 2000, 177(1): 165-171.

[50] SARASAMAK K, KULKARNI A J, ZHOU M, et al. Stability of wurtzite, unbuckled wurtzite, and rocksalt phases of SiC, GaN, InN, ZnO, and CdSe under loading of different triaxialities [J]. Physical Review B, 2008, 77(2): 024104.

[51] REN S Y, DOW J D. Lattice-matching SiC substrates with GaN [J]. Applied Physics Letters, 1996, 69(2): 251-253.

[52] LALEYAN D A, FERNáNDEZ-DELGADO N, REID E T, et al. Strain-free ultrathin AlN epilayers grown directly on sapphire by high-temperature molecular beam epitaxy [J]. Applied Physics Letters, 2020, 116(15): 152102.

[53] FRANKERL C, NIPPERT F, HOFFMANN M P, et al. Strongly localized carriers in Al-rich AlGaN/AlN single quantum wells grown on sapphire substrates [J]. Journal of Applied Physics, 2020, 127(9): 095701.

[54] TSYBRII Z, SIZOV F, VUICHYK M, et al. AlN and MgO thin-layer coatings on the bendable polymeric substrates as selective filters for IR and THz spectral ranges [J]. Infrared Physics & Technology, 2020, 107: 103323.

[55] KIM H, YUN H J, CHOI S, et al. Comparison of electrical and interfacial characteristics between atomic-layer-deposited AlN and AlGaN on a GaN substrate [J]. Applied Physics A, 2020, 126(6): 449.

[56] CHANG H , CHEN Z , LIU B , et al. Quasi-2D growth of aluminum nitride film on graphene for boosting deep ultraviolet light-emitting diodes[J]. Advanced Science, 2020, 7(15): 2001272.

第 5 章

6G应用中的新型功能材料

在 6G 应用中，高分辨率成像及传感、精准定位、可穿戴显示器、移动机器人和无人机、专用处理器及下一代无线网络等技术使远程虚拟现实交互成为可能。现有的智能手机等移动网络终端设备，在未来将被其他扩展现实（XR）体验所取代，例如拥有超高分辨率、帧速率和动态范围的眼镜，柔性、透明、能智能调节温度的织物，记录定位、移动轨迹、监测实时心率等各项健康指标的手环，光纤传输光保真（Light Fidelity，LiFi）技术等，对材料基础研究及相关应用技术研发提出了更高的要求。

本章主要介绍面向 6G 应用的新型功能材料，包括在材料学、凝聚态物理学和微电子学等多学科领域有重要交叉应用的新型光电、热电和铁电材料；主要以二维材料为代表，介绍其优异的性能及在 6G 器件中的应用潜力。

5.1 新型光电材料

关于光电材料，第 3 章主要围绕 6G 应用中的新型频谱通信（太赫兹通信和可见光通信）对相关材料进行了介绍。而面向更广泛的光电应用，如光电传感、远程光控、三维成像等新应用也将成为未来 6G 的研究热点。近年来，越来越多的二维材料，如石墨烯、BP、TMDC 等，在光学和光电器件中表现出优异的性能。除了高光响应速度、高光电转化效率和高灵敏度外，二维材料在很多应用领域具有独特的优势。

根据导电性能不同，二维材料可分为绝缘体（如 h-BN）、半导体（如 $PtSe_2$、BP）、半金属（如 WTe_2、$MoTe_2$）、拓扑绝缘体（如 Bi_2Se_3、Bi_2Te_3）和金属（如 1T-TaS_2）。根据带隙的不同，二维材料在不同的光谱波长范围内表现出独特的光学行为[1, 2]。此外，二维材料的带隙与其层数密切相关，如 MoS_2、WS_2 和 ReS_2，随着层数逐渐减小到单层，其间接带隙逐渐转变为直接带隙（1.1 ～ 1.9 eV）。这一特性极大地拓展了光电探测器件的性能，使其从紫外、可见光到近红外、远红外乃至太赫兹的全频段响应成为可能。图 5-1 展示了不同二维材料的带隙及对应的光谱探测范围。

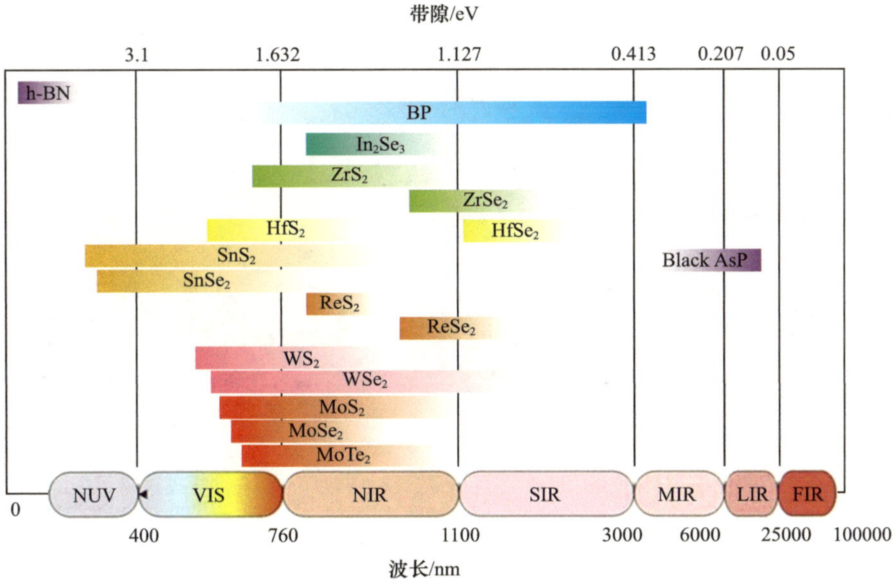

图 5-1 不同二维材料的带隙及其光谱探测范围 [3]

5.1.1 二维光电材料

图 5-2 展示了光电探测的基本机理。图 5-2（a）描述了探测光激发产生光生载流子的过程，图 5-2（b）显示了光电探测结构。一般来说，光激发载流子直接改变光电器件的电阻（光敏电阻/光敏导体），或产生电流或电压（光电二极管/光电晶体管、雪崩光电二极管）。在光热电型探测器中，光激发载流子通过热化以提高材料的温度［见图 5-2（c）］。

基于原子级厚度的二维沟道材料的器件可通过局部场（如光场、浮栅、栅极电压诱导的局域电场、表面等离子体或微腔增强的光场）对输出特性和光电特性进行调制 [3]。通过将不同的二维材料组合成异质结超晶格，可显著提高其光探测响应速率和探测范围。此外，鉴于其具有超快宽带非线性光学响应和易于集成的特点，二维光电材料可集成到光纤激光器上，产生超短、低损耗和宽带的激光。如图 5-3 所示，新型二维光电探测材料的相关实验与理论研究将极大地推动 6G 应用的发展。

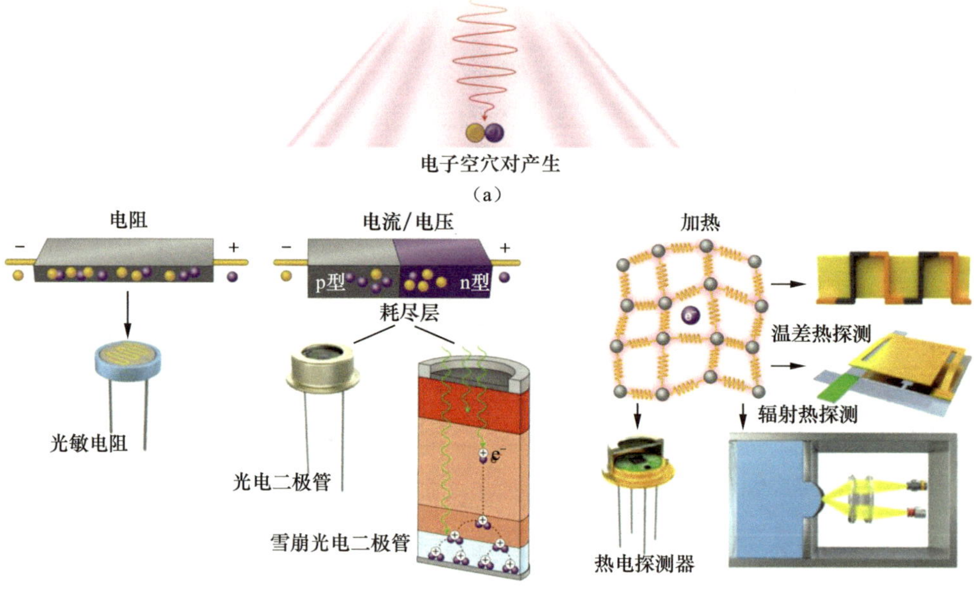

图 5-2　光电探测的基本机理[4]

（a）光生载流子的产生过程；（b）常见的光电探测结构；（c）常见的光热电探测结构

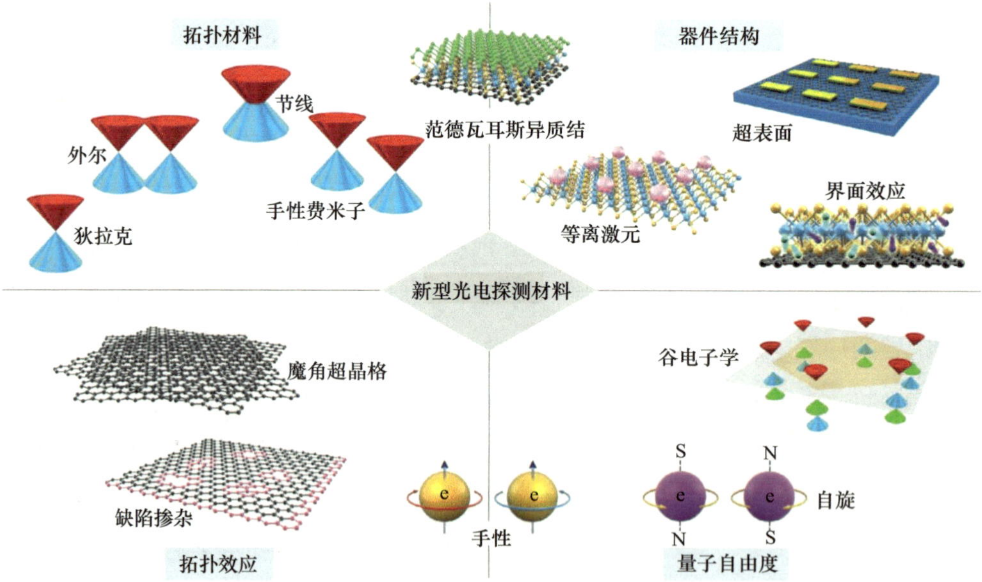

图 5-3　新型二维光电探测材料[4]

下面基于二维光电材料在 6G 光电器件中的应用，结合不同应用特点对新型光电材料进行分类介绍，包括红外探测材料、超宽带光探测材料、太赫兹光电/光热电探测材料、二维偏振光探测材料和非易失性光电存储材料。本部分内容与第 3 章有重叠，以期从多个角度阐述光电材料的广泛应用。

5.1.2　红外探测材料

红外光一般是指波长范围在 2 ～ 20 μm 的光波。红外探测器广泛应用于红外光谱仪、遥感和热成像等领域。一般来说，用于制造红外探测器的材料多为小带隙（0.062 ～ 0.62 eV）半导体材料。

1. BP 红外探测器

如前所述，BP 是近年来备受关注的一种二维材料，由 3 个相邻的共价键耦合，原子排列具有面内的强各向异性。BP 呈半导体特性，具有对应于红外波段波长的窄带隙。基于 BP 的 FET 具有优异的输运特性，室温下载流子迁移率高达 $10^3\ cm^2 \cdot V^{-1} \cdot s^{-1}$。2016 年，Guo 等[6]提出基于 BP 的中红外探测器[见图 5-4（a）]。在皮瓦水平上，器件的最大响应度在 3.39 μm 波长处达 82 $A \cdot W^{-1}$。之后，Long 等[7]引入合金对 BP 进行掺杂，研制了基于二维黑砷磷（Black AsP）（带隙为 0.15 eV）的光电探测器，响应度在 2.4 ～ 8.05 μm 波长范围内高达 15 ～ 26 $mA \cdot W^{-1}$。Tan 等[8]则制备了具有 8 μm 宽吸收光谱的 BP 光电晶体管。

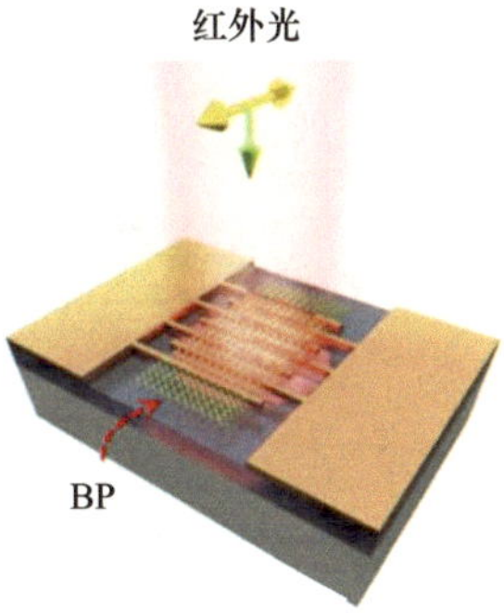

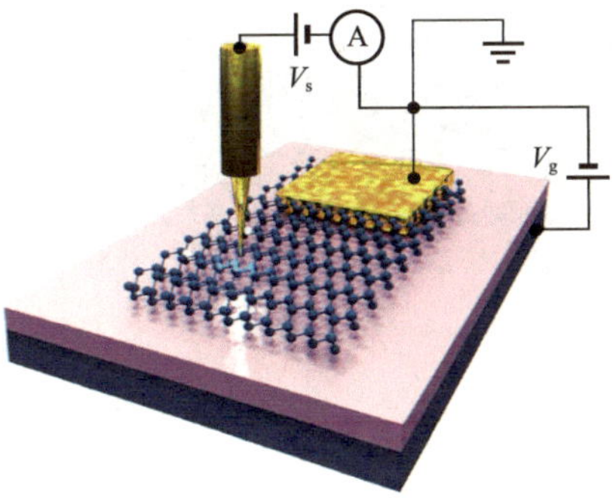

图 5-4　BP 红外探测器[6]

（a）器件结构示意；（b）BP 顶栅晶体管示意

Liu 等 [9] 通过栅控调制使 11 层厚 BP 的带隙从 0.31 eV 降至 0.20 eV，并通过电子注入 p 型重掺杂的 BP 中以诱导耗尽层［见图 5-4（b）］。当栅压超过临界电压时，电场穿透整个 BP 样品，从而导致带隙单调递减。此外，Chen 等 [10] 通过在 h-BN-BP-h-BN“三明治”结构上构建电场，将 BP 的截止波长从 3.7 μm 调制至 7.7 μm，带隙降至 0.16 eV。同时，在双栅器件的电荷中性点附近观察到了由光电效应引发的强光响应 [11]。Xu 等 [12] 报道了一种基于面内 BP 同质 p-n 结的高性能近红外电探测器。通过偏压和栅极电压调制 p-n 结内的强内建电场，对光生电子-空穴对进行有效分离，显著提高了光电流和响应速度。该 BP 光电探测器实现了可见光/红外双频探测，为目标的智能识别提供了一种解决方案。

此外，在 BP 上覆盖一层 Si_xN_y 膜可制备 p-n 同质结光电晶体管。图 5-5（a）所示为背栅 p-n 同质结器件的光学图像。在静电掺杂作用下，BP 片的裸露部分作为 p 型沟道，而 Si_xN_y 作为 n 型沟道。覆盖有 Si_xN_y 薄膜的 BP 显示出 n 型行为，电子迁移率增至 134 $cm^2 \cdot V^{-1} \cdot s^{-1}$，与空穴迁移率在同一量级。如图 5-5（b）所示，BP 同质结的输出特性显示出明显的整流特性。整流比（正向/反向电流比）随着背栅电压的降低而增大，在 −40 V 的背栅电压作用下，可获得 10^3 量级的整流比。高整流比主要源于背栅电压下空穴和电子传导通道的非对称性。

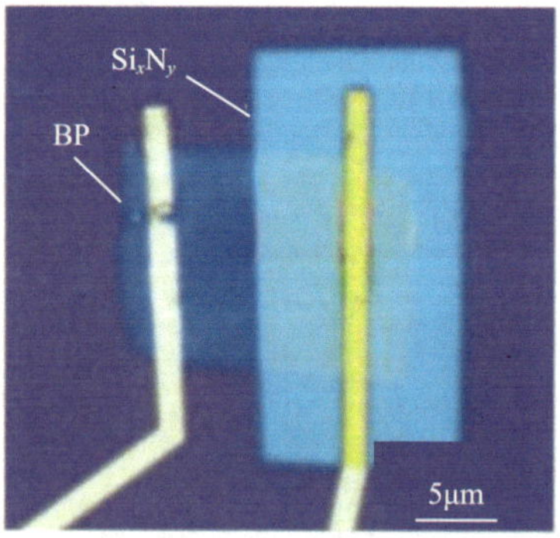

（a）

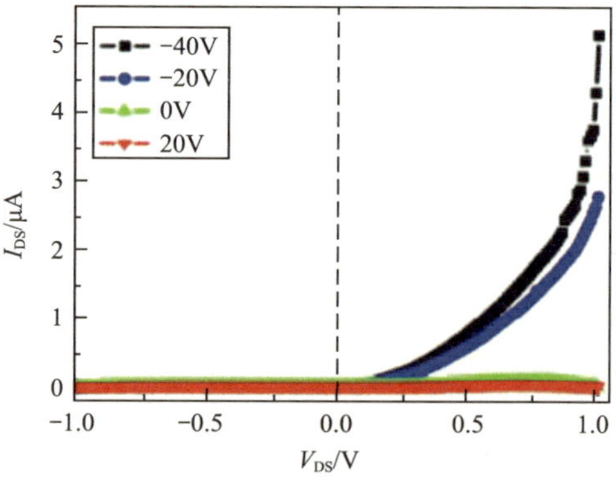

（b）

图 5-5 BP-Si_xN_y 光电晶体管 [12]

（a）BP 同质结器件的光学图像；（b）输出特性曲线

图 5-6 展示了光电流的空间分布和能带结构示意。通过选择沟道长度约为 30 μm 的器件以获取不同区域的更多空间信息。BP 薄片的厚度约为 30 nm，采用锁相（Lock-in）技术测量光电流。结果表明，在所有 p 区、n 区和 p-n 结区中均

产生了光电流，且光电流不均匀地分布在整个器件中，p-n 结区显示出比纯 p 区和 n 区强得多的光电流。这主要是因为，在光照下，光激发分别在 p 区和 n 区诱导产生空穴和电子，二者在结界面附近积聚，进而形成较强的内建电场。

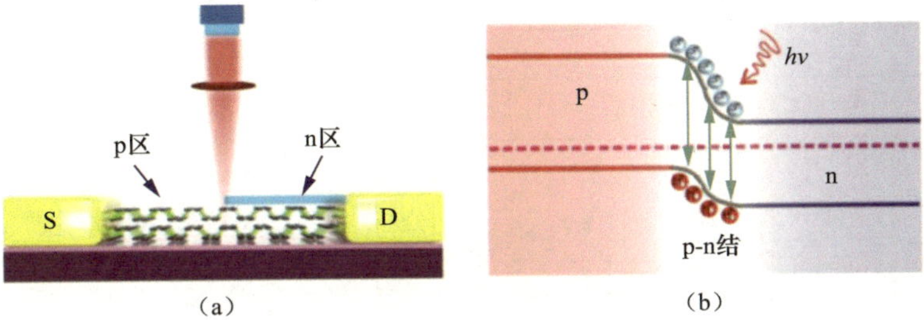

图 5-6　BP 同质结光电探测器 [12]

(a) 光电流的空间分布；(b) 能带结构示意

源漏电压（V_{DS}）对 p-n 结性能也有明显的调制效应（见图 5-7）。当反向偏压下的光电流比正向偏压下的光电流大时，光电流表现出依赖于偏压的强不对称性。当施加正向背栅电压时，p 型掺杂 BP 由于费米能级向导带移动而耗尽，而 n 型掺杂 BP 的费米能级由于钉扎效应几乎保持不变。因此，由于没有空穴来补偿掺杂 n 型 BP 中的电子，内建电场减小，从而抑制电荷分离。当施加反向背栅电压时，p 型掺杂 BP 的费米能级向价带移动，内建电场增强，从而使结效应和光电流增强，实现更有效的电荷分离。

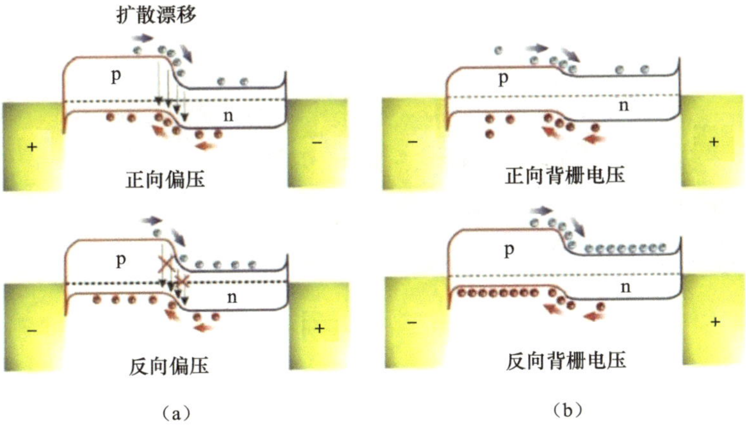

图 5-7　电压对 p-n 结性能的调制效应

(a) 正反向偏压下 p-n 结的能带结构；(b) 正反向背栅电压下 p-n 结的能带结构

图 5-8（a）对比了原始 BP 光电探测器和 BP p-n 结光电探测器的性能。由于内建电场的存在，BP p-n 结具有更强的光电流。在 1550 nm 光照下，p-n 同质结的光响应度约为 5 A · W^{-1}，比原始 BP 光电探测器（0.1 A · W^{-1}）提高了 50 倍。图 5-8（b）显示了 BP p-n 结在 0.1 V 反向 V_{DS} 下的快速光响应。

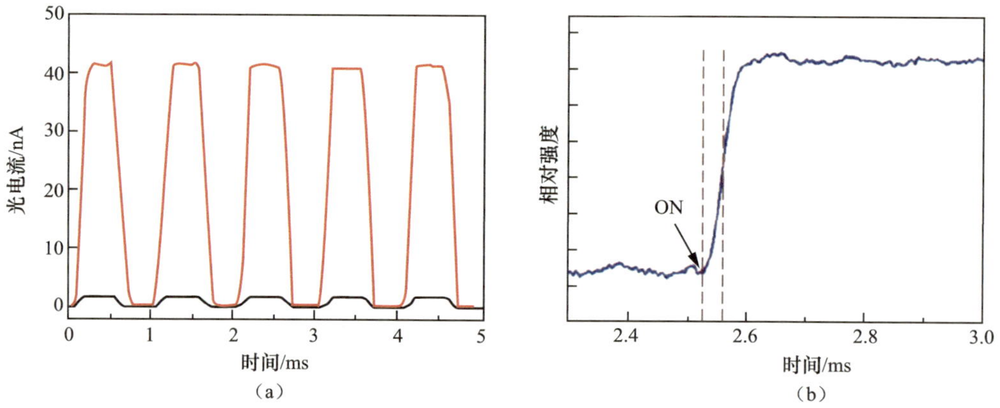

图 5-8　BP 和 BP p-n 结光电探测器的时间分辨测量

（a）光响应；（d）响应上升时间

基于 BP 的 p-n 同质结光电探测器从可见光到近红外的光响应度的归一化光谱如图 5-9 所示。为了阐明同质结探测器的双波段探测能力，在两个特征光谱波段下成像。一个空心金属环下部被丙烯酸玻璃阻挡［见图 5-9（a）］，在可见光波段仅环的上部可分辨［见图 5-9（b）］。通过红外光波段探测下部［见图 5-9（c）］，即可清晰地分辨出整个金属环。

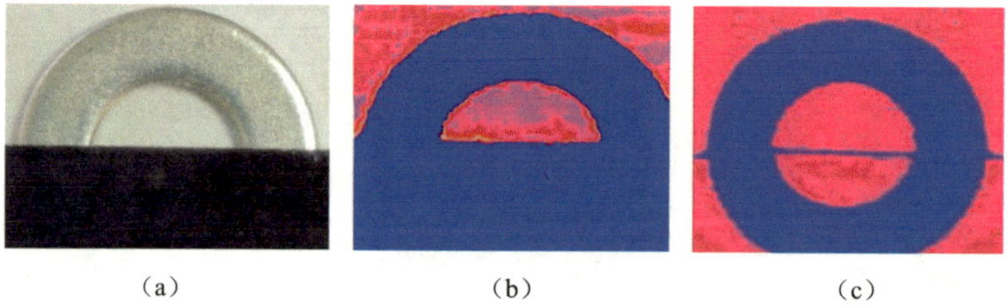

图 5-9　在特征光谱下成像

（a）待检测物品；（b）可见光探测；（c）红外光探测

2. WS_2 红外探测器

在二维光电材料中，WS_2 是一种非常有潜力的光捕获材料。块体 WS_2 为间接带隙（1.4 eV）半导体，而单层 WS_2 则具有 2.1 eV 的直接带隙，及高载流子迁移率和优异的热稳定性。

通过 WS_2 纳米片的结构设计和电子调控来实现快速响应、宽波段探测仍具有一定的挑战性。如图 5–10 所示，研究人员采用溶剂热法制备了氧掺杂、层层堆叠的 WS_2 纳米片组装的纳米棒 [13]。氧掺杂使 WS_2 纳米棒表面产生局部等离子体共振效应，从而实现近红外区的宽波段吸收（1000 ～ 2000 nm）。采用旋涂方法构建 WS_2/Si 异质结，制备了自驱动、高灵敏度、快速响应的光电探测器，响应度为 1.5 A · W^{-1}，比探测度为 2×10^{12} Jones，响应时间为微秒量级。同时，器件稳定性较高，放置 2 个月后依然保持高性能。

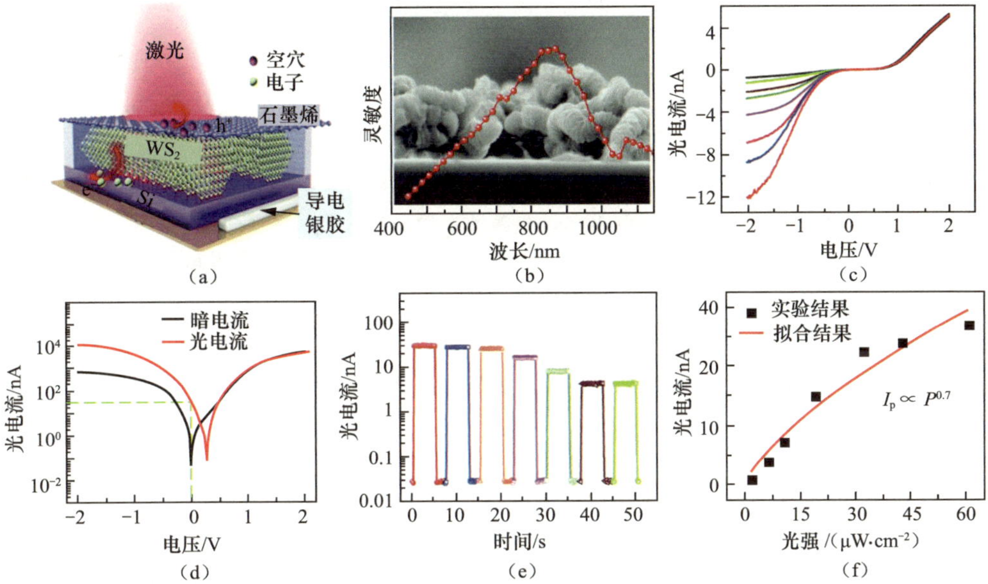

图 5–10　WS_2/Si 光电探测器 [13]

（a）器件结构示意；（b）光谱响应；（c）不同强度光照下的 *I-V* 曲线；（d）光照前后的 *I-V* 曲线；（e）不同强度光照下的光电流响应；（f）光电流与光强的关系

如图 5–11 所示，WS_2/Si 光电探测器具有快速的光响应特性，源于 WS_2 纳米片的垂直取向结构和氧掺杂。一方面，垂直排列结构实现了光电子从 WS_2 层到石墨烯层的快速传输，其中石墨烯作为透明上电极，辅助 WS_2 纳米结构形成欧姆接触。另一方面，氧掺杂降低了 WS_2 纳米片的带隙，从而提高了本征导电性。WS_2/Si 光电探测器不仅适合在较宽的开关频率范围内工作，同时可以实现光学信号的快速探测。

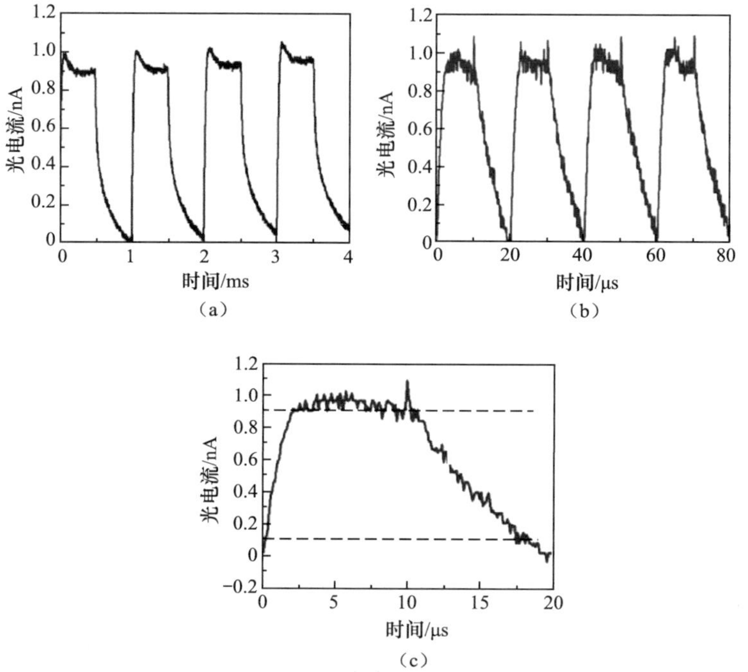

图 5-11　WS_2/Si 光电探测器的光响应特性及循环稳定性
（a）、（b）开关频率为 1 kHz 和 50 kHz 的光响应；（c）单周期光响应

综上，该研究在探究 WS_2/Si 光电探测器优异性能的同时，还发现了一种调控层状 WS_2 纳米片电子结构的新方法，即通过氧掺杂实现 WS_2 表面等离子体共振，使其在近红外区域具有强吸收性。

3. 其他红外探测器

除了 BP 和 WS_2 红外光电探测器外，Yu 等[14]证明双层 $PtSe_2$ 也可作为中红外光电探测器（见图 5-12）。该探测器利用 Se 空位引起的窄带隙（0.3 eV），在 10 μm 激光照射下，获得了 4.5 $A \cdot W^{-1}$ 的光响应度和约 7×10^8 Jones 的比探测度。值得注意的是，单层 $PtSe_2$ 由于带隙较宽（1.2 eV），不适合用于红外探测。Lai 等研究了基于二维半金属（如 $MoTe_2$ 和 $TaIrTe_4$）的光电探测器。在 10.6 μm 波长下，$MoTe_2$ 的光响应度约为 41.5 $\mu A \cdot W^{-1}$，比探测度约为 10^7 Jones。同样，$TaIrTe_4$ 也实现了约 20 $\mu A \cdot W^{-1}$ 的光响应度和约 10^6 Jones 的比探测度[15, 16]。在 1500 nm 波长下，基于二维拓扑绝缘体 Bi_2Se_3（带隙为 0.3 eV）和 Bi_2O_2Se（带隙为 0.8 eV）纳米片的红外光电探测器，同样具有高灵敏和高响应特性[17, 18]。

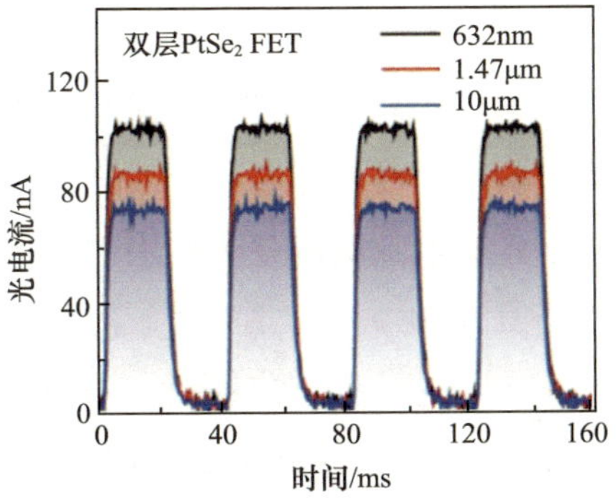

图 5-12　双层 $PtSe_2$ 光电探测器的光响应

5.1.3　超宽带光探测材料

近年来，超宽带光电探测器由于在通信、光谱、成像、遥感、环境监测和安全等领域受到广泛关注。检测不同波段范围的光信号需要具有对应带隙的专用传感器，研发从紫外波段到太赫兹超宽带波段光电探测器对于提升光探测系统的集成度和可行性具有重大意义。

1. 超宽带光电探测的基本效应

超宽带光电探测的机理主要包括光伏效应、光电导（光电流）效应和光热电等效应。

在光伏效应中，光电能量转换效率的局限性阻碍了高性能自供电光电探测器的发展。例如，基于 p-n 结的光伏型光电探测器的可见光转换效率受 Shockley-Queisser 极限的限制，而基于肖特基结光伏效应的自供电光电探测器由于结构简单、响应速度快而成为研究热点。通过将光电效应与其他效应结合可进一步提升光电性能。例如，利用 ZnO 纳米线的热释电效应可有效提高输出电流，但是热释电信号仅为一个脉冲，无法持续输出。压电效应也已广泛用于增强自供电光电探测器的输出信号，然而长期应变会导致器件结构的不可逆损坏。

热电效应在一定的温差下即可产生恒定的输出信号，且不会造成组件的运动和结构损伤。这两个优点有效弥补了热释电效应和压电效应的不足。当一种材料同时具备光电效应和热电效应时，二种效应相互促进（耦合增强）。因此，结合热电效应和光电效应是提高自供电光电探测器性能的一种有效方法。另外，由于热电材料主要是半导体材料，通常具有优异的光电性能，因此光热电耦合效应具有广阔的应用空间。

基于光热电效应的光电探测器具有器件结构简单、零偏压、低功耗等优点，适合集成列阵。光热电效应通过对沟道材料和非对称结构进行光照引起局部加热而产生光电压。不过，基于光热电效应的毫米沟道器件往往具有较慢的响应时间（超过 0.1 s），因此如何提升其响应速度是亟须解决的问题。

有研究报道了基于 Br 掺杂 n 型 SnSe 单晶的热–光电耦合效应的自供电的光电探测器[19]。该器件的探测性能由于热–光电耦合效应而显著提升，在 760 nm 波长的光照下（12.63 mW · cm^{-2}），输出电流和电压分别提高了 38.1% 和 81.9%。光电探测器具有超快的响应速度，平均上升时间和下降时间短于 81 μs 和 122 μs。耦合增强机制与光电和热电信号的极性相关。在冷却条件下，光生电子通过热电场的驱动力来加速。当温度差（ΔT）从 0.6 K 逐步提高到 1.5 K 时，光电探测器的输出信号不断提升，表明其耦合增强机制。而反向 ΔT 则产生与光电信号相反的热电信号，耦合作用减弱。

2. 石墨烯超宽带光探测器

如前所述，石墨烯具有优异的光学和电学特性[20–22]，是一种很有应用前景的超宽带光探测材料。其独特的零带隙结构在很宽的光谱范围（从紫外波段到太赫兹波段）通过光激发产生电荷载流子（电子–空穴对），从而产生宽带光吸收。石墨烯在室温下的载流子迁移率非常高，光子或等离子体能够超快地转换为电流或电压，从而实现超快响应。然而，单层石墨烯在红外和可见光谱范围内仅吸收 2.3% 的入射光，且在实际应用中，石墨烯通常要转移至极性基底（如 SiO_2）上，导致光响应显著降低。相比之下，基于悬浮石墨烯的光电探测器具有更高的光电转换效率、更低的噪声和更低的表面等离子体损耗。

为了提高石墨烯的光响应，有研究者通过化学氧化法制备了还原氧化石墨烯（Reduction Graphene Oxide，RGO）[23]，它与单层石墨烯相比具有更强的吸光性。化学氧化法具有产率高、成本低、可扩展性好、可控性好、重现性好等优点。随着退火温度的升高，RGO 从绝缘体转变为半导体，进而转变为半金属，且其半导体特性表现出明显的 n 型和 p 型特性。通过控制还原程度，可在较宽范围内逐步调谐 RGO 的光学特性和带隙。此外，RGO 的泽贝克系数随退火温度的升高而降低。在此基础上即可制备基于悬浮 RGO 薄膜的超宽带光热电探测器。图 5-13

展示了 RGO 薄膜及探测器的制备过程。GO 薄膜干燥后从聚四氟乙烯（PTFE）基材上剥离，退火后获得独立存在的 RGO 薄膜。将 RGO 薄膜转移至中空聚甲醛（POM）基底上，采用热蒸发法镀膜 Au 电极以制作探测器。

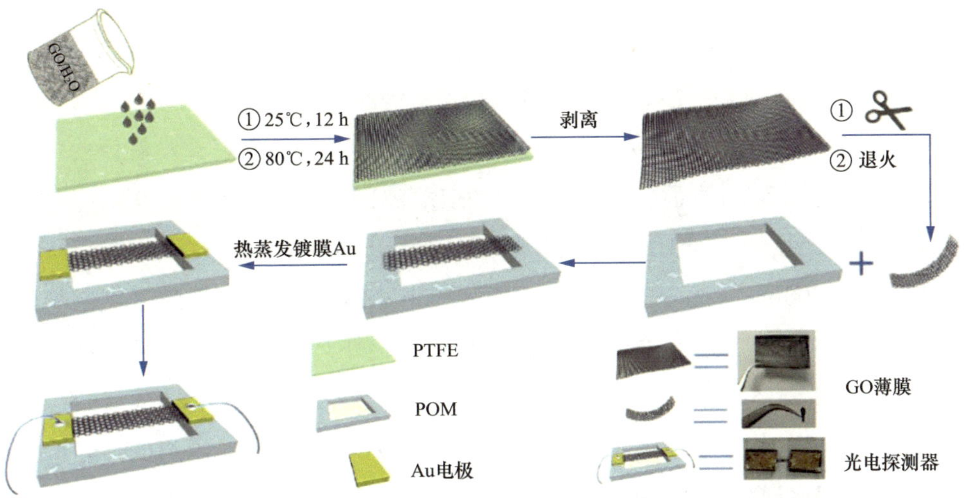

图 5-13　RGO 薄膜及探测器的制备过程[23]

采用一系列光束（波长为 375 nm、405 nm、635 nm、1064 nm）照射光电探测器沟道的任一端。在光照下，响应曲线产生短路光电流和开路光电压，呈现典型的光热电效应特征。曲线的线性行为表明沟道材料与电极形成欧姆接触。曲线斜率无变化，排除了辐射热效应的可能性。在器件的不同位置进行光照，响应曲线均表现出相似的特性。

基于石墨烯的超宽带光热电效应光电探测器的制备方法简单，可大规模生产。此外，同传统宽带光电探测器相比，石墨烯超宽带光电探测器还具备响应快、灵敏度高、功耗低、结构简单、可在室温下工作、稳定性好等优点。

3. TMDC 超宽带光电探测器

TMDC 也属于二维材料家族，具有多样化的物理化学性质。如图 5-14 所示，TMDC 多由六方结构组成[24]，金属原子层夹在两个硫系（X）层之间，其中 M 是从ⅣB 族到ⅥB 族的过渡金属原子，X 是硫族原子。层内由共价键结合，层间由弱范德瓦耳斯力耦合。

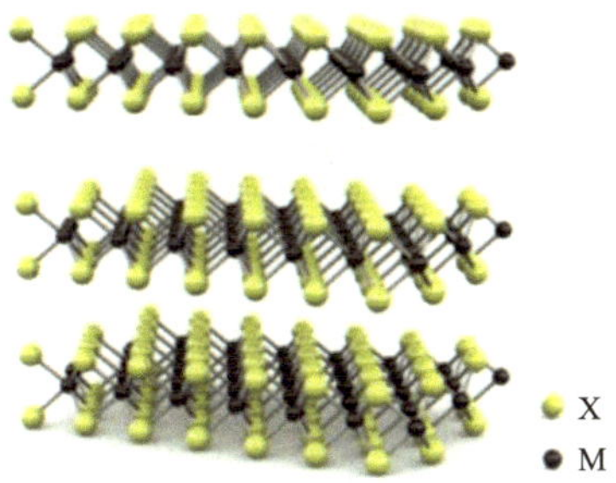

图 5-14　TMDC 的晶体结构

块体 TMDC 具有不同的物理性质，可为绝缘体（如 HFS_2）、半导体（如 MoS_2 和 WSe_2）、半金属（如 WTe_2）、金属或超导体（如 NbS_2）。单层半导体 TMDC 具有自然钝化的表面，带隙在可见光到近红外宽波段范围内可调，是实现从紫外波段到太赫兹波段超宽带探测的理想材料。

Wang 等[25]制备了一种基于 $EuBiSe_3$ 单晶合金的自供电光电探测器，在室温下实现了紫外（375 nm）到太赫兹（163 μm）的快速光响应，并且对不同波长的响应灵敏度基本一致。由于 $EuBiSe_3$ 的高热电功率，在 405 nm 入射及没有任何偏压的情况下，光电压响应度高达 1.69 $V \cdot W^{-1}$，在太赫兹频率下也超过 0.59 $V \cdot W^{-1}$，噪声等效功率低于 1 $nW \cdot Hz^{-1/2}$，比此前报道的光电探测器低 1 ～ 2 个数量级。响应时间约为 200 ms，比 Si 基异质结超宽带光电探测器快近 2 个数量级，与石墨烯基探测器和 CNT 基探测器的响应时间相当。此外，$EuBiSe_3$ 晶体具有独特的针状结构［见图 5–15（a）］，便于器件集成以制备紧凑的光电探测器阵列，在室温、高性能、宽频带光电探测方面具有应用潜力。图 5–15（b）所示为器件结构的示意和光学显微图像。另有研究发现，与 $EuBiSe_3$ 类似，带隙为 0.1 eV 的 $EuSbTe_3$ 光电探测器在室温下灵敏度高于 1 $A \cdot W^{-1}$，等效功率小于 10^{-9} $W \cdot Hz^{-1/2}$，从紫外波段到太赫兹波段均有响应[26, 27]。

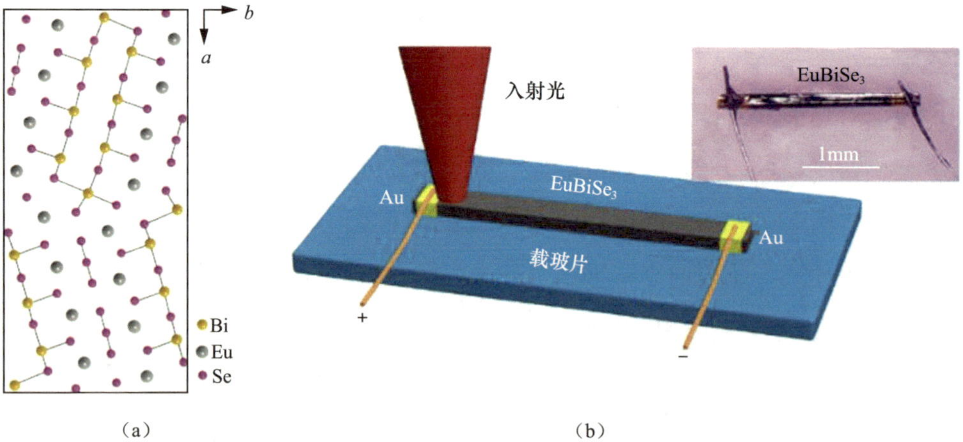

图 5–15　$EuBiSe_3$ 单晶和探测器[25]
（a）晶体结构；（b）器件结构示意和光学显微图像

此外，NbS_3 也可以用于制备基于光热电效应的超宽带探测器[28]，实现从紫外波段到太赫兹波段的高效探测。光响应度大于 1 $V \cdot W^{-1}$，响应时间小于 10 ms，远低于由石墨烯、三元硫系单晶等材料制成的超宽带光电探测器的响应时间。由于其热衰减长度短且热损失低，光照产生的热量仅局限于沟道的微米尺度上，因此可以产生强烈的光热电效应。此外，器件具有很好的柔性和稳定性。由于 NbS_3 晶体具有准一维结构（图 5–16），易于缩小尺寸，便于集成，在高性能、超宽带光电器件中具有广阔的应用前景。

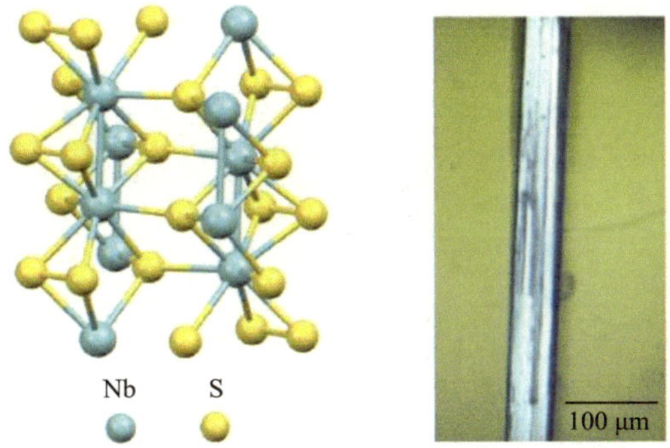

（a）　　　　　　（b）

图 5–16　NbS_3 的结构表征

（a）晶体结构；（b）光学显微图像

NbS_3 独特的一维晶体结构可用于制备可穿戴器件和柔性器件（见图 5–17）。将器件固定在可弯曲的 PET 基板上，测试不同弯曲条件下的光响应特性，测试发现弯曲前后光响应特性无明显变化。经过 150 次弯曲后，器件的光响应特性和电阻依然没有明显变化。在 30 天后进行测试，器件的性能仍然保持稳定，展现出良好的柔性和稳定性。

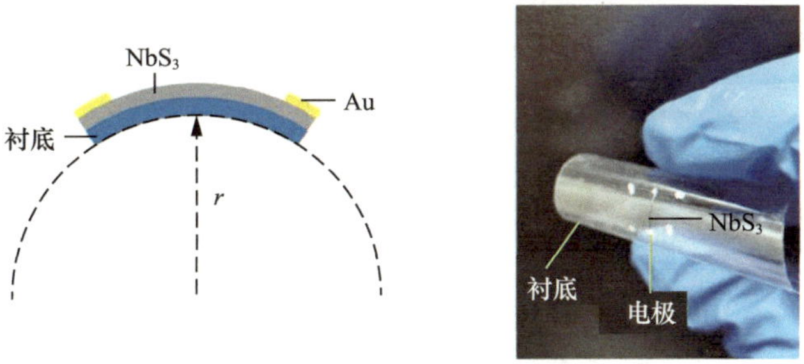

（a）　　　　　　（b）

图 5–17　NbS_3 的柔性光电探测器

（a）示意；（b）器件实物

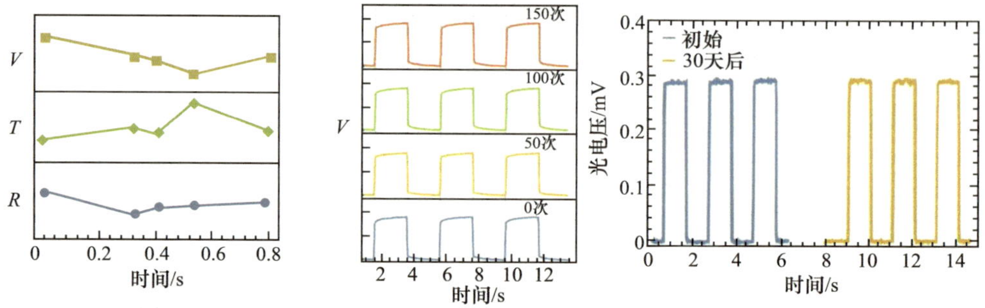

（c）　　　　　　　　　　　　　（d）　　　　　　　　　　　　　（e）

图 5-17　NbS_3 的柔性光电探测器（续）
（c）不同弯曲条件下电阻、响应时间和光电压的变化；
（d）不同弯曲程度下的循环性能；（e）器件稳定性

5.1.4　太赫兹光电/光热电探测材料

如第 3 章所述，光电转换在通信、军事、航空等领域具有广泛的应用。随着应用领域的拓展，光电探测器在速度、效率、波长范围等方面都提出了越来越高的要求。太赫兹辐射（0.1 ～ 10 THz，30 ～ 300 μm）具有光子能量低、穿透性和指向性强、透射率高等特点。太赫兹探测在医学、安全、质量检测、光谱学等应用领域发挥着重要作用。目前，太赫兹光电探测器包括等离子体高电子迁移率场效应晶体管、光导天线、量子阱结构、点结构、线结构和环结构等。理想的太赫兹探测器需要满足以下 5 个要求：高灵敏性、能在室温下操作、快速光响应、宽动态范围、宽太赫兹频率范围（特别是在 1 THz 以上）。

二维材料具有弱层间范德瓦耳斯相互作用和悬空的无键表面，与传统材料（如 GaAs、Si、Ge）相比，其光学和电子学特性独特。电子在二维材料中的量子行为与其在三维块体材料中的不同，在异质结构中表现出很强的层数依赖性。近年来，二维材料（如石墨烯、BP、h-BN、MoS_2）及其异质结构在光子和电子系统中得到了广泛应用，在单光子源、激子、等离子体等方面展现出新特性，为实现宽波谱光电探测提供了全新的解决方案。

如前所述，石墨烯基光探测器具有超宽带灵敏度，可实现 0.3 THz 频率范围的高灵敏探测，但由于较弱的光吸收和猝灭效应，其响应度仅为 $mA \cdot W^{-1}$ 量级。除了石墨烯，其他新型二维材料在太赫兹功能器件中也起着至关重要的作用。例如，Wang 等[29]设计了基于 BP 的天线集成光电探测器，在太赫兹（0.15 THz）

和微波（0.04 THz）频率下，实现了 0.8 A·W^{-1} 的光响应度和 10^{-10} W·$Hz^{-1/2}$ 的等效功率。通过能带及空位调控、局部电子掺杂等优化方式，可进一步提升二维材料的光电探测性能。

1. 基于传统材料（Ⅲ-Ⅴ族半导体）的太赫兹探测器

通过对传统材料（如 GaAs）改性可制造太赫兹探测器。此前有研究工作对 GaAs 进行 Sn 掺杂并研究其光电特性。Sn 掺杂主要聚集在 GaAs 邻近原子台阶的边缘，形成致密的一维 Sn 纳米线沟道阵列，进而获得有效厚度小于 Sn 沟通间距的准一维电子气，电子迁移率与 HEMT 中的相同。理论预测，这一结构在常温下即可实现太赫兹探测[30]。探测机制主要包括太赫兹辐射诱导的辐射热机制和等离子体振荡效应。

该探测器由两个场效应晶体管构成。图 5-18（a）和图 5-18（b）所示为探测器的扫描电镜图像。采用半导体器件分析仪测量探测器的输运特性［见图 5-18（c）］，探测器显示出场效应晶体管的行为。在恒定漏源电压（0.3 V）下测量太赫兹辐射下的连续光响应，如图 5-18（d）所示。结果表明，使用特定的天线金属化技术可提高探测器的灵敏度，借助单个天线金属化或结合周期性等离激元光栅，可实现太赫兹波与 Sn 纳米线中的电子耦合。

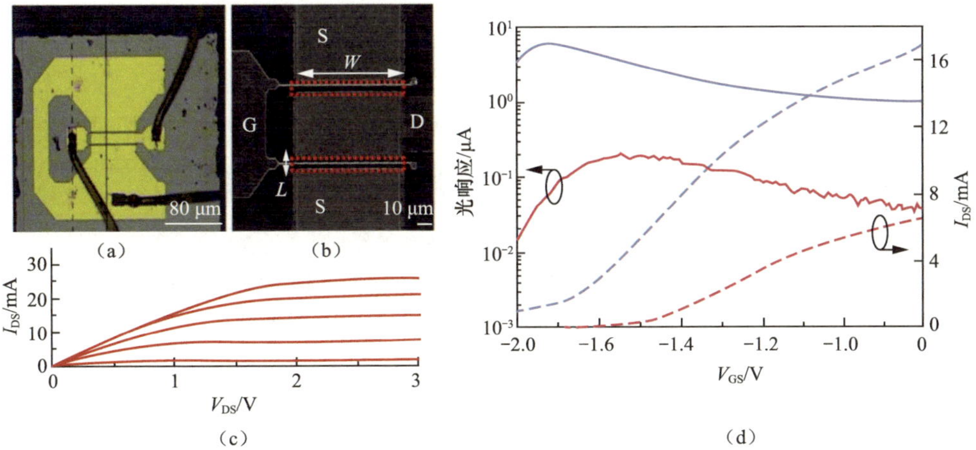

图 5-18　GaAs-Sn 光电探测器[30]

（a）、（b）扫描电镜图像；（c）输运特性；（d）不同入射频率下的光响应

该研究从理论上预测并在实验上证实一种全新的 GaAs 场效应晶体管太赫兹

探测器，其性能优于半导体热电子测辐射热计、量子阱/量子点红外/太赫兹光电探测器，在生物分子异构体识别、各向异性材料成像及半导体非接触测量等方面具有广泛的应用前景。

2. 基于石墨烯和 CNT 的太赫兹光电探测器

石墨烯和 CNT 等纳米碳材料具有优异的光电特性和宽带吸收光谱（从可见光到 GHz、THz 范围），可用于开发在更长波长工作的光电探测器。然而，由于暗电流、载流子迁移率和带隙特性的不匹配，探测波长局限在可见光到短红外波段。因此，通过对材料改性提高探测波长，对于开发高灵敏光电探测器至关重要。

基于石墨烯的横向 p-n 结场效应晶体管、基于 CNT 的等离子体器件及栅控石墨烯–磷烯复合结构是红外和太赫兹探测的理想结构。近年来，已有研究证明可以利用等离子改性和光热电效应等机制来提升探测范围。太赫兹探测的主要挑战源于大面积入射和较小的光活性区域的失配，借助天线集成技术可有效解决这一问题。

如第 3 章图 3–14 所示为基于高迁移率、栅极可调、绝缘层封装的石墨烯同质 p-n 结太赫兹探测器[31]。通过减小天线的间隙，太赫兹强度大大增强。由于天线和石墨烯之间没有直接连接，不需要阻抗匹配即可确保天线和石墨烯之间的电流传输。同时，太赫兹聚光区与石墨烯的光活性区重叠非常好，可将系统调谐到尽可能接近狄拉克点。由于热载流子具有更高的温度，沟道中心部分光响应更强。该研究展示了一种新型的基于光热电效应的太赫兹光电探测器，可在室温下工作，灵敏度高且响应速度快，动态范围和工作频率范围宽。此外，通过优化天线可获得更高的太赫兹吸收，从而降低等效功率。通过使用更宽频带的天线，探测器可以对更大范围的太赫兹频率敏感。

与石墨烯类似，CNT 也因其独特的电学、光学、热学和力学性能而备受关注，相关应用包括触控面板、电磁吸收和纳/微机电器件等。已有研究报道了基于 CNT 的太赫兹探测器的若干机制：辐射热效应、高频混合效应、光子隧穿效应和光热电效应。基于前 3 种机制的探测器需要低温环境，而利用光热电效应可实现室温太赫兹探测。

在目前的太赫兹技术中，最关键的应用之一是用于工业在线检查、实时监测等场合的太赫兹照相机。有研究报道了基于多阵列 CNT 器件的室温、可弯曲且可穿戴的太赫兹照相机，并演示了其 360° 太赫兹成像[32]。如图 5-19 所示，该研究展示了 CNT 薄膜的太赫兹检测性能，实现了费米能级的化学调控。借助泽贝克系数、太赫兹吸收（太赫兹与 CNT 膜的耦合效率）和噪声电压来实现栅极电压的最优值。太赫兹耦合效率主要源于带内跃迁。与半导体材料的带隙相比，太赫兹波的光子能量较低（1 THz 时为 4 meV）。当费米能级位于带隙中间区域时，入射的太赫兹波大多数通过 CNT 薄膜传输。相反，当费米能级进入较高或较低的波段时，太赫兹波被有限的载流子吸收。通过栅压掺杂的载流子对太赫兹波与 CNT 的耦合贡献很大，表明费米能级调控对优化探测器性能的重要性。

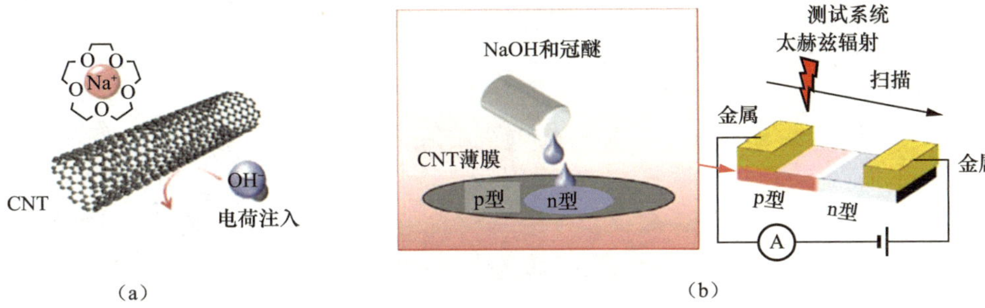

图 5-19 CNT 太赫兹吸收测试

（a）CNT 与 NaOH 的相互作用；（b）太赫兹吸收测试器件结构示意

采用冠醚作为 CNT 薄膜的 n 型掺杂溶液。当 NaOH 和冠醚在纯水中混合时，Na^+ 与冠醚的环结构紧密结合。OH^- 与 CNT 发生化学反应，电子转移至 CNT 薄膜中，调节其费米能级。随着溶液浓度的增加，原始的 p 型 CNT 薄膜逐渐转变为 n 型。该技术有望扩展太赫兹成像的适用范围，有助于实现基于碳材料的发光器件及其应用（如触摸屏和电磁滤波器等）。

3. 基于 TMDC 的太赫兹光电探测器

二维过渡金属硫族化合物（如 $PdTe_2$、$PtTe_2$ 和 $PtSe_2$）具有拓扑半金属的能带结构。在没有洛伦兹不变性的情况下，当时间反演或反演对称性破缺时，可产生Ⅱ型外尔费米子。由于弱范德瓦耳斯力的存在，其表现出手性相关输运等奇异现象，如反常热电或量子化光场效应。层状Ⅱ型狄拉克半金属与其他二维材料进一步结合，可形成范德瓦耳斯异质结构，为构建新型光电器件提供了有效途径。

例如，$PtTe_2$ 可用于制作太赫兹波段的平面探测器[33]。为了增强毫米波的吸收，使用具有亚波长间隙的蝶形天线以形成通道。利用这一简单的结构，当太赫兹波入射时，由于非平衡载流子的扩散，产生自供电的光电流，在较小的偏压下即可实现响应度的数个量级增强。研究表明，即使在零偏压条件下，源极与栅极之间的非对称耦合的特殊设计也会导致狄拉克锥耦合单极之间的非对称激发。$PtTe_2$ 基太赫兹探测器在 0.12 THz 下的响应度达到 1.6 $A \cdot W^{-1}$，远高于之前报道的石墨烯基探测器。

$PtTe_2$ 的晶体结构如图 5–20（a）和图 5–20（b）所示，Pt 原子被 6 个 Te 原子以六角形重复单元结构包围。透射电子显微镜（Transmission Electron Microscope，TEM）图像及快速傅里叶变换（Fast Fourier Transform，FFT）图像［见图 5–20（c）和图 5–20（d）］显示出清晰的六角晶格，包含两组晶格间距不同的晶面，分别对应于六角结构的 (110) 和 (100) 面。

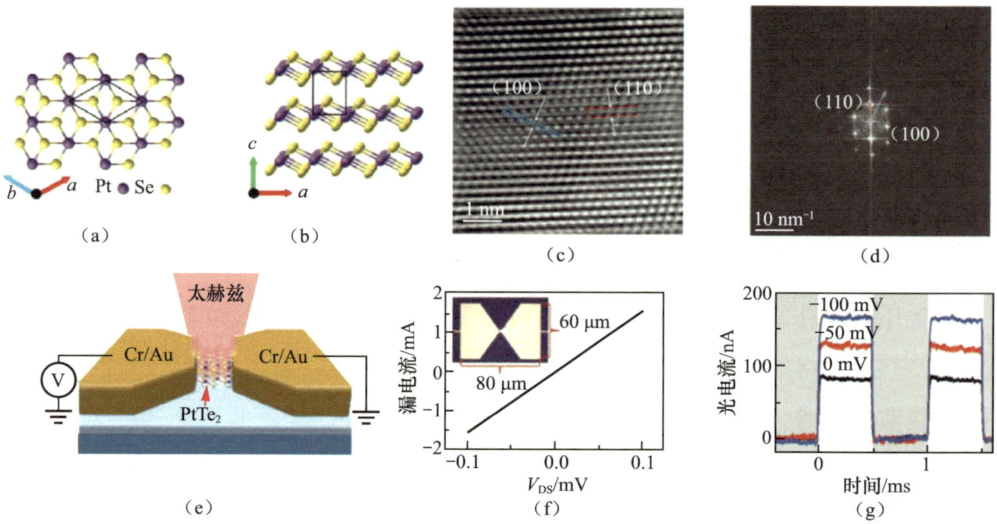

图 5–20　$PtTe_2$ 太赫兹探测器

（a）、（b）$PtTe_2$ 的晶体结构；（c）、（d）高分辨 TEM 图像及 FFT 图像；（e）器件结构示意；（f）*I-V* 曲线；（g）光电流随时间的变化

图 5–20（e）显示了太赫兹探测器的器件结构示意。$PtTe_2$ 作为沟道材料，两边的蝶形天线用于增强太赫兹电场强度，同时用作输出电极。器件表现出优异的欧姆特性，从图 5–20（f）中的线性 *I-V* 曲线可知其电阻仅为 64 Ω，与半金属一致。在类石墨烯的狄拉克半金属中，狄拉克点由单极和对称的反单极组成，光电流互相抵消，因此在对称的几何结构中没有净电流。$PtTe_2$ 是一种Ⅱ型狄拉克半金属，既有体锥又有拓扑保护的Ⅱ型狄拉克表面态。理论上，电子与

太赫兹波的非对称耦合也能发生在单个狄拉克锥的费米面，导致非平衡载流子的激发和优先定向流动，只有靠近费米面的带内载流子可被太赫兹波驱动。狄拉克锥对称反极的光电流贡献正好相反，因此所有狄拉克锥的总光电流为零。但基于 $PtTe_2$ 的器件即使在零偏压下仍具有良好的光响应，这可能源于位移电流响应、光子拖曳效应或光热电效应，这尚需进一步研究。在常温常压条件下，在功率密度为 1.05 mW · cm^{-2} 的 0.12 THz 辐射下检测探测器的性能如图 5-20（g）所示，光电流的脉冲形状在 0 mV、−50 mV、−100 mV 的偏压下都能很好地保持。

进一步将石墨烯与 $PtTe_2$ 复合构建范德瓦耳斯异质结，如图 5-21（a）、图 5-21（b）所示。通过弱范德瓦耳斯相互作用形成的原子尺度界面有利于载流子的分离和提取，实现超快电荷转移。图 5-21（c）显示了零偏压下 $PtTe_2$ 和石墨烯界面处的非平衡载流子扩散过程，石墨烯 -$PtTe_2$ 异质结中的光电流是由实际空间中的非对称性（包括内建场）及不同狄拉克费米子的分布决定的。而在对称的石墨烯器件中，零偏压下不会产生光电流。由于这两种狄拉克材料的强光吸收和空间非对称接触，器件响应度远高于原始的 $PtTe_2$ 器件。

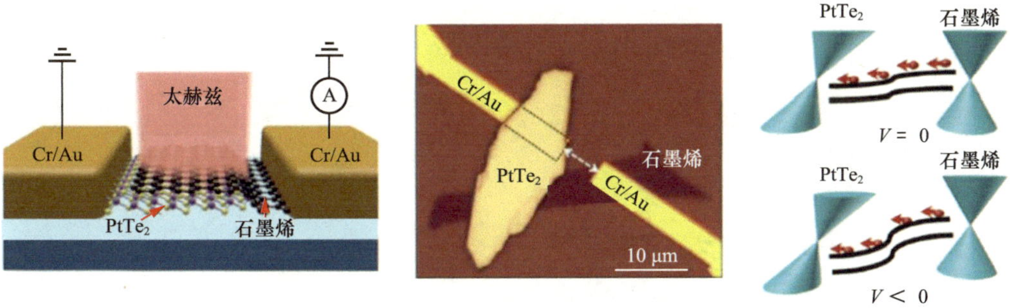

（a）　　（b）　　（c）

图 5-21　$PtTe_2$ 和石墨烯界面处的非平衡载流子扩散过程

（a）石墨烯-$PtTe_2$ 异质结器件结构示意；（b）光学显微图像；（c）异质结的电子输运示意

$PtTe_2$ 探测器具有高光响应度（1.6 A · W^{-1}，无偏压），响应时间小于 20 μs。石墨烯 -$PtTe_2$ 异质结探测器达到 1.4 kV · W^{-1} 以上的响应度，响应时间小于 9 μs，可用于大面积成像应用。结果表明，拓扑半金属是实现太赫兹高性能光电探测系统的理想材料。

高信噪比的光电探测器在很大程度上依赖于电子–空穴对的产生和有效分离。早期研究侧重于可见光–红外光波段，目前集中在低频毫米波或太赫兹波段，应用于成像、遥感、通信和空间科学等领域。将光信号转换为电信号，光子能量应足够大，以引起载流子激发。然而，目前载流子激发在毫米波/太赫兹波段仍然是一个巨大的挑战，窄带隙、杂质、热跃迁或大暗电流都会引起人工超晶格中的能级变化，从而使噪声增加。

除了拓扑半金属类化合物，具有强相互作用的 TMDC 同样备受关注。Wang 等研究了金属-$TaSe_2$-金属（Metal-$TaSe_2$-Metal，MTM）器件中由 CDW 激发介导的室温毫米波/太赫兹探测。利用 MTM 结构中的感应电场，正常态和 CDW 凝聚态之间的耦合实现了高达 40 $A \cdot W^{-1}$ 的响应度、低至 1 $pW \cdot Hz^{-1/2}$ 的噪声等效功率及从室温到临界相变点温度的快速响应，为实现大面积、高精度、快速成像和遥感等应用开辟了新途径[34]。

图 5–22（a）所示为带有两个袖状天线的 MTM 示意。在零偏压下，尽管存在非平衡载流子，器件的几何结构和原子晶格的反演对称性阻止了光电流的产生［见图 5–22（b）］。在施加偏压的情况下，对称性被破坏而产生光电流。光载流子是由非平衡载流子激发间接产生的，并在内建电场的作用下被有效获取。零偏压下的光电流可忽略，因此排除了光电流来自内部不均匀性和局部光热电效应的可能。

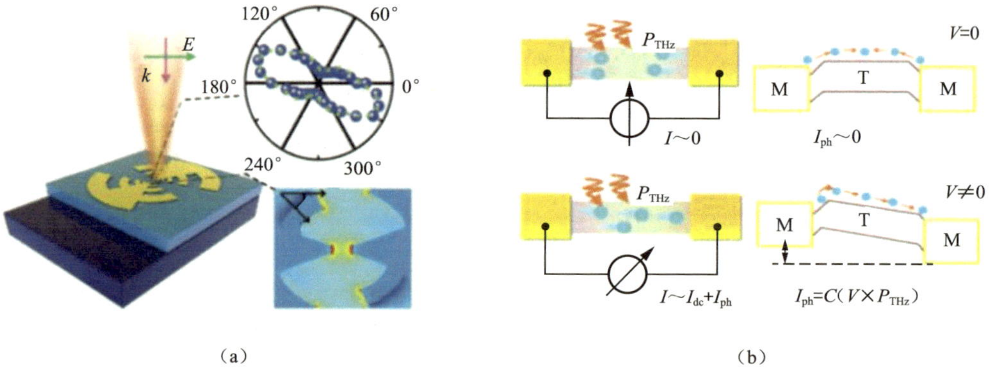

图 5–22　金属-$TaSe_2$-金属构型太赫兹光电探测器
（a）器件结构示意；（b）响应机制

$TaSe_2$ 的原子尺度对称性及其载流子输运可通过与其他层状材料形成范德瓦耳斯异质结来调节。例如，在多层 $TaSe_2$ 上堆叠少量几层石墨烯，有助于在强太赫兹吸收下产生非平衡载流子，同时在不连续界面处实现快速的电荷转移。与 MTM 结构中载流子的变化不同，异质结中的光电流或光电压的直接产生是由泽贝克系数的差异导致的。与此类似，Tang 等[35]设计了金属-Bi_2Se_3-金属构型太赫兹探测器［见图 5-23（a）］。在局域太赫兹的驱动下，各向异性散射电子单向流动，导致光电流的产生［见图 5-23（b）］。器件可在自驱动模式下工作，响应度在 0.12 THz 时为 75 A · W^{-1}。在 50 mV 的偏压下，探测器具有 475 A · W^{-1} 的响应度和约 10^{11} Jones 的比探测度（等效功率：10 ～ 13 W · $Hz^{-1/2}$），功率密度在 0.1 ～ 2.5 mW · cm^{-2} 范围内变化不大。

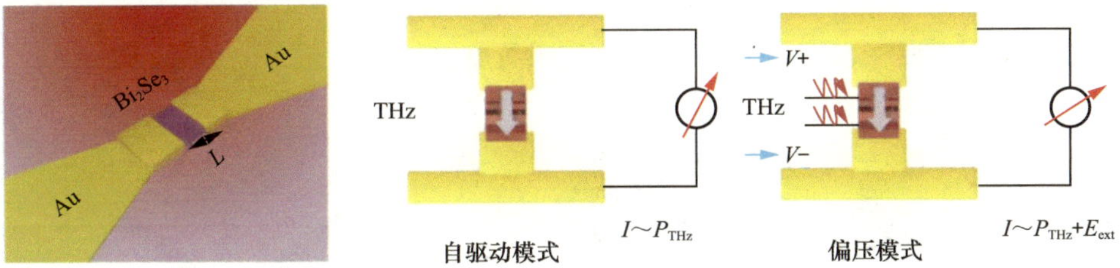

（a）　　　　　　　　　　　　　　　　（b）

图 5-23　金属 -Bi_2Se_3- 金属构型太赫兹探测器
（a）器件结构示意；（b）自驱动模式和偏压模式

二维 TMDC 器件的优点是低功耗、体积小、带隙可调。借助范德瓦耳斯力使独立的 p 型和 n 型材料纵向堆叠是一种典型的 p-n 结构建方法，但制备过程复杂且很难避免界面缺陷。因此，在同一导电沟道内实现独立的 p 型和 n 型区域，从而构造横向均质 p-n 结至关重要。Sun 等 [36] 开发了一种工艺简单、可控的电子掺杂方式，构建了具有优异光电性能的横向均质 p-n 结。利用十六烷基三甲基溴化铵（别名 CTAB）对 WSe_2 沟道材料进行局部电子掺杂，制备了整流比高达 10^3 的 p-n 结光电探测器。与本征光电探测器相比，p-n 结的响应速度提升了 3 倍，达到 30 A · W^{-1}，外部量子效率高达 79.9%，比探测度优于 10^{11} Jones，在高灵敏、低功耗光电探测器领域有较好的应用前景。

如图 5-24（a）所示，将基于 WSe_2 的 p-n 结浸泡在 CTAB 溶液中，以确保 CTAB 分子有效吸附。CTAB 掺杂后的器件的光学显微图像如图 5-24（b）所示。在 450 nm 激光照射下，光电流比原始样品高 1 个数量级。如图 5-24（c）所示，光电探测器的优化性能主要源于横向 WSe_2 p-n 结的能带结构变化。对二维材料的原位化学改性方法具有普适性，可推广至其他高效率光电器件中。

除了掺杂电子进行化学改性外，二维材料的其他结构与性能调控手段同样为克服目前存在的问题开辟了新途径。调整半导体的能带结构以减小带隙，是突破本征带隙限制以实现宽波段响应的有效手段。例如，在 MoS_2 引入 S 和 Mo 空位是改变其化学成分和晶格缺陷浓度的主要方式[37]。太赫兹驱动的载流子产生和输运受 MoS_2 的空位浓度和电阻率的综合影响。理论计算表明，MoS_x 的带隙可从准金属态到半导体态进行合理调控。MoS_2 是带隙为 0.92 eV 的间接半导体。当 S 空位或 Mo 空位进入 MoS_2 晶格时，禁带出现一些缺陷能级。随着缺陷浓度的增加，化学计量比 x 偏离理想值 2，MoS_x 的带隙从 0.92 eV 急剧减小到接近零。准金属态显示出很高的初始载流子密度，有可能掩盖太赫兹激发引起的载流子变化。因此，选择合适的带隙是调制 MoS_2 太赫兹探测的关键。

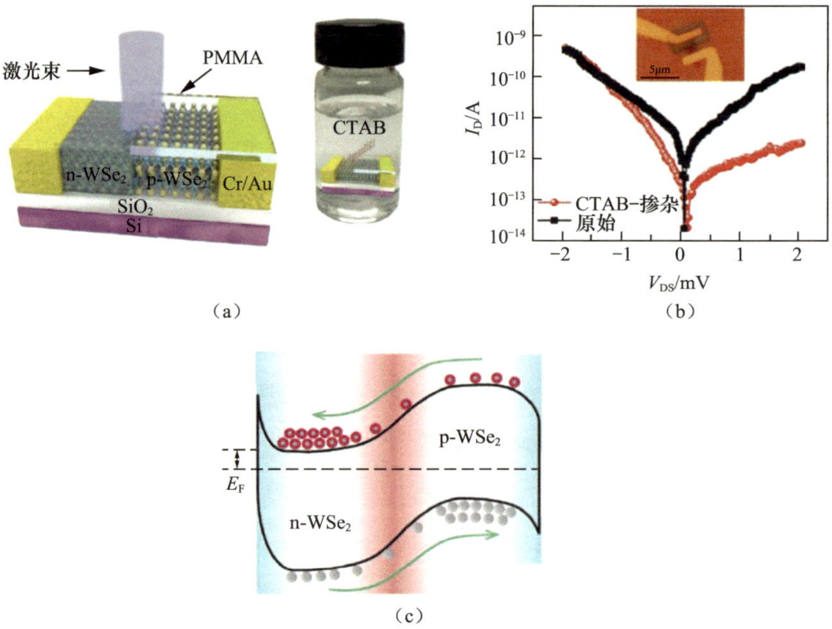

图 5-24 CTAB 掺杂 p-n 结的光电特性

（a）器件结构示意；（b）掺杂前后的 *I-V* 曲线及光学显微图像；（c）能带图像

在图 5-25 所示的太赫兹探测的物理过程中，在没有太赫兹辐射的情况下，隧穿电子从半导体表面重新分布到金属表面，以达到新的平衡状态［见图 5-25（a）］。因为 MoS_2 的载流子密度和金属电极相差甚大，有助于在 MoS_2 中产生额外的载流子，如图 5-25（b）所示。在太赫兹辐射产生的外部驱动力作用下，能带向下移动，活性电子进入 MoS_2［见图 5-25（c）］。随后，MoS_2 中注入的电子进一步向前移动，多余的电子在 MoS_2 中累积［见图 5-25（d）］，大大提高了载流子密度，进一步降低了电阻率。

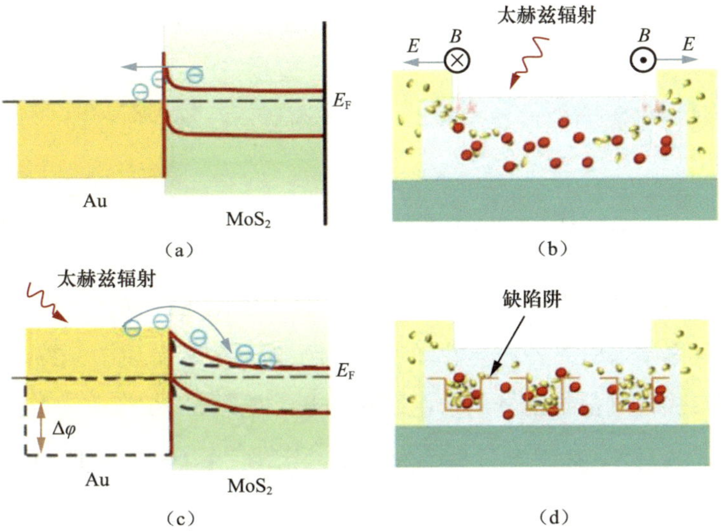

图 5-25　太赫兹探测的物理过程

（a）原始能带图像；（b）电子入射 MoS_2 表面的过程；（c）太赫兹辐射下的能带图像；（d）电子被缺陷阱俘获

实验表明，MoS_x 材料中载流子密度的变化确实是由太赫兹波引起的。随着电阻率的降低，载流子密度逐渐增大。但如果电阻率过小，载流子密度太大，则载流子间的无序碰撞会产生额外的散射效应，从而增加输出损耗，降低探测器的外量子效率。因此，在电阻率和光响应度之间存在一个平衡点。利用载流子密度涨落与散射概率的平衡，在 2.52 THz 下，在富含 Mo 空位的 $MoS_{2.19}$ 样品中实现了 10 mA · W^{-1} 的光响应度。

综上，本小节讨论了基于Ⅲ-Ⅴ族半导体、石墨烯、CNT 以及二维 TMDC 等材料太赫兹探测器，为更多太赫兹探测器的制备和优化提供了借鉴。如第 3 章所述，太赫兹探测是 6G 应用中最核心、最重要的技术要素之一，发展新型光电材料是突破该技术的关键所在。

5.1.5　二维偏振光探测材料

光在传播过程中，其振动方向与传播方向之间存在不对称性（即偏振）。自然界中的光大部分经过大气散射、折射和反射等过程后，最后几乎多为偏振光。偏振光是光作为电磁波的重要特征之一，而偏振光探测可以将光的信息量从光强、光谱、空间这 3 个维度拓宽到光强、光谱、空间、偏振度、偏振方位角、偏振椭圆率和旋转方向这 7 个维度。偏振光探测在偏光镜、遥感及 6G 远程医疗诊断等方面具有潜在的应用前景。

目前，对可见光的偏振探测研究已较为普及，而对其他波段的偏振探测仍有待研究。

1. 二维材料的各向异性

对于大多数二维材料，其高对称结构导致了面内各向同性光吸收[38, 39]，可通过降低晶格对称性来引入各向异性光吸收。例如，在 Te 单质中，Te 原子沿 z 轴螺旋排列，螺旋链通过范德瓦耳斯力组装在一起［见图 5–26（a）］[40–42]。对于具有四方结构的二维 TiSe，表示为 $Ti^{+}[Ti^{3+}(Se^{2-})_2]$，其中 Ti^{3+} 与 Se^{2-} 形成四面体键，沿 [001] 平行链延伸，而 Ti^{+} 离子提供了链之间的弱耦合［见图 5–26（b）］[43, 44]。$MoTe_2$ 在 2H 相六方结构基础上发生畸变，偏离中心的 Mo 原子诱导形成屈曲 Mo-Mo Z 形链［见图 5–26（c）］[45, 46]。与石墨烯相比，BP 的表面起伏降低了对称性，而作为二元Ⅳ-Ⅵ硫族化合物，GeSe、GeS、SnS 和 SnSe 均可看作正交 BP 的衍生物，如图 5–26（d）所示。每个 GeAs 层由两种类型的边缘共享 Ge_2As_6 八面体平行或垂直形成［见图 5–26（e）］[47]，SiAs、GeP 和 SiP（正交晶系）与之类似[48]。层状 TiS_3、ZrS_3 和 HfS_3 则由相互作用的准一维链组成［见图 5–26（f）］[49]。ReS_2、$ReS_{2x}Se_{2(1-x)}$ 和 $ReSe_2$ 呈现扭曲的三斜结构，沿 b 轴形成锯齿状 Re 链［见图 5–26（g）］[50]。

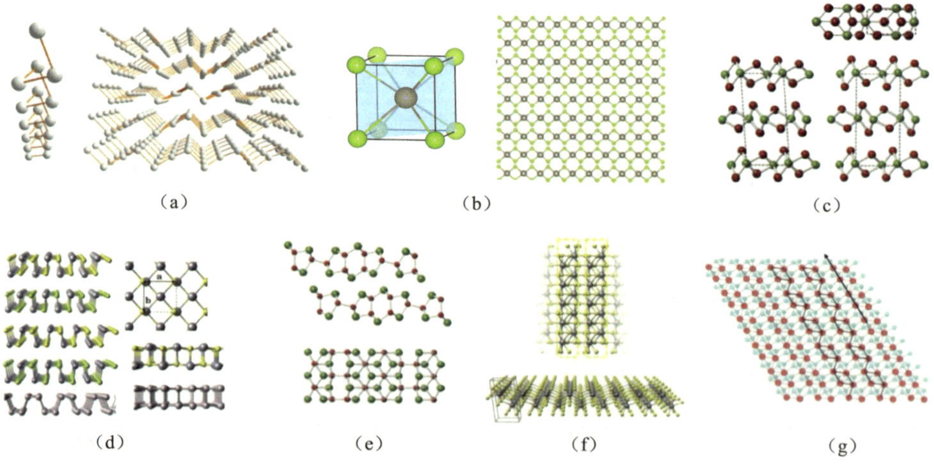

图 5–26　几种二维各向异性材料的晶体结构

（a）菱方 Te；（b）四方 TiSe；（c）斜方 $MoTe_2$；（d）斜方 BP；（e）单斜 GeAs；（f）单斜 TiS_3；（g）三斜 $ReSe_2$

2. 二维偏振光探测器

各向异性光吸收与上述面内结构密切相关。消光比指偏振光的吸光度与特定晶体在平行和垂直取向的差异（用 $D_R=I_{ph\,//}/I_{ph\,\perp}=R_{//}/R_{\perp}$ 来量化）。某些带隙大于 1 eV 的二色性二维材料（如 SiP、GeSe、TiS_3、ReX_2 和 $GeSe_2$）在可见光区表现出一定的光吸收，D_R 值范围为 2∶1 ～ 4∶1。而对于红外光偏振的探测，窄带隙材料是潜在的候选材料。例如，Ⅱ型外尔半金属 $MoTe_2$（$TaIrTe_4$）在 10.6 μm 处的 D_R 值为 2.72（1.88）。

图 5–27（a）～图 5–27（d）显示了 ReS_2、GeSe、$As_{0.83}P_{0.17}$ 和 $TaIrTe_4$ 探测器在 532 nm、808 nm、1550 nm 和 10.6 μm 下的光电流响应。迄今为止，部分二维各向异性材料，如 As、Sb、Se、GaTe 和 Ta_2NiS_5 等的偏振光谱响应仍未被研究。除了上述本征各向异性材料外，有研究利用光学腔衬底将 Te 纳米片的截止波长扩展至 3.4 μm［见图 5–27（e）］，实现了极化检测 [51]。Song 等使用二维各向异性纳米片（Sb_2Se_3、Sb_2S_3 和 Bi_2S_3），通过弱范德瓦耳斯力将一维共价连接的条带堆积在一起。受共价键的影响，范德瓦耳斯力在不同方向上存在差异，表现出强极化分辨光响应［见图 5–27（f）］[52]。

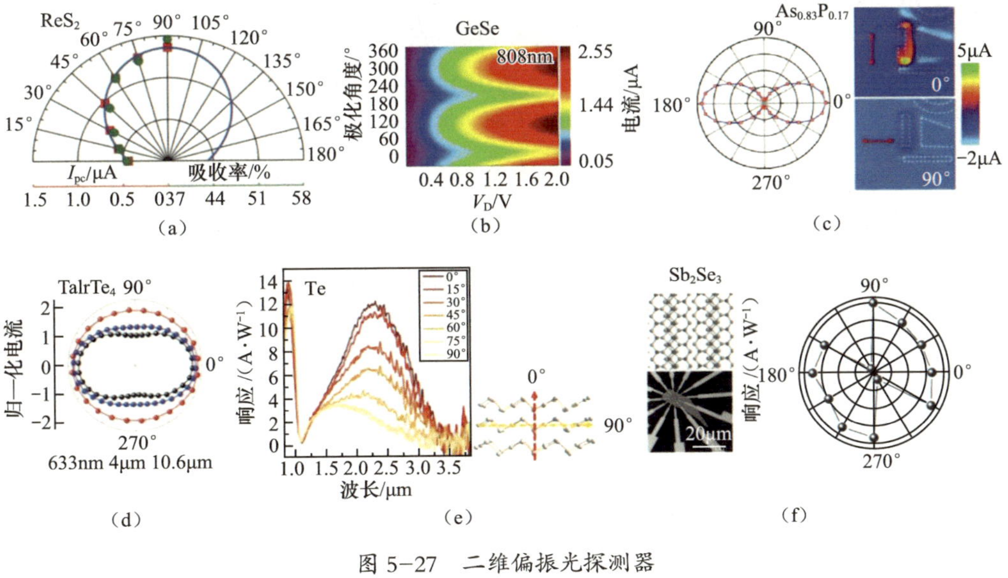

图 5–27　二维偏振光探测器

（a）ReS_2 的偏振光电流响应；（b）GeSe 的角度分辨光电流响应；（c）$As_{0.83}P_{0.17}$ 的偏振光电流响应与角度分辨扫描光电流显微镜映射；（d）$TaIrTe_4$ 的偏振光电流响应；（e）Te 纳米片的角度分辨光谱响应；（f）Sb_2Se_3 的角度分辨光响应度

3. BP 偏振光探测器

在各向异性材料中，BP 表现出优异的偏振光探测性能，如可调谐带隙分布较宽（0.3 ～ 2.0 eV）、迁移率高等。下面重点介绍基于 BP 的光电探测器及与 BP 相关的异质结光电探测器的进展。

已有研究报道了 BP 作为各向异性材料的偏振分辨光电流响应和消光性能[53, 54]。为了排除金属 -BP 几何边缘的影响，Yuan 等[55]采用新型环形金属电极制作了基于 BP 的光电器件，如图 5-28（a）所示。该结构可收集各向同性的光诱导载流子，施加一个小源漏电压（0.1 V）即可驱动器件工作。图 5-28（b）显示了圆形区域的角度分辨扫描光电流显微镜（Scanning Photocurrent Microscopy，SPCM）映射，激光聚焦在环形电极内，波长在 400 ～ 1700 nm 范围内都有响应，在 1200 nm 处的 D_R 值为 3.5，证明了 BP 的本征各向异性。

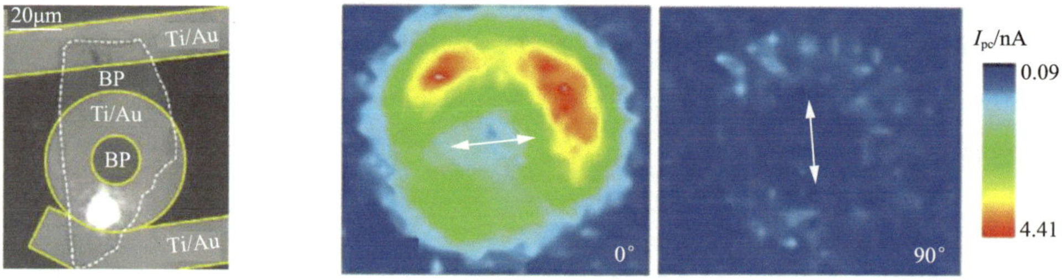

（a）　　　　（b）

图 5-28　BP 环状金属器件

（a）光学显微图像；（b）SPCM 映射

Ye 等[56]设计了 BP/WSe_2 光栅异质结，BP 和 WSe_2 分别作为有效电子受体和导电沟道。对于小于 1000 nm 的入射光，随着 WSe_2 的光吸收，整个器件由 BP/WSe_2 重叠区、WSe_2 沟道和 WSe_2-金属界面这 3 部分诱导激发光电流。对于沿水平/垂直方向的偏振光，D_R 值为 5.88，揭示了 BP 的各向异性光响应特性。利用 BP 的本征各向异性，Zhao 等[57]进一步报道了垂直堆叠的 BP/InSe p-n 异质结偏振光探测器，与 BP 和 InSe 中的 Se 原子层在 633 nm 处的电子激发有关，InSe 的各向同性光电流主要位于结的内部，降低了各向异性光电流的比例。

Xin 等[58]制造了基于 BP 同质结的定向诱导二极管，在重叠区域和界面处均发现了强烈的各向异性光电流，这是由不同输运方向上载流子的有效质量不同导致的。此外，Bullock 等设计了以 Au 为背反射器、MoS_2 为窗口的 BP/MoS_2 光电二极管。在室温及零偏压下进行红外探测，在 3.8 μm 处获得了约 10^{10} Jones 的比探测度，在 2.5 ～ 3.5 μm 范围内获得了约 0.9 A · W^{-1} 的响应度 [59]。此外，改变器件中材料的堆叠顺序，可进一步改善探测器的性能（如 $BP_t/MoS_2/BP_b$ 垂直异质结器件）[60]。由于具有较高的二色比和光响应度，基于 BP 的复合体系在较宽的光谱范围内显示出光偏振应用的潜力。

综上所述，新型偏振光探测材料多为各向异性的二维材料，可进行宽波段光探测的同时收集偏振信息，从而将多种功能集成于一体，符合高集成、小型化、柔性等未来发展趋势。

5.1.6　非易失性光电存储材料

非易失性光电存储器通过光电调制，具有可持久存储和快速释放光信号的能力，可广泛用于数字成像、光学记录和计算等。目前，关于非易失性光电存储材料的相关研究主要集中在材料优化和器件几何设计等方面 [61, 62]。

1. 多级存储

存储器的关键挑战之一是存储多位信息的能力。长期以来，研究者设计了各种复合材料体系以增加存储级数 [63]。在早期的报道中，以石墨烯为沟道材料，制备了石墨烯 -MoS_2 基复合存储材料。但是石墨烯的零带隙带来了开关比过低（约为 2）和数据存储容量有限等问题 [64]。近年来，TMDC 材料在非易失性存储器方面的应用受到广泛关注，被用作非易失性存储器的沟道材料。以 MoS_2 作为沟道层，Lee 等设计了一种基于 MoS_2 的三明治结构浮栅存储器，如图 5–29（a）所示，分别以金纳米颗粒（AuNP）和交联聚 4- 乙烯基酚（cPVP）作为电荷俘获层和介电层。图 5–29（b）描述了编译和擦除的工作原理。当光脉冲超过 1 s 时，MoS_2 的导（价）带中产生光生电子（空穴）。AuNP 俘获电子迅速进入 MoS_2 的价带。导带中的过剩电子和 AuNP 的栅控效应共同作用于沟道电流。该器件在 655 nm 处实现了超过 10^4 s 的数据保持时间、10^{12} Jones 的比探测度和超过 10^7 的开关比。随着光功率从 0.1 μW 提升至 1 mW，基于 MoS_2 的三明治结构浮栅存储器实现了 8 种不同的存储状态 [65]。该研究优化了早期提出的以戊烯–石墨烯杂化膜为沟道层的类浮栅存储器的性能。戊烯有机层通过光诱导的类栅极电场调控效应促进石墨烯的光吸收，但石墨烯的零带隙使器件在不同光功率下表现出较低的开关比和仅 4 种存储状态[66]。另有研究者提出并设计了简化的光子存储器。例如，Liu 等[67]在 $SrTiO_3$ 衬底上设计了基于 BP 的存储器，实现了紫外-可见光的光辅助电荷俘获/释放。光介导效应主要是由 $SrTiO_3$ 与波长相关的本征缺陷和光透射深度提供的。BP/$SrTiO_3$ 器件在 50 K 时达到 10^4 s 的数据保持时间，开关比为 10^5，响应度约为 10^5 A · W^{-1}。Lee 等[68]报道了基于表面功能化 SiO_2 衬底的 MoS_2 单层存储器，利用人工电子阱，数据保持时间超过 10^4 s，写入/擦除电流比率超过 10^3，并具有 8 种光学存储状态。

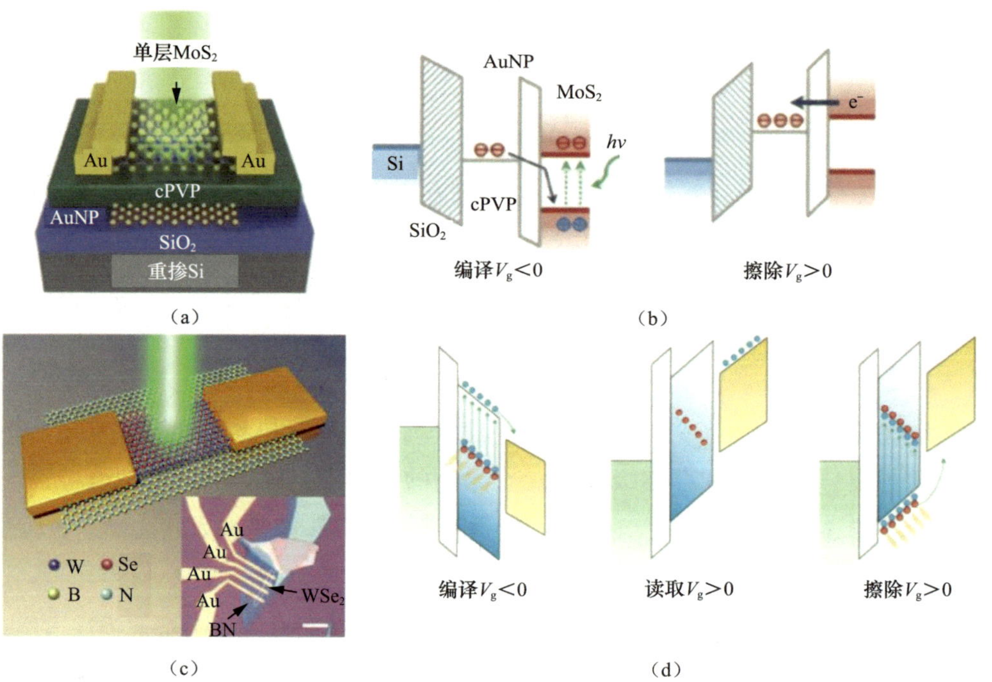

图 5-29　非易失性光电存储器

（a）MoS_2-cPVP-AuNP 存储器示意；（b）工作原理；

（c）p 型 WSe_2/BN 异质结存储器示意；（d）工作原理

图 5-29（c）展示了 p 型 WSe_2/BN 异质结存储器，它具有宽带区分的多位非易失性存储功能。该器件可执行的动态行为包括编译（光脉冲周期为 0.5 s，V_g<0），读取（V_g>0）和擦除（光脉冲周期为 0.5 s，V_g>0）这 3 部分。图 5-29（d）显示了 p 型 WSe_2/BN 异质结存储器的工作原理，在编译过程中，BN 施主态的光激发电子转移至 WSe_2 沟道，而 BN 中的局域空穴可通过局部栅控效应调节 WSe_2 的电荷传输。在擦除过程中，存储在 BN 中的局域空穴通过与 BN 价带中的光激发电子复合而释放。该存储器的数据保持时间超过 10^4 s，开关比高达 10^6，不同

的存储状态超过 128，在 750 ～ 410 nm 波长范围内存在 9 个不同的频谱状态，展现了多位光电存储器的潜力[69]。

2. 红外记忆

除了用作可见光非易失性存储光电材料，很多材料在红外波段也具有非易失性存储特性。如图 5–30 所示，Wang 等[70]使用 MoS_2/PbS 复合范德瓦耳斯异质结实现了波长为 850 nm、1310 nm、1550 nm 和 1940 nm 的稳定红外存储。PbS 中因辐照产生的光激发电子注入 MoS_2 沟道，PbS 中的局域空穴通过光诱导的类栅极电场调控效应维持沟道中的持久光电导，具有高灵敏的光电行为和稳定的记忆效应。

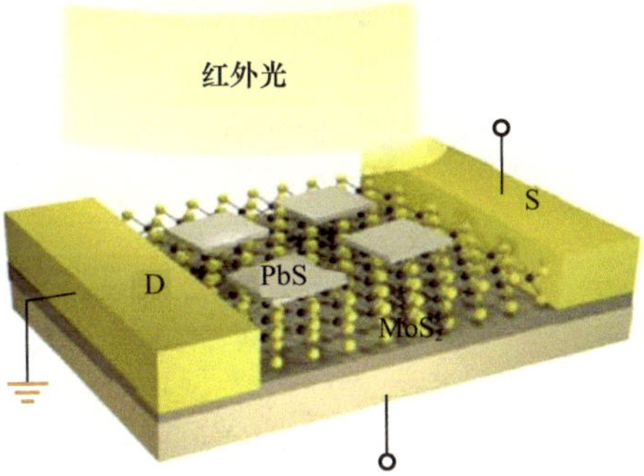

图 5–30　MoS_2/PbS 复合范德瓦耳斯异质结

上述基于新型二维光电材料的存储器件具有存储密度高、可靠性高（长数据保持时间和循环耐力）、易于处理和体积小等特点，在光电存储、算术运算、逻辑信号处理等方面具有应用前景。

3. 新型光电存储器的结构优化

光电存储器的结构优化一直备受关注。当单一的二维光电材料无法提供满意的性能时，通过与零维、一维光电材料的结合或寻找新的异质结构与浮栅材料，是可行的解决方案。

如前文所述，石墨烯的零带隙带来了开关比低和数据存储容量有限的问题，但同为碳单质的 CNT 制成的光电存储器却显示出优异的性能。有研究者提出了一种基于铝纳米晶浮栅的 CNT 非易失性存储器（见图 5–31），具有高开关比、长达 10 年的数据保持时间及稳定的读写操作。更重要的是，电荷在氧化生成 AlO_x 层中的隧穿机制为直接隧穿，从而实现光电信号的传感与探测。基于理论计算分析与实验优化设计，制备出 32 像素 ×32 像素的非易失性柔性紫外光面阵器件，实现了光学图像的传感与图像存储，以及光电传感和存储功能的同步[71]。AlO_x 隧穿层使擦除态“囚禁”于铝纳米晶浮栅中的载流子在获得光照能量后，通过直接隧穿的方式重新返回沟道中，使闭态电流显著提升，完成光电信号的直接转换与传输，实现集图像传感与信息存储于一身的新型多功能光电传感与存储系统。

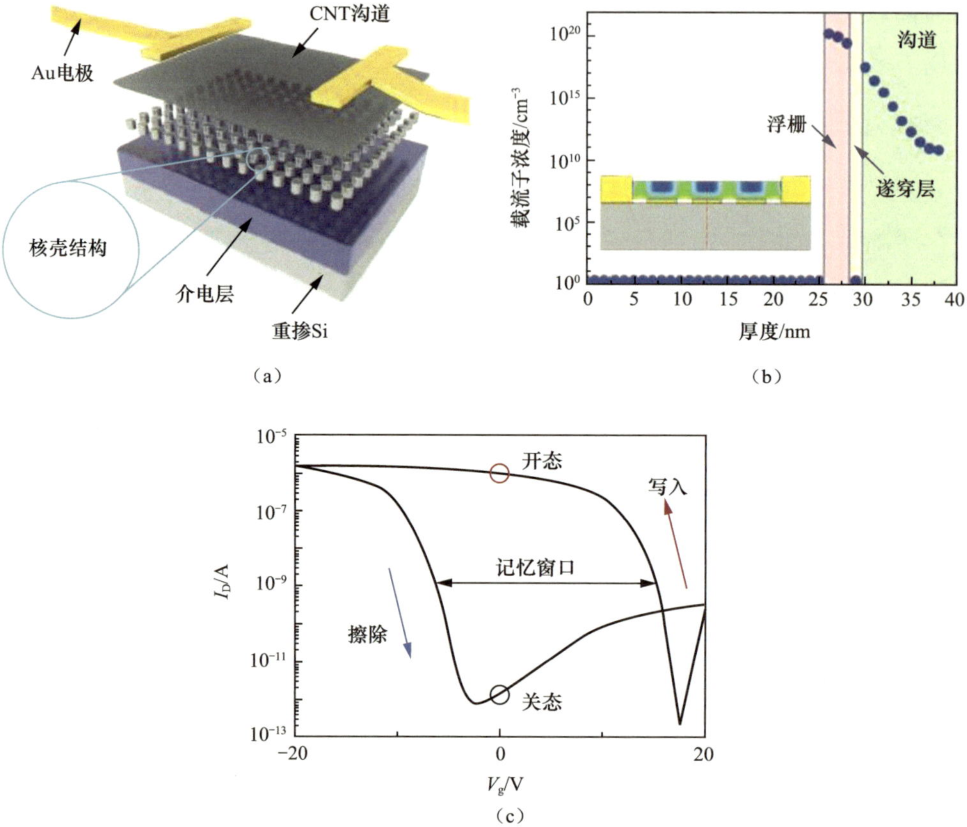

图 5-31 CNT 浮栅存储器

(a)器件结构示意;(b)沟道中电荷密度分布仿真;(c)记忆窗口

非易失性存储器，特别是具有大“扇区”擦除机制的“闪存”存储器，过去10 年中在半导体业务中发展最为迅速。Jang 等 [72] 研究发现，量子点浮动栅极可改善光可擦除存储器的性能。如图 5-32 所示，采用 3 种不同包覆有机分子的 CdSe 量子点，有机分子作为量子点存储在光可擦除晶体管存储器架构中的光敏浮栅夹层中。研究发现，磷酸正十八酯（ODPA）配体和氟化分子可改善光敏有机场效应晶体管导电沟道与量子点之间的空穴扩散。在低功率密度光（0.7 mW · cm^{-2}）照射下，器件在 1 s 后仍可使光诱导恢复。

使用量子点作为浮动栅极优于 C_{60} 等其他零维材料，这是因为可通过调控粒径进行结构设计或添加表面配体来改性量子点的光学和电学性质。器件的开关比高达 10^5，数据保持时间超过 10^4 s，且具有良好的动态开关性能。

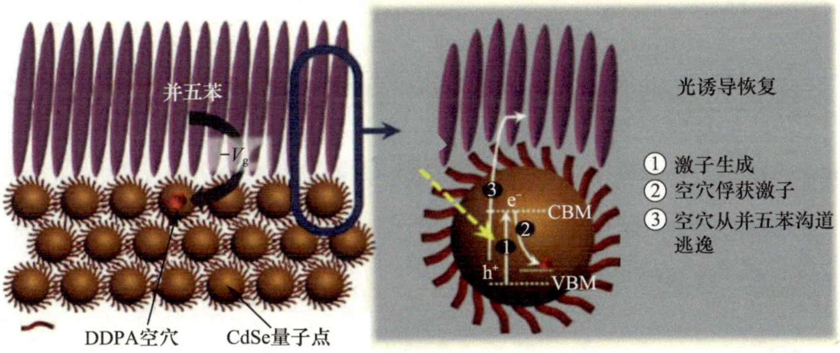

图 5-32　量子点界面光诱导恢复机制

5.1.7　用于其他应用的光电材料

围绕新型光电材料开展的相关研究（如混合维异质结、等离子体结构和腔/光纤集成结构）已经在诸多领域实现了技术突破和应用创新。鉴于其高性能、高效率、高灵敏度、高可靠性和稳定性等特点。

1. 长波长探测

除了石墨烯外，研究者开发了多种新型窄带隙材料（如 BP、$As_{1-x}P_x$、$PtSe_2$、Bi_2Se_3 和 TaS_2）用于红外/太赫兹探测。某些二维材料的光电性能受多种因素影响，如 $PtSe_2$ 在波长为 10 μm 时的比探测度（10^8 Jones）远低于三维薄膜红外探测器（10^{10} ～ 10^{11} Jones）[73]。通过构建异质结或施加反向栅极电压可有效抑制暗电流噪声并提高比探测度，也可通过优化厚度来进一步平衡厚层的密集吸收和薄层的暗电流。对于与响应度或光谱范围相关的其他问题，可通过与光子组件（如空穴、量子点和等离子体）集成或电场调制，以实现原位可调谐光谱选择性并增强吸收。但是，上述策略都存在一定的局限性，例如，零维/二维光电探测器的光谱范围受量子点或谐振频率中的光吸收区域限制。

2. 极化探测

二维材料中的各向异性构件具有三角、四方、正交、单斜和三斜晶系，消光比一般为 1：1 ～ 4：1。其中，基于 Te、TiS_3 和 ReS_2 的光探测器在响应度方面，特别是在偏振光探测方面性能优异。此外，基于 BP 的异质结构在 3.5 μm 处可实现约 100 的高消光比，适合制备可选偏光偏振光电探测器。目前，基于二维材料的偏振光学研究仍处于基础阶段。

3. 光电存储器

合理选择和优化电荷俘获层对于光电存储器的数据保存是非常重要的。有研究者提出了具有特殊结构的新型光电存储器器件，包括浮栅、接触势垒、功能化衬底和用于电荷俘获的光诱导浮栅。采用二维材料及其复合结构，可以有效提高光吸收，实现多级数据存储和宽光谱响应。目前，红外波段的光电存储器尚未得到很好的发展，需要冷却来降低热噪声。

4. 光调制器

由于带隙分布广泛，基于二维材料的脉冲激光器在较宽的光谱范围（600 nm 至 3 μm）内均有响应。例如，新型窄带隙材料（如 Ti_3CN）具有良好的非线性吸收性能，在 1875 nm 处超过石墨烯。在此基础上有望将工作波长扩展到中红外区域。

基于二维材料的光电器件的优点包括工作带宽宽、光谱可调谐、易于集成和具有多功能性，因此可将低功率器件大规模集成到现有平台中。2014 年，Lee 等[74]合成了晶圆级石墨烯单晶，与 PbS 量子点复合后在互补金属氧化物半导体上集成，实现了微型成像传感器（388 像素 ×288 像素），并用于数码照相机[75]。此外，利用分子束外延技术制作了晶圆级 GaSe-GaSb 异质结[76]，在此基础上实现了双色和线阵（16 像素 ×60 像素）成像[77]。但对其他二维材料的晶圆规模合成该技术仍面临较大挑战[78]。

综上所述，新型光电材料，特别是二维和一维光电材料，是 6G 应用中最为核心的功能材料之一。6G 比 5G 的频段要高出许多，围绕新型光电材料展开的研究难度也更大。6G 无线通信系统的新型材料、光子集成芯片、下一代超快光信号处理技术、信息编码-数字信号处理、光子集成芯片综合设计与优化、算法、芯片等相关基础研究，都是未来需要不断布局和发展的。

| 5.2 新型热电材料 |

物联网技术是 6G 时代的一项重要技术。光刻技术的发展大大降低了传感设备和可穿戴设备的功耗，人、系统和应用将通过包含数十亿智能设备的网络连接起来。然而，可穿戴设备的电源仍然是一个问题，因为这些设备通常由电池供电，但电池需要经常充电和更换。因此，供电问题已成为基于物联网概念实现未来智能社会的限制因素。

面向自供电可穿戴器件的一个解决方案是引入热电转换功能，即将余热转化为电能。大面积柔性热电器件更适用于可穿戴设备。首先，热电能转换器件的寿命长。一个著名的例子是放射性同位素热电发电机，美国国家航空航天局的多款旅行者号探测器采用了这种发电机，它在外太空提供动力已有 40 多年。超长寿命和极好的可靠性使设备不需要充电和更换电池。其次，热电转换不会产生振动或噪声。在可穿戴设备和物联网应用中，绝大多数设备将用于人类的日常生活，环境兼容性很好。热电转换的第三个优点是适用于中等温度，如室温和人体温度。尽管到目前为止，低温热源还不能为电子设备供电，但是低功耗传感设备的快速发展终可实现热源的物联网连接。图 5–33 展示了热电材料的应用，包括能源、医学、电子、信息、通信等多个领域。

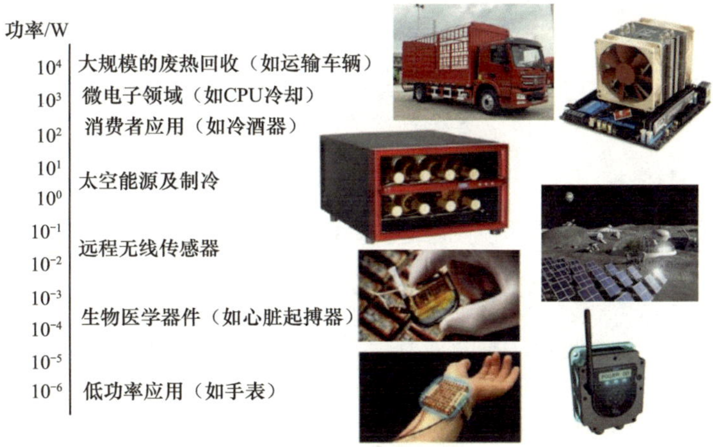

图 5–33 热电材料的应用

在未来的 6G 应用中，对于热电材料的要求是小型化、可穿戴化和高度集成化，要求材料维度更小、性能更高、柔性更强。柔性薄膜热电材料会是未来发展的一个重点。目前，已有研究报道了基于有机导电聚合物[79–82]、CNT 和二维材料的大规模柔性热电转换器件[83–86]。石墨烯等二维材料具有极佳的刚性和柔性，非常适于制作柔性热电转换器件。此外，二维材料可通过液相法转移至任意柔性衬底上，便于实现大面积薄膜制造和集成。

除了热电转换，热电材料在制冷领域也具有明显的优势。由于氟利昂的大量使用对臭氧层造成了严重的破坏，因此，对绿色环保型制冷材料的需求日益增加。基于佩尔捷效应的热电材料可应用于射频基站、芯片、计算机等小容积、小功率的制冷场合。

本节重点介绍基于新型二维材料（石墨烯、BP、TMDC 等）的热电性能和器件的最新进展。图 5-34 展示了石墨烯、BP 和 TMDC 这 3 种二维材料的热电性能相关参数。

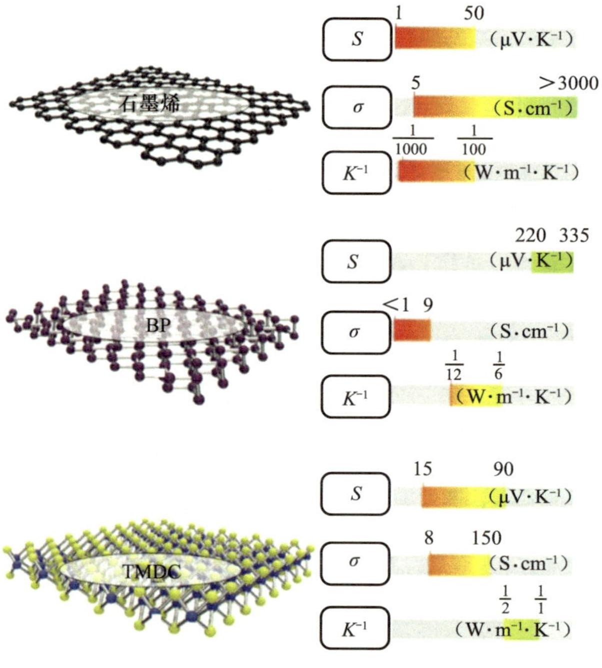

图 5-34　石墨烯、BP 和 TMDC 的热电参数

5.2.1　石墨烯

石墨烯具有独特的双极输运特性和极高的载流子迁移率。热电发电器件需要采用 p 型和 n 型两种热电材料，因此石墨烯有望成为二维热电材料的候选材料。在早期的研究中，研究者多通过场效应晶体管器件研究单晶石墨烯和双层石墨烯的基本热电性能[87-91]。目前，很多工作围绕大面积石墨烯薄膜的热电性能开展。

在材料制备方面，由于 CVD 技术已经发展为成熟的工业化工艺，大规模和高度均匀的石墨烯薄膜的生产已成为可能 [92]。

至今，已有多个研究分别报道了机械剥离单晶石墨烯的热电性能。结果表明，石墨烯器件的电导率和泽贝克系数与栅压存在依赖关系。泽贝克系数的正负值反映了器件中多子的类型。随着栅压越过电荷中性点，泽贝克系数的符号从正变为负。在室温和 p 型掺杂条件下，最大泽贝克系数约为 80 $\mu V \cdot K^{-1}$。空穴和电子的最大功率因子分别为 6600 $\mu W \cdot m^{-1} \cdot K^{-2}$ 和 6100 $\mu W \cdot m^{-1} \cdot K^{-2}$。石墨烯的层数会显著影响其热电性能 [93]。随着栅压的增加，石墨烯的电阻随电子或空穴的积累而减小。研究证明，石墨烯的功率因子高于商用无机热电材料（如 Bi_2Te_3）的功率因子。衬底也会强烈影响石墨烯的热电性能，因此衬底设计是改善薄膜热电输运的有效途径。通常采用的 Si/SiO_2 衬底含有导电杂质，导致电子空穴缺陷出现，泽贝克系数在电荷中性点附近退化。有研究者通过在 h-BN 衬底上制备石墨烯来解决这一问题。石墨烯/h-BN 复合结构有效抑制了电子空穴的不对称性，其最大泽贝克系数是石墨烯/SiO_2 器件的两倍。

为了解决热电器件现实应用中的问题，研究大面积多晶石墨烯薄膜的热电性能是非常重要的。化学气相沉积法（Chemical Vapor Deposition，CVD）是业界公认的生产大面积石墨烯薄膜的标准技术。相关热电研究已经十分深入，如通过氧等离子体处理产生无序结构以打开带隙，从而调控石墨烯薄膜的热电性能 [94–97]。还可使用离子液栅技术对 CVD 生长的多晶石墨烯薄膜进行调控，实现电导率和泽贝克系数的宽范围和连续控制。

5.2.2　BP

尽管关于石墨烯热电性能的相关研究已经证明了其优异的特性，但其本征零带隙和半金属特性导致的高热导率限制了其实际应用。下面重点介绍 BP 的电学和热电性能最新进展，讨论其在热电器件中的应用优势。

制备 BP 纳米片的最简单方法是机械剥离法。早期有研究利用 SiO_2 背栅晶体管对剥离的多层 BP 的热电性能进行测量（见图 5-35）[98]，其室温泽贝克系数为 50 $\mu V \cdot K^{-1}$。由于 BP 具有较强的各向异性晶体结构，沿扶手椅方向的电导率高于沿锯齿方向的 [99]。这与理论计算结果是一致的，即根据晶体取向，可计算出扶手椅方向的空穴有效质量为 0.14 m_0（m_0 为电子质量），“锯齿”方向的空穴有效质量为 0.89 m_0，从而产生迁移率差异。另外，热导率的各向异性与电导率相反。热学测量结果表明，电导率和泽贝克系数表现出同样的趋势[100]。后续研究需要从优化输运方向、掺杂水平、BP 纳米片厚度等方面进一步优化其电学和热电性能。

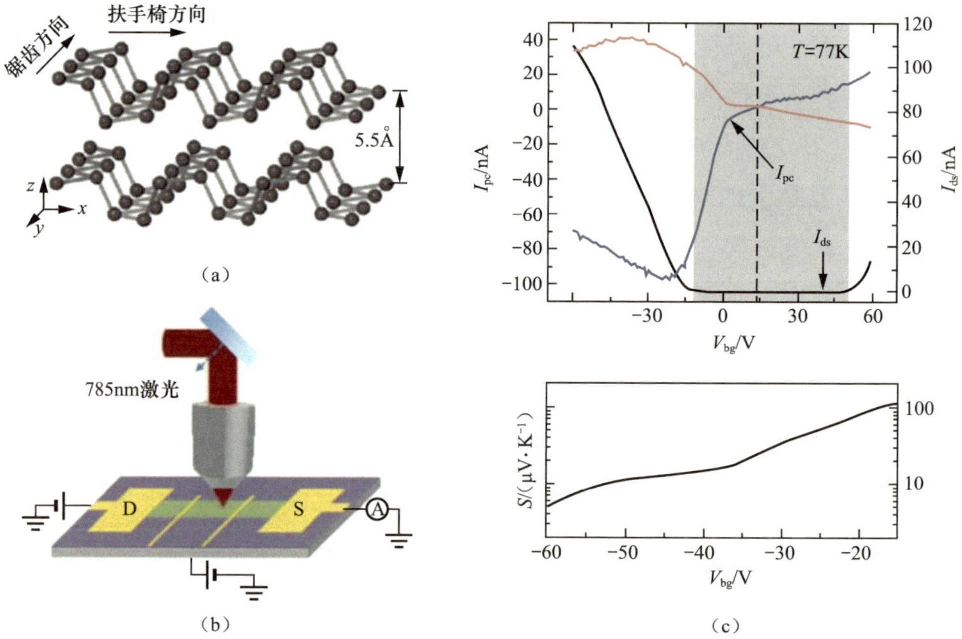

图 5-35　BP 的电学和热电性能[98]

（a）BP 的晶体结构；（b）扫描光电流与晶体管原理；（c）栅压调控漏极电流、光电流和泽贝克系数

机械剥离并不是一个成熟的工业化生产方法。剥离得到的 BP 纳米片尺寸小，不适合实际应用，而大面积生长技术仍在开发中。另外，BP 的环境稳定性较差，表面容易被空气中的氧气和水侵蚀，极大地限制了其工作稳定性。采用绝缘的二维材料氮化硼来对 BP 进行封装可阻止其腐蚀。此外，因需要施加恒定的电压来调节 BP 的费米能级，加之剥离得到的纳米片形状不规则，剥离得到的 BP 纳米片不适合构建热电模块。

5.2.3　过渡金属硫族化合物

同石墨烯和 BP 一样，TMDC 是极具应用潜力新型热电材料。近年来，已有研究揭示了 TMDC 的高迁移率等诸多优异性能，所构建的场效应晶体管也展现出独特的输运特性[101, 102]。

TMDC 的热电性能可以通过场效应晶体管来进行表征。以机械剥离和 CVD 制备的单晶 MoS_2 纳米片的热电性能测量为例 [103, 104]，基于 SiO_2 背栅控晶体管和光热电效应，通过对衬底直接加热，即可在室温下测量泽贝克系数（> 10 mV · K^{-1}）。提高泽贝克系数的一种有效手段是利用材料的二维效应。根据莫特（Mott）方程，在费米能级附近，泽贝克系数与能量导数成正比，单原子层材料具有更优异的热电性能。但单层 MoS_2 的载流子密度不足，难以实现功率因子最大化。此外，单层 MoS_2 通常表现出严重的 n 型掺杂行为。采用 p 型和双极性材料，对于设计高性能热电器件至关重要。有研究使用离子液栅单晶 WSe_2 晶体管进行双极热电测量 [105]。由于 WSe_2 能够同时实现电子和空穴传输，非常适于研究同一样品的导带和价带填充及热电性能，最大功率因子可达 3000 μW · m^{-1} · K^{-2}。

厚度是影响最大功率因子的关键因素。目前，在双层 MoS_2 中可实现最高达 8500 μW · m^{-1} · K^{-2} 的最大功率因子，是同类半导体热电材料中的最大值。这主要源于二维限域效应和掺杂效应。导带底退化导致较高的泽贝克系数。基于以上结果，优化材料的厚度，使掺杂导致的导带和价带简并，是设计基于 TMDC 的热电器件的关键。

对于 TMDC 多晶材料，机械剥离样品同样适于表征其本征热电性能。图 5-36 展示了 WS_2 纳米片的剥离过程及其与其他材料（如 PEDOT:PSS）的复合过程。图 5-37 展示了基于多晶单层 TMDC 的热电器件。该类器件以 TMDC 为沟道材料，在源漏电极上设置热端和冷端，将热电偶测量的热信号与电信号结合，进而表征材料的热电性能。

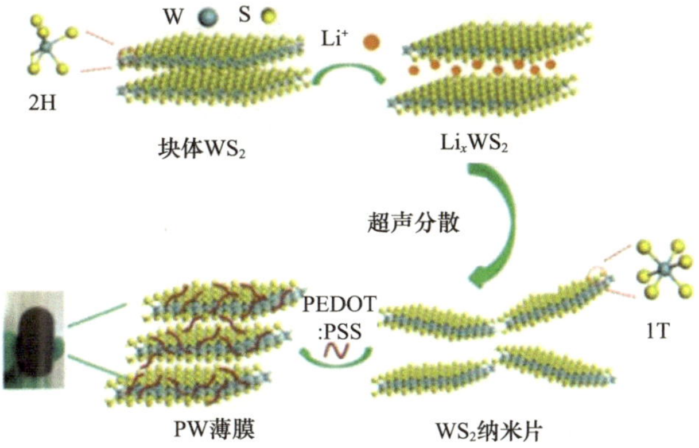

图 5-36　WS_2/PEDOT:PSS 热电复合材料

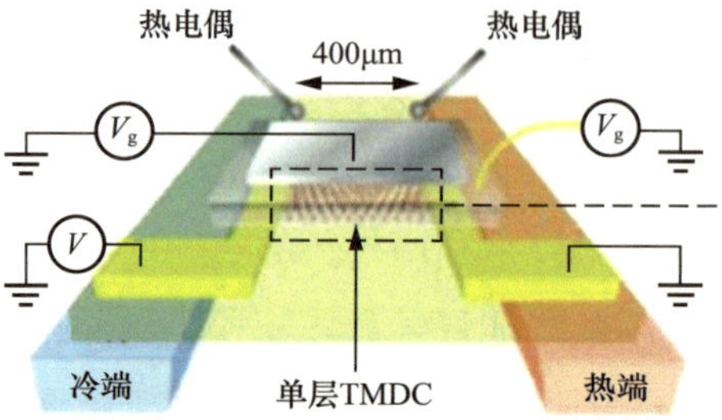

图 5-37　基于多晶单层 TMDC 的热电器件 [103]

从工业化应用的角度来看，液相剥离技术比机械剥离技术更为通用，是未来主流的大规模制备二维材料的技术。液相剥离技术可实现单层或薄层二维材料的高效剥离，且适用于大部分二维材料。另外，将化学剥离法与真空抽滤法相结合，可在柔性基板上直接制备并联的热电发电器件，具有较高的柔韧性和耐久性。以上研究为开发基于二维 TMDC 的高性能、大面积、柔性热电器件提供了可能性。

5.2.4　其他二维热电材料

1. SnSe

SnSe 属于Ⅵ-Ⅳ族化合物，近年来一直备受关注。SnSe 是一种稳定的二元化合物，由 Sn 和 Se 两种储量丰富的元素组成，具有广阔的应用空间。通过布里奇曼（Bridgman）法制备的单晶 SnSe 在 923 K 沿 b 轴方向的 ZT 值高达 2.6 ± 0.3，在 c 轴和 a 轴方向的 ZT 值分别为 2.3 和 0.8 [106, 107]。

SnSe 通常以 α 与 β 两种稳定正交相形式存在，如图 5-38 所示。当温度在 800 K 以下时，SnSe 呈现 α 相，空间群为 *Pnma*，其结构可看作扭曲的岩盐结构，晶格常数 a = 11.49 Å，b = 4.44 Å，c = 4.14 Å，具有明显的各向异性。沿 b 轴方向看，SnSe 是一种典型的双层结构，近邻的 Sn 和 Se 在两层间紧密键合，形成“之”字形结构。沿 c 轴方向看则呈现出扶手椅式构型。当温度超过 800 K 时，SnSe 发生相转变，由 α 相转变为 β 相，空间群变为 *Cmcm* [108]，带隙随之减小，晶格常数变为 a = 4.31 Å，b = 11.70 Å，c = 4.31 Å。在发生相变的过程中，晶体坐标轴也发生了转变。β 相也是一种双层结构，同 α 相相比具有更高的晶格对称性。

SnSe 固有的超低晶格热导率使其具有极高的 ZT 值 [110]。沿不同的轴方向，其电导率和热导率表现出巨大的差异，但电导率和热导率随温度的变化趋势类似。

除了单晶 SnSe，多晶 SnSe 和 SnSe 薄膜也具有优异的热电性能。通过和其他同族元素合金化，引入缺陷或掺杂第二相颗粒来降低热导率，掺杂调节载流子密度形成 p 型和 n 型多晶 SnSe，可对其 ZT 值进行优化。

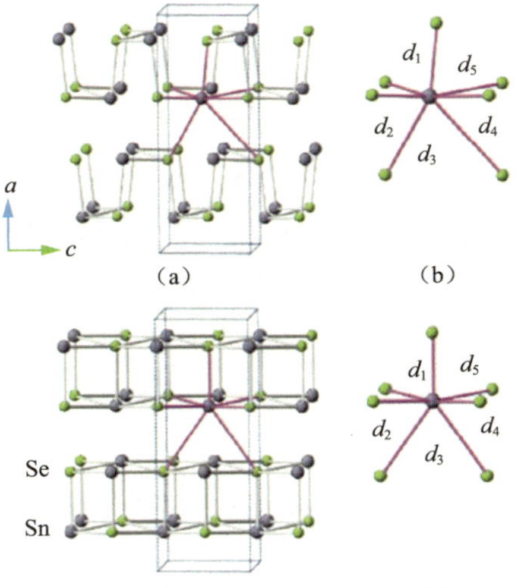

图 5-38　SnSe 的结构 [109]

（a）*Pnma* 相沿 *b* 轴的晶体结构；（b）*Pnma* 相 Sn 原子多面体结构；
（c）*Cmcm* 相沿 *b* 轴的晶体结构；（d）*Cmcm* 相 Sn 原子多面体结构

2. BiCuSeO

BiCuSeO 是一种四方晶系，空间群为 *P4/nmm* 的层状材料，由绝缘层 $[Bi_2O_2]^{2+}$ 和导电层 $[Cu_2Se_2]^{2-}$ 堆垛而成，其晶体结构如图 5-39 所示。BiCuSeO 具有较低的本征热导率，带隙为 0.75 eV，为 p 型半导体。通过掺杂合金元素（如 Ba、Pb、Sr 等），可将其 ZT 值提升至 0.8 ～ 1.1（923 K）[111-114]。由于含有氧元素，所以 BiCuSeO 在空气中非常稳定。

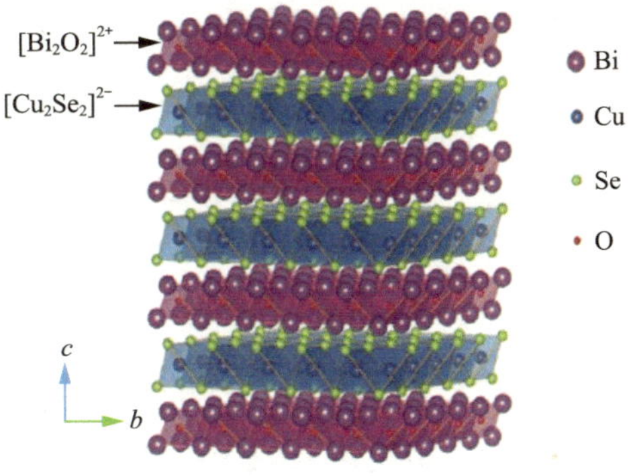

图 5-39　BiCuSeO 的晶体结构 [109]

3. Bi_2O_2Se

Bi_2O_2Se 是一种四方晶系，空间群为 *I4/mmm* 的层状材料，由绝缘层 $[Bi_2O_2]^{2+}$ 和导电层 $[Se]^{2-}$ 堆垛而成。由于具有同 BiCuSeO 相似的结构，其本征热导率也比较低，为 n 型半导体[115]。Bi_2O_2Se 同样在空气中非常稳定，采用熔融盐法可制备厚度为 120 nm 的块体多晶。近期有研究采用 CVD 法制备二维 Bi_2O_2Se 单晶，厚度为几纳米，面积可达厘米量级。目前尚无针对 Bi_2O_2Se 单晶热电性能的报道，预计未来有很大的研究空间。

综上所述，热电材料一直是学术界的研究热点，特别是随着二维半导体材料的不断突破，自下而上合成二维热电材料，自上而下将块体热电材料二维化，给热电材料带来了更多的发展机遇。针对 6G 太赫兹波段应用，热电材料、光热电材料发挥作用的空间非常大，微纳器件和宏观设备均需要新型的热电材料来实现。

| 5.3　新型铁电材料 |

铁电性是材料的一种固有物理性质，是指通过改变外加电场的方向诱导材料进行自发极化，使其内部的正负电荷中心不重合而产生电偶极矩，且电偶极矩方向因外加电场而改变的性质[116]。

5.3.1　铁电材料的尺寸效应

铁电材料具有广阔的应用前景，包括铁电二极管[117, 118]、非挥发性铁电忆阻器[119, 120]、高性能铁电晶体管[121]等。在太赫兹波段的相关应用中，由于其波长远高于可见光，基于光电特性实现逻辑运算的器件的实用性有所降低。而铁电材料对光的依赖性低，因此在 6G 应用中基于新型铁电材料的器件至关重要。早期研究最多的铁电材料为钙钛矿结构的陶瓷类铁电材料，如 $BaTiO_3$、$PbTiO_3$ 和 $BiFeO_3$ 等[117, 122, 123]。铁电性主要源于外加电场下的结构相变，原子发生位移，从而造成电偶极子重新排列。图 5-40 所示为钙钛矿结构的铁电材料的典型电滞回线和典型原子结构。

具有三维钙钛矿结构的铁电材料最大的缺点是当材料的尺寸逐渐减小到临界尺寸时，静电屏蔽效应逐渐减弱，材料表面的束缚电荷使退极化场增强，从而诱导材料在面外方向由铁电性变成顺电性。研究表明，$BaTiO_3$、$PbTiO_3$ 和 $BiFeO_3$

的临界尺寸分别为 2.4 nm、1.2 nm、2.0 nm。然而，这仅是实验室条件下测量得到的结果，在工业和实际应用中，铁电性往往在尺寸小于 30 nm 时就会消失。如图 5-41（a）所示，不同铁电体系的本征尺寸效应会显著影响畴结构形态与性能，随着尺寸减小，材料从铁电性变为顺电性。图 5-41（b）展示了 $BiFeO_3$ 椭球颗粒中铁电居里温度比与尺寸的关系，可以看出，铁电性在尺寸小于 30 nm 时消失。

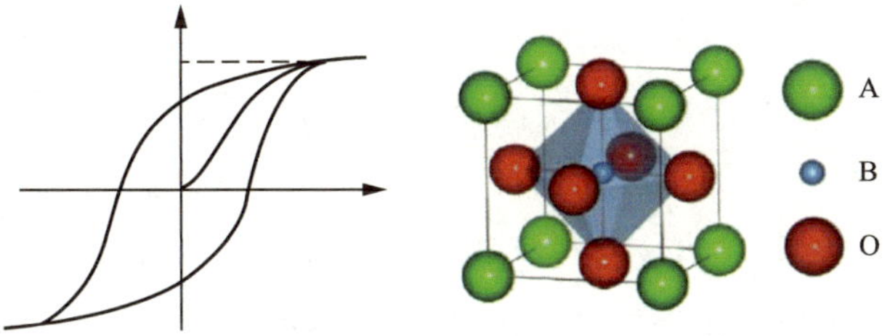

图 5-40　钙钛矿结构的铁电材料的典型电滞回线（左）和典型原子结构（右）

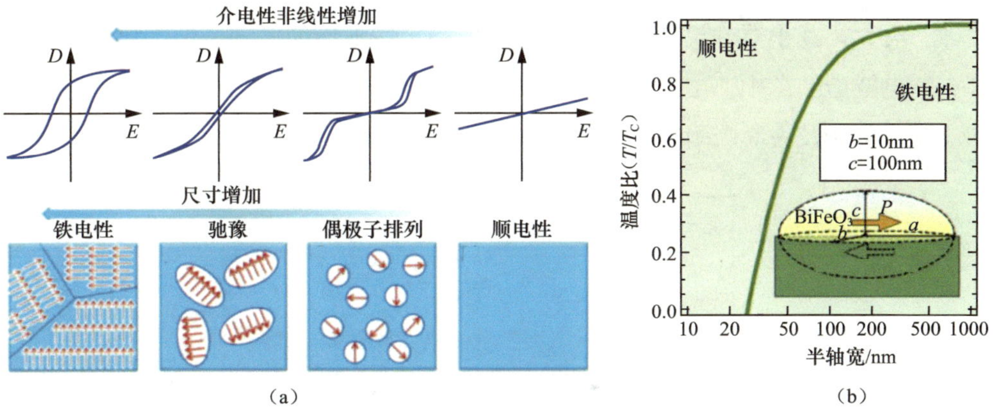

图 5-41　铁电材料的尺寸效应

（a）不同铁电体系的本征尺寸效应；（b）铁电居里温度比与尺寸的关系

对于传统的 ABO_3 钙钛矿铁电材料，已有研究尝试了改性、掺杂、调制等多种方法对材料进行优化（如采用气体进行表面处理、减少金属电极的厚度以减弱退极化场、制备高结晶度的单晶等），在临界尺寸上取得了突破。然而这些方法本质上仍然是在对三维铁电材料做“加法”，以使其满足微电子工业规模不断增长的需求和摩尔定律的发展，但其工艺成本极高，长远来看并不会成为业界的首选方法。

此外，对于三维铁电材料，即使是超薄的高质量薄膜，由于很难转移、加工和组装，仅能在某些特定的衬底上通过外延生长来制备。在制备三维铁电材料的过程中，还可能出现大量缺陷和表面悬键，严重降低材料的良品率。近年来，二维铁电材料受到广泛关注。二维铁电材料的原子呈二维几何结构排列，表面无悬键。与传统的三维铁电材料相比，二维铁电材料容易与其他材料集成，具有更高的集成密度。此外，二维铁电材料通常具有独特的光学和电学特性（如压电、热电和铁磁性）。不同类型的二维铁电材料易于组装成异质结超构材料，实现多功能耦合。而在半导体加工中，由于铁电材料通常是载流子迁移率低的绝缘体，一般只能作为底栅介电层。如图 5-42 所示，一个晶体管器件通常由电极材料、介电层材料、沟道材料和衬底材料这 4 部分组成。电极材料和沟道材料均能做到 1 nm 的尺度，因此决定整个器件厚度的主要是介电层材料。而通常三维铁电材料介电层的厚度要比其他材料高几个数量级。如果在二维铁电材料中发现铁电性，并将其作为介电层用于微电子器件，即有望实现完全由二维铁电材料组装的超薄器件，可大幅减小器件尺寸。此外，在其他利用铁电性的微纳器件（如铁电二极管、铁电隧道结）中，由于二维铁电材料具有很高的比表面积和强度，可通过施加应变、电场及表面吸附等多种手段来调控其铁电性。

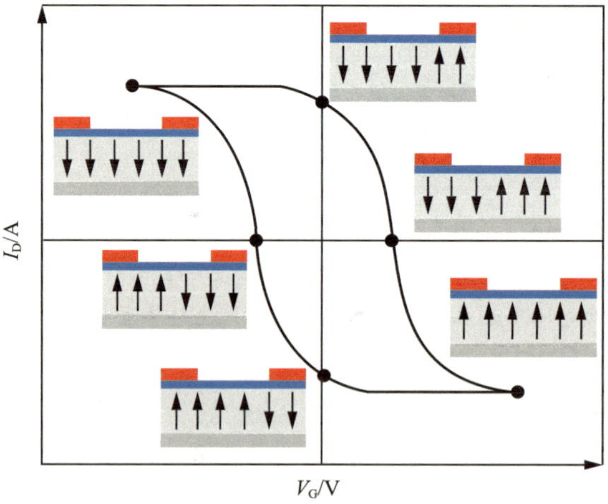

图 5-42　铁电栅场效应晶体管的基本结构及极化过程

近年来，关于二维铁电材料的理论和实验研究不断深入。例如，采用密度泛函理论方法对二维铁电材料的性能进行预测，通过实验验证铁电性的存在，并基于二维铁电材料进行器件设计和应用。下面介绍近年来具有代表性的二维铁电材料的研究进展，从铁电性的机理、二维铁电材料的种类及其应用等方面对二维铁电材料的研究进行讨论。

5.3.2 面内铁电性和面外铁电性

根据极化方向的不同，铁电性可分为面内铁电性和面外铁电性。面外铁电极化发生在与原子面垂直的方向，在该方向上可实现高密度数据存储和铁电开关。由于二维铁电材料的原子在面外方向上的不对称分布，当施加外部电场时，所产生的自发极化垂直于材料的二维表面，极化方向由多个原子的协调运动来调控。

Ding 等[124]通过理论计算发现，二维铁电材料和常规钙钛矿铁电材料的极化翻转能垒相差不大。通过施加垂直的外部电场可进一步降低能垒，打破原有两个能量简并的极化方向之间的平衡。Li 等[125]基于第一性原理计算，发现面外铁电性可能存在于一系列二维材料中，如 BN、AlN、ZnO、MoS_2、GaSe 等。随着层数的减少，某些二维铁磁材料也可能具有铁电性。这使得用电场来调节磁场成为可能。由于面外铁电性是通过层间的相对平移产生的，所以在层间角度畸变或应变差较小的情况下，可产生层间电压随空间变化的铁电超晶格，得到周期性的掺杂区。另外，面外铁电材料的层间电压与层间相对平移之间的力电耦合可用来制作纳米发电机，用于采集人体运动、机械振动等能量。

面内铁电性基本不受材料厚度的影响，因此具有面内铁电性的二维铁电性材料的极化较大，居里温度较高。从应用的角度来看，铁电材料的面外极化能通过施加垂直电场来翻转，而面内极化的调控难度较高。由于二维材料在面内无限扩展，许多二维材料具有较高的载流子迁移率和适当的带隙，面内铁电性同样有助于精确地控制材料的输运特性。

5.3.3 二维铁电半金属

如第 3 章所述，Ⅱ型外尔半金属材料是目前拓扑量子物理研究中广受关注的材料之一。此类材料通常具有特殊的能带结构（如Ⅱ型狄拉克锥），原子之间较大的电荷密度分布差异会导致其晶体结构的空间反演对称性破缺，从而产生铁电性。

1. WTe_2

2018 年，Fei 等[126, 127]报道了一种基于二维半金属 WTe_2 的铁电开关。在普通金属中，电子的流动屏蔽了离子之间的静电力，排除了铁电开关的可能性。从理论上讲，当极性金属的尺寸减小到极限尺寸时，电场穿透流动电子的屏蔽，从而实现极性翻转。根据 WTe_2 的原子结构，单层 WTe_2 表现出中心对称的非极性结构，而块体 WTe_2 呈现双极性。根据单层 WTe_2 与块体 WTe_2 的差异，可设计用于栅极开关的自发面外铁电极化。

Sharma 等基于纳米级压电测量和第一性原理计算，研究了块体 WTe_2 的金属性和铁电性。Wang 等[128]基于第一性原理计算，研究了双层 WTe_2 和三层 WTe_2 的铁电性（见图 5-43），揭示了铁电性在三层 WTe_2 中的微观起源。虽然双层 WTe_2 和三层 WTe_2 均表现出类似的电极化铁电跃迁，但二者表现截然不同。在三层结构中，在两个铁电态的有效反演操作下，非线性反常霍尔电流在铁电开关过程中发生翻转。相比之下，双层 WTe_2 中的两个铁电态沿平面滑动，从而使非线性霍尔异常电流在铁电开关过程中不发生翻转。这一规律适用于任意偶数-奇数层 WTe_2，并可进一步应用于其他半金属材料。

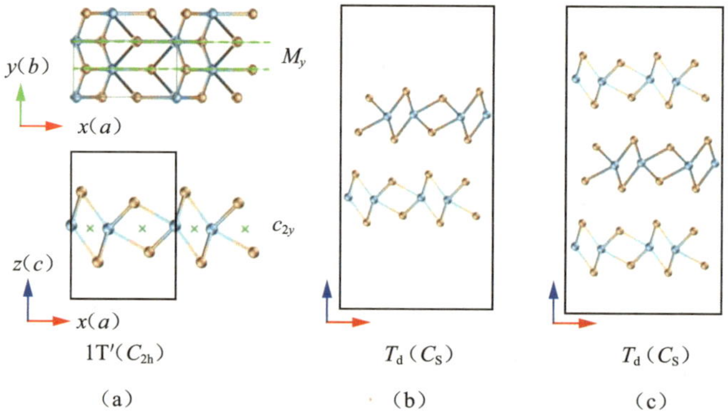

图 5-43　WTe_2 的晶体结构

（a）单层；（b）双层；（c）三层

在二维半金属材料中所发现的铁电性是十分重要的，因为铁电金属的优势在于其带隙的消失会引入非线性异常霍尔电流，且由于非线性带间过程的间隙减小，其带间贡献显著增强。例如，双层 WTe_2 和三层 WTe_2 的非线性霍尔异常电流比锗高一个数量级。在二维 WTe_2 中发现的铁电性揭示了经典线性霍尔效应和传统铁电体之外一个尚未充分探索的领域，为利用铁电金属和铁电半金属的非线性量子电子学提供了新思路。

2. $MoTe_2$

$MoTe_2$ 同样是一种 TMDC 结构的二维半金属材料，在常态下呈双极性。如图 5-44 所示，通过静电掺杂可使 $MoTe_2$ 从 2H 相转变为 1T′ 相，从而产生铁电性 [129]。单层 $MoTe_2$ 的可逆相变为控制铁电相变提供了一种新思路。

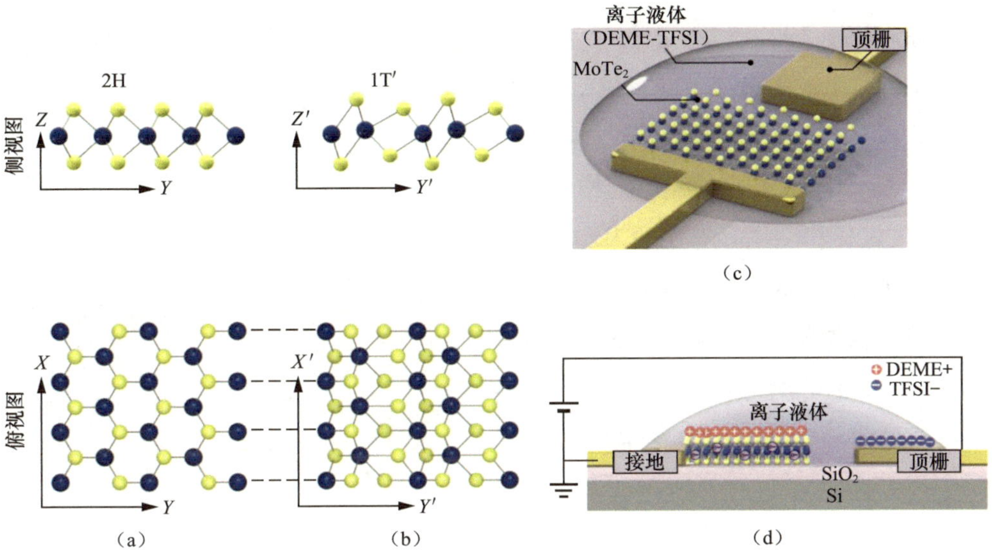

图 5-44　$MoTe_2$ 的结构相变

（a）、（b）单层 TMDC 2H 和 1T′ 相的晶体结构；（c）、（d）$MoTe_2$ 场效应晶体管

二维铁电半金属材料的应用前景非常广阔。首先，由于其超薄结构及金属性的特点，在微电子加工中可取代传统的贵金属，在减薄厚度的同时大幅度降低成本。其次，由于其铁电性的特点，可直接用作铁电栅来调控其他超薄沟道材料（如石墨烯），为摩尔定律的延续创造新的可能性。6G 通信需要集成度更高、性能更强的芯片，二维铁电半金属材料可与多种材料结合制作尺寸更小、功能更复杂的微纳器件。

5.3.4　二维铁电半导体

二维铁电半导体材料大多都具有合适的带隙，良好的光电特性和热电特性，以及较高的载流子迁移率。目前，已经有多种二维铁电半导体材料被证实拥有铁电性。

1. Ⅲ-Ⅵ族铁电材料

硒化铟（In_2Se_3、InSe）是由 In、Se 两种元素构成的二元化合物，块体的硒化铟存在多种稳定的相。根据原子结构和元素比的不同，分为 In_2Se_3、InSe 等多种子相。

In_2Se_3 是一种 n 型半导体材料，通过范德瓦耳斯力由 Se-In-Se-In-Se 叠加而成，一般有两种堆叠形式：菱方（3R）相和六方（2H）相。早在 1971 年，Popovic 等利用 X 射线衍射测量了不同硒化铟相的晶格参数。近几年关于 In_2Se_3 的研究较多，证实了 In_2Se_3 的铁电性[130-133]。

图 5-45 展示了 2H 相和 3R 相 α-In_2Se_3 的原子结构。在室温下，通过机械剥离得到的 2H 相 α-In_2Se_3 在面内和面外方向均具有稳定的铁电性，其铁电极化开关和电滞回线如图 5-46 所示。此外，在单层 In_2Se_3 中也可测得铁电性。单层 In_2Se_3 是目前最薄的二维层状半导体铁电材料，它为开发高密度非易失性存储器和多功能异质结提供了可能。

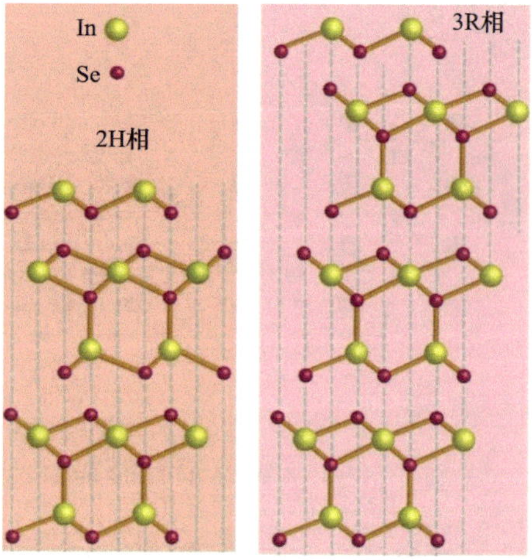

（a）　（b）

图 5-45　α-In_2Se_3 的原子结构
（a）2H相；（b）3R相

InSe 是通过范德瓦耳斯力由 Se-In-In-Se 叠加而成的Ⅲ-Ⅵ族化合物半导体材料，存在几种不同的晶体结构和相。根据构型，InSe分为 β 相、ε 相和 γ 相（见图 5-47）[134]。β-InSe 是一种典型的层状半导体。β-InSe 的 c 面呈典型的无反演中心的类石墨烯六边形晶格。β-InSe 呈三明治状夹层结构，其中 In-In 层夹在两个 Se 层之间。Se 原子的横向位移大于 In 原子的横向位移。对于二维材料，层间电子转移可改变层间电位，导致电子的定向流动，进而使面内外同时发生极化。

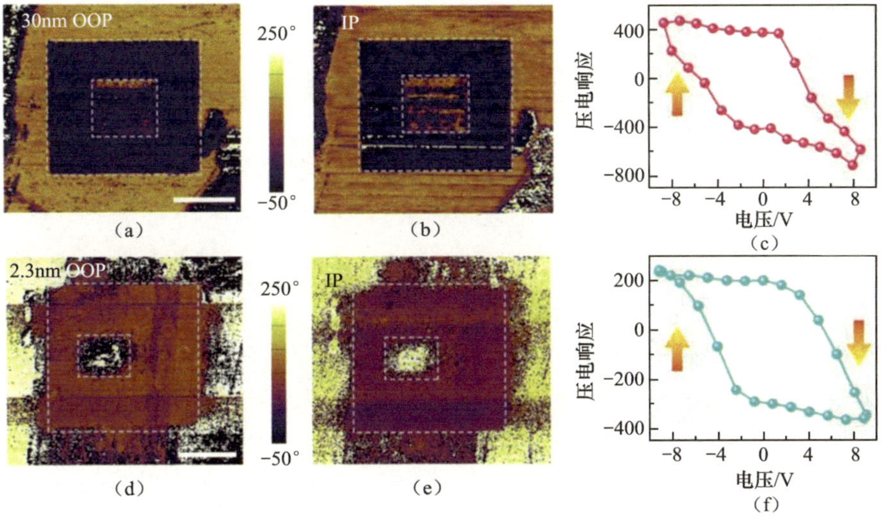

图 5-46 2H相 α-In_2Se_3 铁电极化开关和电滞回线

（a）面外相位图（30 nm）；（b）面内相位图（30 nm）；（c）电滞回线（30 nm）；（d）面外相位图（2.3 nm）；（e）面内相位图（2.3 nm）；（f）电滞回线（2.3 nm）

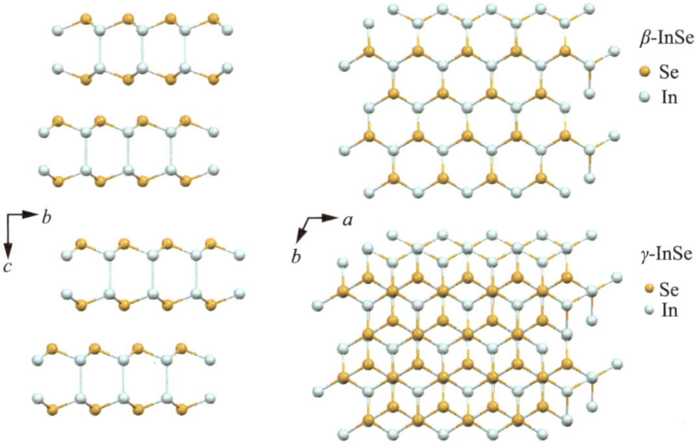

图 5-47 β-InSe（上）和 γ-InSe（下）的晶体结构

2. $CuInP_2S_6$

$CuInP_2S_6$（简称 CIPS）是一种硒磷酸盐，具有不对称结构。Deng 等[135]报道了 CIPS 的铁电性与厚度之间的关系。当厚度小于 90 nm 时，CIPS 由单斜结构（*Cc* 相）向三方结构（*P*31*c* 相）转变。图 5-48 显示了临界厚度下 CIPS 的铁电极化与结构变化的关系。当 CIPS 的厚度减薄到临界厚度以下时，其结构从体相的单斜结构转变为三方结构，相变导致电荷的重新排布，从而引发了自发铁电极化。Liu 等报道了室温下 4 nm 厚的超薄 CIPS 的面外铁电和双层 CIPS 的压电响应，丰富了二维铁电材料的应用。

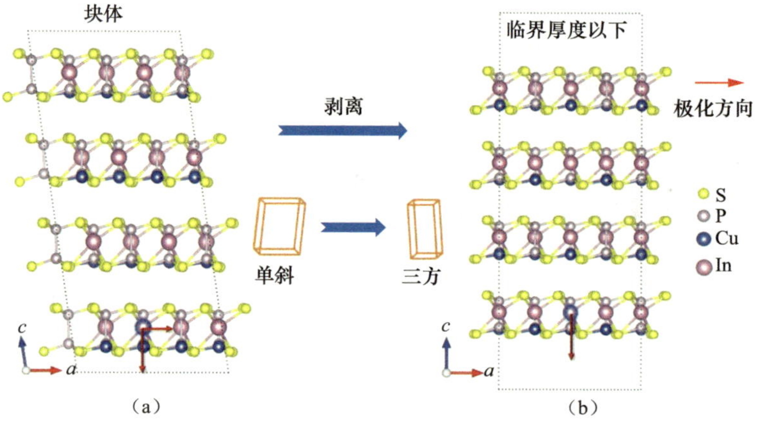

图 5-48　临界厚度下 CIPS 的铁电极化与结构变化的关系
（a）体相的单斜结构；（b）临界厚度下的三方结构

3. Ⅵ-Ⅳ族铁电材料

SnS、SnSe、SnTe 均属于Ⅵ-Ⅳ族二元二维材料，SnS 的晶体结构如图 5-49 所示。Wu 等[136]采用第一性原理计算预测了Ⅳ-Ⅵ族二维材料，如 SnS、SnSe、GeS、GeSe 等均属于面内铁电材料。研究表明，面内铁电性来源于正离子和负离子在扶手椅方向上的位移，导致对称性破缺而产生极化。微小的应变即可使材料在两个垂直方向上的有效电子质量比改变 600 倍。

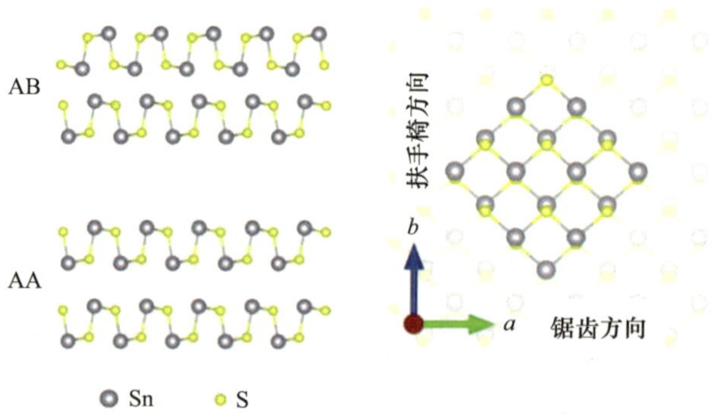

图 5-49　SnS 的晶体结构（非中心对称 AA 和中心对称 AB）

SnS 是一种半导体材料，有研究证实其存在热电特性和压电特性。偏振拉曼光谱和二次谐波产生（Second Harmonic Generation，SHG）光谱检测结果表明，SnS 具有由褶皱结构导致的中心对称性缺失和强各向异性。在临界厚度（约 15 层）以下，SnS 产生更显著的室温面内铁电性[137, 138]。结果表明，控制多层 SnS 的堆积序列，超越单层 SnS 的铁电极限是可行的。SnS 的多铁特性为多功能异质结器件的构建提供了可能性。

Wan 等[139]计算并预测了Ⅳ-Ⅵ族 GeTe、Ⅴ族 SbN 和 BiN 是潜在的面内铁电材料。根据计算结果，SbN 的自发极化强度为 7.81×10^{-10} C · m^{-1}。Guo 等[140]报道了一种新型二维面内铁电材料：五边形硅烯。Shen 等[141]通过第一性原理计算预测了室温面内铁电材料 γ-SbP 和 γ-SbAs。Chang 等[142]利用分子束外延在 6H-SiC 衬底上生长了单层 SnTe。SnTe 表现出类似于 BP 的折叠结构，在强电场作用下沿扶手椅方向呈现面内极化。

同石墨烯相比，二维铁电半导体材料本身具有合适的带隙和较高的载流子迁移率，且易于加工，综合其超薄结构和半导体特性，可用于构建多种微纳器件。二维铁电半导体材料的铁电性不仅使二维铁电材料突破传统铁电材料的临界厚度，还能耦合其本身具有的光电、热电、压电等特性。

5.4 本章小结

本章从 6G 技术应用的关联性出发，按光电、热电和铁电等物理特性对新材料分类介绍。其中，新型光电材料是同 6G 太赫兹应用关联最为紧密的材料，本章主要介绍了红外探测器材料、超宽带光探测器材料、太赫兹光电/光热电探测器材料、二维偏振光探测器材料和非遗失性光电存储器材料。光电材料和热电材料的结合十分密切，在对新型热电材料的介绍中，本章选取了与产业化结合较为紧密，在未来 6G 应用中最容易实现规模应用的几种材料进行介绍，包括石墨烯、BP、TMDC 热电材料和其他新型热电材料。目前，对传统三维铁电材料的研究已经达到瓶颈。近年来，随着二维铁电材料的兴起，新型二维铁电材料不但有望取代传统的三维铁电材料，在微纳电子器件中实现铁电功能，还因其超薄、高集成度、易加工等特性，有望在电子工业中发挥重要作用。

6G 技术覆盖面极广，是集多学科（如材料学、凝聚态物理学、微电子学等）与技术于一体的“高精尖”技术。6G 的兴起和发展离不开各类新材料的支撑和支持。

参考文献

[1] LI L, WANG W, CHAI Y, et al. Few-layered PtS_2 phototransistor on h-BN with high gain [J]. Advanced Functional Materials, 2017, 27(27): 1701011.

[2] CHU J, WANG F, YIN L, et al. High-performance ultraviolet photodetector based on a few-layered 2D $NiPS_3$ nanosheet [J]. Advanced Functional Materials, 2017, 27(32): 1701342.

[3] WANG J L, FANG H H, WANG X D, et al. Recent progress on localized field enhanced two-dimensional material photodetectors from ultraviolet-visible to infrared [J]. Small, 2017, 13(35): 1700894.

[4] LIU J, XIA F, XIAO D, et al. Semimetals for high performance photodetection [J]. Nature Materials, 2020, 19: 830-837.

[5] BUTLER S Z,HOLLEN S M, CAO L, et at. Progress, challenges, and opportunities in two-dimensional materials beyond graphene [J]. ACS Nano, 2013, 7(4):2898-2926.

[6] GUO Q S, POSPISCHIL A, BHUIYAN M, et al. Black phosphorus mid-infrared photodetectors with high gain [J]. Nano Letters, 2016, 16(7): 4648-4655.

[7] LONG M S, GAO A Y, WANG P, et al. Room temperature high-detectivity mid-infrared photodetectors based on black arsenic phosphorus [J]. Science Advances, 2017, 3(6): 1700589.

[8] TAN W C, HUANG L, NG R J, et al. A black phosphorus carbide infrared phototransistor [J]. Advanced Materials, 2018, 30(6): 1705039.

[9] LIU Y P, QIU Z Z, CARVALHO A, et al. Gate-tunable giant stark effect in few-layer black phosphorus [J]. Nano Letters, 2017, 17(3): 1970-1977.

[10] CHEN X L, LU X B, DENG B C, et al. Widely tunable black phosphorus mid-infrared photodetector [J]. Nature Communications, 2017, 8(1): 1672.

[11] YUAN S F, SHEN C F, DENG B C, et al. Air-stable room-temperature mid-infrared photodetectors based on hBN/black arsenic Phosphorus/hBN heterostructures [J]. Nano Letters, 2018, 18(5): 3172-3179.

[12] XU Y, LIU C, GUO C, et al. High performance near infrared photodetector based on in-plane black phosphorus p-n homojunction [J]. Nano Energy, 2020, 70(4): 104518.

[13] XU J, CHENG X, LIU T, et al. Oxygen-incorporated and layer-by-layer stacked WS_2 nanosheets for broadband, self-driven and fast-response photodetection [J]. Nanoscale, 2019, 11(14): 6810-6816.

[14] YU X C, YU P, WU D, et al. Atomically thin noble metal dichalcogenide: A broadband mid-infrared semiconductor [J]. Nature Communications, 2018, 9(1): 1545.

[15] LAI J W, LIU X, MA J C, et al. Anisotropic broadband photoresponse of layered type-II Weyl semimetal $MoTe_2$ [J]. Advanced Materials, 2018, 30(22): 1707152.

[16] LAI J W, LIU Y N, MA J C, et al. Broadband anisotropic photoresponse of the "hydrogen atom" version type-Ⅱ Weyl semimetal candidate $TaIrTe_4$ [J]. ACS Nano, 2018, 12(4): 4055-4061.

[17] YIN J B, TAN Z J, HONG H, et al. Ultrafast and highly sensitive infrared photodetectors based on two-dimensional oxyselenide crystals [J]. Nature Communications, 2018, 9(1): 3311-3317.

[18] WANG F, LI L, HUANG W, et al. Submillimeter 2D Bi_2Se_3 flakes toward high-performance infrared photodetection at optical communication wavelength [J]. Advanced Functional Materials, 2018, 28(33): 1802707.

[19] OUYANG B, CHANG C, ZHAO L D, et al. Thermo-photoelectric coupled effect induced electricity in N-type SnSe:Br single crystals for enhanced self-powered photodetectors [J]. Nano Energy, 2019, 66(4): 104111.

[20] DRAGOMAN D, DRAGOMAN M. Giant thermoelectric effect in graphene [J]. Applied Physics Letters, 2007, 91(20): 203116-3.

[21] CHEN Y, JAYASEKERA T, CALZOLARI A, et al. Thermoelectric properties of graphene nanoribbons, junctions and superlattices [J]. Journal of Physics Condensed Matter An Institute of Physics Journal, 2010, 22(37): 372202.

[22] KARAMITAHERI H, POURFATH M, PAZOKI M, et al. Graphene-based antidots for thermoelectric applications [J]. Journal of the Electrochemical Society, 2011, 158(12): K213-K216.

[23] WEN J, NIU Y, WANG P, et al. Ultra-broadband self-powered reduced graphene oxide photodetectors with annealing temperature-dependent responsivity [J]. Carbon, 2019, 153(2): 274-284.

[24] MAK K F, LEE C, HONE J, et al. Atomically thin MoS_2: A new direct-gap semiconductor [J]. Physical Review Letters, 2010, 105(13): 136805.

[25] WANG Y, NIU Y, CHEN M, et al. Ultrabroadband, sensitive, and fast photodetection with needle-like $EuBiSe_3$ single crystal [J]. ACS Photonics, 2019, 6(4): 895-903.

[26] NIU Y Y, WU D, SU Y Q, et al. Uncooled $EuSbTe_3$ photodetector highly sensitive from ultraviolet to terahertz frequencies [J]. 2D Materials, 2017, 5(1): 011008.

[27] NIU Y Y, WU D, SHEN L, et al. A layered antiferromagnetic semiconductor $EuMTe_3$ (M = Bi, Sb) [J]. Physica Status Solidi-Rapid Research Letters, 2015, 9(12): 735-739.

[28] WU W, WANG Y, NIU Y, et al. Thermal localization enhanced fast photothermoelectric response in a quasi-one-dimensional flexible NbS_3 photodetector [J]. ACS Appl Mater Interfaces, 2020, 12(12): 14165-14173.

[29] WANG L, LIU C, CHEN X, et al. Toward sensitive room-temperature broadband detection from infrared to terahertz with antenna-integrated black phosphorus photoconductor [J]. Advanced Functional Materials, 2017, 27(7): 1604414.

[30] PONOMAREV D S, LAVRUKHIN D V, YACHMENEV A E, et al. Sub-terahertz FET detector with self-assembled Sn-nanothreads [J]. Journal of Physics D: Applied Physics, 2020, 53(7): 075102.

[31] CASTILLA S, TERRÉS B, AUTORE M, et al. Fast and sensitive terahertz detection using an antenna-integrated graphene pn junction [J]. Nano Letters, 2019, 19(5): 2765-2773.

[32] SUZUKI D, OCHIAI Y, NAKAGAWA Y, et al. Fermi-level-controlled semiconducting-separated carbon nanotube films for flexible terahertz imagers [J]. ACS Applied Nano Materials, 2018, 1(6): 2469-2475.

[33] XU H, GUO C, ZHANG J, et al. $PtTe_2$-based type-Ⅱ Dirac semimetal and its van der Waals heterostructure for sensitive room temperature terahertz photodetection [J]. Small, 2019, 15(52): 1903362.

[34] WANG L, WANG J, LIU C, et al. Distinctive performance of terahertz photodetection driven by charge-density-wave order in CVD-grown tantalum diselenide [J]. Advanced Functional Materials, 2019, 29(45): 1905057.

[35] TANG W, POLITANO A, GUO C, et al. Ultrasensitive room-temperature terahertz direct detection based on a bismuth selenide topological insulator [J]. Advanced Functional Materials, 2018, 28(31): 1801786.

[36] SUN J, WANG Y, GUO S, et al. Lateral 2D WSe_2 p-n homojunction formed by efficient charge-carrier-type modulation for high-performance optoelectronics [J]. Advanced Materials, 2020, 32(9): 1906499.

[37] XIE Y, LIANG F, CHI S, et al. Defect engineering of MoS_2 for room-temperature terahertz photodetection [J]. ACS Appllied Materials & Interfaces, 2020, 12(6): 7351-

7357.

[38] GONG C H, ZHANG Y X, CHEN W, et al. Electronic and optoelectronic applications based on 2D novel anisotropic transition metal dichalcogenides [J]. Advanced Science, 2017, 4(12): 1700231.

[39] SASAKI A, NONAKA S, KUNIHASHI Y, et al. Direct determination of spin-orbit interaction coefficients and realization of the persistent spin helix symmetry [J]. Nature Nanotechnology, 2014, 9(9): 703-709.

[40] WANG Y X, QIU G, WANG R X, et al. Field-effect transistors made from solution-grown two-dimensional tellurene [J]. Nature Electronics, 2018, 1(4): 228-236.

[41] DU Y C, QIU G, WANG Y X, et al. One-dimensional van der Waals material tellurium: Raman spectroscopy under strain and magneto-transport [J]. Nano Letters, 2017, 17(6): 3965-3973.

[42] HUANG X C, GUAN J Q, LIN Z J, et al. Epitaxial Growth and band structure of Te film on graphene [J]. Nano Letters, 2017, 17(8): 4619-4623.

[43] NIU C W, BUHL P M, BIHLMAYER G, et al. Two-dimensional topological crystalline insulator and topological phase transition in TISe and TIS monolayers [J]. Nano Letters, 2015, 15(9): 6071-6075.

[44] DEMISHEV G B, KABALKINA S S, KOLOBYANINA T N. X-ray studies of thallium chalcogenides TlS and TlSe up to 37-GPA [J]. Physica Status Solidi A-Applied Research, 1988, 108(1): 89-95.

[45] LIU Y A, GU Q Q, PENG Y, et al. Raman signatures of broken inversion symmetry and in-plane anisotropy in type-Ⅱ Weyl semimetal candidate $TaIrTe_4$ [J]. Advanced Materials, 2018, 30(25): 1706402.

[46] SOLUYANOV A A, GRESCH D, WANG Z J, et al. Type-Ⅱ Weyl semimetals [J]. Nature, 2015, 527(7579): 495-498.

[47] GUO J, LIU Y, MA Y, et al. Few-layer GeAs field-effect transistors and infrared photodetectors [J]. Advanced Materials, 2018, 30(21): 1705934.

[48] BARRETEAU C, MICHON B, BESNARD C, et al. High-pressure melt growth and transport properties of SiP, SiAs, GeP, and GeAs 2D layered semiconductors [J]. Journal of Crystal Growth, 2016, 443(6): 75-80.

[49] AN C, LU P, CHEN X, et al. Pressure-induced anomalous enhancement of insulating state and isosymmetric structural transition in quasi-one-dimensional TiS_3 [J]. Physical Review B, 2017, 96(13): 134110.

[50] MENG X, ZHOU Y, CHEN K, et al. Anisotropic saturable and excited-state absorption in bulk ReS_2 [J]. Advanced Optical Materials, 2018, 6(14): 1800137.

[51] AMANI M, TAN C L, ZHANG G, et al. solution-synthesized high-mobility tellurium nanoflakes for short-wave infrared photodetectors [J]. ACS Nano, 2018, 12(7): 7253-7263.

[52] SONG H, LI T, ZHANG J, et al. Highly anisotropic Sb_2Se_3 nanosheets: Gentle exfoliation from the bulk precursors possessing 1D crystal structure [J]. Advanced Materials, 2017, 29(29): 1700441.

[53] XIA F N, WANG H, JIA Y C. Rediscovering black phosphorus as an anisotropic layered material for optoelectronics and electronics [J]. Nature Communications, 2014, 5(1): 4458-4463.

[54] HONG T, CHAMLAGAIN B, LIN W Z, et al. Polarized photocurrent response in black phosphorus field-effect transistors [J]. Nanoscale, 2014, 6(15): 8978-8983.

[55] YUAN H T, LIU X G, AFSHINMANESH F, et al. Polarization-sensitive broadband photodetector using a black phosphorus vertical p-n junction [J]. Nature Nanotechnology, 2015, 10(8): 707-713.

[56] YE L, WANG P, LUO W J, et al. Highly polarization sensitive infrared photodetector based on black phosphorus-on-WSe_2 photogate vertical heterostructure [J]. Nano Energy, 2017, 37(7): 53-60.

[57] ZHAO S, WU J, JIN K, et al. Highly polarized and fast photoresponse of black phosphorus-InSe vertical p-n heterojunctions [J]. Advanced Functional Materials, 2018, 28(34): 1802011.

[58] XIN W, LI X K, HE X L, et al. Black-phosphorus-based orientation-induced diodes [J]. Advanced Materials, 2018, 30(2): 1704653.

[59] BULLOCK J, AMANI M, CHO J, et al. Polarization-resolved black phosphorus/molybdenum disulfide mid-wave infrared photodiodes with high detectivity at room temperature [J]. Nature Photonics, 2018, 12(10): 601-607.

[60] AMANI M, REGAN E, BULLOCK J, et al. Mid-wave infrared photoconductors based on black phosphorus-arsenic alloys [J]. ACS Nano, 2017, 11(11): 11724-11731.

[61] ZHOU F, LIU Y, SHEN X, et al. Low-voltage, optoelectronic $CH_3NH_3PbI_{3-x}Cl_x$ memory with integrated sensing and logic operations [J]. Advanced Functional Materials, 2018, 28(15): 1800080.

[62] KIM R H, LEE J, KIM K L, et al. Flexible nonvolatile transistor memory with solution-processed transition metal dichalcogenides [J]. Small, 2017, 13(20): 1603971.

[63] ZHAI Y B, YANG J Q, ZHOU Y, et al. Toward non-volatile photonic memory: Concept, material and design [J]. Materials Horizons, 2018, 5(4): 641-654.

[64] ROY K, PADMANABHAN M, GOSWAMI S, et al. Graphene-MoS_2 hybrid structures for multifunctional photoresponsive memory devices [J]. Nature Nanotechnology, 2013, 8(11): 826-830.

[65] LEE D, HWANG E, LEE Y, et al. Multibit MoS_2 photoelectronic memory with ultrahigh sensitivity [J]. Advanced Materials, 2016, 28(41): 9196-9202.

[66] JANG S, HWANG E, LEE Y, et al. Multifunctional graphene optoelectronic devices capable of detecting and storing photonic signals [J]. Nano Letters, 2015, 15(4): 2542-2547.

[67] LIU F C, ZHU C, YOU L, et al. 2D black phosphorus/$srtio_3$-based programmable photoconductive switch [J]. Advanced Materials, 2016, 28(35): 7768-7773.

[68] LEE J, PAK S, LEE Y W, et al. Monolayer optical memory cells based on artificial trap-mediated charge storage and release [J]. Nature Communications, 2017, 8(1): 14734.

[69] XIANG D, LIU T, XU J, et al. Two-dimensional multibit optoelectronic memory with broadband spectrum distinction [J]. Nature Communications, 2018, 9(1): 2966-2973.

[70] WANG Q S, WEN Y, CAI K M, et al. Nonvolatile infrared memory in MoS_2/PbS van der Waals heterostructures [J]. Science Advances, 2018, 4(4): 7916.

[71] QU T Y, SUN Y, CHEN M L, et al. A flexible carbon nanotube sen-memory device [J]. Advanced Materials, 2020, 32(9): 1907288.

[72] JEONG Y J, YUN D J, NOH S H, et al. Surface modification of CdSe quantum-dot floating gates for advancing light-erasable organic field-effect transistor memories [J]. ACS Nano, 2018, 12(8): 7701-7709.

[73] ROGALSKI A. HgCdTe infrared detector material: History, status and outlook [J]. Reports on Progress in Physics, 2005, 68(10): 2267-2336.

[74] LEE J H, LEE E K, JOO W J, et al. Wafer-scale growth of single-crystal monolayer graphene on reusable hydrogen-terminated germanium [J]. Science, 2014, 344(6181): 286-289.

[75] GOOSSENS S, NAVICKAITE G, MONASTERIO C, et al. Broadband image sensor array based on graphene-CMOS integration [J]. Nature Photonics, 2017, 11(6): 366-371.

[76] YUAN X, TANG L, LIU S S, et al. Arrayed van der Waals vertical heterostructures based on 2D GaSe grown by molecular beam epitaxy [J]. Nano Letters, 2015, 15(5): 3571-3577.

[77] WANG P, LIU S, LUO W, et al. Arrayed van der waals broadband detectors for Dual-Band Detection [J]. Advanced Materials, 2017, 29(16): 1604439.

[78] GONG C, HU K, WANG X, et al. 2D Nanomaterial arrays for electronics and optoelectronics [J]. Advanced Functional Materials, 2018, 28(16): 1706559.

[79] SNYDERGJ. Complex thermoelectric materials [J]. Nature Materials, 2012, 7(2): 105-114.

[80] RULL-BRAVO M, MOURE A, FERNÁNDEZ JF, et al. Skutterudites as thermoelectric materials: revisited [J]. RSC Advances, 2015, 5(52): 41653-41667.

[81] SUNDARRAJ P, MAITY D, ROY S S, et al. ChemInform abstract: Recent advances in thermoelectric materials and solar thermoelectric generators - A critical review [J]. Cheminform, 2015, 46(2): 46860-46874.

[82] TAN G, ZHAO L D, KANATZIDIS M G. Rationally designing high-performance bulk thermoelectric materials [J]. Chemical Reviews, 2016, 12123.

[83] GAYNER C, KAR K K. Recent advances in thermoelectric materials [J]. Progress in Materials Science, 2016, 83(10): 330-382.

[84] ZHANG G, ZHANG Y-W. Thermoelectric properties of two-dimensional transition metal dichalcogenides [J]. Journal of Materials Chemistry C, 2017, 5(31): 7684-7698.

[85] LI D, LUO C, CHEN Y, et al. High performance polymer thermoelectric composite achieved by carbon-coated carbon nanotubes network [J]. ACS Applied Energy Materials, 2019: 2427-2434.

[86] ZHANG, BO-PING, ZHAO, et al. Low-cost, abundant binary sulfides as promising thermoelectric materials [J]. Materials Today, 2016: 227-239.

[87] MAZZAMUTO F, NGUYEN V H, APERTET Y, et al. Enhanced thermoelectric properties in graphene nanoribbons by resonant tunneling of electrons [J]. Physical Review Letters, 2011, 83(23): 235426.

[88] WANG C R, LU V, LEE W L. Thermoelectric power in dual-gated bilayer graphene [J]. Physical Review Letter, 2011, 107(18): 186602.

[89] CHEN YQ, CHEN KW, BAI H, et al. Electrochemically reduced graphene porous material as light absorber for light-driven thermoelectric generator [J]. Journal of Materials Chemistry, 2012, 22(34): 17800-17804.

[90] CHO S, KANG S D, KIM W, et al. Thermoelectric imaging of structural disorder in epitaxial graphene [J]. Nature Materials, 2013, 12(10): 913-918.

[91] LU Y, SONG Y, WANG F. Thermoelectric properties of graphene nanosheets-modified polyaniline hybrid nanocomposites by an in situ chemical polymerization [J]. Materials Chemistry & Physics, 2013, 138(1): 238-244.

[92] WU D, YAN K, ZHOU Y, et al. Plasmon-enhanced photothermoelectric conversion in chemical vapor deposited graphene p-n junctions [J]. Journal of the American

Chemical Society, 2013, 135(30): 10926-10929.

[93] ORTEGA S, IBáñEZ M, LIU Y, et al. Bottom-up engineering of thermoelectric nanomaterials and devices from solution-processed nanoparticle building blocks [J]. Chemical Society Reviews, 2017, 46(12): 3510-3528.

[94] XU Y, LI Z, DUAN W. Thermal and thermoelectric properties of graphene [J]. Small, 2014, 10(11): 2182-2199.

[95] DOLLFUS P, HUNG NGUYEN V, SAINT-MARTIN J M. Thermoelectric effects in graphene nanostructures [J]. Journal of Physics Condensed Matter An Institute of Physics Journal, 2015, 27(13): 133204.

[96] GHAHARI F, XIE H Y, TANIGUCHI T, et al. Enhanced thermoelectric power in graphene: Violation of the mott relation by inelastic scattering [J]. Physical Review Letters, 2016, 116(13): 136802.

[97] YANG N, HU S, MA D, et al. Nanoscale graphene disk: a natural functionally graded material-how is Fourier's law violated along radius direction of 2D disk [J]. Science Report, 2015, 5: 14878.

[98] DHANABALAN S C, PONRAJ J S, GUO Z, et al. Emerging trends in phosphorene fabrication towards next generation devices [J]. Advanced Ence, 2017, 4(6): 1600305.

[99] CHURCHILL H O H, JARILLO-HERRERO P. Two-dimensional crystals: Phosphorus joins the family [J]. Nature Nanotechnology, 2014, 9(5): 330-331.

[100] ZHANG M, WU Q, ZHANG F, et al. 2D black phosphorus saturable absorbers for ultrafast photonics [J]. Advanced Optical Materials, 2019, 7(1): 1800224.

[101] BUSCEMA M, BARKELID M, ZWILLER V, et al. Large and tunable photothermoelectric effect in single-layer MoS_2 [J]. Nano Letters, 2013, 13(2): 358-363.

[102] HIPPALGAONKAR K, WANG Y, YE Y, et al. High thermoelectric power factor in two-dimensional crystals of MoS_2 [J]. Physical Review B, 2017, 95(11): 115407.

[103] HONG J, LEE C, PARK J S, et al. Control of valley degeneracy in MoS_2 by layer thickness and electric field and its effect on thermoelectric properties [J]. Physical Review, 2016, 93(3): 035445.

[104] WU, JING, SCHMIDT, et al. Large thermoelectricity via variable range hoppingin chemical vapor deposition grown single-layer MoS_2 [J]. Nano Letters, 2014, 14(5): 2730-2734.

[105] MA J, WU L, LUO X. Ballistic thermal transport in monolayer transition-metal dichalcogenides: Role of atomic mass [J]. Applied Physics Letters, 2016, 108(8): 082102.

[106] ZHAO L D, LO S H, ZHANG Y, et al. Ultralow thermal conductivity and high thermoelectric figure of merit in SnSe crystals [J]. Nature, 2014, 508(7496): 373-377.

[107] LI C W, HONG J, MAY A F, et al. Orbitally driven giant phonon anharmonicity in SnSe [J]. Nature Physics, 2015, 11(12): 1063-1069.

[108] CARRETE J, MINGO N, CURTAROLO S. Low thermal conductivity and triaxial phononic anisotropy of SnSe [J]. Applied Physics Letters, 2014, 105(10): 191-1758.

[109] ZHAO L D, TAN G, HAO S, et al. Ultrahigh power factor and thermoelectric performance in hole-doped single-crystal SnSe [J]. Ence, 2015: 141-144.

[110] YANG J, ZHANG G, YANG G, et al. Outstanding thermoelectric performances for both p- and n-type SnSe from first-principles study [J]. Journal of Alloys & Compounds, 2015, 644: 615-620.

[111] ZHAO L D, HE J, BERARDAN D, et al. BiCuSeO oxyselenides: New promising thermoelectric materials [J]. Energy & Environmental Science, 2014, 7(9): 2900-2924.

[112] LI F, LI J F, ZHAO L D, et al. Polycrystalline BiCuSeO oxide as a potential thermoelectric material [J]. Energy & Environmental Science, 2012, 5(5): 7188-7195.

[113] LIU Y C, LAN J-L, ZHAN B, et al. Thermoelectric properties of Pb-doped BiCuSeO ceramics [J]. Advanced Materials, 2013, 96(9): 2710-2713.

[114] LI J, SUI J, BARRETEAU C, et al. Thermoelectric properties of Mg doped p-type BiCuSeO oxyselenides [J]. Journal of Alloys & Compounds, 2013, 551: 649-653.

[115] RULEOVA P, DRASAR C, LOSTAK P, et al. Thermoelectric properties of Bi_2O_2Se [J]. Materials Chemistry & Physics, 2010, 119(1-2): 299-302.

[116] DE ARAUJO A P, CUCHIARO J D, MCMILLAN L D, et al. Fatigue-free ferroelectric capacitors with platinum electrodes [J]. Nature, 1995, 374(6523): 627-629.

[117] KIM P, DOSS N M, TILLOTSON J P, et al. High energy density nanocomposites based on surface-modified $BaTiO_3$ and a ferroelectric polymer [J]. ACS Nano, 2009, 3(9): 2581-2592.

[118] CHANTHBOUALA A, CRASSOUS A, GARCIA V, et al. Solid-state memories based on ferroelectric tunnel junctions [J]. Nature Nanotechnology, 2011, 7(2): 101-104.

[119] PANKAJ, SHARMA, ZHANG, et al. Nonvolatile ferroelectric domain wall memory [J]. Science Advances, 2017, 3(6): e1700512.

[120] ARAUJO C A P D, MCMILLAN L D, MELNICK B M, et al. Ferroelectric memories

[J]. Ferroelectrics, 1989.

[121] SETTER N, DAMJANOVIC D, ENG L, et al. Ferroelectric thin films: Review of materials, properties, and applications [J]. Journal of Applied Physics, 2006, 100(5): 051606-051646.

[122] JUNQUERA J, GHOSEZ P. Critical thickness for ferroelectricity in perovskite ultrathin films [J]. Nature, 2003, 422(6931): 506-509.

[123] WANG J, NEATON JB, ZHENG H, et al. Epitaxial $BiFeO_3$ multiferroic thin film heterostructures [J]. Cheminform, 2003, 299(5613): 1719-1722.

[124] DING W, ZHU J, WANG Z, et al. Prediction of intrinsic two-dimensional ferroelectrics in In_2Se_3 and other $Ⅲ_2$- $Ⅵ_3$ van der Waals materials [J]. Nature Communications, 2017, 8: 14956.

[125] LI L, WU M. Binary compound bilayer and multilayer with vertical polarizations: two-dimensional ferroelectrics, multiferroics, and nanogenerators [J]. ACS Nano, 2017, 11(6): 6382-6388.

[126] FEI Z, PALOMAKI T, WU S, et al. Edge conduction in monolayer WTe_2 [J]. Nature physics, 2017, 13(7): 677-682.

[127] FEI, ZAIYAO, ZHAO, et al. Ferroelectric switching of a two-dimensional metal [J]. Nature, 2018, 560(7718): 336-339.

[128] WANG D, TANG L M, JIANG X X, et al. High bipolar conductivity and robust in-plane spontaneous electric polarization in selenene [J]. Advanced Electronic Materials, 2018, 1800475.

[129] WANG Y, XIAO J, ZHU H, et al. Structural phase transition in monolayer $MoTe_2$ driven by electrostatic doping [J]. Nature, 2017, 550(7677): 487-491.

[130] WAN S, LI Y, LI W, et al. A switchable diode based on room-temperature two-dimensional ferroelectric α-In_2Se_3 thin layers [J]. Nanoscale, 2018, 10: 14885.

[131] TAO X, GU Y. Crystalline-crystalline phase transformation in two-dimensional In_2Se_3 thin layers [J]. Nano Letters, 2013, 13(8): 3501-3505.

[132] CUI C, HU W, YAN X, et al. Intercorrelated in-plane and out-of-plane ferroelectricity in ultrathin two-dimensional layered semiconductor In_2Se_3 [J]. Nano Letters, 2018, 18, 2: 1253-1258.

[133] IO W F, YUAN S, PANG S Y, et al. Temperature-and thickness-dependence of robust out-of-plane ferroelectricity in CVD grown ultrathin van der Waals α-In_2Se_3 layers [J]. Nano Research, 2020, 13: 1897-1902.

[134] HU H, SUN Y, CHAI M, et al. Room-temperature out-of-plane and in-plane ferroelectricity of two-dimensional β-InSe nanoflakes [J]. Applied Physics Letters,

2019, 114(25): 252903.

[135] LIU F, YOU L, SEYLER K L, et al. Room-temperature ferroelectricity in $CuInP_2S_6$ ultrathin flakes [J]. Nature Communications, 2016, 7: 12357.

[136] ZHONG T, PAN M, GAO G, et al. Sodium bismuth dichalcogenides: candidates for ferroelectric high-mobility semiconductors for multifunctional applications [J]. Physical Chemistry Chemical Physics, 2019, 21(16): 8553-8558.

[137] HIGASHITARUMIZU N, KAWAMOTO H, LEE C-J, et al. Purely in-plane ferroelectricity in monolayer SnS at room temperature [J]. Nature Communications, 2020, 11: 2428.

[138] CHANG K, KALONI TP, LIN HC, et al. 2D Ferroelectrics: enhanced spontaneous polarization in ultrathin snte films with layered antipolar structure [J]. Advanced Materials, 2019, 31(3): 1804428.

[139] WAN W, LIU C, XIAO W, et al. Promising ferroelectricity in 2D group IV tellurides: a first-principles study [J]. Applied Physics Letters, 2017, 111(13): 132904.

[140] GUO Y, ZHANG C, ZHOU J, et al. Lattice dynamic and instability in pentasilicene: a light single-element ferroelectric material with high Curie temperature [J]. Physical Review Applied, 2019, 11(6): 064063.

[141] SHEN S, LIU C, MA Y, et al. Robust two-dimensional ferroelectricity in single-layer γ-SbP and γ-SbAs [J]. Nanoscale, 2019, 11(24): 11864-11871.

[142] CHANG K, LIU J, LIN H, et al. Discovery of robust in-plane ferroelectricity in atomic-thick SnTe [J]. Science, 2016, 353(6296): 274-278.

第 6 章

6G应用中的智能传感材料

传感器是指能感受被测量信息，并将感受到的信息按一定规律转换为电信号或其他形式输出的器件。传感技术与计算机技术、通信技术并称为信息技术的三大支柱。计算机如同信息系统的“大脑”，用于对各种信息进行分析、处理并发出控制和执行指令。传感器如同信息系统的“感受器”，用于探测和采集各种信息。通信系统则如同信息系统的“神经系统”，是信息传递的桥梁。通信系统将传感器采集的信号传递给计算机，同时将计算机发出的指令传递给执行器。在万物互联的时代，先进的通信技术为机器与机器、人与机器、人与人之间连接提供保障。6G 通信技术将带来更高速率、更低延迟、超高可靠性和高容量的通信能力，为智能传感技术的发展和应用带来巨大机遇，为智能医疗、物联网、虚拟现实和工业 4.0 等领域提供强劲的技术支撑。本章主要介绍 6G 应用中的智能传感器件及代表性材料。

6.1 6G 与 AI 和智能传感

AI 和智能传感是当今科技领域的热门话题，二者相辅相成，可以应用于各种 6G 融合领域，如医疗、交通、安防、教育等，为人类生活带来便利和创新。

6.1.1 AI

AI 是新一轮科技革命及产业革命重要的着力点，致力于使机器和系统以类似于人类的智能水平运行。AI 学习技术为解决各种问题构建了通用框架，从而产生了诸多跨领域的新技术。

机器学习是目前 AI 的核心技术。机器学习使用算法来解析数据并从中学习，进而对真实世界中的事件做出决策和预测。根据学习方式分类，机器学习可以分为监督学习、无监督学习和强化学习[1]。

1. 监督学习

在监督学习中，将输入和期望输出的样本数据传入计算机，目标是获得输入与输出之间的通用函数，进一步为后续的输入确定输出。监督学习的一个典型示例如图 6-1 所示，其中带标签的数据被输入多层深度神经网络（Deep Neural Network，DNN）中，以训练 DNN 中节点的权重。训练是在离线状态下进行的，收敛之后，训练好的 DNN 为识别和推断新输入做好准备。

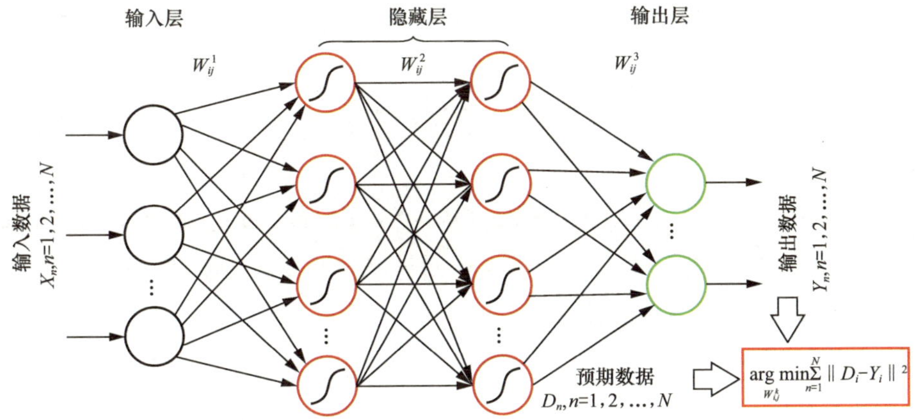

图 6-1 监督学习示例：深度神经网络[2]

2. 无监督学习

在无监督学习中，不为学习算法提供标签，且输入中的结构必须自行确定。自组织映射（Self-Organizing Map，SOM）算法是使用无监督学习进行训练的一个示例。在 SOM 中，将未标记的数据输入神经网络，映射成一维或二维图形，并保持其拓扑结构不变（见图 6-2），此方法常用于数据降维。

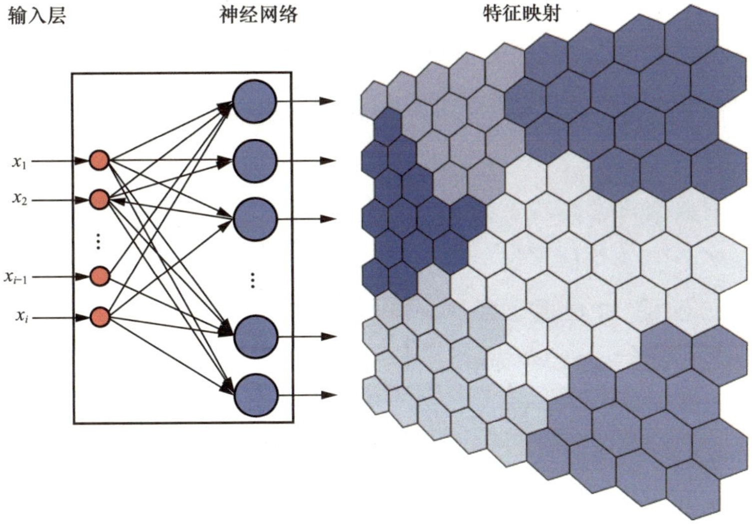

图 6-2 无监督学习示例：自组织映射[2]

3. 强化学习

强化学习基于“智能体”和“环境”之间的可替代交互，如图 6–3 所示。“智能体”执行某些动作，作为此动作的结果，之后“智能体”的状态发生改变，并受到奖励或惩罚。“智能体”根据此结果决定下一步动作。通过重复动作和奖励/惩罚过程，“智能体”不断从“环境”中学习。

目前，主流 AI 学习方法包括反向传播（Backpropagation，BP）和 Q 学习（Q-learning）。

反向传播是基于人工神经网络（Artificial Neural Network，ANN）梯度下降法的学习算法[3]，学习过程由信号的前向传播与误差的反向传播两个过程组成。前向传播的实际输出与期望的输出存在误差时将进行误差反向传播，即将输出误差以某种形式通过隐藏层向输入层逐层传递，并将误差分摊给各层的所有单元，从而获得各层单元的误差信号，此误差信号即作为修正各单元权值的依据。信号前向传播与误差反向传播反复迭代的过程即学习训练的过程。近年来，反向传播已普遍用于训练具有多个隐藏层的 DNN。例如，卷积神经网络（Convolutional Neural Network，CNN）是一类前向 DNN，具有多个隐藏层，包括卷积层、池化层、全连接层和线性整流层。使用反向传播可以有效地训练 CNN，尤其是在图像识别和语音识别领域。

Q 学习算法也称为贝尔曼（Bellman）算法[4]，是一种强化学习的经典算法。在该算法中，定义了一个函数（Q 函数），基于当前的“环境”评估“智能体”的动作，并以奖励或惩罚的形式输出结果。在某个步骤中，通过 Q 函数评估“智能体”的所有可能动作，并根据当前“环境”中获得最高奖励的动作选择下一步的动作（见图 6–3）。

结合通用数据科学算法（如线性模型、决策树、k 均值聚类）等机器学习方法的 AI 技术已经实现了多种商业用途。近 10 年来，深度学习方法（如 DNN、CNN、强化学习）受到了越来越多的关注，在认知技术等领域取得了重

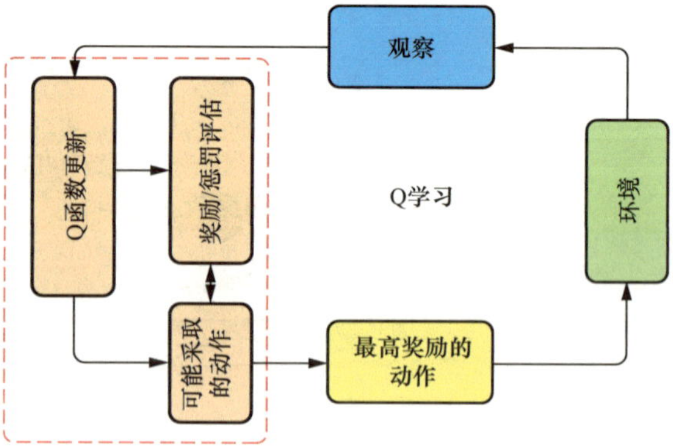

图 6–3　强化学习示例：Q 学习[2]

大突破。同时，基于“从学习到学习”的新概念，诸如“元学习”一类的深度学习新分支正在迅速发展。AI 新技术将深度学习的可能应用扩展到各种场景中更复杂的问题中，有助于为 AI 在 6G 中的应用带来新的机遇。

6.1.2　数据的需求层次

AI 和机器学习离不开大量数据来进行训练，而很多数据的采集离不开传感器。著名数据学家莫妮卡·罗加蒂（Monica Rogati）提出了 AI 需求层次的“金字塔”理论[5]（见图 6-4），要实现顶层的高水平 AI，离不开底层技术的强力支撑。在金字塔的底部，最基本的需求是数据采集。多功能、可靠和全方位的智能传感器为数据的全面、准确采集提供了可能，合适的数据集使机器学习成为可能。在传感器获得了大量数据之后，数据流向存储、分析和处理设备，这均依赖于先进的通信技术。

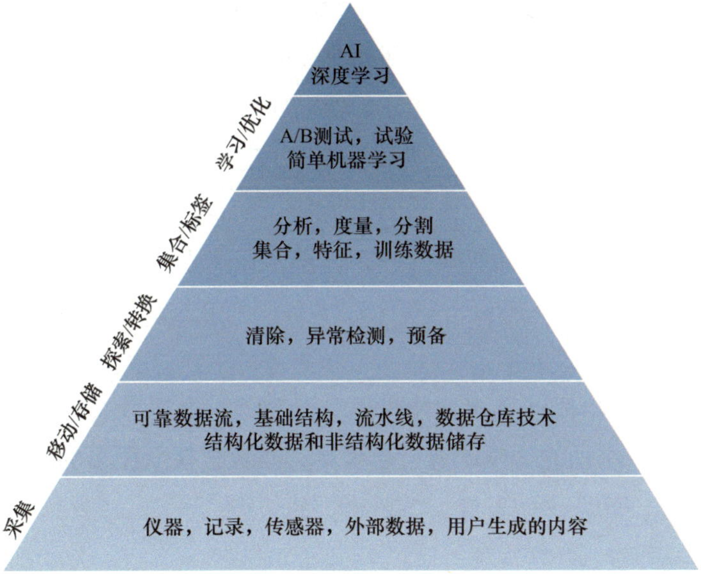

图 6-4　数据的需求层次[5]

AI 数据需求的实现，离不开传感、通信、计算、缓存和控制技术的深度融合。6G 将无线网络从单一信息传输扩展到信息传输、存储和处理，使网络效率最大化，将更大量的基础传感数据传输到计算、缓存和控制端，为实现高性能 AI 奠定坚实基础。

6.1.3 智能传感

传感器是物联网的神经末梢，将待测信息按一定规律转换为电信号或其他形式的信号输出，以实现信息的传输、存储、处理、显示、记录和控制。现代传感技术除了以摩尔定律为目标，向集成度更高的方向发展外，智能化、多功能化、小型化、柔性化成为新的发展趋势，受到广泛关注。

（1）智能化。将传感技术与 AI 相结合，基于模糊推理、ANN、专家系统等 AI 技术开发高度智能的传感器。传感功能与数据存储、处理、双向通信等的集成，可全部或部分实现信号探测、变换处理、逻辑判断、功能计算、双向通信，以及内部自检、自校、自补偿、自诊断等功能。某些自修复材料的应用还使传感器在受到破坏后具备自修复能力。

（2）多功能化。一般的传感器通常仅对某种单一刺激产生响应，从而对该刺激信号进行检测。而在人体健康监测、工业生产、航空航天等领域，经常需要对多种刺激进行同时探测。通过组合多种传感器件，可提供更全面的传感信息。

（3）小型化。随着集成微电子机械加工技术和纳米材料的发展，传感器可以从结构设计和材料选择上实现小型化和微型化制备。传感器的小型化可以提高传感器的空间利用率，提高器件（如触觉传感）空间分辨率，也为传感器便携化、集成化提供可能。

（4）柔性化。柔性电子研究的最大推动力在于人和诸多生物体本身为柔性体和弹性体。开发柔性传感器件，在医疗诊断、可植入设备和人机交互等领域具有广阔的应用前景。

（5）集成化。集成涉及多功能传感单元和用于电源、通信甚至信号处理和显示的辅助部件。多功能传感能够以更少的感测像素获取更多的数据指标，且信号处理和显示模块的发展使器件具备更强大的功能。

6.1.4 6G 通信中的新机遇

评估 6G 无线网络的关键性能指标包括频谱效率和能量效率、峰值数据速率，及用户体验的数据速率、区域流量容量（或空间流量容量）、连接密度、延迟和移动性[6]。根据 IMT-2030 标准，6G 网络的关键技术指标如图 6–5 所示，主要包括以下内容。

（1）峰值数据速率至少为 1 Tbit · s^{-1}[7]，是 5G 的 100 倍。对于某些特殊情况，例如太赫兹无线回传和前传（x-haul）[7]，峰值数据速率有望达到 10 Tbit · s^{-1}。

（2）用户体验数据速率为 1 Gbit · s^{-1}，是 5G 的 10 倍。在某些情况下（例如室内热点），有望提供高达 10 Gbit · s^{-1} 的用户体验数据速率。

（3）空中延迟为 10 ～ 100 μs，且具有高移动性（≥ 1000 km · h^{-1}）。这将为超高速铁路和航空等场景提供良好的用户体验质量（Quality of Experience，QoE）。

（4）连接密度是 5G 的 10 倍。6G 的设备连接密度达到 10^7 台 · km^{-2}。对于在热点等场景下，区域流量容量可达 1 Gbit · s^{-1} · m^{-2}。

（5）能量效率是 5G 的 10 ～ 100 倍，频谱效率几乎是 5G 的 5 倍。

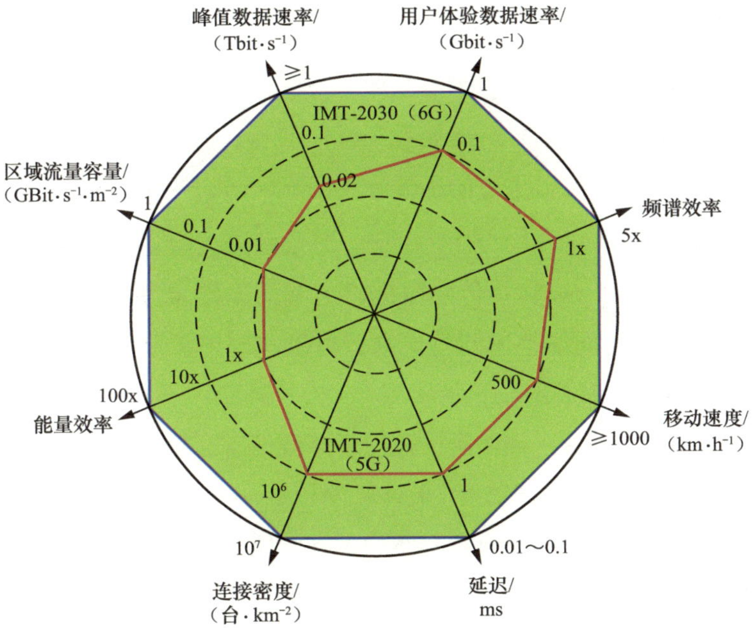

图 6-5　6G 网络的关键技术指标 [6]

6G 技术的强大优势将为智能传感领域带来巨大机遇，提供更为丰富的应用场景 [8]。

（1）工业 4.0。工业 4.0 的主要目标是减少工业过程控制系统和通信技术对人为干预的需求。传感技术是实现工业自动检测和自动控制的重要技术，可通过监视和控制生产过程中的参数，使设备工作在正常状态或最佳状态，获得最好的产品质量。6G 可为工业互联网提供极低延迟（约 10 μs）的通信，为获得 AR/VR 工业应用（如用于培训、检查）的微秒延迟和每秒千兆位峰值数据速率提供可能。通过网络物理系统和 IoT、IoE 服务进行制造业的数字化转型，突破实际工厂和网络计算空间之间的界限，使基于互联网和 AI 的诊断、维护、操作和直接的机器通信成为一种经济高效的方式 [9]。

（2）视觉传感。无线摄像机将被大量部署以作为传感器。随着 AI 和机器视觉的发展及人和物体（或更广泛地说，自动从图像和视频中收集信息）识别能力的增强，摄像机可能成为用于任何地方的通用传感器，视觉信息会极大拓宽传感的信息来源 [10]。

（3）多感官全息网。6G 技术可以近实时地处理大量数据，拥有极高的数据吞吐量（约 $Tbit \cdot s^{-1}$）和低延迟，支持用于触觉和触觉互联网的全息和高精度通信，以提供完整的感官（即视觉、听觉、味觉和触觉）体验。全息技术使人们跨越空间距离，真正实现“天涯若比邻”。

（4）海量设备连接。从 2023 年到 2030 年，移动流量预计增长 10 倍，将移动设备的数量推向极限——设备连接密度达 10^7 台 · km^{-2}（5G 为 10^6 台 · km^{-2}），2030 年全球移动设备将超过 1250 亿台 [6]。海量的个人设备、传感器、车辆等需要高效、稳定的连接。6G 将为传感器提供足够的连接能力，为每台设备提供持久的连接。此外，6G 网络整体能效更高，可以实现可扩展的低成本部署，对环境的影响更小且覆盖范围更广。

（5）智能穿戴与医疗。6G 通过智能可穿戴设备、植入式纳米设备和纳米传感器进行低功耗体内通信，构建纳米物联网（Internet of Nano-Things）和身联网（Internet of Bodies）[11]，甚至依靠全新的大脑传感器来驱动机器。人们可以随身携带多个可穿戴设备，彼此无缝地工作，从而提供自然、直观的人机交互。同时，通过大量可穿戴设备对健康人群和病人的生理参数（体温、血糖、脉搏、心电图等）进行“7 × 24 小时”监控。这些设备产生的大量、全方位数据通过 6G 技术快速、实时传至远程医护人员手中，为医疗保健领域带来革命性变化。

（6）全自动运输系统（自动驾驶等）。全自动运输系统的发展提供了更安全的出行和更好的交通管理。系统中的每个运载工具不断增加的传感器数量要求匹配极高的数据传输速率（每小时产生 Tbit 级 [12]），且数据需要实时上传至网络。连接自动驾驶汽车的网络需要前所未有的可靠性和低延迟水平（即达到 99.99999%

的可靠性和 1 ms 以内的延迟），且在超高移动性场景下（最高 1000 km/h）也要确保稳定连接。6G 技术无疑为该领域发展铺平了道路。

| 6.2　6G 应用中的传感材料 |

AI 和 IoT 的快速发展对多种传感信号（如力学传感信号、温度传感信号、湿度传感信号、气体传感信号、声波传感信号、生物传感信号等）提出了需求。6G 为智能传感提供了高速和海量的连接支持，给智能传感领域带来了巨大的发展潜力。智能传感器的设计一方面依赖结构设计，另一方面依靠材料的发展。新材料的应用为智能传感带来了革命性的变化。下面按照传感信号分类，介绍基本传感机理和典型传感材料。

6.2.1　力学传感

力学传感器是将力学信号转换为电学信号的器件，主要包括应变传感器和应力传感器。应变传感器用于检测变形信号，例如柔性应变传感器直接安装在皮肤上，测量由呼吸、心跳、身体关节弯曲和肌肉活动引起的皮肤变形所引起的应变。应变传感器可以实现个性化健康监控、提供友好的人机交互界面和机器人运动监控。而应力传感器特别是压力传感器在工业领域和人体运动与健康监测（如血压）等方面具有重要应用。

力学传感器的主要参数包括应变灵敏度和量程。应变灵敏度通常用灵敏系数或应变计因子（GF）来表征：

$$\mathrm{GF} = (\Delta R/R_0)/\varepsilon \tag{6-1}$$

式中，ΔR 为电阻变化，R_0 为无应变时的初始电阻，ε 为应变。压力传感器灵敏度 PS 可表示为

$$\mathrm{PS} = (\Delta R/R_0)/\Delta P$$

其中，ΔP 为压力变化。

力学传感的实现方式有以下 4 种：压阻型、电容型、压电型和离子–电子型（见图 6–6）。

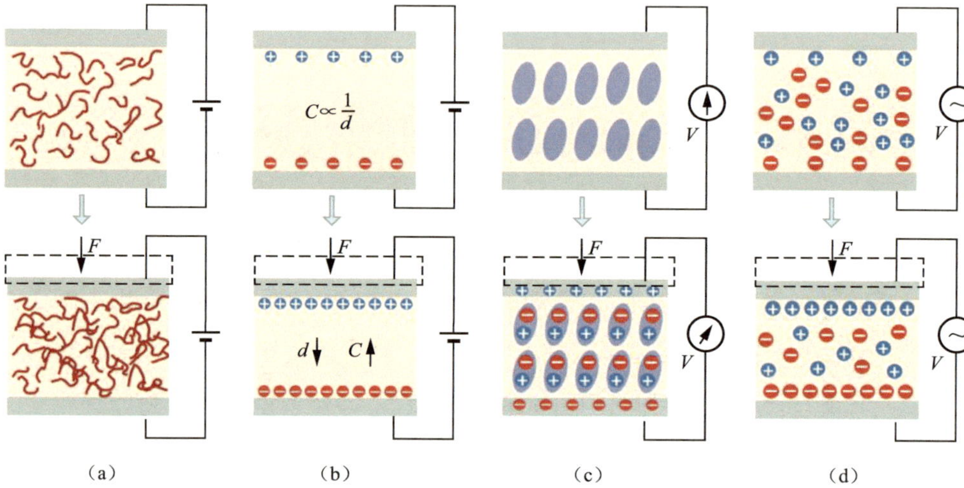

图 6–6　力学传感机理 [13]
（a）压阻型；（b）电容型；（c）压电型；（d）离子–电子型

1. 压阻型力学传感器

当导电材料发生机械变形时，其导电性能会发生变化。这种机–电响应称为压阻效应，如图 6–6（a）所示。由于泊松效应，在拉伸变形过程中，材料会在垂直于伸长的方向上收缩。因此，材料的电阻 R 发生变化：

$$R = \rho L / A \tag{6–2}$$

式中，ρ 为电阻率，L 为长度，A 为导体的横截面积。压阻效应由于其直接的读数方式、高灵敏度和简单的设备设计而广泛用于力学传感。

商用金属应变片电阻变化完全由机械变化产生，GF 一般小于 2。半导体材料的 GF（如微机电系统中的晶体硅）可高达 200，其电阻变化主要源于材料电阻率的变化。金属应变传感器受其低 GF 的限制，而半导体压敏电阻受限于其高刚性和易碎性。

在金属薄膜中引入微裂纹可以显著提高应变传感的 GF[14, 15]。例如，Kang 等 [15] 报道了一种具有纳米裂纹的铂薄膜超高灵敏度应变传感器，其裂纹结构受蜘蛛的裂纹状狭缝器官的启发而设计，如图 6–7 所示。当发生应变时，微裂纹结变大，从而增加了传感器的电阻，在 0% ～ 2% 应变范围内获得了高达 2000 的 GF。

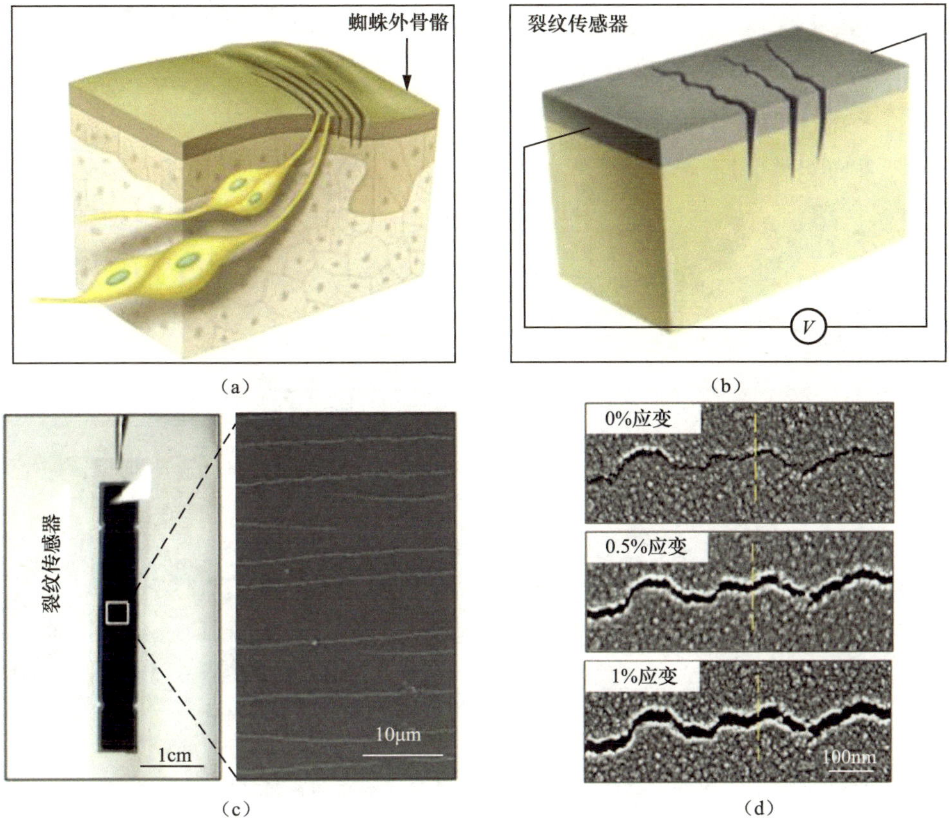

图 6-7　仿生裂纹应变传感器 [15]

（a）蜘蛛狭缝器官示意；（b）裂纹传感器示意；（c）裂纹传感器及裂纹照片；（d）0%、0.5%、1% 应变下的裂纹

利用导电填料（如金属纳米线、纳米粒子、炭黑、碳纳米管、石墨烯等）的断裂和隧穿电流机制同样可以设计高性能应变传感器 [16-18]。例如，Amjadi 等 [17] 开发了基于银纳米线（AgNW）的应变传感器（见图 6-8），在两层聚二甲基硅氧烷（Polydimethylsiloxane，PDMS）之间嵌入 AgNW 薄膜，形成三明治结构。发生拉伸应变时，AgNW 之间的搭接相互断开，使电阻增大。该传感器可实现 2 ～ 14 的 GF，最大应变达 70%，且具有良好的线性响应，可用于手势识别。此外，在 PDMS 喷涂上的导电碳纳米管（CNT）后制备的应变传感器可探测高达 500% 的应变，GF 为 1.75[19]。

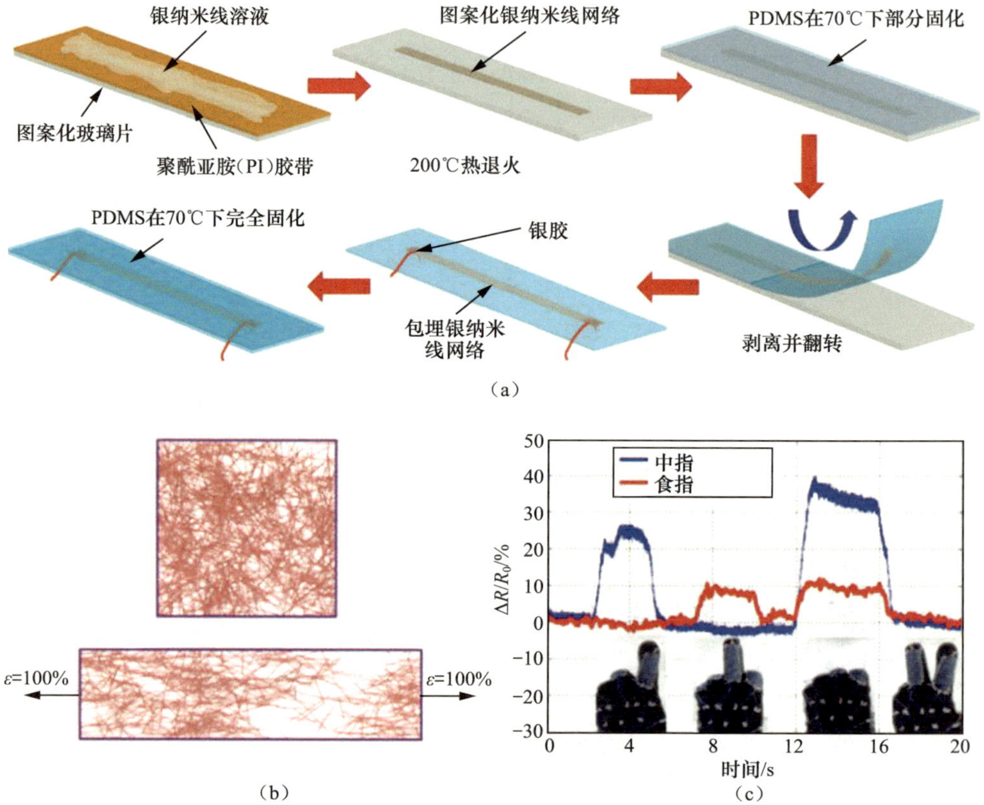

图 6-8　基于 AgNW- 弹性体的应变传感器[17]

（a）器件制备流程；（b）拉伸应变下导电网络变化；（c）应变传感器用于手势识别

石墨烯是用于开发柔性应变传感器的理想材料之一。石墨烯本身的拉伸能力有限（约为 7%）[20, 21]，大多数基于石墨烯的应变传感器是将石墨烯作为导电填料，通过和弹性体结合在一起制成[22-25]。例如，将石墨烯混入橡胶中，可以得到 GF 为 35 的应变传感器[24]，而将石墨烯添加到轻度交联的聚硅氧烷中，可实现高于 500 的 GF[22, 25]。此外，通过特殊结构设计也可以获得高性能石墨烯应变传感器。例如，Yang 等[26]开发了一种 CVD 制备的石墨烯编制网结构，其在宏观上是由石墨烯条带形成的编制结构，微观上由石墨烯微晶片相互搭接而成，通过变形调整石墨烯晶片之间的接触状态以改变晶片间的接触电阻，获得了 GF>500 的高灵敏应变传感性能。

为了探测大应变，液态金属和水凝胶材料被用于构建高拉伸应变传感器[27-29]。Kim 等[27]开发了一种基于共晶铟镓（EGaIn）和有机硅的应变传感器［见

图 6–9（a）]，利用有机硅构建流道，注入导电的液态 EGaIn，该应变传感器最大可拉伸应变达 700%。水凝胶材料具有出色的透明性、生物相容性和自愈特性，Cai 等[29] 将 CNT 加入硼酸/聚乙烯醇（PVA）溶液中凝胶化，设计了基于 CNT/水凝胶的自愈应变传感器［见图 6–9（b）］，可承受高达 1000% 的拉伸应变，GF 为 1.51。导电 CNT/ 水凝胶具有高愈合速度（<3.2 s）和高自愈效率（98% ± 0.8%）。

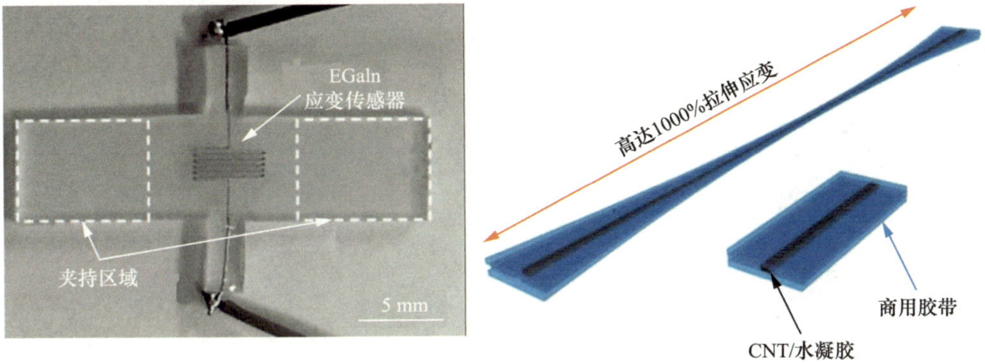

（a）　（b）

图 6–9　大应变压阻型力学传感器

（a）基于 EGaIn 和有机硅的应变传感器[27]；（b）基于 CNT/ 水凝胶的自愈应变传感器[29]

压阻型力学传感器往往需要特殊的结构设计以提高器件的灵敏度。构建多孔结构有助于提高在外压力下接触电阻的变化。Pan 等[30] 利用中空球微结构聚吡咯（Polypyrrole）构建了高灵敏的压阻型力学传感器［见图 6–10（a）］。该空心微球结构赋予聚吡咯低弹性模量。在压力作用下，微孔与电极之间的接触面积增加，微球密实化，导电通路显著增多，从而实现超高灵敏压力检测。此外，通过优化两电极或电极活性材料界面同样可以提高压阻型力学传感器的灵敏度。Chung 等[31] 利用具有微角锥形阵列结构的导电弹性体复合材料制备了高灵敏的柔性压阻型力学传感器［见图 6–10（b）］，此传感器采用 PEDOT:PSS 和聚氨酯分散体（PUD）复合材料作为可拉伸电极，涂敷在具有微角锥形阵列的 PDMS 上。当受到压力时，这种结构的接触电阻会发生显著变化，因此此传感器可用于探测 20 Pa 的微小压力。

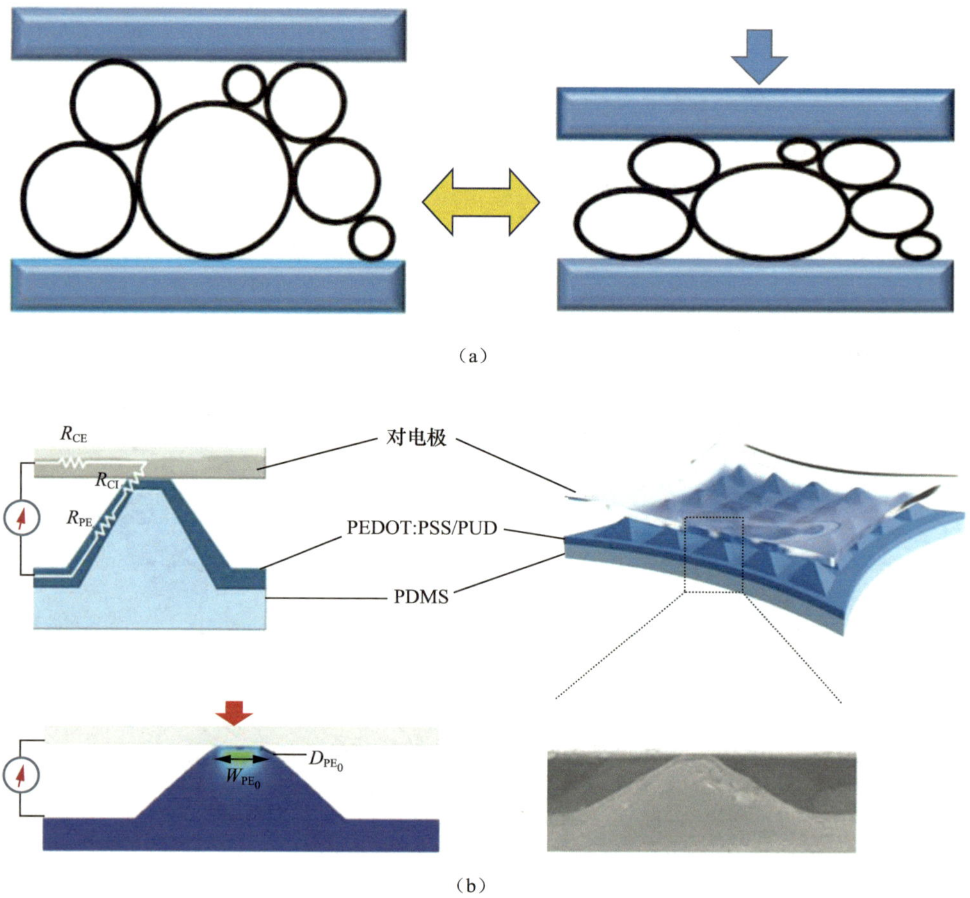

图 6-10　压阻型力学传感器
（a）多孔结构压阻型力学传感器[30]；（b）微角锥结构压阻型力学传感器[31]

2. 电容型力学传感器

电容型力学传感是一种适用于探测微小力学信号的传感机制，具有良好的灵敏度、低功耗和自适应传感配置，在消费电子触摸屏领域中广泛应用。平板式电容是主流传感器设计，其电容变化为

$$C = \varepsilon A / d \tag{6-3}$$

式中，ε 为平板间隙的介电常数，A 和 d 分别表示两块板之间的重叠面积和距离。当距离、重叠面积或介电常数因外部负载而改变时，电容发生变化。电容型应变传感器通常通过将弹性体电介质层夹在填充有导电颗粒的弹性体电极之间来组

装。电容型应变传感器的导电电极通常使用炭黑[32]、AgNW[33]、CNT[34, 35]和离子液体[36]等材料。

Bao 等[34]开发了一种基于 CNT 薄膜聚合物膜的柔性电容型压力和应变传感器，如图 6–11（a）～图 6–11（d）所示。在弹性 PDMS 表面喷涂透明导电的 SWCNT 薄膜，再与柔性可降解塑料（Ecoflex）复合形成电容结构。当受到压力或拉伸应变时，该传感器介电层厚度变小，电容值变大，可响应高达 150% 的应变。电容响应随压力和应变呈线性变化如图 6–11（c）和图 6–11（d）所示。通过两层正交图案化设计，可得到 8 像素 ×8 像素的 64 像素点电容阵列，如图 6–11（b）和图 6–11（e）所示。由于拉伸应变会影响沿应变轴的所有像素单元，而压力仅仅影响加载位置附近的像素单元，因此该器件可以将应变引起的电容变化与压力引起的电容变化区分开来。Shintake 等[32]利用炭黑填充的弹性体为电极构建了电容应变传感器（GF 值为 0.83 ～ 0.98），可以在高达 500% 的应变下工作如图 6–11（f）和图 6–11（g）所示。通过测试电极之间介电层的电容变化来探测应变变化，当发生应变时，应变扩大了电极的面积并减小了介电层的厚度，从而使电容增加。

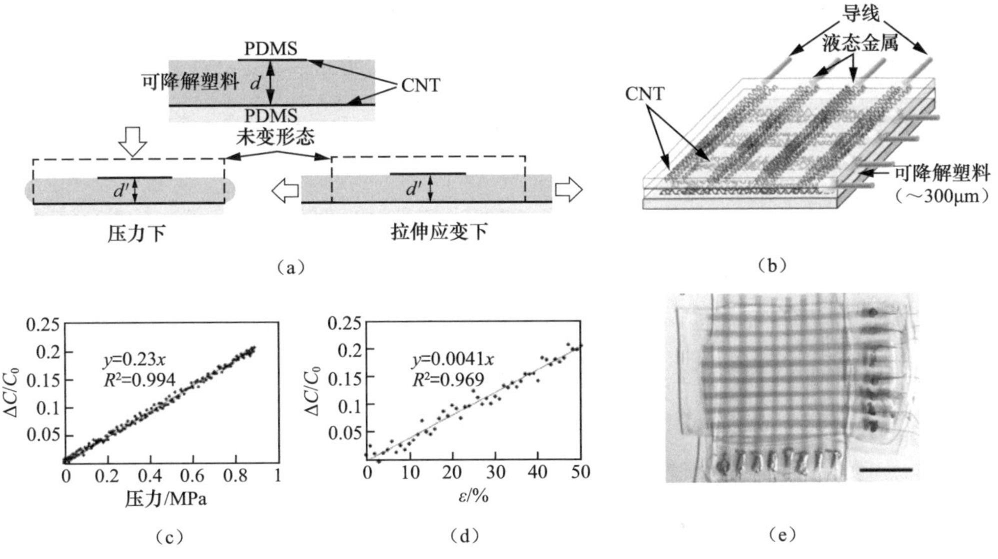

图 6–11 电容型力学传感器

（a）CNT 薄膜聚合物膜的柔性电容型压力和应变传感机理[34]；（b）64 像素电容阵列；（c）压力传感性能；（d）应变传感性能；（e）器件实物

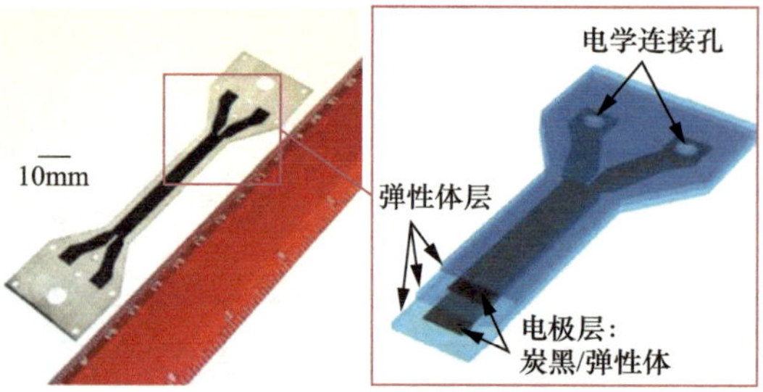

（f）

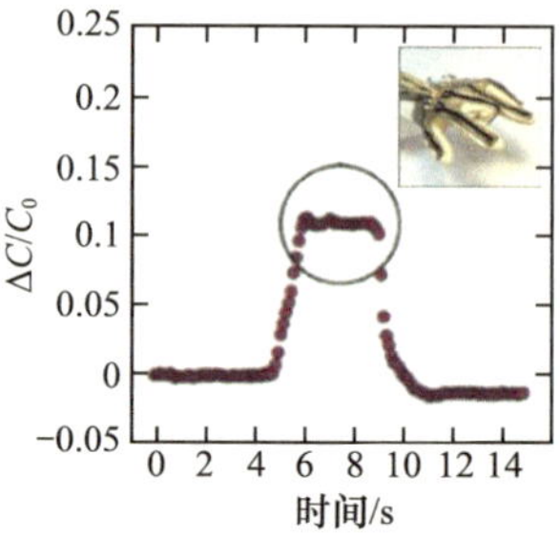

（g）

图 6-11　电容型力学传感器（续）

（f）炭黑填充弹性体电容型应变传感器的实物；（g）应变传感器用于手指运动检测[32]

3. 压电型力学传感器

压电型力学传感器的传感机制为压电效应。当对压电材料施加应力或应变时，材料内部的极化发生变化，导致材料的表面电荷（电压）发生变化。可用于压电型力学传感的材料主要包括锆钛酸铅（PZT）[37, 38]、氧化锌（ZnO）纳米线[39]和聚偏二氟乙烯–三氟乙烯共聚物（P(VDF-TrFE)）等[40]。

Wu 等[41]基于 $ZnSnO_3$ 纳米线开发了一种压电型应变传感器，显示出高灵敏度（GF 达 3740），如图 6–12（a）和图 6–12（b）所示。$ZnSnO_3$ 的晶体中 Zn 离子和 Sn 离子分别位于 ZnO_6 和 SnO_6 的八面体结构中，沿 c 轴的阳离子序列为 Zn-Sn-空位-Zn-Sn-空位（从左到右）。当平行施加拉伸或压缩力（F）时，离子电荷沿 c 轴变化而产生极化。铟掺杂的 ZnO 纳米带压电应变传感器显示出高达 4036 的 GF[42]，$Al_xGa_{1-x}N$ 薄膜合金压电应变传感器的 GF 可达 712[43]。但是，无机压电传感器的拉伸性往往有限，而有机压电材料具备更好的柔性。Persano 等[40]基于 P(VDF-TrFE) 纳米纤维的压电效应开发了柔性压力传感器，如图 6–12（c）和图 6–12（d）所示。当纤维径向受力时，基于压电效应，P(VDF-sTrFE) 轴向产生极化，从而形成电势差（电压），最小可探测压力为 0.1 Pa。

4. 离子–电子型力学传感器

引入离子–电子界面传感机制可有效解决低灵敏度和高寄生噪声的问题，显著改善器件的灵敏度和信噪比。基于双电层（EDL）结构的超级电容器一直用于储能设备中，通常具有非常大的表面积，以提高电容能量密度。当 EDL 用于柔性力学传感器中时，具有较大的表面积和比类似尺寸的传统平行板电容器至少高

1000 倍的电容值。这一传感机制可以更好地消除环境或人体电容性噪声（数百 pF[44]），这对于可穿戴力学传感器至关重要。

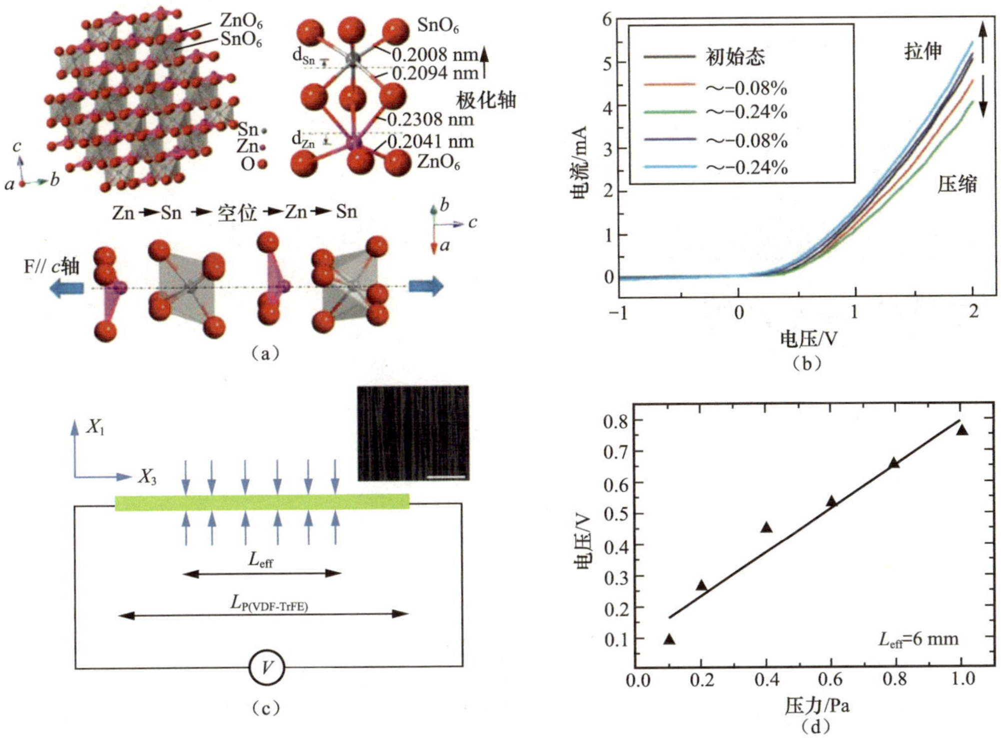

图 6-12 压电型力学传感器

（a）$ZnSnO_3$ 晶体结构；（b）$ZnSnO_3$ 应变传感器在不同压力下的电流-电压特性[41]；（c）P(VDF-TrFe) 纳米纤维的压电效应原理；（d）P(VDF-TrFe) 纳米纤维在不同压力下的电压[40]

Nie 等[45]基于 EDL 结构设计了一种离子-电子压力传感器［见图 6-13（a）和图 6-13（b）］。将纳升级离子液体液滴密封在具有图案化透明电极的两个柔性基板之间。离子液体液滴与电极的直接接触构建了 EDL，该 EDL 具有较高的界面电容（约为 10 μF · cm^{-2}）。在外力作用下，柔性基板发生变形，导致液滴与电极接触处的周向膨胀，增大的接触面积导致相应电容变化。由于 EDL 的超高单位面积电容，在 3 mm × 3 mm × 0.2 mm 的空间内，可以实现 0.43 nF · kPa^{-1} 的器件灵敏度和 33 Pa 的最小可检测压力。采用类似的方法，Li 等[46]在慢性静脉疾病测量中引入基于 EDL 的离子-电子压力传感器阵列来确定压力分布，构建了实时测量的可穿戴健康监测设备［见图 6-13（c）和图 6-13（d）］。此外，

EDL 电容传感单元也被用于三维接触力检测[47][见图 6–13（e）和图 6–13（f）]。通过结构设计，在加载法向或剪切载荷时，传感器发生均匀或不均匀变形，通过检测每个单元中界面电容的变化，可以确定外力的加载方向和大小。该器件利用 5 mm × 5 mm 空间封装微流体，实现了 29.8 nF · N^{-1} 的灵敏度。

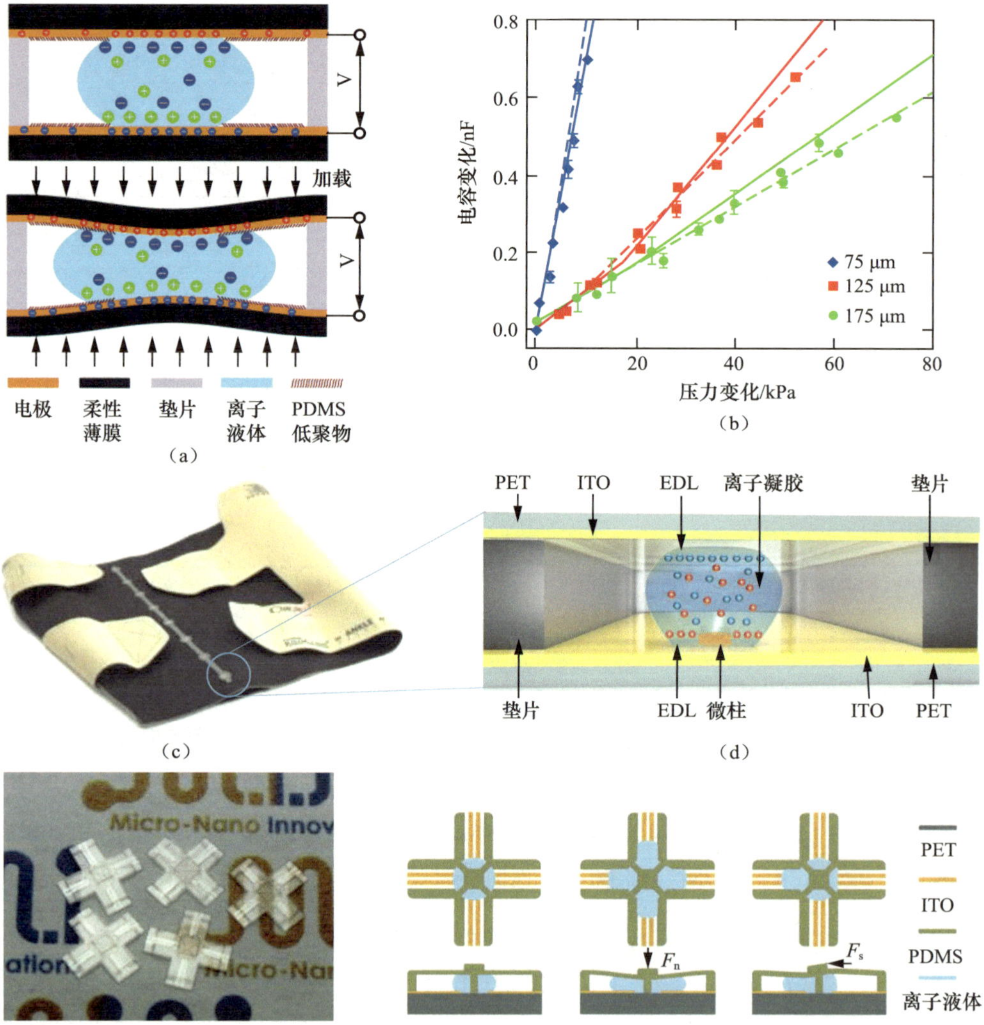

图 6–13 离子–电子型力学传感器

（a）基于 EDL 的压力传感器示意；（b）传感器在不同压力下的电容变化[45]；（c）基于 EDL 的离子–电子压力传感器阵列的可穿戴健康监测设备实物；（d）基于 EDL 的离子–电子压力传感器阵列的可穿戴健康监测设备的结构示意[46]；（e）用于三维接触力检测的 EDL 电容传感单元实物；（f）用于三维接触力检测的 EDL 传感单元的结构示意[47]

6.2.2 温度传感

温度是重要的环境参数，人体温度更是健康最重要的生理参数之一。温度传感器可以分为两大类：接触式温度传感器和非接触式温度传感器。非接触式温度传感器一般采用红外线技术测量物体表面的热辐射，如红外测温仪。接触式温度传感器可进一步分为两类：电学型和非电学型。非电学型接触式传感器通常使用固体、液体和气体的物理特性变化来指示温度（如水银温度计）。电学型接触式传感器通常利用温度改变其电学性能来测温，主要包括金属电阻型温度传感器、热敏电阻型温度传感器、热释电型温度传感器等类型。下面主要介绍电学型接触式传感器。

1. 金属电阻型温度传感器

金属电阻型温度传感器（Resistance Temperature Detector，RTD）基于金属的电阻随温度的变化机理，通过测量电阻来估计金属的温度。通常，金属的电阻随温度的升高而线性增加：

$$R = R_0[1 + \alpha(T - T_0)] \tag{6-4}$$

式中，R 为传感器在温度 T 下的电阻，R_0 为传感器在参考温度下的电阻，α 为电阻温度系数，T 为传感器温度，T_0 为参考温度。传感器灵敏度用电阻温度系数（Temperature Coefficient of Resistance，TCR）（即 α 值）来描述。

金属电阻型温度传感器通常使用金属材料制备，如 Au[48]、Ag[49]、Ni[50, 51]、Cu[52]、Pt[53] 和 Mg[54] 等。Kim 等 [53] 设计了一种“蛇形”的铂结构，并采用这种结构制成温度传感器，与手术缝合带结合用于伤口诊断。这一传感器的电阻随温度线性变化（2.7 Ω · ℃$^{-1}$）。通过动物体内实验证明，该传感器具有生物相容性。类似地，Webb 等 [48] 采用“蛇形”的金结构开发了一种超薄的温度传感器阵列，可贴附于皮肤表面［见图 6–14（a）］。该器件可以实时测量人体皮肤温度的细微变化，这些变化可能源于心理刺激、物理刺激、血管收缩和扩张［见图 6–14（b）和图 6–14（c）］。喷墨打印提供了一种低成本且可设计性强的传感器制备方法。Mattana 等 [55] 提出了一种使用喷墨打印和银纳米颗粒墨水来制备温度传感器的方法。该器件的 TCR 为 0.00299℃$^{-1}$，线性灵敏度为 0.122 Ω · ℃$^{-1}$。在 PI 上使用光刻技术制备的 Cr/Au 传感器的 TCR 为 0.0000263℃$^{-1}$，线性灵敏度为 0.388 Ω · ℃$^{-1}$，二者的温度传感性能相当。与其他金属相比，镍具有更好的稳定性和更高的 TCR。Turkani 等 [51] 通过在柔性 PI 基板上丝网印刷镍墨水，制造了一种可在 – 60 ～ 180 ℃的宽温度范围内工作的温度传感器，TCR 为 0.0044 $℃^{-1}$。当前，环境友好的生物可降解材料越来越受到关注，Salvatore 等 [54] 制造了一种生物可降解的电阻型温度传感器［见图 6–14（d）］。该传感器完全由生物可降解材料（如 Mg、SiO_2 和氮化物）及柔性聚合物（如 Ecoflex）组成。镁薄膜（250 nm）夹在 Si_3N_4 和 SiO_2 层之间（总厚度约为 16 μm），再由 Ecoflex 进行封装。传感器对温度具有线性响应，TCR 为 0.002 $℃^{-1}$，响应时间为 10 ms［见图 6–14（e）］。当器件置于 25 ℃的盐溶液（150 mmol NaCl）中时，67 天后可以完全降解［见图 6–14（f）］。

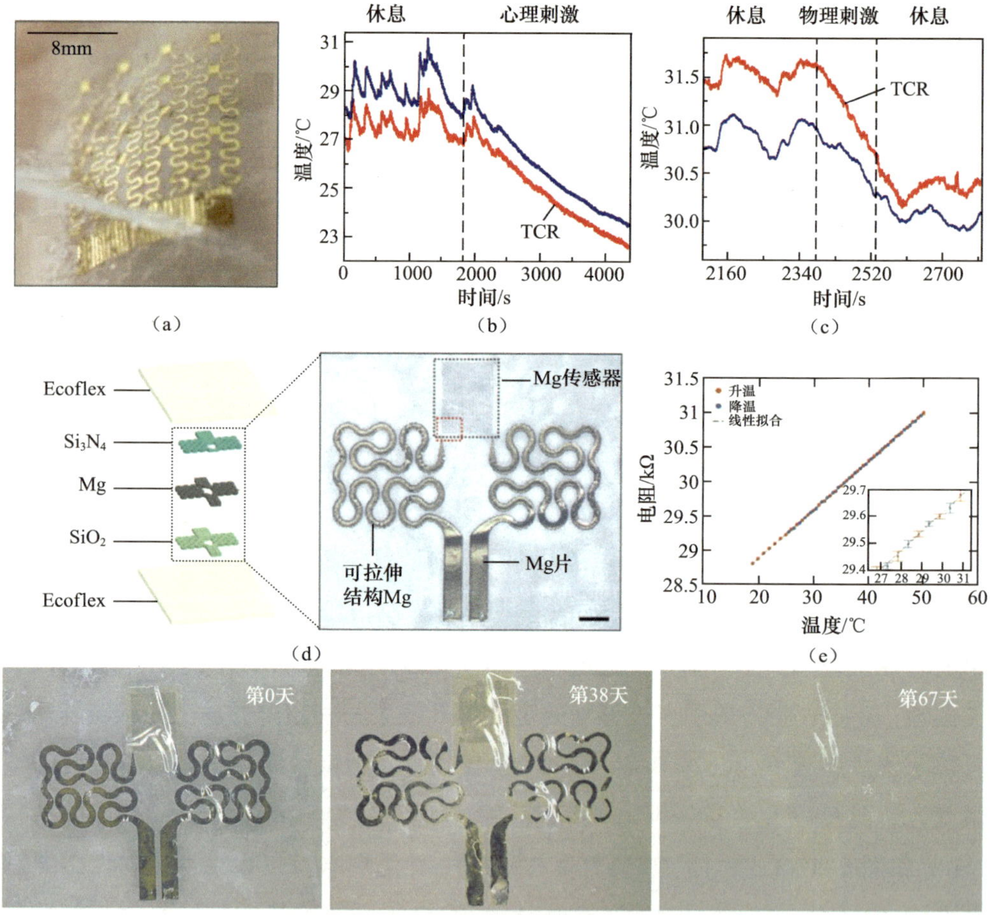

（f）

图 6–14　金属电阻型温度传感器

（a）“蛇形”的全结构温度传感器实物；（b）心理刺激时检测的温度变化；（c）物理刺激时检测的温度变化 [48]；（d）生物可降解电阻型温度传感器的结构示意；（e）生物可降触电阻型温度传感器电阻–温度关系；（f）生物可降解电阻型温度传感器降解过程 [54]

2. 热敏电阻型温度传感器

热敏电阻是由半导体材料制成的随温度变化的电阻器件。热敏电阻分为两类：负温度系数（Negative Temperature Coefficient，NTC）热敏电阻和正温度系数（Positive Temperature Coefficient，PTC）热敏电阻。在 NTC 热敏电阻中，电阻随着温度的升高而减小，而 PTC 热敏电阻的电阻随温度升高而增大。热敏电阻型温度传感器的电阻通常随温度非线性变化：

$$R = R_0 \exp(B/T) \tag{6-5}$$

式中，R 为温度 T 时的电阻，R_0 为温度 $T = \infty$ 时的电阻，B 为热指数。非线性变化的热敏电阻型温度传感器与金属电阻型热敏传感器相比具有更高的精度，但可测量的温度范围有限。

热敏电阻常用材料包括石墨烯[56, 57]、CNT[58]、石墨[59]、PEDOT:PSS[60]、聚苯胺[61]等。石墨烯是带隙为零的半金属，电阻率与温度的关系表现为半导体行为（以由热激活的电荷载流子为主，电阻随温度升高而减小）和金属行为（以电荷载流子散射为主，电阻随温度升高而增大）的综合作用。在不同的器件和测量条件下可能得到不同的结果，且与石墨烯的结晶度、层数、载流子密度等因素密切相关。对于高载流子密度的石墨烯，通常显示金属行为，而对于费米能级接近狄拉克点（电荷中性）的样品，通常呈现出半导体行为。对于用化学法制备的石墨烯（如 RGO），其电阻随温度变化一般与半导体类似。Yan 等[62]开发了一种基于石墨烯的柔性热敏电阻［见图 6-15（a）和图 6-15（b）］，利用热还原石墨烯构建了“蛇形”导电通路，用高导电的 AgNW 作为可伸缩电极，其热敏电阻与温度呈非线性关系，热指数为 847 K。Liu 等[56]利用丝网印刷和喷涂技术制备了用于机器人皮肤的温度传感器［见图 6-15（c）～图 6-15（e）］。该传感器由 4 层组成，即敏感层（RGO）、绝缘层（高温透明胶带）、导电银线和 PET 基板。该器件在 30 ～ 100 ℃的温度范围内的灵敏度为 0.006345 $℃^{-1}$，响应时间为 1.2 s。此外，An 等[60]使用 PEDOT:PSS 制造了一种温度传感器，在 30 ～ 45 ℃的温度范围内近似线性响应，TCR 为 0.0003 $℃^{-1}$，可以识别手指触摸造成的温度升高。Hong 等[61]利用聚苯胺纳米纤维制备了温度传感器阵列，在 15 ～ 45 ℃温度范围内具有 0.001 $℃^{-1}$ 的高电阻灵敏度和 1.8 s 的响应时间，且具有温度空间分辨能力。

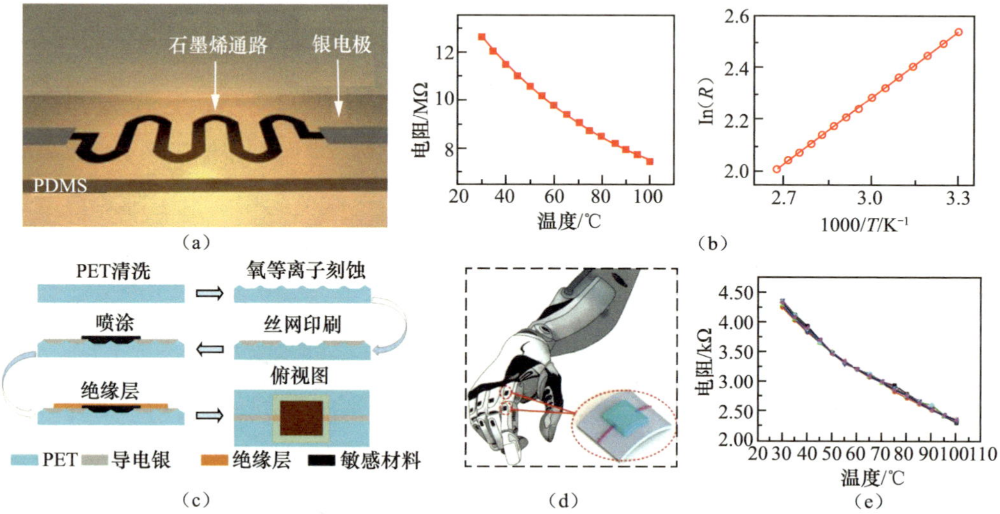

图 6–15 热敏电阻型温度传感器

（a）石墨烯柔性热敏电阻 [62] 的实物图；（b）石墨烯柔性热敏电阻的电阻–温度关系；（c）利用丝网印刷和喷涂技术制备 RGO 温度传感器 [56] 的流程；（d）用于机器人皮肤的温度传感器；（e）用于机器人皮肤的温度传感器的电阻–温度关系

3. 热释电型温度传感器

热释电现象是指在自发极化的晶体中，当晶体受热或冷却时，温度变化导致自发极化强度变化，沿晶体某一方向产生表面极化电荷的现象［见图 6–16（a）］。这种现象将温度波动转换为电能，利用热释电效应构建自供电的温度传感器。热释电效应通常发生在不具有对称中心和自发极化的单晶、陶瓷或聚合物中 [63]。

钽酸锂（$LiTaO_3$）和钛酸钡（$BaTiO_3$）是典型的热电材料，其晶体具有固有极性。Yang 等 [64] 利用锆钛酸铅微米/纳米线制备了热释电型传感器［见图 6–16（b）～图 6–16（d）］，在室温下，传感器的最小检测温度变化为 0.4 K，输出电压约为 6 mV，响应时间为 0.9 s。

有机热电材料具有比较好的柔性，基于 PVDF 薄膜的热释电温度传感器可用于检测人类呼气造成的 5 ℃左右的温度波动 [65]［见图 6–16（e）～图 6–16（g）］。在温度变化为 21.5 ～ 33.5 ℃时，其产生的开路电压为 42 V，短路电流为 2.5 μA。将 PVDF 和 ZnO 结合在一起，可制成厚度仅为 80 μm 的纳米结构热释电型温度传感器 [66]，用于检测 20 ～ 120 ℃范围内的温度变化。

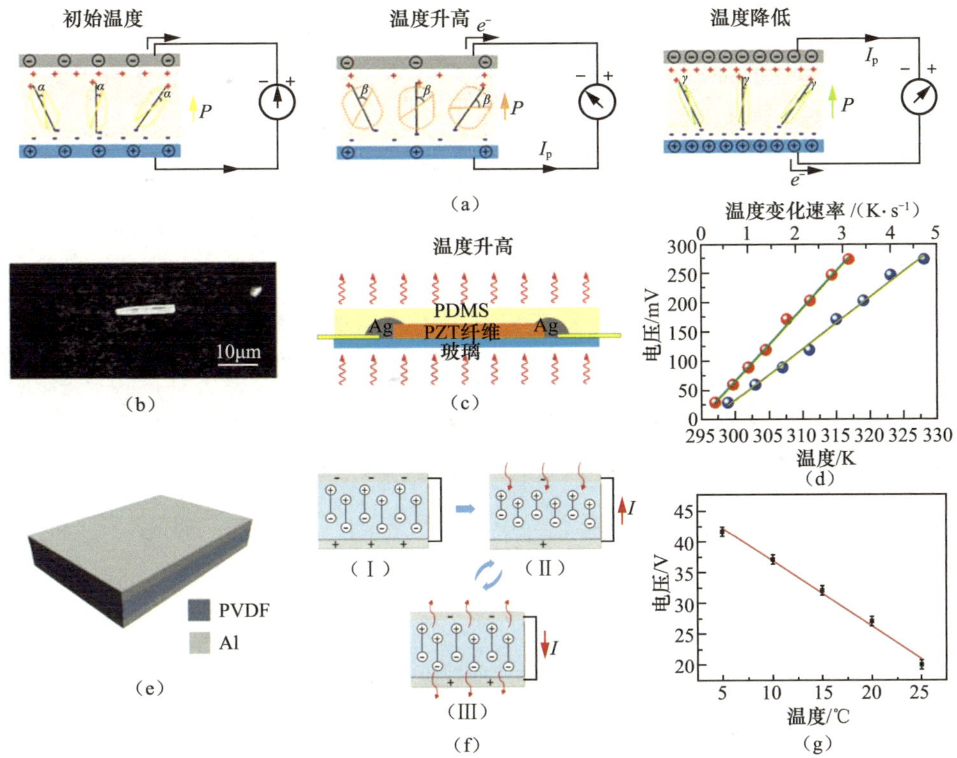

图6-16　热释电型温度传感器

（a）热释电型温度传感机理；（b）锆钛酸铅形貌及热释电型温度传感器；（c）结构；（d）温度响应[64]；（e）PVDF热释电温度传感器的结构示意；（f）传感机理；（g）电压-温度关系[65]

6.2.3　湿度传感

湿度是生物生存环境中的重要参数，湿度检测在农业、医药、电子等领域中具有重要意义。相对湿度（Relative Humidity，RH）是最常用的表示空气中湿度水平的指标，是空气中水蒸气量（或水汽压）相对于相同温度和气压下饱和所需的水蒸气量（或饱和水汽压）的百分比。RH是一个相对测量值，且取决于温度。湿度传感主要依靠敏感材料与水分子间的相互作用，湿度传感器主要包括电阻型和电容型两种类型。

1. 电阻型湿度传感器

电阻型湿度传感器通过传感材料在不同湿度下的电阻变化来检测湿度，所使用的敏感材料包括CNT[67, 68]、石墨烯[69, 70]、SnO_2/PANI[71]和有机水凝胶[72]等。电阻型湿度传感主要有以下 3 种机制。

（1）水分子掺杂作用。在 SnO_2[73] 等半导体材料和石墨烯中，水分子通过掺杂效应调控载流子密度，使其电阻发生变化。Smith 等 [69] 研究了转移到 SiO_2 表面的石墨烯的湿敏特性［见图 6-17（a）～图 6-17（c）］，其电阻随相对湿度升高而降低。电阻变化源于水分子的吸附和脱附，当水分子吸附到石墨烯表面时，石墨烯的空穴载流子密度显著提高，导电性增强。含有缺陷的 SiO_2 可以在水分子吸附时进一步提高掺杂效果，从而提高石墨烯的空穴载流子密度。

（2）Grotthuss 机制 [74, 75]。利用亲水性材料（如 GO、亲水性高分子等）吸附水分子，水分子在吸附后发生解离，形成 H^+ 和 OH^-。随着湿度增加，更容易产生质子。在水分子形成多层吸附后，相邻水分子间的质子发生跳跃（$H_2O + H_3O^+ \rightarrow H_3O^+ + H_2O$）而快速迁移，导电性大大提高。Duan 等 [75] 开发了一种廉价和环境友好的纸基湿度传感器［见图 6-17（d）～图 6-17（f）］，纸的主要成分是纤维素，其多羟基结构具有很好的亲水性。随着湿度增加，水分子逐渐吸附在纸上。水分子在吸附的第一阶段中，通过氢键吸附在—OH 基团上。此时，由于纤维素中氢键的限制，质子迁移比较困难，电阻较高。随着水分子继续在纸张表面吸附，第二层水分子物理吸附于第一吸附层的水分子上，水分子更容易无序排列，质子通过 Grotthuss 机制在水吸附层中运动，导电性大大提高。该传感器在低湿度下（7.2 ～ 72.0%RH）电阻没有明显变化，但当湿度超过 72.0%RH，导电性增加且呈非线性响应。Li 等 [74] 利用聚乙烯醇（PVA）/ 氢氧化钾（KOH）复合物制备了多孔膜，在室温下随着 RH 增加（从 10.89% 增至 81.75%），其电导率增大了 70 倍以上。因为水分子吸附导致大量水分子电离形成质子，以 Grotthuss 机制快速传输，KOH 也会转移到水吸附层中形成电解质溶液，所以大大提高了吸附层的导电能力。

（3）溶胀效应。高吸湿性高分子在吸附大量水分后会发生溶胀。当高分子中存在导电粒子时，高分子溶胀将改变导电通路，从而导致电阻变化。Zhou 等 [76] 开发了一种基于 CNT 和 PVA 复合材料的纤维状柔性湿度传感器［见图 6-17（g）～图 6-17（i）］，CNT 在 PVA 中形成导电网络。该纤维具有很好的柔性，可混纺到棉布上。在高湿度条件下，PVA 分子发生溶胀，CNT 间距增大，导电网络的导电性显著降低。

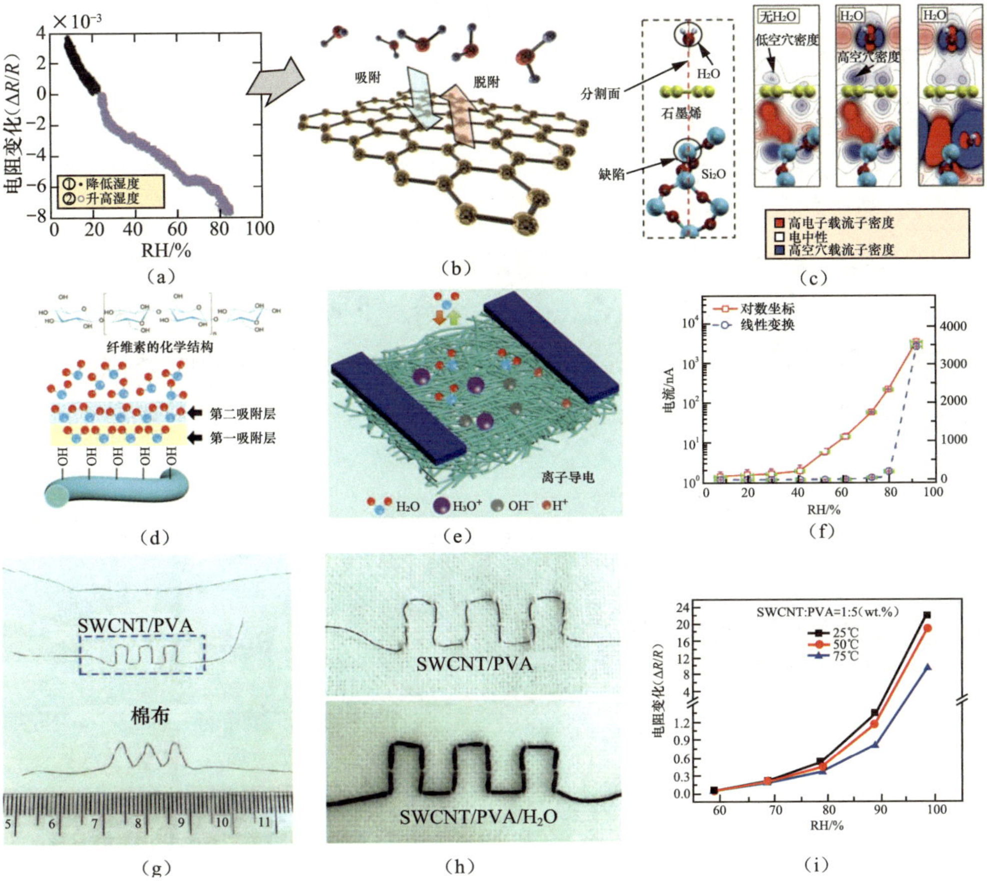

图 6-17　电阻型湿度传感器

（a）基于掺杂效应的石墨烯湿度传感器的湿度响应[69]；（b）水分子吸附示意；（c）分子动力学模拟；（d）基于 Grotthuss 机制的纤维素湿度传感器[75]的水分子吸附；（e）传感原理；（f）电流随湿度响应；（g）基于溶胀效应的 CNT/PVA 湿度传感器[76]；（h）形貌变化；（i）电阻响应

2. 电容型湿度传感器

电容型湿度传感器主要利用湿度变化来改变电容的介电常数。水的相对介电常数（约为 80）远高于常用的电介质材料，因此当湿度升高时，其电容显著升高。

电容型湿度传感器常用材料包括用于介电层的 GO[77, 78]、亲水性聚四氟乙烯（H-PTFE）[79] 等和用于电极的金属材料（如 Cr/Au、AgNP[55] 等）。Mattana 等[55] 使用两种方法开发了电容型湿度传感器［见图 6-18（a）～图 6-18（c）］，其中一种方法是利用光刻法采用 Cr/Au 在 PI 基板制备图案化电极，另一种方法是利用喷墨打印机采用含 AgNP 的墨水在 PI 基底上印刷电极。在 25 ～ 85%RH 的湿度范围内，采用光刻图案的传感器和喷墨打印的传感器的灵敏度分别为 0.0075 pF · $\%RH^{-1}$ 和 0.00042 pF · $\%RH^{-1}$。Park 等[79]以 H-PTFE 为电介质制备了一种电容型湿度传感器［见图 6–18（d）、图 6–18（e）］。通过 NaOH 处理破坏了 PTFE 中部分 C—F 键，产生少量 C—OH 键，使薄膜亲水性提高，传感器的灵敏度和响应线性度均有所改善，灵敏度为 1.778 nF · $\%RH^{-1}$（45 ～ 90%RH），响应时间为 3 ～ 4 s。使用 GO 薄膜作为湿敏材料［见图 6–18（f）］制备的电容型湿度传感器具有超高的灵敏度，当湿度从 15%RH 变为 95%RH 时，其电容增大 37800%[78]。

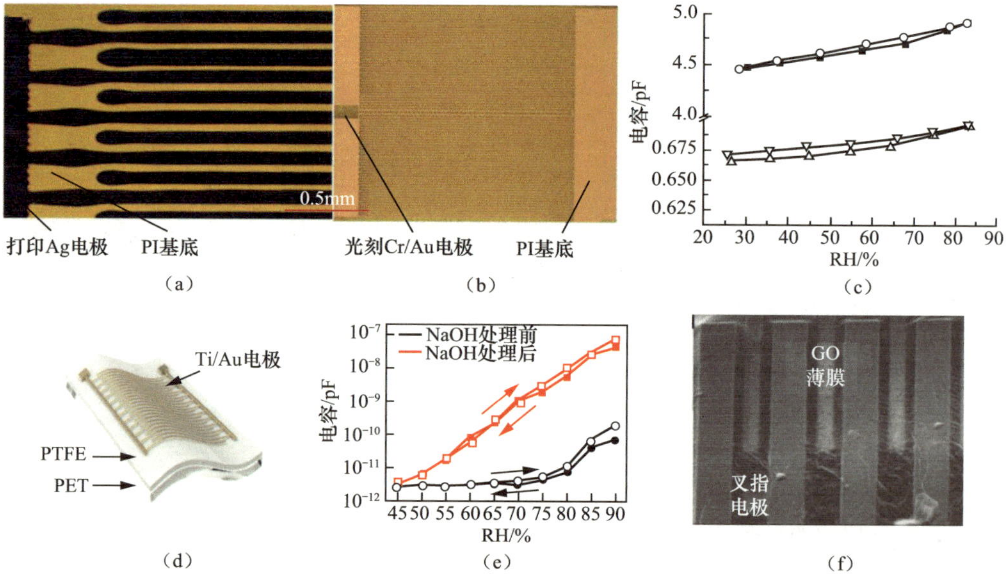

图 6–18　电容型湿度传感器

（a）基于喷墨打印机的电容型温度传感器；（b）基于光刻电极的电容型湿度传感器；（c）电容–湿度响应[55]；（d）基于 H–PTFE 电介质的电容型湿度传感器[79]结构示意；（e）电容–湿度响应；（f）基于 GO 薄膜的电容湿度传感器[78]

6.2.4　气体传感

气体传感作为智能系统中的典型应用，在工业、环境、医疗等领域越来越受到关注[80]，具体应用包括：（1）工业有毒、有害气体和管道泄漏检测；（2）汽车工业尾气排放；（3）医疗诊断（如电子鼻模拟人类嗅觉系统）；（4）空气质量监测（如一氧化碳检测）；（5）环境监测（如温室气体检测）等。

1. 气体传感的基本原理[80, 81]

化学电阻型气体传感器：化学电阻型气体传感器由覆盖传感材料的一对或几对电极组成，具有简单的结构和工作原理，是应用最广泛的传感器之一。为了扩大电极之间的接触面积，同时保持电极间隙足够狭窄，通常使用交叉指型电极[见图 6-19（a）]。在器件上施加恒定的电流或电势，在吸附或解吸气态分析物时，传感材料因电阻或电导率发生变化而输出信号。

FET 气体传感器：最简单的 FET 由两个电极（源极和漏极）、半导体传感层及栅极组成[见图 6-19（b）]。当施加源极-漏极电压时，电流流经传感层，通过施加栅压对载流子进行调制。当气体与传感层相互作用时，电流发生变化。另外，阈值电压和亚阈值摆幅也可以用来作为输出信号[82]。

电容型气体传感器：电容型气体传感器由两个平行电极及电介质传感材料层组成[见图 6-19（c）]。气体在传感材料上吸附后，介电常数发生改变。对于基于聚合物的传感材料，气体引起的溶胀造成电极之间 d 或 A 变化，导致电容变化。

电感型气体传感器：电感型气体传感器是基于由电容和电感器组成的谐振（LC）电路来实现气体探测的。如图 6-19（d）所示，电感器由两个螺旋线圈平行并联排列构成，间距为 d。夹在两个线圈之间的传感材料通常为聚合物，当气体吸附时发生膨胀或收缩。总电感 L_{total} 表示为

$$L_{total}=L+M_v(d) \tag{6-6}$$

式中，L 为两线圈的总自感，$M_v(d)$ 为线圈之间的互感。由于 $M_v(d)$ 为 d 的函数，因此 L_{total} 的变化反映了传感材料在气体诱导下的尺寸变化。电感型气体传感器最大的优势是可以与外部线圈耦合并进行无线检测。

光学气体传感器：光学气体传感器主要基于光学方法来进行气体检测，具有高灵敏度、高选择性和高稳定性等优点。红外（IR）光谱气体传感器利用分子吸收光谱的原理，因为每种气体对不同波长的红外辐射有独特的吸收特性，所以具有独特的吸收指纹。如图 6-19（e）所示，一个红外光谱气体传感器由 3 个部分组成：红外源、气体室和红外检测器。当红外源发出一定波长范围的宽带辐

射后，待测气体以特定方式吸收辐射。通过分析被吸收的红外辐射特性，即可实现气体检测。

量热型气体传感器：量热型气体传感器用于检测可燃气体或与空气导热率有显著差异的气体，分为催化型和热导率型两类。催化型传感器通过测量气体催化、氧化产生的热量检测可燃气体，而热导率型传感器基于气体的热导率差异来检测气体。感测器件是载有催化剂的陶瓷“小球”［见图 6-19（f）］。当气体通过感测器件时，气体的某些特性（如燃烧焓、热导率）导致温度变化，利用铂温度传感器或热敏电阻来检测温度变化，从而实现气体检测。由于很多气体可能具有相似的燃烧焓或热导率，因此量热型气体传感器的选择性较差。

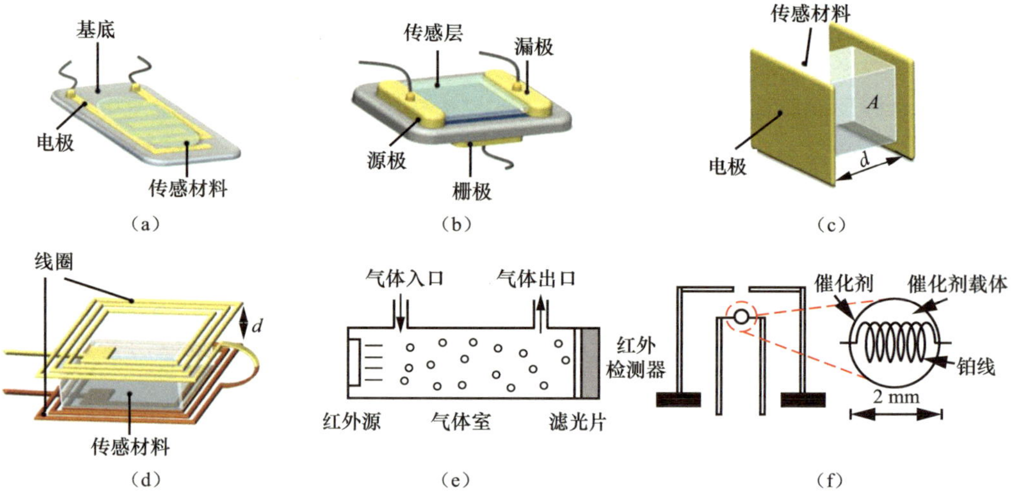

图 6-19　气体传感器的常见类型 [80, 81]

（a）化学电阻型气体传感器；（b）FET 气体传感器；（c）电容型气体传感器；（d）电感型气体传感器；（e）红外光谱气体传感器；（f）量热型气体传感器

气相色谱仪：气相色谱（Gas Chromatography，GC）是一种常用的气体传感方法。气相色谱仪由五大系统组成：气路系统、进样系统、分离系统、温控系统、检测记录系统。其中，色谱柱用于分离混合的气体组分，分离后的组分通过检测器进行鉴别。常用的气相色谱检测器有火焰光度检测器（FPD）、脉冲火焰光度检测器（PFPD）、硫化学发光检测器（SCD）和原子发射检测器（AED）等。气相色谱通常成本很高，其小型化和便携化仍然是难点。

2. 典型气体传感材料 [83]

金属氧化物：金属氧化物是应用最广泛的气体传感材料之一，包括 NiO、SnO_2、Fe_2O_3 和 ZnO 等。金属氧化物通过气体分子与传感材料之间的氧化还原反应实现目标气体的检测。在此过程中，金属氧化物表面吸附的氧气具有关键作用。氧分子从金属氧化物中提取电子，以阴离子的形式吸附于金属氧化物表面，产生耗尽区。对于 n 型金属氧化物，当暴露于氨气（NH_3）或一氧化碳（CO）等还原性气氛中时，其表面吸附的氧气将与还原性气体作用，产生自由电子并注入半导体中，从而导致耗尽区变薄，传感层的电导率随还原性气体的含量成比例地增加［见图 6–20（a）］。p 型金属氧化物正好相反，注入半导体的电子与空穴复合，半导体中的空穴浓度降低，使金属氧化物的电导率降低［见图 6–20（b）］。金属氧化物在室温下电导率较低且表面活性较差，因此通常需要在高温（如 150 ～ 400 ℃）下工作。

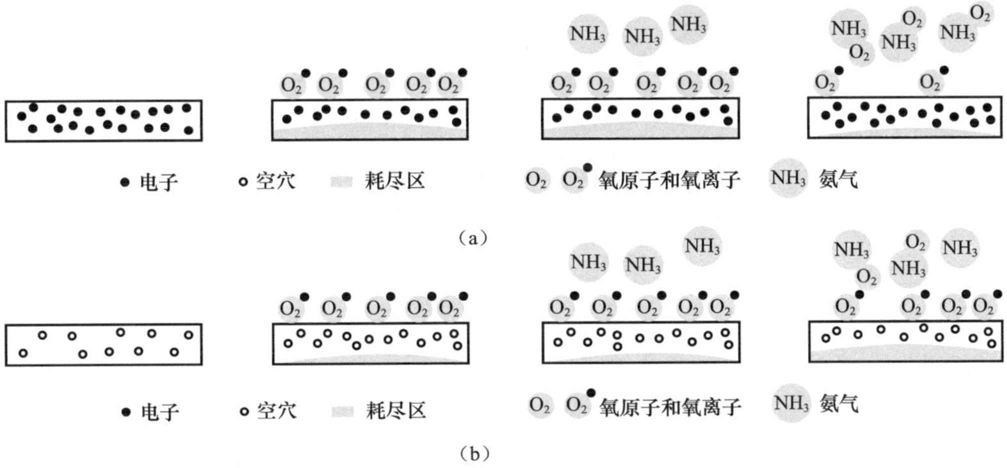

图 6–20　金属氧化物气体传感器传感机理 [83]

（a）n 型金属氧化物气体传感器；（b）p 型金属氧化物气体传感器

SnO_2 是最常用的气体传感金属氧化物之一，是一种宽带隙（3.6 eV）n 型半导体。其对 NH_3、NO_2、CO、H_2O 和 CO_2 等气体敏感，通常在 200 ～ 400 ℃下工作。ZnO 也是一种宽带隙（3.4 eV）n 型气敏半导体，具有良好的热学和化学稳定性，可在高温（约 500 ℃）下工作。TiO_2 常用于中高温（400 ～ 600 ℃和

700 ～ 1000 ℃）下的氧气检测。

导电聚合物：导电聚合物一般具有良好的柔性，其电导率受各种有机和无机气体影响，因此可用于气体传感。聚苯胺、聚吡咯、聚噻吩和聚（3,4- 乙烯二氧噻吩）（PEDOT）是气敏导电聚合物材料。聚合物在进行可逆的掺杂后，成为导体或半导体。某些气体与聚合物之间的化学反应可以改变其掺杂水平，从而使聚合物传感层电导率发生变化。

CNT：CNT 是一种重要的气体传感材料，在常温下对乙醇蒸气、NH_3、CO_2 和气相氮氧化物（NO_x）等气体敏感。CNT 通过范德瓦耳斯力或施主–受主相互作用与目标气体产生相互作用。CNT 作为 p 型半导体，其与电子施主（如 NH_3）或电子受主（如 NO_2、O_2）相互作用时，电阻会发生变化［见图 6–21（a）］。CNT 具有大比表面积，可增加敏感材料与气体之间的接触，从而提高气体传感的灵敏度，缩短响应时间。此外，对 CNT 进行官能团、聚合物和贵金属改性，可进一步提高其传感器性能。

二维材料：石墨烯及其衍生物、TMDC、h-BN、BP 和二维过渡金属碳化物和氮化物 MXene 等二维材料也具有优异的气体传感性能。二维材料具有单层原子结构，具有很大的比表面积，可提供丰富的活性位点，尤其在边缘和表面缺陷处[84]。Novoselov 等[85]报道了石墨烯在室温下可实现单个气体分子的检测。石墨烯超强的气体分子检测能力源于以下几点：（1）石墨烯中的碳原子皆为表面原子，均可与目标分子产生相互作用；（2）石墨烯因其导电性而具有较低的热噪声，少量载流子变化也会引起其电导率的明显变化；（3）二维晶体结构使其能更好地屏蔽电荷波动，具有较低的 $1/f$ 噪声；（4）在气体检测过程中利用四探针法测量石墨烯的电学性能，可有效消除接触电阻的影响。石墨烯暴露于 NO_2 和 NH_3 时，电阻率变化明显不同［见图 6–21（b）］。NO_2 为电子受体，吸附在石墨烯上后导致石墨烯掺杂水平提升，从而提高其电导率。相反，NH_3 为电子给体，会降低石墨烯中的载流子密度，从而降低其电导率。通过构建缺陷结构[86]、引入掺杂剂（如含氧基团[87]、杂原子[88]、有机基团[89, 90]、金属[91]或金属氧化物[92]纳米颗粒）可进一步优化石墨烯的气体传感性能。

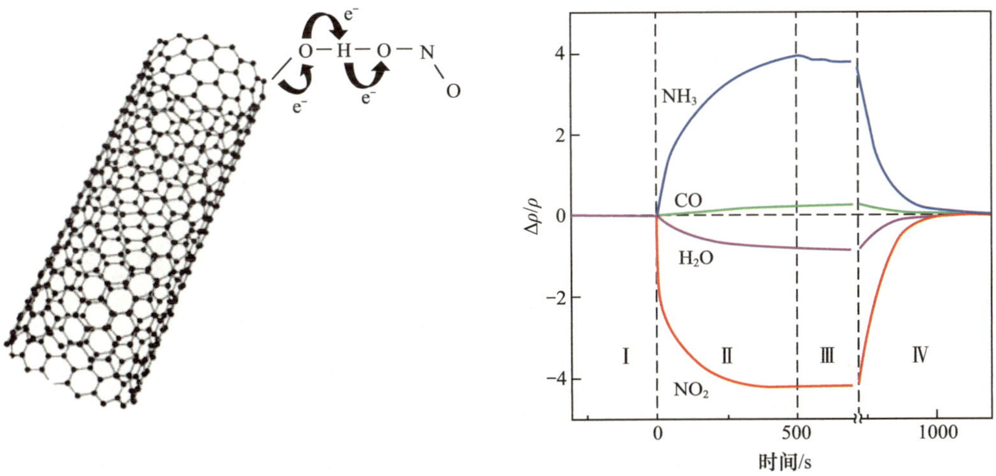

（a）　　　　　　　　　　（b）

图 6-21　纳米碳材料气体传感器

（a）CNT 气体传感机理示意[83]；（b）石墨烯对不同气体的响应[85]

6.2.5　声波传感

声波传感器相当于人的耳朵，是检测声音信号的器件。在医疗方面，对于中度或重度听力障碍患者，声波传感器可将声音信号转化为电信号，进而刺激听觉神经，使患者恢复听觉。此外，当声波在材料表面传播时，其传播路径上任何物理特性的变化都会影响声波的速度或振幅。这种变化可以通过声波传感器检测声音的频率或相位特性来表征，从而建立与待测物理特性之间的联系。因此，声波传感器可用于测量多种其他物理参数，如距离、流体速度、材料特性、化学成分等，也适用于导航、成像（如测距和目标识别）和产品质量测试。声音信号本质上是一种振动信号，其检测机理主要有以下几类。

电阻变换型声波传感器：利用声波的振动造成敏感元件的电阻变化从而实现声波传感。电阻型传感器具有制造简单和低成本等优势。高灵敏度、高频率响应的电阻型声波传感器可通过捕捉振动信号进行声-力-电转换，从而实现声波传感。

静电型声波传感器：主要包括电容型和驻极体型。电容型声波传感器通常由两个平板导电板组成，一个固定在外壳上，另一个可相对于固定板移动，构成一个平板电容器。声波振动使可移动板运动，改变极板间距，极板上的电压随声波而变化。为了获得高灵敏度，极板通常使用薄且柔软的材料，以增强与空气的声耦合。驻极体型声波传感器利用驻极体片和金属片构成可活动的电容结构。驻极体表面带有恒定电荷，在金属片上产生感应电荷。当声波引起可活动极板运动时，所构成的电容发生变化，而驻极体上电荷不变，从而导致电容两端电压发生变化。

压电型声波传感器：压电型声波传感器通常使用压电材料，声波使压电材料产生机械振动，从而产生随声波变化的电压。

电磁变换型声波传感器：利用电磁感应原理，声波振动使磁体和线圈之间发生相对运动，从而产生随声音变化的感应电流。

高灵敏度、高频率响应的压阻应变传感材料可用于声波检测。具有高灵敏度的金属薄膜可用于声音信号的检测。如 6.2.1 节所述，Kang 等 [15] 报道的一种高应变灵敏度（GF=2000）纳米裂纹的铂金属薄膜，可用于检测声音信号引起的振动（见图 6–22）。当传感器贴附于小提琴上时，琴弦振动通过压阻传感器转换为电阻信号，经傅里叶变换后，得到声音的频率–强度分布图。如图 6–22（b）所示，小提琴演奏 E、A、D、G 弦音时，传感器分别记录下频率–强度分布。当演奏乐曲“爱的礼赞”（Salut d’Amour）片段时，声音信号同样被铂金属膜记录［见图 6–22（c）］。该裂纹传感器对环境噪声有很好的屏蔽能力，将传感器贴附于人体声带位置，分别在安静和嘈杂（噪声约为 92 dB）环境下，让朗读者分别说出 4 个英语单词“go”“jump”“shoot”和“stop”。采用裂纹传感器和商用驻极体电容麦克风同时记录声音信号，结果表明裂纹传感器记录的声音信号在有噪声的环境下依然非常清楚，而商用麦克风记录的声音信号受噪声的干扰严重［见图 6–22（d）、图 6–22（e）］。

纳米材料有望打破传统声学设备的尺寸限制，同时具有柔性和可穿戴的特点。已有研究利用纳米材料的压阻效应开发了多种声波检测传感器，使用的纳米材料包括石墨烯 [93, 94]、CNT[95]、金属纳米线 [96]、金属纳米颗粒 [97] 和 MXene[98] 等。例如，Wang 等 [94] 制备了一种基于石墨烯网的柔性可穿戴声音检测器。当传感器贴附于人体喉咙位置时，其电阻随着喉咙肌肉的运动而变化，从而区分人发音的各种单词、汉字和音调。

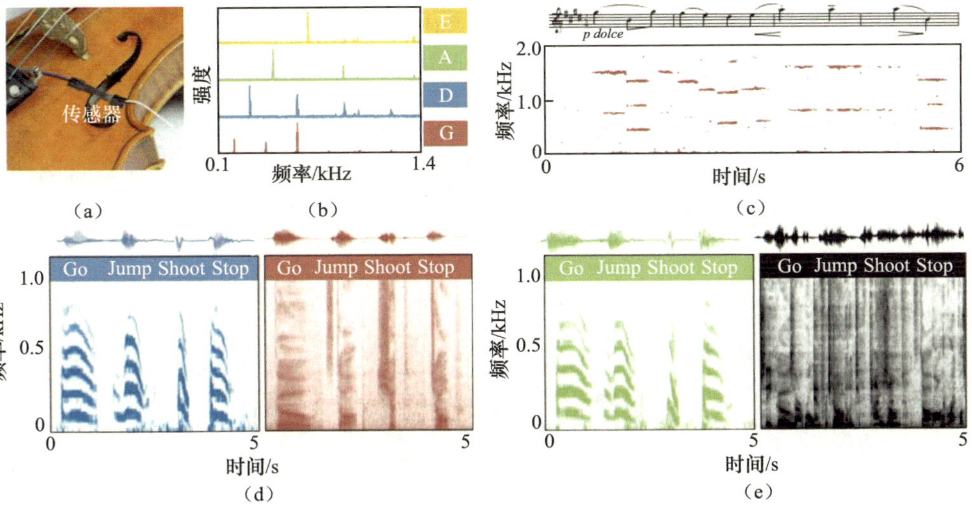

图 6–22 裂纹传感器用于声音和语音识别 [15]

（a）贴附于小提琴的传感器；（b）演奏 E、A、D、G 弦音采集的声音信号；（c）演奏乐曲片段时采集的声音信号；（d）、（e）安静和噪声环境下，裂纹传感器（左图）和商用麦克风（右图）记录的声音信号

压电材料是应用最广泛的声波传感材料之一，可实现传感器的自供电。无机压电材料具有出色的压电特性，是语音识别声波传感器中极具前景的材料。Han 等 [99] 通过模拟人的耳蜗基底膜［见图 6–23（a）］，利用压电 PZT 薄膜制备了一种高灵敏度、可调谐振频率的多通道柔性压电声波传感器［见图 6–23（b）］。通过改变 PZT 膜的宽度和厚度，得到了具有不同谐振频率的压电传感通道，从而实现对不同频率的声音信号的高灵敏检测［见图 6–23（c）］。多通道共振压电传感器以高灵敏度覆盖了 100 ～ 4000 Hz 的整个语音频带，其对 650 Hz 声音信号的检测灵敏度比商用电容式麦克风高 32 倍。尤其对于高频声音信号，多通道压电传感器相对商用电容式麦克风具有更强的声音探测能力［见图 6–23（d）］。Jang 等 [100] 利用压电氮化铝阵列制备了八通道多谐振频率的宽频响应（2.92 ～ 12.6 kHz）声波传感器，传感器尺寸约为 7 mm^2，适用于便携可穿戴设备。有机压电材料具有较好的柔性，包括聚偏二氟乙烯（PVDF）、聚偏二氟乙烯–共–六氟丙烯）（PVDF-HFP）和聚偏二氟乙烯–共–三氟乙烯）（P(VDF-TrFE)）等。Lang 等 [101] 使用 PVDF 静电纺丝纳米纤维作为声–电转换材料，制备了可探测中低频声音信号的声波传感器（见图 6–24），灵敏度达 266 mV · Pa^{-1}。在该传感器中，静电纺丝的压电纳米纤维层夹在涂覆电极的 PET 薄膜间。在传感器接收声波处

留有圆孔，裸露一部分压电敏感膜。当声波冲击声波传感器时，声波引起压电纤维网和 PET 片材的振动。通孔区域裸露的纳米纤维在平面内（V_1）和横断面方向（V_2）的振动与塑料薄膜覆盖的纳米纤维相比更加剧烈。压电纤维横断面振动直接产生压电电荷，而平面内振动使声波振动在整个设备中传播，这种非对称振动提高了声波传感的灵敏度。

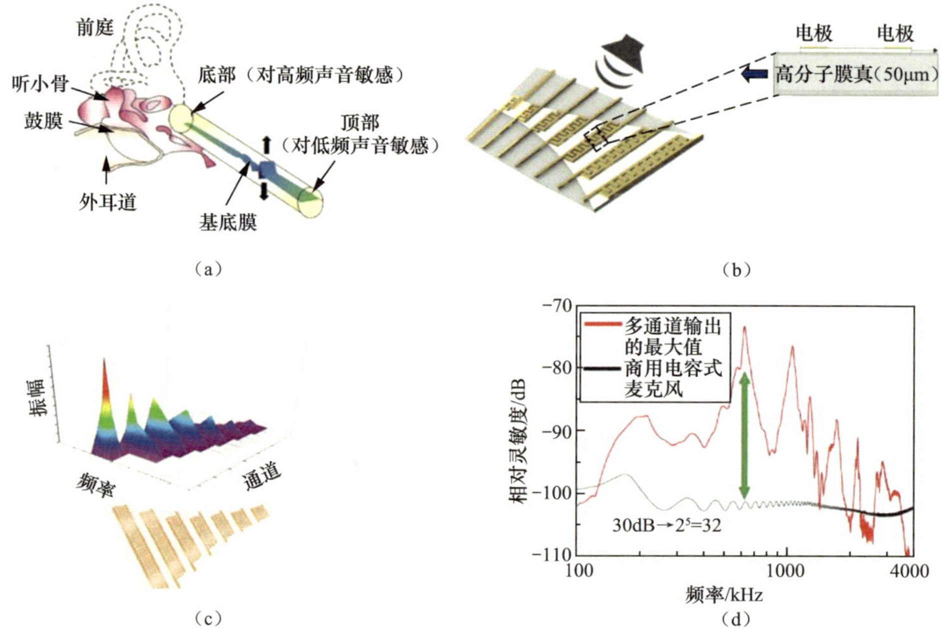

图 6-23　无机压电声波传感器

（a）人耳结构及基底膜示意；（b）基于 PZT 的多通道共振压电传感器结构；（c）不同通道的频率响应曲线；（d）多通道输出的灵敏度最大值与商用电容式麦克风的灵敏度的对比[99]

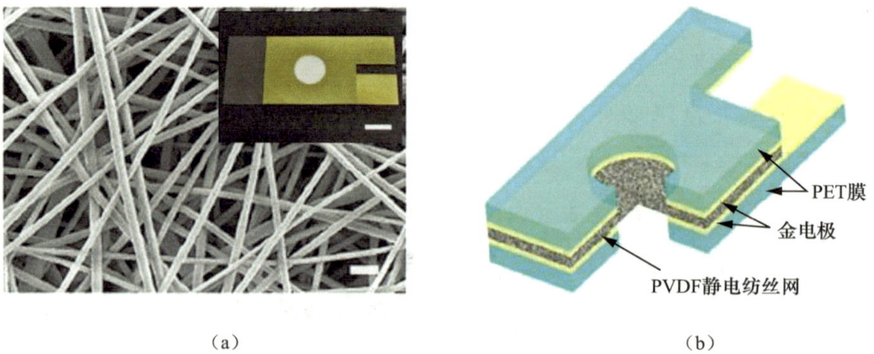

图 6-24　有机压电声波传感器

（a）PVDF 静电纺丝纳米纤维的 SEM 图像及声波传感器；（b）结构示意

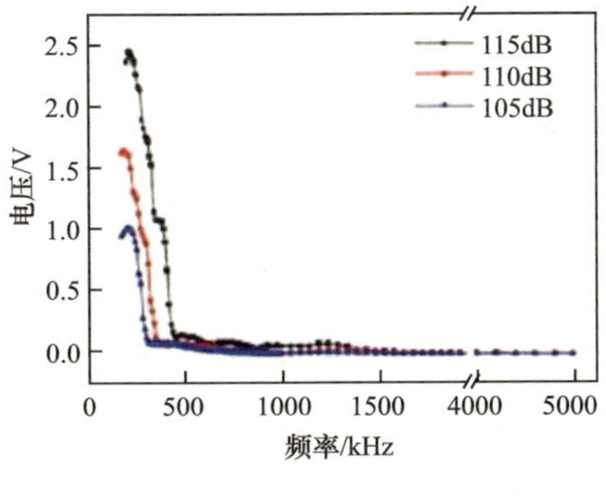

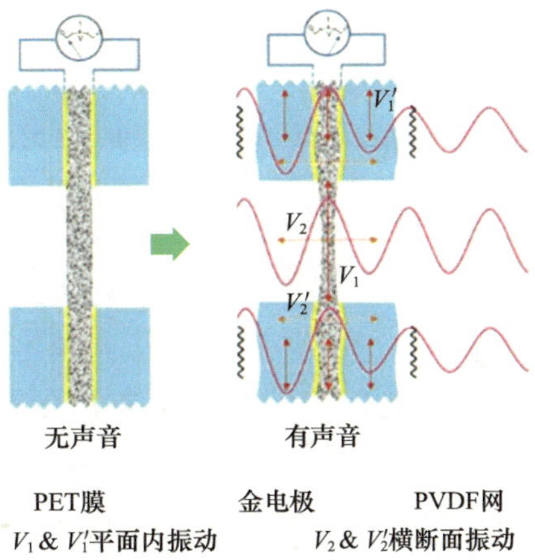

图 6-24　有机压电声波传感器（续）

（c）压电声波传感器对不同响度和频率声音信号的电压响应；（d）原理示意[101]

6.2.6　生物传感

生物体在生命活动过程中存在众多代谢反应，体表和体内的大量生物信号可以作为反映代谢状况的指标。生物传感器是将生物信号转化为电信号的器件，用于判断生物体的健康状况。生物传感器主要包括生物电传感器和生物化学传感器。

1. 生物电传感器

人的心肌细胞、脑细胞、肌肉细胞等在活动时会产生生物电，相应的电压信号在人体表面特定的位置检出。传统检测生物电信号的方法往往需要大型而笨重的设备，而由柔性材料构筑的可穿戴系统可对生物电信号进行高保真测量，包括心电图（ECG）、脑电图（EEG）、肌电图（EMG）、眼电图（EOG）、视网膜电图（ERG）等[13]。

生物电信号传感器通常贴附于人体表面，其记录信号的数据质量在很大程度上取决于电极-皮肤-身体界面的电阻抗。为了实现紧密贴合，常使用导电凝胶 Ag/AgCl 电极，但长时间使用后皮肤易干燥，接触阻抗变高，测试信号失真[102]。柔性的金属电极材料可以紧密贴附于皮肤表面而实现良好的接触，从而进行高保真生物电传感。惰性、生物相容的金可以最大限度减少与体液的化学反应，同时也可以减轻皮肤自身的免疫反应，已成为生物电信号传感的重要材料。例如，

Miyamoto 等[103]制备了一种超轻、可透气的金纳米网电极，用于 EMG 信号采集［见图 6–25（a）～图 6–25（d）］。首先通过静电纺丝制备 PVA 纳米纤维膜，之后通过磁控溅射在 PVA 纳米纤维上沉积一层 70 ～ 100 nm 厚的金。将沉积金的 PVA 纤维转移至皮肤表面，不断喷洒水使 PVA 完全溶解，干燥后金纳米网电极紧密贴附于皮肤上。金纳米网非常轻薄、透气性好，且长期佩戴不会引起皮肤免疫反应。在 100 Hz 频率下，金纳米网与皮肤的接触阻抗（140 kΩ）比传统 Ag/AgCl 凝胶电极（12 kΩ）略高［见图 6–25（c）］，但已满足 EMG 信号采集需求，测试的肌电信号与凝胶电极相当［见图 6–25（d）］。然而，常用的柔性金属电极材料（如金、银等）及基底材料（如 PDMS、Ecoflex）具有亲油性。由于人体皮肤表面常常含有油脂，电极表面容易污染，从而对测量造成干扰。通过对贵金属电极进行修饰，可减轻油脂影响。He 等[104]在金电极上接枝了含两性离子基团的超亲水聚 2- 甲基丙烯酰氧基乙基磷酰胆碱（PMPC），制备了耐油可水洗的 ECG 和 EMG 电极［见图 6–25（e）、图 6–25（f）］。结果表明，油脂的存在显著影响了 ECG 和 EMG 监测，接枝 PMPC 后金电极通过水洗恢复 ECG 和 EMG 监测的能力。

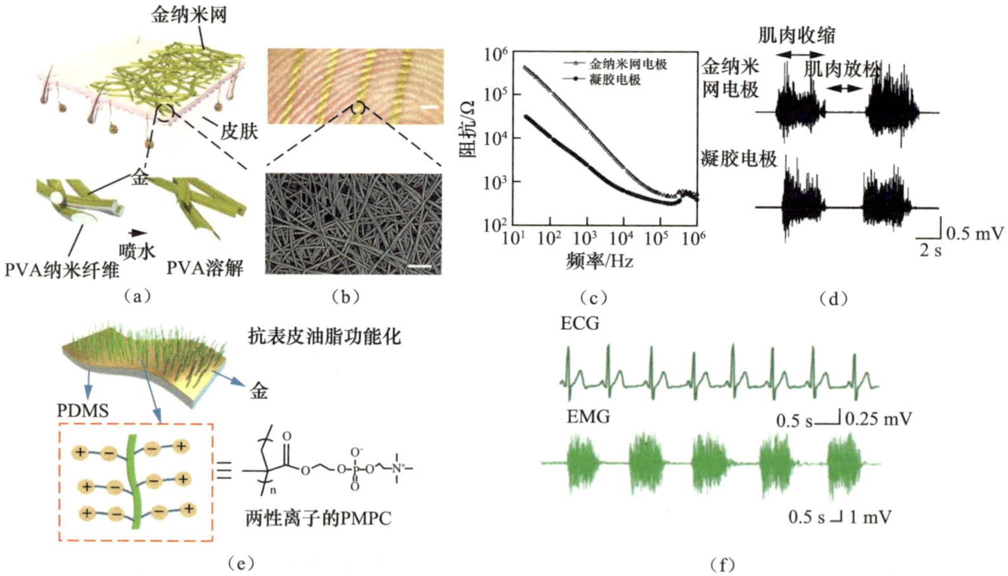

图 6–25　柔性金属电极的生物电传感

（a）金纳米网电极[103]贴附于皮肤表面的示意；（b）实物图（上）及微观形貌（下）；（c）金纳米网电极和传统凝胶电极与皮肤的接触阻抗；（d）肌电信号对比；（e）抗油污金电极[104]结构；（f）ECG 与 EMG 监测信号

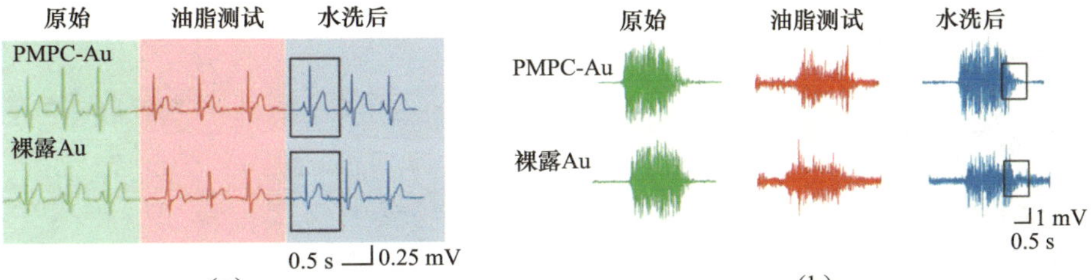

（g）　　（h）

图 6-25　柔性金属电极的生物电传感（续）

（g）油脂测试和水洗测试中的 ECG 监测信号；（h）EMG 监测信号

纳米碳材料具有良好的导电性，也适用于电生理信号监测。Kim 等[105]基于 CNT/石墨烯与 PDMS 复合材料制备了一种导电干胶，用于 ECG 监测[见图 6-26（a）]。基于电渗流的协同效应，复合材料在 CNT 和石墨烯最佳填料比（1∶9，总填料质量分数为 1%）时具有最低的体积电阻（约 100 Ω · cm）。利用凹版模具制成一种仿壁虎脚的结构，具有干态黏附能力，无须黏结剂即可直接贴附于皮肤表面，其在干态[见图 6-26（b）]和水中[见图 6-26（c）]都表现出了良好的 ECG 监测性能。

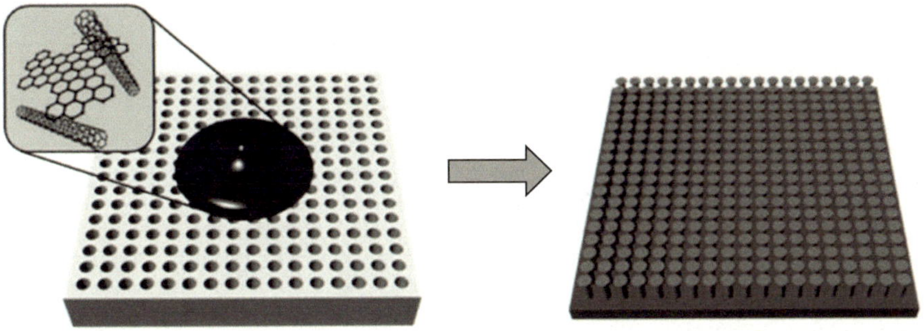

（a）

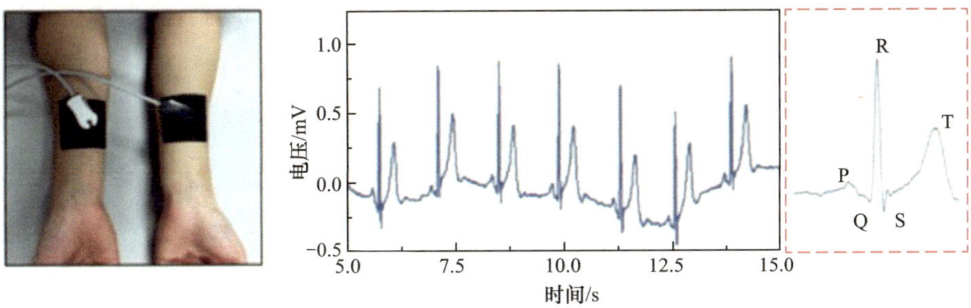

（b）

图 6-26　CNT/石墨烯与 PDMS 复合材料干胶电极[105]

（a）导电干胶的制备示意；（b）干态中的 ECG 监测性能

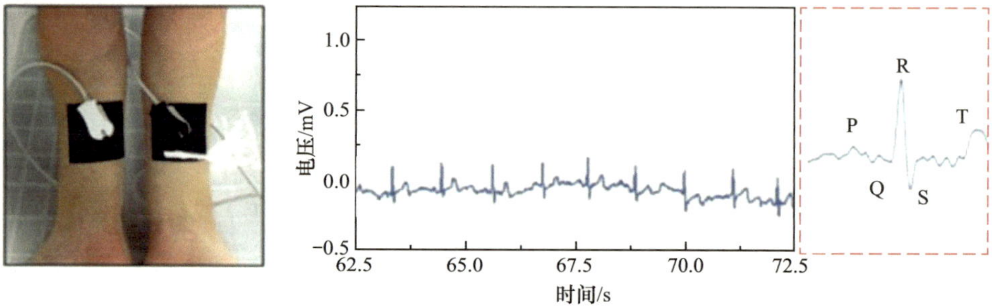

（c）

图 6-26　CNT/石墨烯与 PDMS 复合材料干胶电极[105]（续）
（c）水中的 ECG 监测性能

2. 生物化学传感器

人体的体液（如汗液、泪液、唾液、血液、尿液和组织液等）中含有多种生物化学分子，包括化学小分子（如葡萄糖、过氧化氢、多巴胺、乳酸盐等）和生物大分子（如蛋白质、DNA/RNA 等），反映了人体健康情况（见表 6-1）。因此，生物化学传感器在医疗领域有重要应用，主要包括以下几类。

表 6-1　人体中常见的生物小分子及其作用

生物小分子	作用
葡萄糖	细胞能量的重要来源，体液中葡萄糖调控异常将导致糖尿病
过氧化氢	在调节细胞节律和细胞寿命的介质中起关键作用，是很多生化反应的中间产物
多巴胺	是哺乳动物中枢神经系统中的重要神经递质。低水平可能导致包括帕金森病在内的疾病
乳酸盐	可作为心力衰竭、肝病、代谢紊乱、药物毒害等诊断的生物标志物

光学生物传感器：光学生物传感器利用光学信号实现生物化学监测。入射光透过皮肤照射进人体，与生物分子发生作用产生光吸收和散射，通过光探测器监测反射光或透射光以表征人体生理信息。Yokota 等[106]利用有机光电材料设计了一种柔性超薄发光二极管（PLED）和有机光探测器（OPD），用于监测人体血氧饱和度（图 6-27）。血液中血氧饱和度（SpO2）是指与氧结合的氧合血红蛋白（HbO2）数量占全部血红蛋白（Hb）数量的百分比，是呼吸循环的重要生理参数。由于血红蛋白和氧合血红蛋白对不同波长的光的吸收程度不同，监测两种不同波长的光照射下血红蛋白对光的吸收值，即可计算出血氧饱和度。PLED 使用不同的发光层材料，可分别发出绿光和红光，经过指尖血液反射后再利用 OPD

采集反射光［见图 6–27（b）和图 6–27（c）］。图 6–27（d）、图 6–27（e）展示了当毛细血管的 SpO2 从 99% 降至 90% 时，绿光和红光反射信号的响应变化。

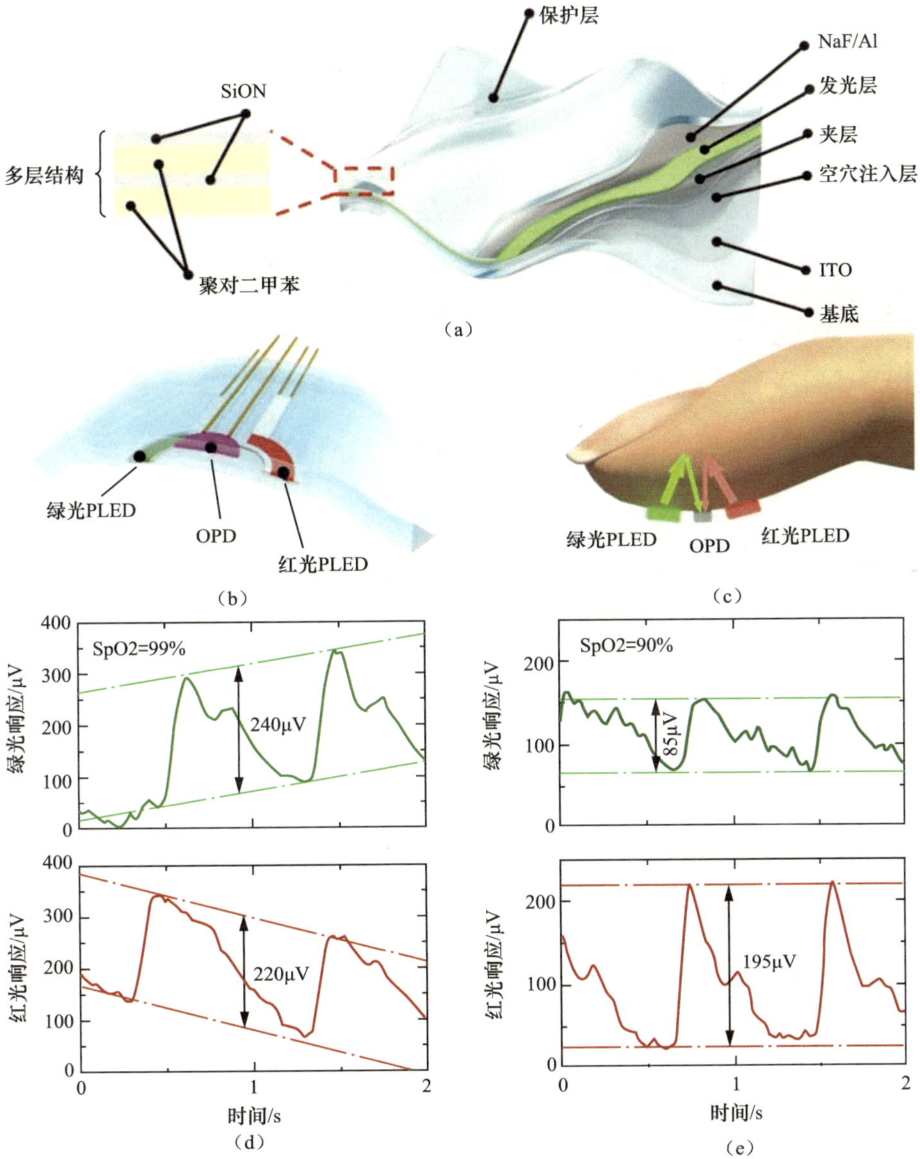

图 6–27　光学生物传感器

（a）基于有机光电材料的柔性超薄 PLED；（b）、（c）测试血氧饱和度的传感器及原理；（d）、（e）血氧饱和度为 99% 和 90% 时，绿光（上）和红光（下）的反射信号[106]

电化学生物传感器： 电化学生物传感器通过电极材料与物质发生化学反应产

生电化学电流或电压变化来获得分析物信息。电化学生物传感器通常分为电位型和电流型两类［见图 6–28（a）、图 6–28（b）］。在测试过程中，需要至少两个电极（工作电极和参比电极）及含样品的溶液，以构成一个电化学测试体系。高性能电化学传感器也会引入第三个参比电极，从而实现在一定时间内的高稳定性（避免传感器漂移）。

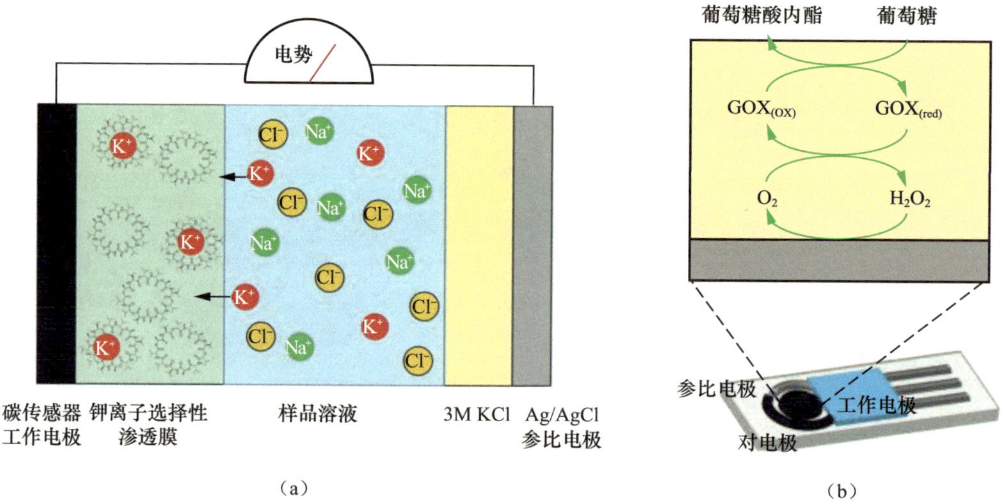

图 6–28　电化学生物传感器[13]

（a）离子选择性电位型传感器；（b）基于葡萄糖氧化酶的电流型传感器

离子选择性电极（ISE）是一种典型的电位传感器，通过测量工作电极和参比电极之间的电位差（电压）来检测离子浓度。其中的关键材料是涂覆在电极表面的离子选择性膜，仅允许一种离子通过。例如，含钠离子载体 X（Sodium Ionophore X）的 PVC 膜仅允许 Na^+ 通过，而含有缬氨霉素的膜仅允许 K^+ 通过。由于仅阳离子（Na^+ 或 K^+）进入膜内，使跨膜电势（电压）不断累积。

电流型传感器涉及跨电极/溶液界面的电子转移过程，通过施加电压驱动目标分析物的电子转移，产生与分析物浓度成正比的电流信号。电流型传感器通过在电极上固定特定的酶以实现对分析物的特异性响应。例如，在葡萄糖的酶电极检测过程中，葡萄糖与葡萄糖氧化酶发生反应，通过电极测得所产生的电流。

金属材料（尤其是金和银）是制造柔性电化学电极的重要材料，具有高导电性、柔性和耐久性，且可以通过化学修饰实现与多种生物受体结合。Chen 等[107]利用纳米结构金电极制备了一种非侵入型血糖传感器。电极可贴附于皮肤表面，通电后产生皮下电化学双通道，将血液中葡萄糖输运到皮肤表面电极处发生电化学反应，从而测试血糖含量［见图 6-29（a）］。电极具有多层结构，从下到上依次为聚甲基丙烯酸甲酯（PMMA）（80 nm）、PI（1.6 μm）、纳米结构金薄膜（100 nm）、电化学沉积普鲁士蓝（51.8 nm）及葡萄糖氧化酶（GOx）层（约 1 μm）［见图 6-29（b）］。葡萄糖氧化酶可将葡萄糖分解为过氧化氢（H_2O_2），而普鲁士蓝催化过氧化氢分解，从而在金电极上产生电流响应。该传感器在低浓度范围（5 ～ 35 μM）的葡萄糖生物传感灵敏度为 130.4 μA · mM^{-1}［见图 6-29（c）］，在中浓度范围（50 ～ 100 μM）的灵敏度为 158.0 μA · mM^{-1}，对葡萄糖的响应远高于其他干扰成分，具有良好的选择性［见图 6-29（d）］。

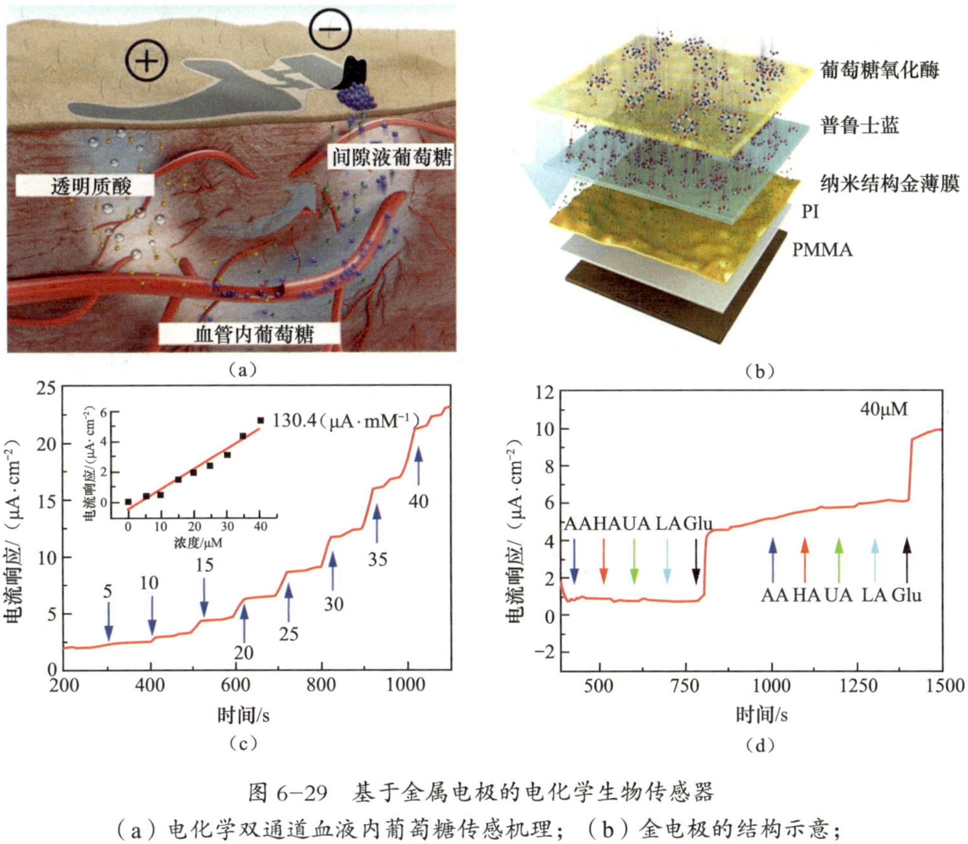

图 6-29 基于金属电极的电化学生物传感器

（a）电化学双通道血液内葡萄糖传感机理；（b）金电极的结构示意；（c）葡萄糖响应曲线；（d）选择性[107]

以石墨烯为代表的纳米碳材料具有出色的导电性、大比表面积及低密度，是电化学传感中的重要电极材料。Lipani 等[108]利用掺杂了铂纳米粒子的石墨烯作为工作电极，制备了葡萄糖传感器［见图 6–30（a）］。石墨烯电极与 Ag/AgCl（参比电极）和铂（对电极）与含葡萄糖氧化酶的凝胶接触，形成三电极电化学体系［见图 6–30（b）］。在一定电压下，石墨烯电极记录葡萄糖电化学反应而产生的电流变化。图 6–30（c）展示了凝胶中葡萄糖浓度与电流响应的关系，灰色区域对应人体正常血糖范围。测试结果表明，该传感器仅对葡萄糖产生响应，而对其他生理物质如对乙酰氨基酚、抗坏血酸和磷酸缓冲液没有响应［见图 6–30（d）］。

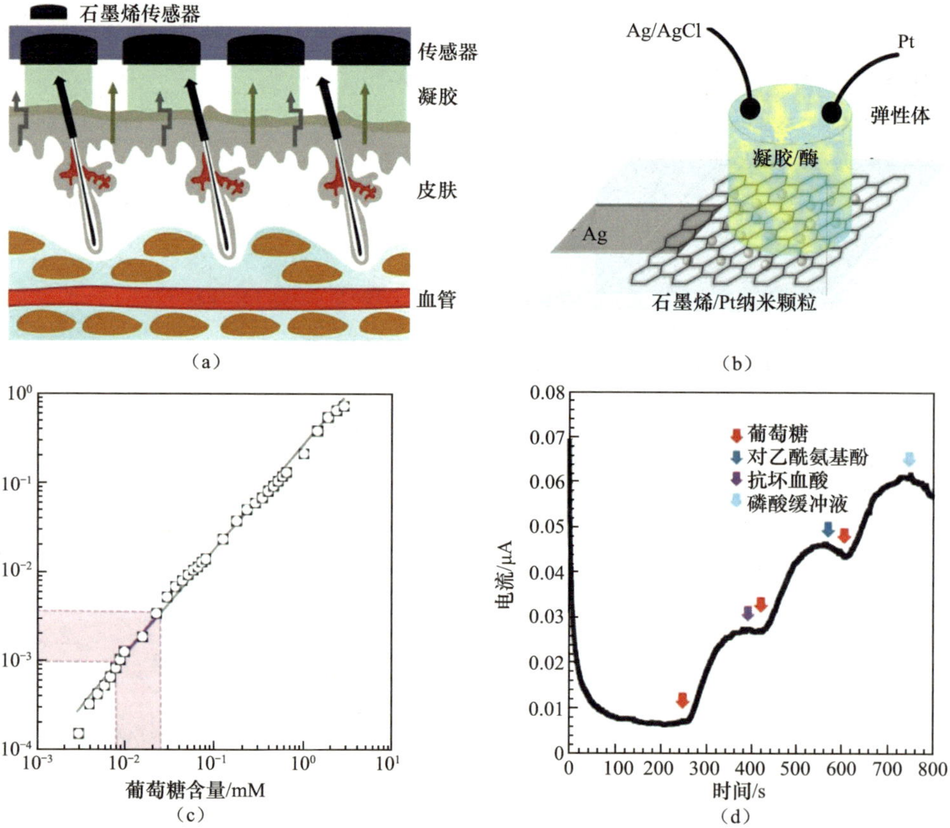

图 6–30　石墨烯电化学生物传感器 [108]

（a）石墨烯葡萄糖传感器模型；（b）结构示意；（c）葡萄糖响应；（d）选择性

FET 生物传感器：利用半导体沟道材料与物质的相互作用，使沟道局部电场变化，从而实现生物化学传感。半导体沟道用特定的官能团或受体进行化学修饰，受体基团与目标物之间的特异性相互作用会改变沟道局部电场，即使在目标物浓度极低的情况下也会引起沟道电导变化，从而实现高特异性和高灵敏度检测。

半导体材料是 FET 生物传感的重要沟道材料。Rim 等[109]利用超薄无机半导体 In_2O_3 制备了高灵敏葡萄糖传感器。基于 In_2O_3 的 FET 器件结构如图 6–31（a）所示，其载流子迁移率为 $(24.4 \pm 2.1)\ cm^2 \cdot V^{-1} \cdot s^{-1}$，电流开关比高达 10^8。使用 In_2O_3-FET 进行生物化学感测时，首先采用带胺基的（3- 氨基丙基）三乙氧基硅烷（APTES）对 In_2O_3 表面进行修饰。当待测液体中 H^+ 含量较高时，表面胺基发生质子化而获得正电荷［见图 6–31（b）］，从而改变 In_2O_3 沟道的局部电场，引起 FET 电导率和电流变化。在进行葡萄糖检测时，进一步在 In_2O_3 上固定葡萄糖氧化酶。氧化酶催化葡萄糖分解产生 H^+，促进胺基质子化，使 In_2O_3 发生电流变化［见图 6–31（c）］。如图 6–31（d）所示，随着葡萄糖浓度的增加，FET 的电流响应呈线性变化。

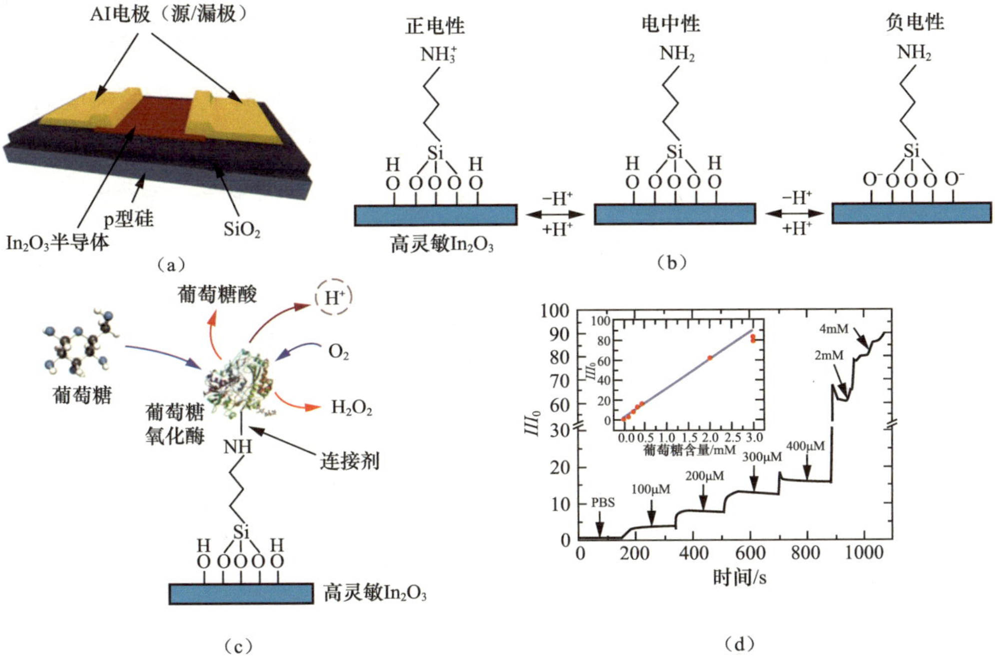

图 6–31　基于半导体材料 In_2O_3 的 FET 生物传感器[109]

（a）器件结构；（b）传感机理；（c）葡萄糖检测机理；（d）响应曲线

有机半导体材料由于具有超轻、成型简单和柔性等特点，在 FET 生物传感中也得到了广泛应用。Jang 等[110]利用 p 沟道有机半导体 DDFTTF（5,5'-bis(7-dodecyl-9H-fluoren-2-yl)-2,2'-bithiophene），通过修饰葫芦脲衍生物 AOCB[6]，开发了一种乙酰胆碱（ACh^+）FET 传感器。ACh^+ 是人类中枢神经系统中重要的神经递质，涉及多种学习、记忆和肌肉收缩等功能，阿尔茨海默病也与缺乏 ACh^+ 相关。AOCB[6] 是具有 ACh^+ 选择性识别位点的受体分子。当 AOCB[6] 与 ACh^+ 形成络合物时，AOCB[6] 的羰基将部分电子提供给 ACh^+ 的带正电的铵基，电荷–偶极子相互作用将增加对沟道区半导体的吸电子效应，从而导致 p 沟道 FET 传感器中的沟道空穴电流增加。

纳米碳材料是已广泛应用于 FET 生物传感的沟道材料。石墨烯具有超大的比表面积和高载流子迁移率，易于与目标物发生作用，为超灵敏和低噪声生物分子检测提供了可能。Seo 等 [111] 利用严重急性呼吸综合征冠状病毒 2（SARS-CoV-2）抗体修饰的石墨烯 FET 制备了快速新型冠状病毒感染（COVID-19）病毒检测传感器［见图 6–32（a）］。SARS-CoV-2 抗体对石墨烯进行 p 型掺杂，当 SARS-CoV-2 刺突蛋白与抗体结合后，对石墨烯的掺杂作用将发生变化，从而引起 FET 中的电流变化。COVID-19 的 FET 传感器对 SARS-CoV-2 抗原蛋白、培养的 SARS-CoV-2 病毒以及临床样本中的 SARS-CoV-2 病毒都具备良好的感测能力，最低可检测 1 fg · mL^{-1} 的 SARS-CoV-2 病毒［见图 6–32（b）］。同时，该传感器仅对 SARS-CoV-2 病毒有响应，而对中东呼吸综合征冠状病毒（MERS-CoV）不敏感，具有良好的选择性［见图 6–32（c）］。

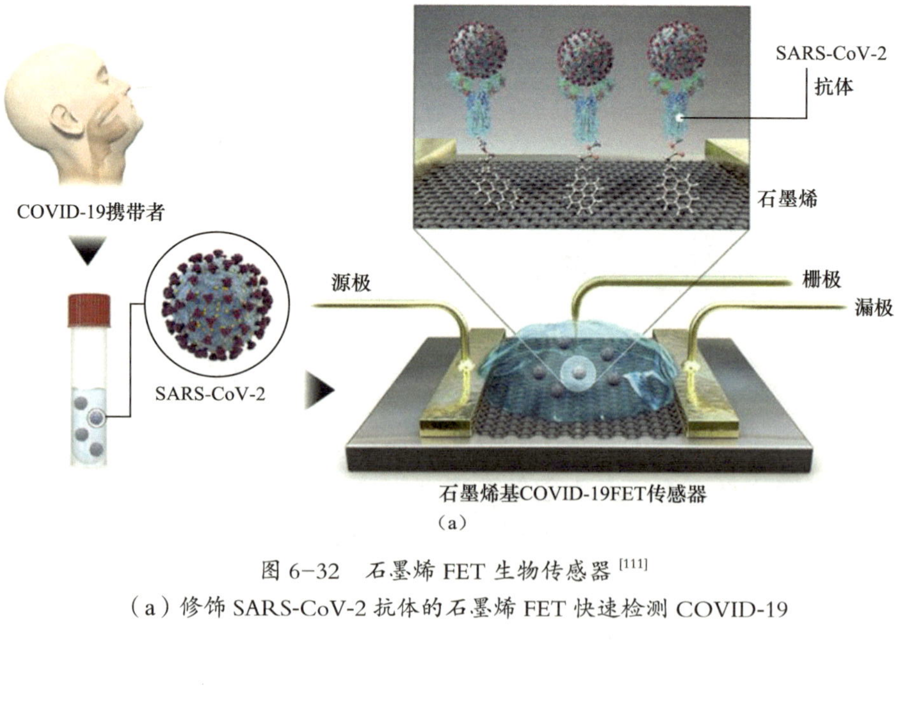

图 6–32　石墨烯 FET 生物传感器 [111]

（a）修饰 SARS-CoV-2 抗体的石墨烯 FET 快速检测 COVID-19

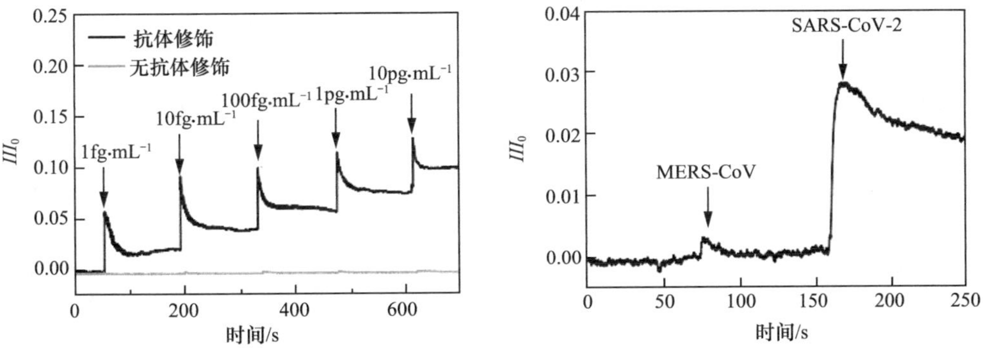

（b） （c）

图 6-32 石墨烯 FET 生物传感器 [111]（续）

（b）FET 对不同含量 SARS-CoV-2 的响应；（c）选择性

| 6.3 6G 应用中的万物互联 |

移动通信技术约每 10 年就会发展新一代（见图 6-33），每一代新技术通过在无线电接入网络和核心网络中引入新服务及新设计理念而显著提升能力。移动通信的核心是连接，第一代只能用于传递语音通话和短消息信息，随着 4G 的成熟和 5G 的兴起，智能设备快速发展，VR 和 AR 已成为提供更高速度和更低延迟的 5G 技术的典型应用。此外，随着窄带 IoT（NB-IoT）和 V2X 的标准化，移动网络的关注点在原有的互联的“人”的基础上增加了互联的“物”，旨在建立更宽广的连接，这推动了行业发展并带来社会变革。

6G 通过“互联的人”“互联的物”和“互联的智能”开启“智能互联网”的新时代，创造一个万物互联的世界 [112]（见图 6-33）。具体来说，更高的频谱范围和更大的天线阵列在 6G 中使用，将传感与通信本地集成，以实现高网络容量、低等待时间和高定位精度，提供真正的沉浸式听觉、视觉、触觉和感官通信体验。AI 将成为 6G 的固有功能。AI 的分析和推理功能将嵌入 6G 网络中的任何地方，以增强网络功能，促进信息的收集和传播。全球剩余的通信网络未连接区域将通过 6G 与全球三维通信连接，从而将非地面网络［如无人飞行器（UAV）、飞行汽车和低轨道卫星］无缝集成到蜂窝通信系统中。6G 将使用新的硬件、新的设备和新的用户界面，充分利用所有可能的可再生能源类型，改变人类与数字世界的互动方式。6G还将实现高效的环境感知和监测，从而减缓或逆转气候变化，预防灾难性事件发生。

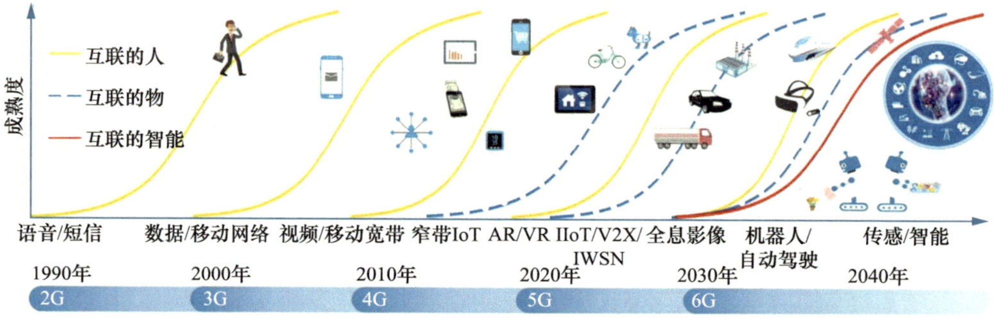

图6-33 移动通信的发展：从互联的人、互联的物到互联的智能[112]

万物互联包括人、流程、数据和物这4个要素，主要涉及人与人的连接(P2P)、机器与机器的连接（M2M）及机器与人连接（M2P）[113]（见图6–34）。万物互联中“人”是中心，所有服务的最终目的是充分满足人的需求，万物互联中将以更相关、更有价值的方式联系人。“物”是连接到互联网并进行智能决策的物理设备和对象，包括各种传感器和仪表等。“数据”需要转换为“智能”以做出更好的决策。“流程”是指在正确的时间将正确的信息传递给正确的人（或机器）。6G将为万物互联提供强大的技术支撑。

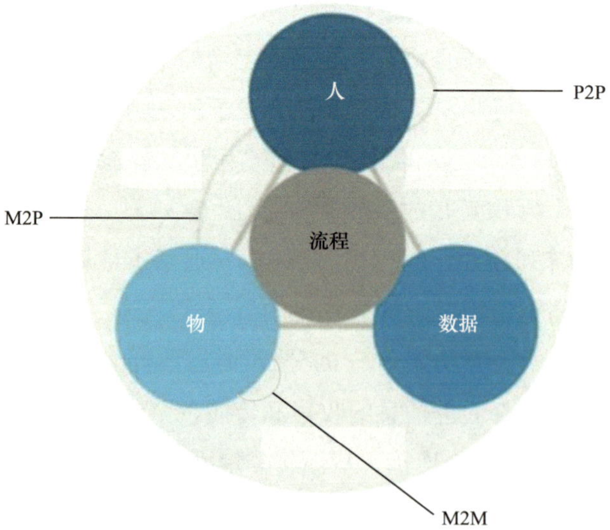

图6-34 万物互联的要素[113]

6G 将引领人类进入万物互联的时代，传感器不再单独存在。在 5G 中，增强移动宽带(eMBB)、超可靠和低时延通信(URLLC)和大规模机器类型通信(mMTC)已经被确立为 3 类用例，其中 URLLC 和 mMTC 为大量传感器的高性能连接提供了可能。随着连接需求的指数级增长，更大的流量需求推动了更宽和更高频谱技术的发展。此外，数据中心内的无线连接及机器-机器/机器-人之间的连接也要求实现高速无线连接以促进其部署和移动性。6G 通信使每秒太位的无线连接成为现实，6G 应用使具备多模态传感能力的器件之间的海量连接和传感器与 AI 的有机结合成为可能。

6.3.1 多模态传感

传统的传感器通常以测试单一信号为主，而在许多应用场景中需要对多种信号进行监测，从而达到全面感测。6G 提供的高速和海量连接，为更多传感器的接入和数据传输提供了可能，将极大推进多模态传感的应用。

1. 医疗健康监测

传统的医疗手段需要人们在医院或诊所中通过复杂的测试设备进行诊断。移动可穿戴设备的出现为医疗健康领域带来全新的发展方向。人们可以长时间穿戴具有感知能力的器件，对身体健康进行实时监测，并通过多种通信技术将监测数据上传至医疗机构，从而方便、及时地发现潜在的健康威胁。然而，人体是一个复杂系统，对人体运动和健康监测需要对多种信号进行实时收集和分析，如体温、心率、脉搏等物理信号，以及对摄入和排出物的化学信号检测，需要多种传感器共同配合［见图 6–35（a）］。例如，随着人口老龄化问题越来越严重，去医院对老人进行定期身体检查太过苛刻。借助 6G 中的 eMBB、URLLC 和 mMTC 组合功能，老年人的健康状况可以通过可穿戴设备甚至皮肤下安装的数十种传感器即时监测并传送给医生，从而及时发现任何异常。

Ho 等[114]开发了一种基于石墨烯材料的多模态传感器［见图 6–35（b）］，可同时测量温度、湿度和压力信号。石墨烯作为电极材料，GO 用于电容式湿度传感层，而 RGO 用于电阻型温度传感层。交叉堆叠的石墨烯电极之间夹有一层 PDMS，用作电容型压力传感器，该传感器实现了多种信号的同步探测。Jin 等[115]开发了一种基于功能化金纳米粒子(AuNP)的自修复传感器阵列［见图 6–35(c)］，将自修复聚合物与功能化的 AuNP 传感器阵列集成在一起，可用于检测人呼吸或皮肤中的易挥发的有机物（VOC），以及心跳和呼吸频率。5 种配体功能化的 AuNP 可用于检测 11 种不同的 VOC，而 AuNP 压阻型力学传感器用于测量心跳和呼吸引起的皮肤变形。

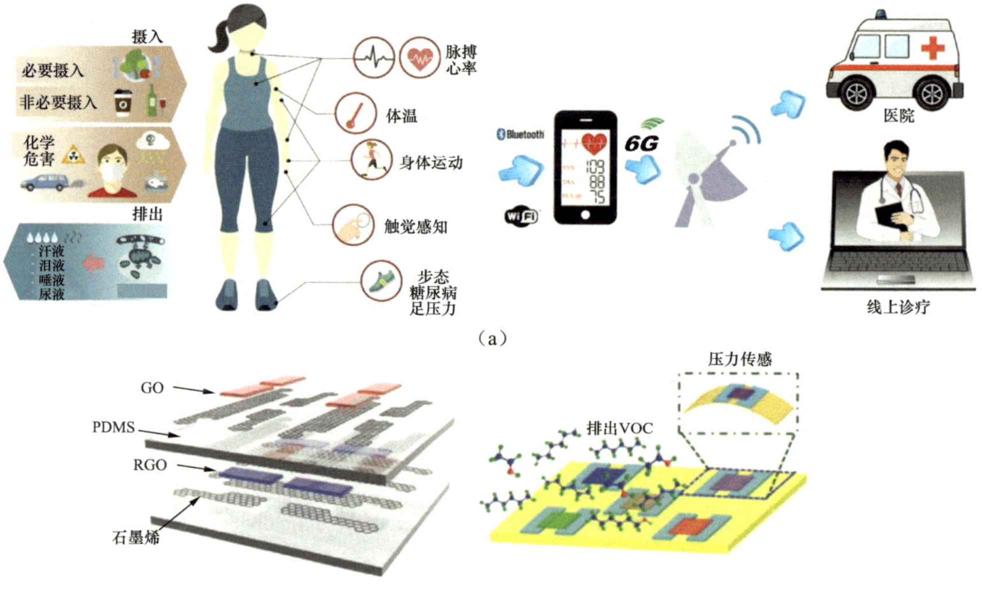

图 6-35　用于医疗健康的多模态传感

（a）多模态传感需求；（b）基于石墨烯材料的温度、湿度、压力传感器[114]；（c）基于功能化 AuNP 的气体和压力传感器[115]

强生、思科、通用电气等公司联合建立了一个智能家居模拟实验室。在智能家居中连接了多种健康监测传感器、远程医疗、数字健康指导和先进的空气和水净化系统，打造了一个能够改善和维持其居民整体健康状况的房屋[116]。随着 6G 技术的发展，多模态传感将更多地进入人们的生活，为人们生命健康和生活质量提供全面保障。

2. XR 与多感官全息网

在 6G 应用中，VR 和 AR 技术将过渡到 XR。XR 体验需要实现高分辨率、高帧速率的图像传感和通信。此外，通过耳机和触觉界面可以向人体提供其他感觉，以获得多感官体验，即使远隔千里也能“如观其景、如听其音、如闻其气、如尝其味、如触其物”。其中的支持技术包括：（1）成像设备，例如光场、全景、深度感应和高速相机（视觉传感器）；（2）用于监视健康状况（例如心率、血压和神经活动）的生物传感器；（3）设备或周围网络基础设施，用于计算机图形、计算机视觉、传感器融合、机器学习和 AI 处理器；（4）无线技术，用于定位和传感等。其中，提供视觉、听觉、味觉、嗅觉、触觉等信息的多模态传感器的大量使用是实现真实感的基础。6G 技术将使这些丰富的多模态传感信息快速地传递到 XR 和全息设备。

6.3.2 AI 支持的智能感测

大部分 AI 处理以深度学习模型训练为主导，需要强大的算力。在 6G 应用中，云端 AI 可以与远端的智能终端建立更低时延的连接，为 AI 大规模应用于传感领域提供可能。在 AI 的支持下，传感器的感测能力将变得更为强大。

例如，在 6.2.5 小节介绍的声波传感的基础上，通过传感器与智能语音算法之间的协作，可以实现语音识别、生物识别、个性化的 AI 秘书、智能家电等应用。Han 等[99]通过将柔性压电声学传感器（f-PAS）和机器学习结合，实现了说话者身份识别（见图 6-36）。利用 7 个通道 f-PAS 从语音信号中采集多个电信号，再使用基于高斯混合模型（GMM）的机器学习算法将 f-PAS 生成的多通道语音信号进行训练。使用经过训练的 AI 可以实现对随机语音的分析。

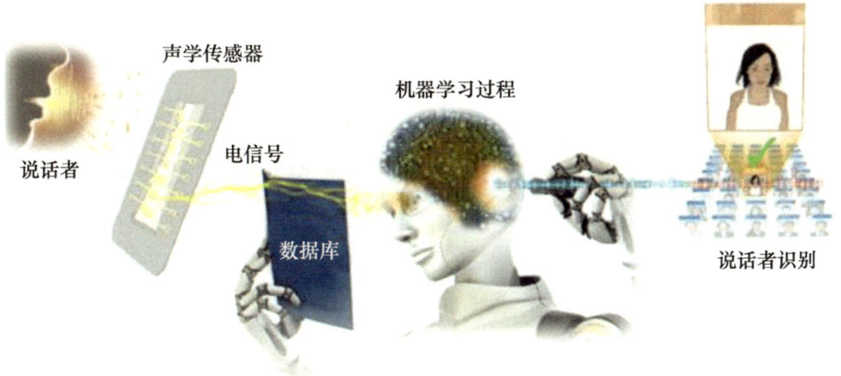

（a）

图 6-36　AI 支持的声波传感用于身份识别[99]

（a）识别流程示意

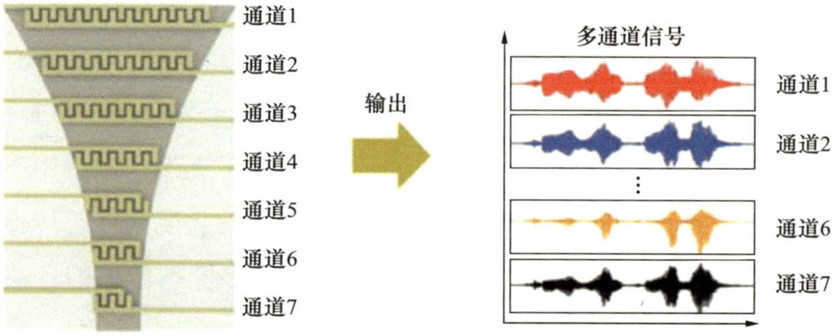

（b）　　　　（c）

图 6-36　AI 支持的声波传感用于身份识别 [99]（续）
（b）多通道声波传感器的结构；（c）声音响应

人脑多感觉神经区可以对多种信息进行综合研判，从而得到精确的感官信息。受此启发，Wang 等 [117] 利用卷积神经网络（CNN）对视觉传感数据和躯体运动传感器采集的体感数据进行融合，实现了 100% 精度的手势识别（见图 6-37）。其中，视觉传感信号由照相机以照片形式记录，躯体运动信号通过 SWCNT 制成的可拉伸应变传感器以电阻信号形式记录，将数据融合建立了躯体运动–视觉融合数据集［见图 6-37（b）和图 6-37（c）］。此应用中的神经网络架构由 3 个神经网络组成：一个神经网络用于早期视觉信息加工，一个多层神经网络用于早期体觉信息加工，一个稀疏神经网络用于视觉信息和体觉信息融合［见图 6-37（d）］。在 AI 支持下，该系统在复杂背景下的手势识别方面达到了超高的准确率（使用自定义数据集的准确率可达 100%）。此外，即使在黑暗中，该方法也可以实现较高的识别精度（超过 96.7%）。

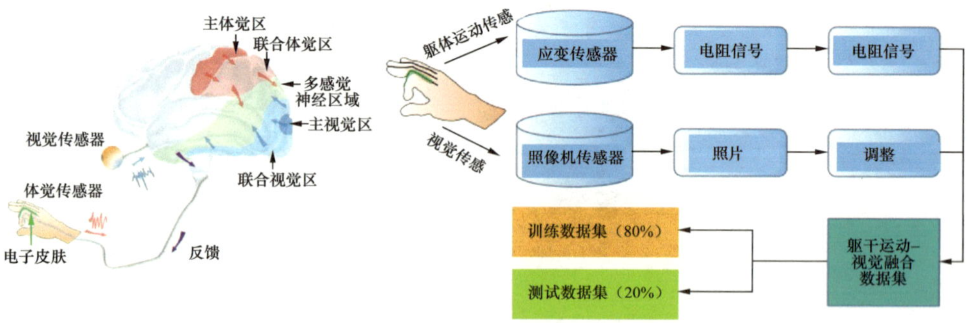

（a）　　　　（b）

图 6-37　基于 AI 的视觉传感和体觉传感用于手势识别 [117]
（a）人脑手势识别过程示意；（b）仿人脑的视觉传感和体觉传感用于手势识别

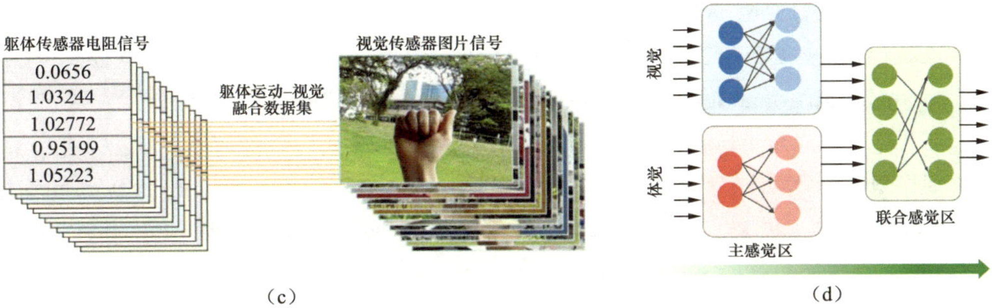

图 6-37　基于 AI 的视觉传感和体觉传感用于手势识别[117]（续）
（c）躯体运动–视觉融合数据集；（d）仿生多层结构神经网络

综上，6G 将显著缩短云端 AI 设备与传感器信号间的时延，有助于实现更大规模的传感器与云端 AI 之间的连接，进而实现更为智能的感知与探测。

6.4　本章小结

本章从 6G 与 AI 和智能传感的关系出发，介绍了 6G 应用下的智能传感器件及所使用的材料。AI 作为新一轮科技革命及产业革命的着力点，其高端应用离不开智能传感器提供的坚实数据基础。6G 技术凭借高性能通信能力，为 AI 和智能传感架设了一条“高速信息路”，同时也为智能传感提供了丰富的应用场景和发展新机遇。本章讨论了 6G 应用下典型智能传感器机理及相关材料设计，最后展望了在 6G 万物互联背景下智能传感器发展的新方向。

参考文献

[1] ELSAYED M, EROL-KANTARCI M. AI-enabled future wireless networks: Challenges, opportunities, and open Issues [J]. IEEE Vehicular Technology Magazine, 2019, 14(3): 70-77.

[2] YOU X H, ZHANG C, TAN X S, et al. AI for 5G: Research directions and paradigms [J]. Science China-Information Sciences, 2019, 62(2): 13021301.

[3] SCHMIDHUBER J. Deep learning in neural networks: An overview [J]. Neural

Networks, 2015, 61: 85-117.

[4] KAELBLING L P, LITTMAN M L, MOORE A W. Reinforcement learning: A survey [J]. Journal of Artificial Intelligence Research, 1996, 4: 237-285.

[5] ROGATI M. The AI hierarchy of needs [EB/OL]. 2017.

[6] ZHANG Z Q, XIAO Y, MA Z, et al. 6G wireless networks: Vision, requirements, architecture, and key technologies [J]. IEEE Vehicular Technology Magazine, 2019, 14(3): 28-41.

[7] BOULOGEORGOS A A A, ALEXIOU A, MERKLE T, et al. Terahertz technologies to deliver optical network quality of experience in wireless systems beyond 5G [J]. IEEE Communications Magazine, 2018, 56(6): 144-151.

[8] GIORDANI M, POLESE M, MEZZAVILLA M, et al. Toward 6G networks: Use cases and technologies [J]. IEEE Communications Magazine, 2020, 58(3): 55-61.

[9] LEE J, BAGHERI B, HUNG-AN K. A Cyber-physical systems architecture for industry 4.0-based manufacturing systems [J]. Manufacturing Letters, 2015, 3: 18-23.

[10] VISWANATHAN H, MOGENSEN P E. Communications in the 6G era [J]. IEEE Access, 2020, 8: 57063-57074.

[11] MIRAZ M H, ALI M, EXCELL P S, et al. A review on Internet of Things (IoT), Internet of Everything (IoE) and Internet of Nano Things (IoNT) [M]. New York: IEEE, 2015.

[12] CHOI J, VA V, GONZALEZ-PRELCIC N, et al. Millimeter-wave vehicular communication to support massive automotive sensing [J]. IEEE Communications Magazine, 2016, 54(12): 160-167.

[13] HEIKENFELD J, JAJACK A, ROGERS J, et al. Wearable sensors: Modalities, challenges, and prospects [J]. Lab on a Chip, 2018, 18(2): 217-248.

[14] LI M, LI H, ZHONG W, et al. Stretchable conductive polypyrrole/polyurethane (PPy/PU) strain sensor with netlike microcracks for human breath detection [J]. ACS Applied Materials & Interfaces, 2014, 6(2): 1313-1319.

[15] KANG D, PIKHITSA P V, CHOI Y W, et al. Ultrasensitive mechanical crack-based sensor inspired by the spider sensory system [J]. Nature, 2014, 516(7530): 222-226.

[16] KIM K K, HONG S, CHO H M, et al. Highly sensitive and stretchable multidimensional strain sensor with prestrained anisotropic metal nanowire percolation networks [J]. Nano Letters, 2015, 15(8): 5240-5247.

[17] AMJADI M, PICHITPAJONGKIT A, LEE S, et al. Highly stretchable and sensitive strain sensor based on silver nanowire-elastomer nanocomposite [J]. ACS Nano, 2014, 8(5): 5154-5163.

[18] LIAO X Q, LIAO Q L, ZHANG Z, et al. A highly stretchable zno@fiber-based multifunctional nanosensor for strain/temperature/UV detection [J]. Advanced Functional Materials, 2016, 26(18): 3074-3081.

[19] AMJADI M, YOON Y J, PARK I. Ultra-stretchable and skin-mountable strain sensors using carbon nanotubes-Ecoflex nanocomposites [J]. Nanotechnology, 2015, 26(37): 375501.

[20] WANG Y, WANG L, YANG T T, et al. Wearable and highly sensitive graphene strain sensors for human motion monitoring [J]. Advanced Functional Materials, 2014, 24(29): 4666-4670.

[21] BAE S H, LEE Y, SHARMA B K, et al. Graphene-based transparent strain sensor [J]. Carbon, 2013, 51: 236-242.

[22] BOLAND C S, KHAN U, RYAN G, et al. Sensitive electromechanical sensors using viscoelastic graphene-polymer nanocomposites [J]. Science, 2016, 354(6317): 1257-1260.

[23] WANG Y, YANG R, SHI Z W, et al. Super-elastic graphene ripples for flexible strain sensors [J]. Acs Nano, 2011, 5(5): 3645-3650.

[24] BOLAND C S, KHAN U, BACKES C, et al. Sensitive, high-strain, high-rate bodily motion sensors based on graphene-rubber composites [J]. Acs Nano, 2014, 8(9): 8819-8830.

[25] O'DRISCOLL D P, VEGA-MAYORAL V, HARLEY I, et al. Optimising composite viscosity leads to high sensitivity electromechancial sensors [J]. 2d Materials, 2018, 5(3): 9035042.

[26] YANG T, WANG W, ZHANG H, et al. Tactile sensing system based on arrays of graphene woven microfabrics: Electromechanical behavior and electronic skin application [J]. ACS Nano, 2015, 9(11): 10867-10875.

[27] KIM S, LEE J, CHOI B. Stretching and twisting sensing with liquid-metal strain gauges printed on silicone elastomers [J]. IEEE Sensors Journal, 2015, 15(11): 6077-6078.

[28] CHOI D Y, KIM M H, OH Y S, et al. Highly stretchable, hysteresis-free ionic liquid-based strain sensor for precise human motion monitoring [J]. Acs Applied Materials & Interfaces, 2017, 9(2): 1770-1780.

[29] CAI G, WANG J, QIAN K, et al. Extremely stretchable strain sensors based on conductive self-healing dynamic cross-links hydrogels for human-motion detection [J]. Advanced Science, 2017, 4(2): 1600190.

[30] PAN L J, CHORTOS A, YU G H, et al. An ultra-sensitive resistive pressure sensor

based on hollow-sphere microstructure induced elasticity in conducting polymer film [J]. Nature Communications, 2014, 5: 83002.

[31] CHOONG C L, SHIM M B, LEE B S, et al. Highly stretchable resistive pressure sensors using a conductive elastomeric composite on a micropyramid array [J]. Advanced Materials, 2014, 26(21): 3451-3458.

[32] SHINTAKE J, PISKAREV E, JEONG S H, et al. Ultrastretchable strain sensors using carbon black-filled elastomer composites and comparison of capacitive versus resistive sensors [J]. Advanced Materials Technologies, 2018, 3(3): 81700284.

[33] KIM S R, KIM J H, PARK J W. Wearable and transparent capacitive strain sensor with high sensitivity based on patterned Ag nanowire networks [J]. Acs Applied Materials & Interfaces, 2017, 9(31): 26407-26416.

[34] LIPOMI D J, VOSGUERITCHIAN M, TEE B C K, et al. Skin-like pressure and strain sensors based on transparent elastic films of carbon nanotubes [J]. Nature Nanotechnology, 2011, 6(12): 788-792.

[35] CAI L, SONG L, LUAN P S, et al. Super-stretchable, transparent carbon nanotube-based capacitive strain sensors for human motion detection [J]. Scientific Reports, 2013, 3: 83048.

[36] FRUTIGER A, MUTH J T, VOGT D M, et al. Capacitive soft strain sensors via multicore-shell fiber printing [J]. Advanced Materials, 2015, 27(15): 2440-2446.

[37] PARK K I, SON J H, HWANG G T, et al. Highly-efficient, flexible piezoelectric PZT thin film nanogenerator on plastic substrates [J]. Advanced Materials, 2014, 26(16): 2514-2520.

[38] DAGDEVIREN C, SU Y W, JOE P, et al. Conformable amplified lead zirconate titanate sensors with enhanced piezoelectric response for cutaneous pressure monitoring [J]. Nature Communications, 2014, 5: 104496.

[39] XU S, QIN Y, XU C, et al. Self-powered nanowire devices [J]. Nature Nanotechnology, 2010, 5(5): 366-373.

[40] PERSANO L, DAGDEVIREN C, SU Y W, et al. High performance piezoelectric devices based on aligned arrays of nanofibers of poly(vinylidenefluoride-co-trifluoroethylene) [J]. Nature Communications, 2013, 4: 101633.

[41] WU J M, CHEN C Y, ZHANG Y, et al. Ultrahigh sensitive piezotronic strain sensors based on a $ZnSnO_3$ nanowire/microwire [J]. Acs Nano, 2012, 6(5): 4369-4374.

[42] ZHANG Z, LIAO Q L, ZHANG X H, et al. Highly efficient piezotronic strain sensors with symmetrical Schottky contacts on the monopolar surface of ZnO nanobelts [J]. Nanoscale, 2015, 7(5): 1796-1801.

[43] WANG C H, LAI K Y, LI Y C, et al. Ultrasensitive thin-film-based AlxGa1-xN piezotronic strain sensors via alloying-enhanced piezoelectric potential [J]. Advanced Materials, 2015, 27(40): 6289-6295.

[44] LI T, LUO H, QIN L, et al. Flexible capacitive tactile sensor based on micropatterned dielectric layer [J]. Small, 2016, 12(36): 5042-5048.

[45] NIE B Q, LI R Y, BRANDT J D, et al. Iontronic microdroplet array for flexible ultrasensitive tactile sensing [J]. Lab on a Chip, 2014, 14(6): 1107-1116.

[46] LI R Y, NIE B Q, ZHAI C W, et al. Telemedical wearable sensing platform for management of chronic venous disorder [J]. Annals of Biomedical Engineering, 2016, 44(7): 2282-2291.

[47] NIE B Q, LI R Y, BRANDT J D, et al. Microfluidic tactile sensors for three-dimensional contact force measurements [J]. Lab on a Chip, 2014, 14(22): 4344-4353.

[48] WEBB R C, BONIFAS A P, BEHNAZ A, et al. Ultrathin conformal devices for precise and continuous thermal characterization of human skin [J]. Nature Materials, 2013, 12(10): 938-944.

[49] DANKOCO M D, TESFAY G Y, BENEVENT E, et al. Temperature sensor realized by inkjet printing process on flexible substrate [J]. Materials Science and Engineering B-Advanced Functional Solid-State Materials, 2016, 205: 1-5.

[50] HUSAIN M D, KENNON R, DIAS T. Design and fabrication of temperature sensing fabric [J]. Journal of Industrial Textiles, 2014, 44(3): 398-417.

[51] TURKANI V S, MADDIPATLA D, NARAKATHU B B, et al. Nickel based RTD fabricated via additive screen printing process for flexible electronics [J]. IEEE Access, 2019, 7: 37518-37527.

[52] ROH J S, KIM S. All-fabric intelligent temperature regulation system for smart clothing applications [J]. Journal of Intelligent Material Systems and Structures, 2016, 27(9): 1165-1175.

[53] KIM D-H, WANG S, KEUM H, et al. Thin, flexible sensors and actuators as ‘instrumented’ surgical sutures for targeted wound monitoring and therapy [J]. Small, 2012, 8(21): 3263-3268.

[54] SALVATORE G A, SULZLE J, DALLA V F, et al. Biodegradable and highly deformable temperature sensors for the internet of things [J]. Advanced Functional Materials, 2017, 27(35): 101702390.

[55] MATTANA G, KINKELDEI T, LEUENBERGER D, et al. Woven temperature and humidity sensors on flexible plastic substrates for E-Textile applications [J]. IEEE Sensors Journal, 2013, 13(10): 3901-3909.

[56] LIU G Y, TAN Q L, KOU H R, et al. A flexible temperature sensor based on reduced graphene oxide for robot skin used in internet of things [J]. Sensors, 2018, 18(5): 101400.

[57] YANG J, WEI D, TANG L, et al. Wearable temperature sensor based on graphene nanowalls [J]. RSC Advances, 2015, 5(32): 25609-25615.

[58] SIBINSKI M, JAKUBOWSKA M, SLOMA M. Flexible temperature sensors on fibers [J]. Sensors, 2010, 10(9): 7934-7946.

[59] HUANG Y, ZENG X, WANG W D, et al. High-resolution flexible temperature sensor based graphite-filled polyethylene oxide and polyvinylidene fluoride composites for body temperature monitoring [J]. Sensors and Actuators a-Physical, 2018, 278: 1-10.

[60] AN B W, HEO S, JI S, et al. Transparent and flexible fingerprint sensor array with multiplexed detection of tactile pressure and skin temperature [J]. Nature Communications, 2018, 9: 102458.

[61] HONG S Y, LEE Y H, PARK H, et al. Stretchable active matrix temperature sensor array of polyaniline nanofibers for electronic skin [J]. Advanced Materials, 2016, 28(5): 930-935.

[62] YAN C, WANG J, LEE P S. Stretchable graphene thermistor with tunable thermal index [J]. ACS Nano, 2015, 9(2): 2130-2137.

[63] WHATMORE R W. Pyroelectric devices and materials [J]. Reports on Progress in Physics, 1986, 49(12): 1335-1386.

[64] YANG Y, ZHOU Y S, WU J M, et al. Single micro/nanowire pyroelectric nanogenerators as self-powered temperature sensors [J]. Acs Nano, 2012, 6(9): 8456-8461.

[65] XUE H, YANG Q, WANG D Y, et al. A wearable pyroelectric nanogenerator and self-powered breathing sensor [J]. Nano Energy, 2017, 38: 147-154.

[66] LEE J S, SHIN K Y, CHEONG O J, et al. Highly sensitive and multifunctional tactile sensor using free-standing ZnO/PVDF thin film with graphene electrodes for pressure and temperature monitoring [J]. Scientific Reports, 2015, 5: 87887.

[67] YOO K P, LIM L T, MIN N K, et al. Novel resistive-type humidity sensor based on multiwall carbon nanotube/polyimide composite films [J]. Sensors and Actuators B-Chemical, 2010, 145(1): 120-125.

[68] HAN J W, KIM B, LI J, et al. Carbon nanotube based humidity sensor on cellulose paper [J]. Journal of Physical Chemistry C, 2012, 116(41): 22094-22097.

[69] SMITH A D, ELGAMMAL K, NIKLAUS F, et al. Resistive graphene humidity sensors with rapid and direct electrical readout [J]. Nanoscale, 2015, 7(45): 19099-

19109.
[70] ALI S, HASSAN A, HASSAN G, et al. All-printed humidity sensor based on gmethyl-red/methyl-red composite with high sensitivity [J]. Carbon, 2016, 105: 23-32.
[71] SHUKLA S K, SHUKLA S K, GOVENDER P P, et al. A resistive type humidity sensor based on crystalline tin oxide nanoparticles encapsulated in polyaniline matrix [J]. Microchimica Acta, 2016, 183(2): 573-580.
[72] WU J, WU Z X, XU H H, et al. An intrinsically stretchable humidity sensor based on anti-drying, self-healing and transparent organohydrogels [J]. Materials Horizons, 2019, 6(3): 595-603.
[73] KUANG Q, LAO C S, WANG Z L, et al. High-sensitivity humidity sensor based on a single SnO_2 nanowire [J]. Journal of the American Chemical Society, 2007, 129(19): 6070-6071.
[74] LI T, LI L, SUN H, et al. Porous ionic membrane based flexible humidity sensor and its multifunctional applications [J]. Advanced Science, 2017, 4(5): 1600404.
[75] DUAN Z, JIANG Y, YAN M, et al. Facile, flexible, cost-saving, and environment-friendly paper-based humidity sensor for multifunctional applications [J]. ACS Applied Materials & Interfaces, 2019, 11(24): 21840-21849.
[76] ZHOU G, BYUN J H, OH Y, et al. Highly sensitive wearable textile-based humidity sensor made of high-strength, single-walled carbon nanotube/poly(vinyl alcohol) filaments [J]. ACS Applied Materials & Interfaces, 2017, 9(5): 4788-4797.
[77] ZHANG D Z, CHANG H Y, LI P, et al. Fabrication and characterization of an ultrasensitive humidity sensor based on metal oxide/graphene hybrid nanocomposite [J]. Sensors and Actuators B-Chemical, 2016, 225: 233-240.
[78] BI H, YIN K, XIE X, et al. Ultrahigh humidity sensitivity of graphene oxide [J]. Scientific Reports, 2013, 3: 2714.
[79] PARK H, LEE S, JEONG S H, et al. Enhanced moisture-reactive hydrophilic-PTFE-based flexible humidity sensor for real-time monitoring [J]. Sensors, 2018, 18(3): 9921.
[80] LIU X, CHENG S T, LIU H, et al. A Survey on gas sensing technology [J]. Sensors, 2012, 12(7): 9635-9665.
[81] DAI J, OGBEIDE O, MACADAM N, et al. Printed gas sensors [J]. Chemical Society Reviews, 2020, 49(6): 1756-1789.
[82] MAO S, CHANG J B, PU H H, et al. Two-dimensional nanomaterial-based field-effect transistors for chemical and biological sensing [J]. Chemical Society Reviews, 2017, 46(22): 6872-6904.

[83] ALRAMMOUZ R, PODLECKI J, ABBOUD P, et al. A review on flexible gas sensors: From materials to devices [J]. Sensors and Actuators a-Physical, 2018, 284: 209-231.

[84] NASIRI N, CLARKE C. Nanostructured gas sensors for medical and health applications: Low to high dimensional materials [J]. Biosensors-Basel, 2019, 9(1): 2243.

[85] SCHEDIN F, GEIM A K, MOROZOV S V, et al. Detection of individual gas molecules adsorbed on graphene [J]. Nature Materials, 2007, 6(9): 652-655.

[86] CUI S M, PU H H, MATTSON E C, et al. Ultrasensitive chemical sensing through facile tuning defects and functional groups in reduced graphene oxide [J]. Analytical Chemistry, 2014, 86(15): 7516-7522.

[87] ROBINSON J T, PERKINS F K, SNOW E S, et al. Reduced graphene oxide molecular sensors [J]. Nano Letters, 2008, 8(10): 3137-3140.

[88] DAI J Y, YUAN J M, GIANNOZZI P. Gas adsorption on graphene doped with B, N, Al, and S: A theoretical study [J]. Applied Physics Letters, 2009, 95(23): 3232105.

[89] YUAN W J, LIU A R, HUANG L, et al. High-performance NO_2 sensors based on chemically modified graphene [J]. Advanced Materials, 2013, 25(5): 766-771.

[90] HU N T, WANG Y Y, CHAI J, et al. Gas sensor based on p-phenylenediamine reduced graphene oxide [J]. Sensors and Actuators B-Chemical, 2012, 163(1): 107-114.

[91] LI W W, GENG X M, GUO Y F, et al. Reduced graphene oxide electrically contacted graphene sensor for highly sensitive nitric oxide detection [J]. Acs Nano, 2011, 5(9): 6955-6961.

[92] YANG Y, TIAN C G, SUN L, et al. Growth of small sized CeO_2 particles in the interlayers of expanded graphite for high-performance room temperature NO_x gas sensors [J]. Journal of Materials Chemistry A, 2013, 1(41): 12742-12749.

[93] TAO L Q, TIAN H, LIU Y, et al. An intelligent artificial throat with sound-sensing ability based on laser induced graphene [J]. Nature Communications, 2017, 8: 814579.

[94] WANG Y, YANG T T, LAO J C, et al. Ultra-sensitive graphene strain sensor for sound signal acquisition and recognition [J]. Nano Research, 2015, 8(5): 1627-1636.

[95] LIU Z Y, QI D P, GUO P Z, et al. Thickness-gradient films for high gauge factor stretchable strain sensors [J]. Advanced Materials, 2015, 27(40): 6230-6237.

[96] GONG S, SCHWALB W, WANG Y W, et al. A wearable and highly sensitive pressure sensor with ultrathin gold nanowires [J]. Nature Communications, 2014, 5: 83132.

[97] YI L Z, JIAO W H, WU K, et al. Nanoparticle monolayer-based flexible strain gauge with ultrafast dynamic response for acoustic vibration detection [J]. Nano Research, 2015, 8(9): 2978-2987.

[98] ZHANG Y Z, LEE K H, ANJUM D H, et al. MXenes stretch hydrogel sensor performance to new limits [J]. Sci Adv, 2018, 4(6): eaat0098.

[99] HAN J H, BAE K M, HONG S K, et al. Machine learning-based self-powered acoustic sensor for speaker recognition [J]. Nano Energy, 2018, 53: 658-665.

[100] JANG J, LEE J, WOO S, et al. A microelectromechanical system artificial basilar membrane based on a piezoelectric cantilever array and its characterization using an animal model [J]. Scientific Reports, 2015, 5: 1312447.

[101] LANG C H, FANG J, SHAO H, et al. High-sensitivity acoustic sensors from nanofibre webs [J]. Nature Communications, 2016, 7: 711108.

[102] SEARLE A, KIRKUP L. A direct comparison of wet, dry and insulating bioelectric recording electrodes [J]. Physiological Measurement, 2000, 21(2): 271-283.

[103] MIYAMOTO A, LEE S, COORAY N F, et al. Inflammation-free, gas-permeable, lightweight, stretchable on-skin electronics with nanomeshes [J]. Nat Nanotechnol, 2017, 12(9): 907-913.

[104] HE K, LIU Z Y, WAN C J, et al. An on-skin electrode with anti-epidermal-surface-lipid function based on a zwitterionic polymer brush [J]. Advanced Materials, 2020, 32(24): 92001130.

[105] KIM T, PARK J, SOHN J, et al. Bioinspired, highly stretchable, and conductive dry adhesives based on 1D-2D hybrid carbon nanocomposites for all-in-one ECG electrodes [J]. Acs Nano, 2016, 10(4): 4770-4778.

[106] YOKOTA T, ZALAR P, KALTENBRUNNER M, et al. Ultraflexible organic photonic skin [J]. Science Advances, 2016, 2(4): e1501856.

[107] CHEN Y, LU S, ZHANG S, et al. Skin-Like biosensor system via electrochemical channels for noninvasive blood glucose monitoring [J]. Science Advances, 2017, 3(12): e1701629.

[108] LIPANI L, DUPONT B G R, DOUNGMENE F, et al. Non-invasive, transdermal, path-selective and specific glucose monitoring via a graphene-based platform [J]. Nature Nanotechnology, 2018, 13(6): 504-511.

[109] RIM Y S, BAE S H, CHEN H J, et al. Printable ultrathin metal oxide semiconductor-based conformal biosensors [J]. Acs Nano, 2015, 9(12): 12174-12181.

[110] JANG M, KIM H, LEE S, et al. Highly sensitive and selective biosensors based on organic transistors functionalized with cucurbit 6 uril derivatives [J]. Advanced Functional Materials, 2015, 25(30): 4882-4888.

[111] SEO G, LEE G, KIM M J, et al. Rapid detection of COVID-19 causative virus (SARS-CoV-2) in human nasopharyngeal swab specimens using field-effect transistor-based

biosensor [J]. Acs Nano, 2020, 14(4): 5135-5142.

[112] YAN C, PEIYING Z, GAONING H, et al. From connected people, connected things, to connected intelligence [J]. 2020 2nd 6G Wireless Summit (6G SUMMIT), 2020, 19591711.

[113] SHILPA A, MUNEESWARAN V, RATHINAM D D K, et al. Exploring the benefits of sensors in internet of everything (IoE) [M]. 2019 5th International Conference on Advanced Computing & Communication Systems. New York; IEEE. 2019: 510-514.

[114] HO D H, SUN Q, KIM S Y, et al. Stretchable and multimodal all graphene electronic skin [J]. Advanced Materials, 2016, 28(13): 2601-2608.

[115] JIN H, HUYNH T P, HAICK H. Self-healable sensors based nanoparticles for detecting physiological markers via skin and breath: Toward disease prevention via wearable devices [J]. Nano Letters, 2016, 16(7): 4194-4202.

[116] METCALF D, MILLIARD S T J, GOMEZ M, et al. Wearables and the internet of things for health wearable, interconnected devices promise more efficient and comprehensive health care [J]. Ieee Pulse, 2016, 7(5): 35-39.

[117] WANG M, YAN Z, WANG T, et al. Gesture recognition using a bioinspired learning architecture that integrates visual data with somatosensory data from stretchable sensors [J]. Nature Electronics, 2020: 10.

第 7 章

6G应用中的电磁防护与热管理材料

6G 应用的广泛实施，在给生活带来便利的同时，必然会产生一些潜在的负面影响。一方面，6G 通信所采用的新波段将形成新的电磁辐射危害，不可避免地影响人员健康、设备电磁兼容、信息安全和军事目标隐身等方面，有效的电磁防护措施与新材料的应用必不可少。另一方面，伴随未来 6G 应用的器件小型化、柔性化和芯片集成化等趋势，器件局部热量的累积和快速散热问题会更加严峻，高效的热管理技术和热管理材料成为研究重点。本章重点介绍未来 6G 应用中的电磁防护与热管理材料。

7.1 电磁防护材料

6G 通信与传统通信相比，所用的频率更高、频谱相对更宽，太赫兹作为其中最特别的一个波段，展现出的若干电磁传输和材料响应新特性，使传统电磁防护材料在 6G 应用中并不能完全适用。从响应机理上来看，自然界中的材料对电磁波谱响应的分布并不是连续的，在几百吉赫兹以内的频率范围内，电磁防护材料中起主要作用的粒子是电子。在红外至可见光/紫外波段之间，电磁防护材料主要与光子发生相互作用。而在这两个响应区域之间的 0.1 ～ 10 THz 波段，则是一个缺乏材料响应的太赫兹间隙[1, 2]，因此探索有效的太赫兹防护材料成为一个重要的课题。

7.1.1 电磁防护的基本原理

太赫兹电磁防护材料主要是指基于保护人体和精密器件免受太赫兹辐射伤害、保证信息安全，以及防止太赫兹信息泄露和隐蔽军事目标不被太赫兹探测识别等目的，所采用的主动防护类材料。太赫兹电磁防护材料的理想状态是能够完全吸收不需要的太赫兹辐射，太赫兹进入吸收体后即被完全损耗形成反射衰减。已有研究在这类吸收材料方面做出了许多努力，太赫兹的吸收能力和覆盖波段都得到了极大的提升，但是实现全波段的完全吸收仍然任重道远。同时，存在一些对吸收要求不高（如防护器件间相互电磁干扰等）或对透射截止有极高要求（如防护信息安全不泄露等）的应用场合，要求太赫兹辐射不能穿透防护材料形成透射损耗，即所谓的太赫兹电磁屏蔽材料。下面简要介绍基于反射衰减的吸收理论和基于透射衰减的屏蔽理论[3]。

1. 反射衰减的吸收理论

根据电磁波传输原理，建立太赫兹反射衰减传输模型，如图 7–1（a）所示。太赫兹辐射 E_0 由空气介质传输进入吸波材料，吸波材料为厚度为 d 的无限大平板，吸波材料背面为全反射金属板。图 7–1 中的 E_{r1}、E_{r2}、E_{r3}……E_{rn} 分别表示入射太赫兹在经由金属背板和吸波材料表面产生多次反射后，形成的一次反射、二次反射直至 n 次反射的太赫兹辐射强度，多次反射能量的累加则形成样品对入射能量的总反射。

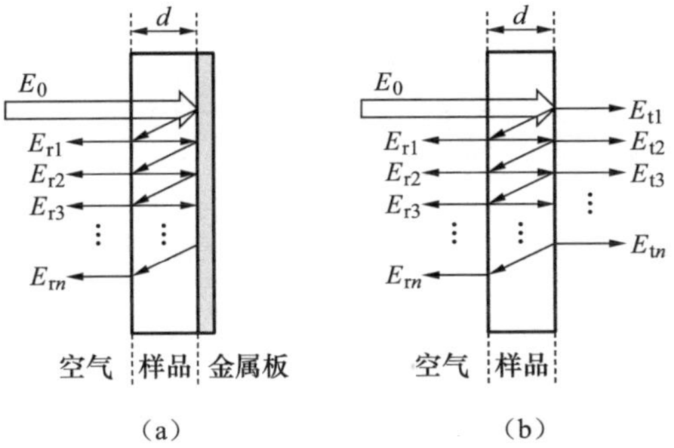

图 7–1　太赫兹电磁防护理论模型示意

（a）太赫兹反射衰减传输模型；（b）太赫兹透射衰减传输模型

根据菲涅耳（Fresnel）原理，当太赫兹辐射由介质 1 垂直入射到介质 2 时，在界面处产生的反射率 R_{12} 和透射率 T_{12} 分别表示为

$$R_{12} = \frac{\tilde{n}_2 - \tilde{n}_1}{\tilde{n}_1 + \tilde{n}_2} \tag{7–1}$$

$$T_{12} = \frac{2\tilde{n}_1}{\tilde{n}_1 + \tilde{n}_2} \tag{7–2}$$

式中，$\tilde{n}_1$和$\tilde{n}_2$分别表示介质 1 和介质 2 的复折射率，对损耗介质来说，$\tilde{n} = n - \kappa\text{i}$，$n$ 和 κ 分别表示折射率的实部和虚部。

太赫兹辐射在损耗介质中传输一定距离 L 后，产生一定的衰减，此时太赫兹

辐射的强度 $E_L(\omega)$ 表示为

$$E_L(\omega)=E_0(\omega)\bullet \mathrm{e}^{-\mathrm{i}\tilde{n}(\omega)L/c} \tag{7-3}$$

式中，c 表示光速（$\mathrm{m}\cdot\mathrm{s}^{-1}$）；$\omega$ 表示角频率（$\mathrm{rad}\cdot\mathrm{s}^{-1}$）；$\mathrm{e}^{-\mathrm{i}\tilde{n}(\omega)L/c}$表示太赫兹辐射的传输因子，用$P_{\tilde{n}}(\omega,L)$来表述。吸波材料所反射的太赫兹辐射总能量表示为

$$\begin{aligned}E_{\mathrm{r}}^2(\omega)&=E_{\mathrm{r}1}^2(\omega)+E_{\mathrm{r}2}^2(\omega)+E_{\mathrm{r}3}^2(\omega)+\cdots+E_{\mathrm{r}n}^2(\omega)\\&=E_0^2(\omega)\bullet R_{12}^2+E_0^2(\omega)\bullet T_{12}^2\bullet T_{21}^2\bullet P_{\tilde{n}}^4(\omega,L)+\\&\quad E_0^2(\omega)\bullet T_{12}^2\bullet T_{21}^2\bullet R_{21}^2\bullet P_{\tilde{n}}^8(\omega,L)+\cdots+E_0^2(\omega)\bullet T_{12}^2\bullet T_{21}^2\bullet R_{21}^{2n-4}\bullet P_{\tilde{n}}^{4n-4}(\omega,L)\end{aligned} \tag{7-4}$$

因此，吸波材料对太赫兹辐射的总反射能量与总能量的比值为

$$\lim_{n\to\infty}\frac{E_{\mathrm{r}}^2(\omega)}{E_0^2(\omega)}=\frac{[n(\omega)-1]^2+\kappa^2(\omega)}{[n(\omega)+1]^2+\kappa^2(\omega)}+16\bullet\frac{n^2(\omega)+\kappa^2(\omega)}{\left\{[n(\omega)+1]^2+\kappa^2(\omega)\right\}^2}\bullet$$

$$\frac{\left\{[n(\omega)+1]^2+\kappa^2(\omega)\right\}\bullet\exp\left(\dfrac{-4\omega\bullet\kappa(\omega)\bullet d}{c}\right)}{[n(\omega)+1]^2+\kappa^2(\omega)-\left\{[n(\omega)-1]^2+\kappa^2(\omega)\right\}\bullet\exp\left(\dfrac{-4\omega\bullet\kappa(\omega)\bullet d}{c}\right)} \tag{7-5}$$

以分贝（dB）为单位表示其反射衰减值（R_L），则可写为

$$R_L=-10\bullet\lg\left[\lim_{n\to\infty}\frac{E_{\mathrm{r}}^2(\omega)}{E_0^2(\omega)}\right] \tag{7-6}$$

2. 透射衰减的屏蔽理论

电磁屏蔽材料主要关注的是材料对太赫兹辐射的透过性能，其透射衰减的电磁传输模型在原理上与反射衰减基本一致，略有区别，如图 7-1（b）所示。电磁屏蔽材料同样为厚度为 d 的无限大平板，背面无金属全反射层，因此在出现多次反射的同时，还存在一次透射、二次透射直至 n 次透射，分别用 $E_{\mathrm{t}1}$、$E_{\mathrm{t}2}$、$E_{\mathrm{t}3}$……$E_{\mathrm{t}n}$ 表示其强度。

据此，电磁屏蔽材料对太赫兹的总透射可表述为多次透射能量相加：

$$\begin{aligned}E_{\mathrm{t}}^2(\omega)&=E_{\mathrm{t}1}^2(\omega)+E_{\mathrm{t}2}^2(\omega)+E_{\mathrm{t}3}^2(\omega)+\cdots+E_{\mathrm{t}n}^2(\omega)\\&=E_0^2(\omega)\bullet T_{12}^2\bullet T_{21}^2\bullet P_{\tilde{n}}^2(\omega,L)+E_0^2(\omega)\bullet T_{12}^2\bullet T_{21}^2\bullet R_{21}^4\bullet P_{\tilde{n}}^6(\omega,L)+\\&\quad E_0^2(\omega)\bullet T_{12}^2\bullet T_{21}^2\bullet R_{21}^8\bullet P_{\tilde{n}}^{10}(\omega,L)+\cdots+E_0^2(\omega)\bullet T_{12}^2\bullet T_{21}^2\bullet R_{21}^{4n-4}\bullet P_{\tilde{n}}^{4n-2}(\omega,L)\end{aligned} \tag{7-7}$$

因此，电磁屏蔽材料透射的太赫兹能量与入射能量的比值为

$$\lim_{n\to\infty}\frac{E_t^2(\omega)}{E_0^2(\omega)}=16\cdot\frac{n^2(\omega)+\kappa^2(\omega)}{\left\{\left[n(\omega)+1\right]^2+\kappa^2(\omega)\right\}^2}\cdot$$

$$\frac{\left\{\left[n(\omega)+1\right]^2+\kappa^2(\omega)\right\}^2\cdot\exp\left(\dfrac{-4\omega\cdot\kappa(\omega)\cdot d}{c}\right)}{\left\{\left[n(\omega)+1\right]^2+\kappa^2(\omega)\right\}^2-\left\{\left[n(\omega)-1\right]^2+\kappa^2(\omega)\right\}^2\cdot\exp\left(\dfrac{-4\omega\cdot\kappa(\omega)\cdot d}{c}\right)} \quad (7\text{-}8)$$

以 dB 为单位表示其电磁干扰屏蔽效能（Electromagnetic Interference Shielding Effectiveness，EMI SE），则可表示为

$$\text{EMI SE}=-10\cdot\lg\left[\lim_{n\to\infty}\frac{E_t^2(\omega)}{E_0^2(\omega)}\right] \quad (7\text{-}9)$$

7.1.2　电磁防护超构材料

超构材料（Metamaterial）是一种人工结构电磁介质材料，由周期性重复排列的图案化高导电材料（如金和铜等）单元结构组成。电子在这些亚波长尺度的图案化单元结构中产生共振，形成对外界电磁波的响应。因此，通过设计单元结构形式可以调控超构材料对外界电信号和磁信号的响应，使其具有独特的电磁特征[2]。超构材料最初用于负折射率材料设计和实现微波波段的信号控制，但随着设计理论和制备技术的进步，对于波长更短的太赫兹波，研究人员设计、制备出了太赫兹响应超构材料，实现了对太赫兹波的调控和有效吸收[1, 4, 5]。近年来，通过优化设计超构材料的复合结构和主动控制手段，某些宽波段响应和可调可控的太赫兹电磁防护超构材料也被设计出来[6–8]。

1. 电磁防护超构材料理论模型

典型的超构材料吸波体通常由 3 层结构组成，分别为表层的超构材料层、中间的介电间隔层和底层的金属全反射层，如图 7–2 所示[2, 4, 5, 9]。目前，主要通过 CST、HFSS 和 FEKO 等全波模拟软件来设计和验证超构材料的电磁损耗性能，其工作原理是在合理的配置辐射源、边界条件和空间网格等参数的基础上，求解太赫兹波段内的离散麦克斯韦（Maxwell）方程，从而获取准确的实验结果模拟，

并对超构材料结构的设计提供指导。但是，在全波模拟中，超构材料潜在的物理性能是不直观的，很难将结构参数与最终性能直接关联。据此，研究人员提出了若干理论模型来解释太赫兹超构材料吸收体的工作机理，包括等效介质理论、传输线理论、耦合模理论和干涉理论等[9]。

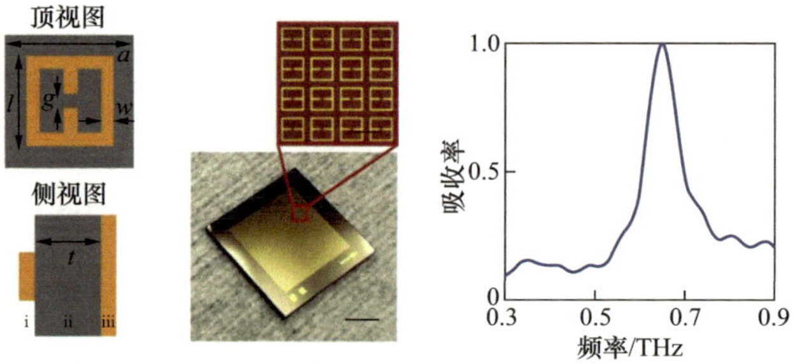

（a）（b）（c）

图 7-2　3 层超构材料结构单元[9]
（a）顶视图和侧视图（a = 90 μm，l = 70 μm，w = 5 μm，g = 8 μm，t = 14 μm）；
（b）周期结构示意（标尺：100 μm）；（c）吸收光谱

对于这 4 种理论模型，为了便于直观理解和相互比较，结合图 7–2 中的太赫兹超构材料吸波体实例进行讨论。吸波体包括表层开口谐振环超构材料、SU8 光刻胶介电间隔层和底层全反射金属板[10]，吸波体的吸收光谱采用太赫兹时域光谱法测量。太赫兹超构材料中介电间隔层的作用是调控其介电特性，常用材料为 PI 和光刻胶，以便于制造过程中集成。

（1）等效介质理论（Effective Medium Theory）模型

在微观尺度上，天然材料的电磁响应源于其内部分子或原子在入射电磁波激发下产生的共振，反射波或透射波是入射波和受激原子或分子辐射波的叠加。与天然材料类似，超构材料可通过人工设计的内部结构产生电磁响应，由于人工结构的尺寸和周期均小于入射太赫兹的波长，因此吸波体在宏观上可作为一种等效的均匀材料。通常情况下，超构材料的结构参数与波长之比应小于 1/2，以确保一个结构单元内的相移小于 π。但实际上，许多超构材料具有更小的周期性。因此，在这种显著的亚波长范围内，超构材料的平均电磁响应可以用有效的相对介电常数 $\varepsilon_{\mathrm{eff}}(\omega)$ 和磁导率 $\mu_{\mathrm{eff}}(\omega)$ 来描述。

从全波模拟或实验测量的反射率和透射率结果可知，在忽略双各向异性的情况下，可通过 S 参数反演的方法，来提取超构材料吸波体的有效介电常数和有效

磁导率。以图 7–2 中超构材料结构为例，超构材料中 SU8 模拟为介电材料（介电常数为 2.81+0.182i），所有金属部分都设置为金，使用德鲁德（Drude）模型进行计算（等离子体频率 f_p=2175 THz，碰撞频率 f_τ=6.5 THz），模拟得到的反射（$|S_{11}|^2$）、透射（$|S_{21}|^2$）和吸收光谱（$1-|S_{11}|^2-|S_{21}|^2$）如图 7–3（a）所示。从等效介质的角度来看，超构材料吸收体被视为单层均匀材料，有效介电常数和有效磁导率通过 S 参数反演来提取，结果如图 7–3（b）所示。自由空间的阻抗为 Z_0（376.7 Ω），等效介质的阻抗定义为$\sqrt{\mu_{\text{eff}}/\varepsilon_{\text{eff}}}Z_0$，图 7–3（b）中的垂直虚线表示吸收峰频率（0.64 THz），该处 μ_{eff}=4.8+36.8i，ε_{eff} =5.1+37.6i，$\mu_{\text{eff}}/\varepsilon_{\text{eff}}$ 接近 1，表明超构材料吸收体和自由空间之间的阻抗匹配极好。同时，μ_{eff} 的虚部和 ε_{eff} 的虚部引入了高损耗，所以吸波体可实现接近零反射（反射率为 0.011）的同时，接近完全吸收（吸收率为 0.9999）。

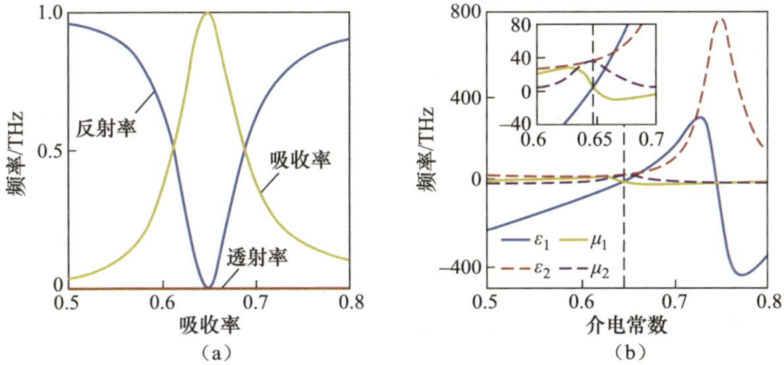

图 7–3　太赫兹超构材料吸收体的有效参数反演[9]

（a）全波模拟反射率、透射率和吸收光谱；（b）S 参数反演得到的有效光学介电常数（ε_1 和 μ_1 是相对有效介电常数 $\varepsilon_{\text{eff}}(\omega)$ 和有效磁导率 $\mu_{\text{eff}}(\omega)$ 的实部，ε_2 和 μ_2 为虚部，垂直虚线表示 0.64 THz 处的吸收峰）

等效介质理论从传统材料的角度解释了超构材料吸收体的内在机制，将完全吸收（接近于零的反射率和透射率）归因于同时产生的阻抗匹配和高损耗，并提供了获得完美吸收的直观解释。然而，作为基于总反射率和透射率来反演超构材料吸收体参数的集总模型，等效介质理论模型无法区分超构材料吸收体各部分的贡献，因此与后面描述的其他模型相比，该模型对基础物理现象的讨论较少。

（2）传输线理论（Transmission Line）模型

在亚波长超构材料吸收体出现之前，射频波段的电磁波吸收材料（如

Salisbury 屏、Jaumann 吸收体和电路模拟吸收材料等）已经得到了很好的发展，并且大多采用传输线理论模型进行解释。由于电磁理论的可扩展性，传输线理论模型也可以适当修改来解释超构材料吸收材料的工作原理。

在传输线理论模型中，超构材料层通常模拟为耦合的并联谐振模式。具体来说就是将超构材料层［由图 7–2（a）所示的开口谐振环组成］建模为 LC 和偶极共振模式，二者之间通过互感耦合，如图 7–4（a）所示。

LC 的阻抗和偶极共振模式的阻抗（Z_{LC} 和 Z_{dipole}）表示为

$$Z_{\text{LC,dipole}} = R_{\text{LC,dipole}} + \frac{2\varepsilon_{\text{i}}}{\omega C_{\text{LC,dipole}}(\varepsilon_{\text{r}}+1)^2} + \text{i}\omega RL_{\text{LC,dipole}} + \frac{2}{\text{i}\omega C_{\text{LC,dipole}}(\varepsilon_{\text{r}}+1)} \tag{7–10}$$

式中，ε_{r} 和 ε_{i} 分别为间隔材料介电常数的实部和虚部；$R_{\text{LC,dipole}}$、$L_{\text{LC,dipole}}$ 和 $C_{\text{LC,dipole}}$ 分别为单独超构材料层（仅有金属结构而不包含间隔材料）的阻抗（Ω）、电感（H）和电容（F）。介电间隔层相当于长度等于间隔厚度且被全反射金属板短路的传输线，其阻抗表示为

$$Z_{\text{in}} = \text{i}\sqrt{\frac{\mu_d}{\varepsilon_d}}Z_0\tan(k_0\sqrt{\varepsilon_d\mu_d}d) \tag{7–11}$$

式中，Z_{in} 为短路传输线的阻抗；k_0 为自由空间波数（$4\pi\times10^{-7}\ \text{H}\cdot\text{m}^{-1}$）；$\mu_d$ 和 ε_d（$\varepsilon_{\text{r}}+\varepsilon_{\text{i}}\text{i}$）是间隔材料的相对磁导率和介电常数；$d$ 为介电间隔的厚度（m）。根据图 7–4（b）所示的等效电路模型，超构材料吸收体的总阻抗表示为

$$Z_{\text{MPA}} = Z_{\text{MM}}//Z_{\text{in}} = \frac{Z_{\text{MM}}Z_{\text{in}}}{Z_{\text{MM}}+Z_{\text{in}}} \tag{7–12}$$

式中，Z_{MM} 为超构材料的自身阻抗。当超构材料吸收体的总阻抗与自由空间的阻抗相匹配时，可获得理想的吸收效果。针对图 7–2（a）中的超构材料吸收体，通过数值模拟反演出表层单独超构材料的电阻、电容和电感后，可计算出接近完全吸收率时超构材料吸收体的阻抗值 360.9+2.5i Ω，与自由空间 376.7 Ω 的阻抗形成良好的匹配，对应于 0.9995 的太赫兹吸收，如图 7–4（c）所示。

利用传输线理论模型，从电路理论的角度出发，使用相应的参数来描述超构材料吸收体中各部分的贡献。例如，式（7–10）中 $R_{\text{LC,dipole}}$、$L_{\text{LC,dipole}}$ 和 $C_{\text{LC,dipole}}$ 由表层单独超构材料的金属电阻率和几何形状确定；式（7–11）中 μ_d、ε_d 和 d 分别

是介电间隔层的材料特性和厚度。传输线理论模型可以通过分别改变各个设计参数，来分析吸收光谱的变化。然而，传输线理论模型忽略了超构材料层和金属全反射层之间的近场耦合，从而导致吸收峰值频率的蓝移（全波模拟结果为 0.64 THz，传输线理论计算结果蓝移至 0.69 THz）。当然，也可以通过手动修改式（7-10）中的电容或电感值来优化近场耦合，以补偿频率失配。

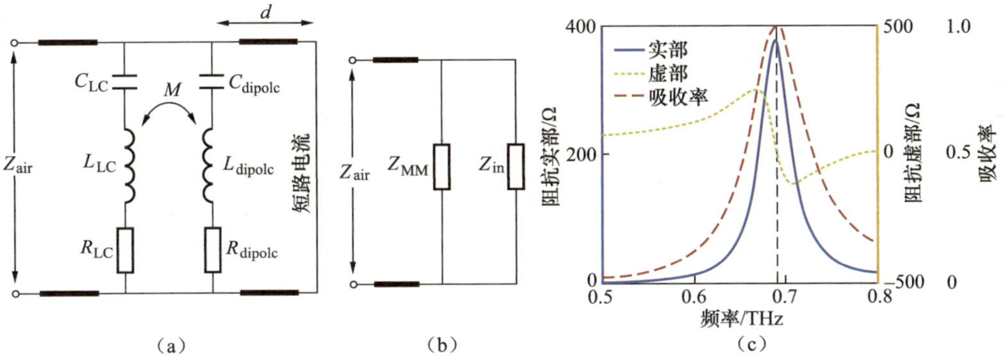

图 7-4　超构材料吸收体的传输线理论模型及模拟结果[9]

（a）开口谐振环组成超构材料吸收体的传输线理论模型，M 为 LC 和偶极共振模式之间的耦合；（b）超构材料层并联阻抗和短路传输线构成超构材料吸收体的简化电路模型；（c）由式（7-12）计算得到的超构材料吸收体阻抗

（3）耦合模理论（Coupled Mode Theory）模型

耦合模理论模型的提出是为了研究谐振器与单个/多个端口或其他谐振器的耦合，运用集总参数（如模式振幅、衰减率和耦合系数）来描述系统工作。该理论每个参数对应的是整个系统，而不是内部单个功能层的特定物理意义。因此，耦合模理论因其简明的物理概念和对代数的极低要求，广泛应用于光学谐振器、波导、光子晶体和超构材料等方面的研究。

基于耦合模理论，如果共振模可以在频率上很好地分离，则可将超构材料吸收体视为单端口单模谐振器，如下式描述：

$$\frac{\mathrm{d}a}{\mathrm{d}t}=\mathrm{i}\omega_0 a-\frac{1}{\tau_0}a-\frac{1}{\tau_\mathrm{e}}a+\sqrt{\frac{2}{\tau_\mathrm{e}}}s_+ \tag{7-13}$$

$$s_-=-s_++\sqrt{\frac{2}{\tau_\mathrm{e}}}a \tag{7-14}$$

式中，a 为共振的振幅；ω_0 为共振角频率；$\frac{1}{\tau_0}$为材料本征衰减率（如焦耳热等）；$\frac{1}{\tau_e}$为功率损耗率；s_+ 和 s_- 分别为入射波振幅和反射波的振幅。式（7–13）等号右侧第一项表示谐振器内部的能量交换，第二项表示谐振器内部消耗的能量，第三项表示从谐振器逸出的能量（辐射回自由空间），第四项是耦合到谐振器的入射能量，所有项之和等于谐振器内部的能量变化。式（7–14）表示总反射波是入射波被反射部分和从谐振器辐射出波的总和，因此反射率可结合式（7–13）和式（7–14）进行计算：

$$R=\frac{s_-}{s_+}=\frac{\frac{1}{\tau_e}-\frac{1}{\tau_0}-\mathrm{i}(\omega-\omega_0)}{\frac{1}{\tau_e}+\frac{1}{\tau_0}+\mathrm{i}(\omega-\omega_0)} \tag{7–15}$$

为了描述系统，使用吸收品质因子（Q_a）和辐射品质因子（Q_r）两个参数，分别定义为 $Q_a=\omega_0\tau_0/2$ 和 $Q_r=\omega_0\tau_e/2$，表示谐振器中存储的能量与谐振器消耗的能量及逸出的能量之比。图 7–5（a）描述了吸收峰频率处吸收与 Q_a 和 Q_r 的函数关系，不难发现，当 $Q_a=Q_r$ 时可实现理想吸收效果。图 7–5（b）描述了兴趣频率范围内反射相位的变化，在 $Q_a>Q_r$ 区域，与阻尼不足的谐振器相似，相位变化可以超过 360°，而在 $Q_a<Q_r$ 区域，与过阻尼谐振器相似，相位变化小于 180°。

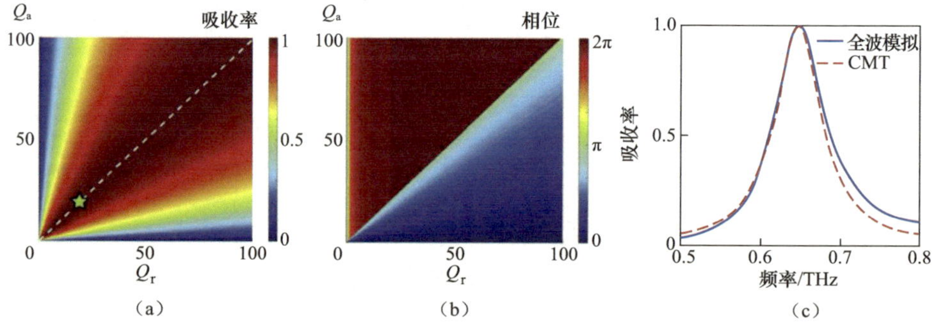

图 7–5　耦合模理论模型计算[9]

（a）共振吸收（虚线代表理想吸收条件：$Q_a=Q_r$，☆代表图 7–3（a）所示的超构材料吸收体中峰频率的品质因子 $Q_a=Q_r=18.7$）；（b）反射相位；（c）全波模拟的吸收光谱和耦合模理论的吸收光谱

对全波模拟的吸收光谱结果进行曲线拟合，可得到两个品质因子［见图 7–5（a）］：$Q_a=Q_r=18.7$。图 7–5（c）将耦合模理论和全波模拟得到的吸收光谱绘制在一起进行比较，在高于吸收峰频率 0.64 THz 的范围内两者略有差异。

这种差异是因为在 0.64 ～ 0.80 THz 范围内，全波模拟认为 LC 和偶极共振模式同时作用于吸收，而耦合模式理论假设每个共振都是独立的。

从能量的角度出发，耦合模理论仅使用 3 个参数（ω_0、Q_a 和 Q_r）描述超构材料吸收体，形式简单明了。然而，Q_a 和 Q_r 仅能对简单的超构材料结构进行解析，并且在一般情况下，Q_a 和 Q_r 需要作为集总参数从全波模拟或实验得到的吸收光谱中反演。与等效介质理论模型类似，耦合模理论模型并不能明确地将组分材料特性与吸收光谱联系起来。此外，对于具有强耦合共振模式的超构材料吸收体，还必须考虑更多来自其他共振模式的参数。

（4）干涉理论（Interference Theory）模型

在更传统的方法中，超构材料吸收体的总反射可视为超构材料层与基底之间的多次反射［见图 7-6（a）］，通过多重反射之间的相消干涉，可以获得理想的吸收效果。

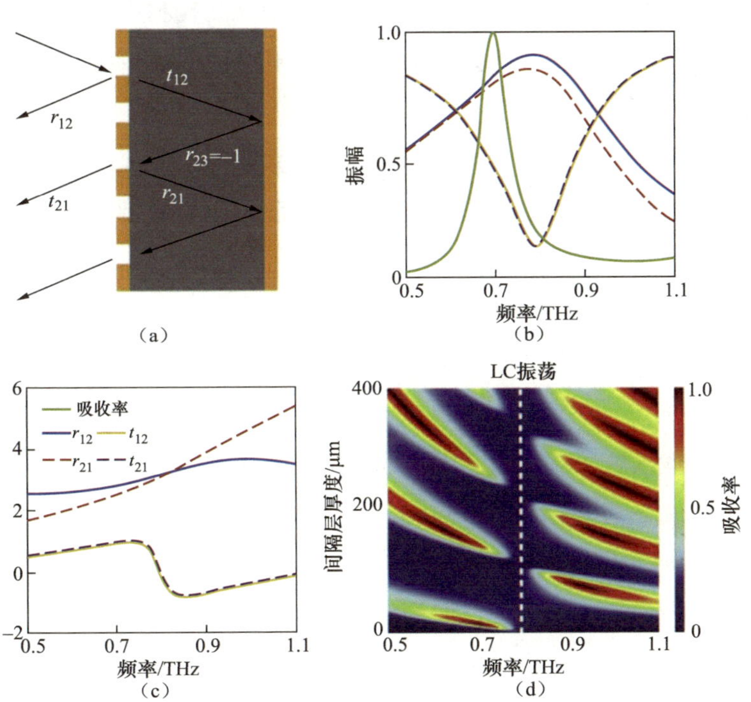

图 7-6　干涉理论模型[9]

（a）超构材料层与基底之间的多次反射；（b）14 μm 间隔层超构材料吸收体在界面处反射率和透射率的振幅和吸收光谱；（c）反射率和透射率的相位；（d）超构材料吸收与频率和间隔层厚度的关系（虚线表示单独超构材料层的 LC 频率）

假设金属背板是全反射材料，即其反射率 R_{23}=−1，则吸波体的反射为

$$R = R_{12} - \frac{T_{12}T_{21}}{R_{21} + \exp(-i2\beta)} \tag{7-16}$$

式中，R 为全反射率；β 为间隔层中的单向相位延迟，$\beta=nkd$；R_{12} 和 T_{12} 分别为从空气向吸波体传输时超构材料层表面的反射率和透射率；R_{21} 和 T_{21} 分别为从基底向空气方向传输时超构材料层表面的反射率和透射率，二者均包括振幅和相位信息。由于金属背板的全反射，吸波体的吸收表示为 $A=1-|R|^2$。因此，如果优化得到反射率为 0，即可获得理想的完全吸收效果。

基于图 7–2（a）所示的超构材料，推导出单独超构材料层的反射率和透射率 [11]，其振幅和相位如图 7–6（b）和图 7–6（c）所示。将结果代入式（7–16）中，计算间隔层厚度为 14 μm 的超构材料吸收体的吸收如图 7–6（b）中曲线所示，在吸收峰频率 0.69 THz 处产生近完全吸收（0.9991）。此外，图 7–6（d）所示为间隔层厚度连续变化时的吸收光谱，不难看出在超构材料界面共振频率处吸收很弱，随着厚度增加，吸收峰频率出现红移且有多个吸收带出现，这一现象也在实验中得到了验证 [10]。

干涉理论模型从光学角度运用相对简单的数学方法，提供了一种理解超构材料吸收体的直观方法，有利于研究超构材料吸收体中材料特性与吸收体性能之间的内在关系。通过将式（7–16）中间隔层厚度的导数设为零，可得到吸收峰频率与间隔层厚度之间的关系。吸收峰频率的红移是由 R_{21} 的相位色散引起的，而多个吸收峰则是由于随间隔层厚度增加而产生的多 2π 相位延迟引起的倍频效应。此外，超构材料界面的反射率和透射率（R_{12}、T_{12}、R_{21} 和 T_{21}）可由超构材料层的阻抗导出，代入式（7–16）中即可确定最佳吸收的临界间隔层厚度和频率。在其他设计参数（如谐振腔几何结构）确定的情况下，临界间隔层厚度主要由超构材料吸收体的损耗决定，而吸收峰频率主要由超构材料层的谐振频率决定。

虽然干涉理论模型很直观，但是单独超构材料层的反射率和透射率必须从数值模拟中获得，因此超构材料层与金属全反射层之间的近场耦合通常被忽略。而在通常情况下，近场耦合可以通过引入附加电抗来降低谐振频率。由于近场耦合远离超构材料层，衰减非常快，因此只需在有限薄的间隔层时考虑其影响。当间隔层厚度小于吸收最大值处波长的 1/25 时，忽略超构材料层与金属全反射层近场耦合的情况下，用干涉理论模型计算的吸收峰频率与全波模拟结果相比有明显

的蓝移[10]。由于近场分布在很大程度上依赖于结构，不同的超构材料结构会产生不同间隔层厚度极限的阈值，阈值以内实验结果偏离干涉理论模型。例如，对于以贴片结构为单元的超构材料，阈值约为共振波长的 1/10。在阈值以上，吸收峰频率随间隔层厚度的减小而增大。在阈值以下，由于两个金属层之间的近场耦合，吸收峰值频率保持不变且与间隔层厚度无关[12]。

当然，还可以在反射率和透射率反演过程中通过数值解析的方法补偿近场耦合，以使实验/数值结果与干涉理论模型结果相匹配。为此，在数值反演模型中，通过引入一个对反射和透射没有明显扰动、但主要对近场耦合产生响应的金属结构，以补偿近场耦合。例如，对于以交叉结构为单元的超构材料，在相邻谐振单元之间的间隙添加金属贴片以形成寄生电容[13]。在解析反演方法中，可以相应地修改超构材料的阻抗［见式（7-10）］以包含近场耦合。

（5）理论模型小结

上述理论模型从不同的角度、采用不同的方程解释了超构材料吸收体的机理。虽然每种模型为理解器件提供了不同的视角，但是实现理想吸收效果的关键条件都与自由空间的阻抗匹配。

- 从材料的角度出发，等效介质理论模型根据反射率和透射率，计算获取超构材料吸收体的有效介电常数和有效磁导率。在理想吸收率下，超构材料吸收材料的等效阻抗与自由空间的阻抗匹配。
- 从电路的角度出发，传输线理论模型将超构材料吸收体视为特征阻抗等于自由空间阻抗的单端口传输线。与等效介质理论类似，理想吸收的条件是阻抗与自由空间的阻抗匹配。
- 从能量的角度出发，耦合模理论引入了 Q_a 和 Q_r，当这两个品质因子相等时，即可达到完全吸收。超构材料吸收体类似于平行 RLC 加载传输线，则 $Q_a=\omega_0\tau_0/2=2\pi f_0RC$，$Q_r=\omega_0\tau_e/2=2\pi f_0Z_0C$，其中 f_0 是吸收峰频率。为了达到理想吸收效果，负载的阻抗同样需要与自由空间的阻抗匹配。
- 从光学的角度出发，干涉理论模型将完全吸收解释为上下两界面间多次反射的叠加相消。据此可推导出间隔层内多次反射的等效阻抗，其表达式与间隔层材料的等效阻抗相同［见式（7-11）］。因此，总反射可以关联到超构材料吸收体的阻抗，阻抗匹配则表现出完美吸收。

综上所述，上述 4 种理论从不同的角度解释了同一体系，每种理论都提供了独特的见解，有助于理解、设计和优化超构材料吸收体。

2. 电磁防护超构材料设计与制备

（1）金属基太赫兹电磁防护超构材料

自超构材料被证实能够响应太赫兹辐射[1]及用于全吸收材料后[14]，太赫兹超构材料吸收体受到了广泛关注，为通过吸收损耗实现太赫兹电磁防护材料提供了有效途径。其中，最经典的结构即表面由金属亚波长结构组成的金属基太赫兹吸收体[2, 4, 5, 15–25]。2008 年，Tao 等[2, 4]首次实现理论模拟并实验制备了开口谐振环太赫兹超构材料吸收体［见图 7–7（a）和图 7–7（b）］，克服了天然材料对太赫兹波段响应的缺陷。该吸收体在 1.6 THz 下获得了 0.96 的接近理想的吸收率，并且在横电波（Transverse Electrical Wave，TE 波）和横磁波（Transverse Magnetic Wave，TM 波）两种极化模式下均实现了宽角度范围有效工作［见图 7–7（c）］。迄今为止，研究人员已经验证了“十字形”[19]、“一字形”[16]和方形[18]等多种金属亚波长结构太赫兹吸收体。但是，单一结构的谐振仅能形成一个吸收峰，与实际应用中的宽波段电磁防护需求难以匹配。因此，多种复合谐振结构被设计出来[17–19, 26, 27]，以产生两个甚至多个吸收峰。图 7–7（d）显示了一些常见的单一和复合金属超构材料结构。在此基础上，为进一步拓宽有效吸收波段，Kenney 等[20]提出了一种基于“十字形”超结构单元，并且具有自相似分形结构的超构材料［见图 7–7（e）］。通过自相似的多尺度结构对应于不同的响应频率，其在 2.95 THz、3.47 THz、3.90 THz 和 4.33 THz 波段分别可达到 0.93、0.92、0.88 和 0.91 的吸收率，在 2.82 ～ 5.15 THz 范围内的平均吸收率达 0.83，实现了一个光学倍频程的吸收带宽且具有偏振不敏感的特性［见图 7–7（f）］。

还有一种拓宽超构材料有效吸收波段的常用方法，就是引入多层超构材料结构[15, 23–25]，通过每层超构材料结构谐振频率和相互耦合设计，响应更多的频率和更宽的波段。Liu 等[15]设计制备了一种由 3 层“一字形”超构材料结构组成的吸波体，每层分布多个不同长度的“一字形”结构且层间由不同厚度的 PI 间隔，其结构及参数如图 7–8（a）和图 7–8（b）所示。该结构在 TE 波和 TM 波两种偏振态下均表现出很好的吸收特性，在较宽频带内具有明显的吸收损耗。实验结果表明，正常入射时吸收率超过 0.95 的带宽达 0.81 ～ 1.32 THz，对应于 48% 的相对带宽（对应于测试的中心频率），半高宽为 64%（0.76 ～ 1.48 THz）。在入射角为 40° 时，吸收率仍保持在 0.62 以上［见图 7–8（c）］。

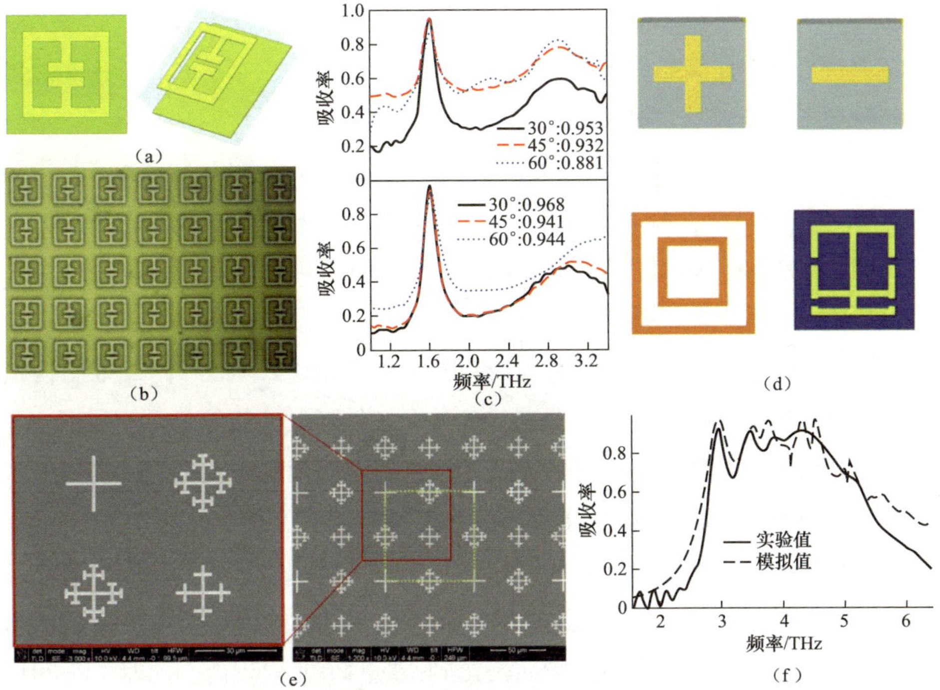

图 7-7　金属基单层超构材料的结构及太赫兹吸收[2, 4, 17-20, 26, 27]

（a）开口谐振环结构示意；（b）开口谐振环实物；（c）开口谐振环吸收率测试结果（分别为 TE 波和 TM 波从不同角度入射）；（d）其他太赫兹吸收体的常用结构；（e）“十字形”超构材料结构单元微观图像；（f）“十字形”超构材料的吸收率

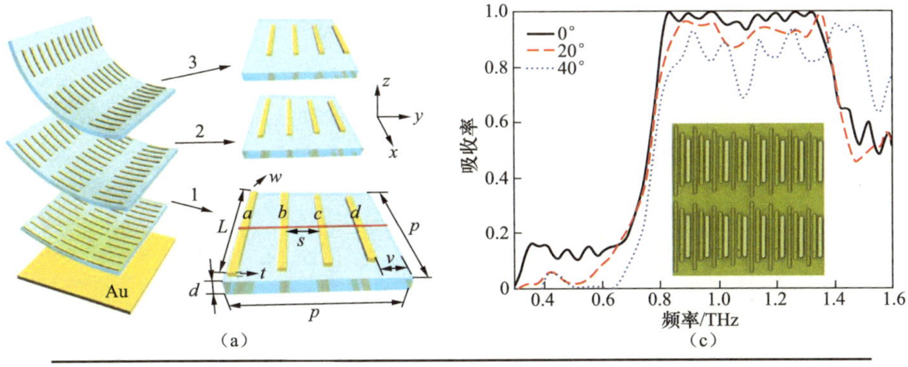

参数	L_{1a}	L_{1b}	L_{1c}	L_{1a}	L_{2a}	L_{2b}	L_{2c}	L_{2d}	L_{3a}
值/μm	93	87	81	75	70	66	62	58	57
参数	L_{3b}	L_{3c}	L_{3d}	d_1	d_2	d_3	V_1	V_2	V_3
值/μm	56	55	54	5	6	15	18	10	2

（b）

图 7-8　多层“一字形”超构材料的结构及太赫兹吸收[15]

（a）多层“一字形”超构材料结构示意；（b）多层“一字形”超构材料结构参数；（c）从多角度入射多层超构材料时太赫兹吸收率的测试结果

此外，某些特殊的全金属结构超构材料也被用于太赫兹吸收[21, 22]，为太赫兹电磁防护材料提供了新思路。Wu 等[21]以分裂谐振环为基本单元，采用多层电镀和表面微加工制造技术，制备了一种可在太赫兹频率下工作的全金属三维对称超构材料，具体制备过程及结构形貌如图 7–9（a）和图 7–9（b）所示。实验结果表明，在 x 和 y 偏振入射条件下，全金属三维超构材料均显示出较好的太赫兹吸收性能，在 1.65 THz 处可实现接近理想的 0.996 的吸收率，具体如图 7–9（c）所示。与传统超构材料结构相比，该全金属三维结构仅由两个竖直正交的开口谐振环组成，没有中间介电损耗层，具有更高的品质因子。此外，三维结构谐振腔增大了等效电感和电容，结合紧凑排列单元结构形成的相邻单元间强耦合，全金属三维结构超构材料具备更好的电磁防护性能，其内部损耗机理的数值模拟如图 7–9（d）所示。在此基础上，Jeong 等[22]基于金属对太赫兹波的欧姆损耗原理，提出了一种纳米狭缝金属超构材料吸收体［见图 7–9（e）］，利用间隙等离子体子模与矩形狭缝中平移对称破缺的相互作用。该超结构阵列可吸收 70% 的入射光［见图 7–9（f）］，将入射辐射横向聚焦到 1% 的单元面积内。同时，驱动场增强和欧姆损耗的感应电磁场被限制在距离狭缝的趋肤深度范围内，振幅可达入射场的 30%［见图 7–9（g）］。

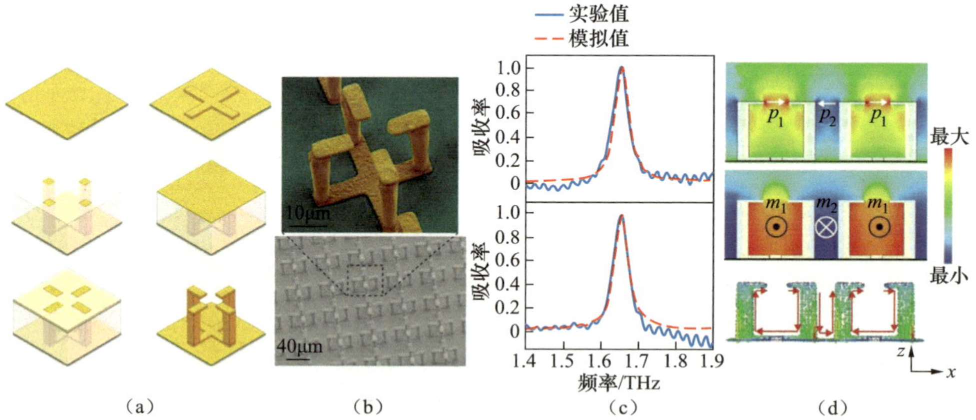

图 7–9　全金属三维结构和利用欧姆损耗机制吸收太赫兹波的纳米狭缝超构材料的结构及太赫兹吸收[21, 22]

（a）全金属三维结构超构材料制备过程示意；（b）结构形貌；（c）吸收率（分别以 x 和 y 偏振入射）；（d）以 x 偏振入射时的数值模拟共振电场、磁场分布及共振频率下的表面电流分布

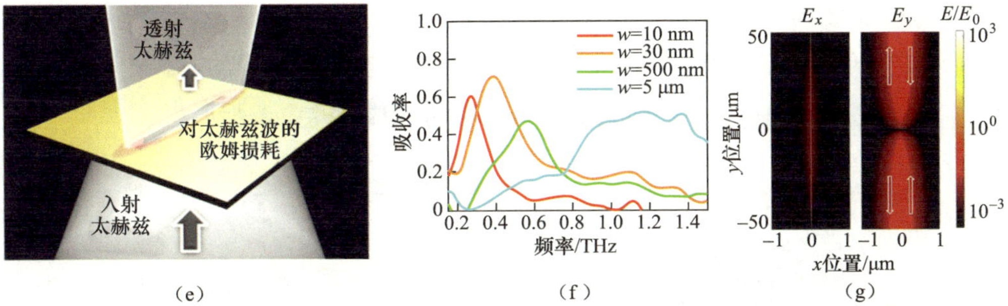

图 7-9　全金属三维结构和利用欧姆损耗机制吸收太赫兹波的纳米狭缝超构材料的结构及太赫兹吸收[21, 22]（续）

（e）利用欧姆损耗机制吸收太赫兹波的纳米狭缝超构材料的太赫兹吸收；（f）吸收率；（g）狭缝附近电场的振幅

金属基太赫兹超构材料有效解决了太赫兹波段电磁防护缺乏材料响应的难题。随着微加工技术的不断进步，一些结构复杂、多层和柔性的超构材料也逐步被实现，以获得更宽的响应波段和更广的入射角度，进一步提升其综合性能。但是，受金属本征特性的限制，要实现太赫兹电磁防护材料性能的跨越式提升，还需要在超构材料结构中引入或复合其他新材料，实现结构和机理的创新。

（2）石墨烯基太赫兹电磁防护超构材料

石墨烯作为一种典型的二维材料，因其太赫兹波段的表面等离激元（Surface Plasmon Polariton，SPP）效应[28]，已广泛应用于太赫兹超构材料吸波体的研究[29–40]。但石墨烯的单原子层厚度对太赫兹波而言几乎是透明的，其整体本征吸收率相对较低[36, 41]。因此，需充分利用石墨烯的表面等离激元效应，在超构材料中集成连续石墨烯或图案化石墨烯，使石墨烯片与周围的界面形成电荷密度和光的集体振荡，以实现对入射太赫兹的有效吸收和电磁防护[30]。Jeong 等[33]使用聚甲基丙烯酸甲酯（Polymethyl Methacrylate，PMMA）将石墨烯薄膜转移到带有金反射底膜的聚合物基底上，用作 Salisbury 屏超构材料中的电阻层，结构如图 7–10（a）所示。通过对石墨烯进行化学掺杂调控其导电性，实现与自由空间阻抗的匹配，在超构材料内部形成入射太赫兹的相消干涉。结果表明，当石墨烯层方阻为 689 $\Omega \cdot \square^{-1}$时，在 0.5 THz 和 1.5 THz 处可实现 0.95 和 0.97 的最大吸收率［见图 7–10（b）］。此外，方形[29]、“十字形”[34]、圆形[31]、箭头[32]和圆环[30]等形状的图案化石墨烯也被用于太赫兹吸收。如图 7–10（c）所示，Gao 等[30]在全反射金属基底上设计了石墨烯多环阵列，通过调节石墨烯的导电性，在 0 ～ 2.25 THz 范围内实现了三波段的理想吸收效果。模拟结果表明，在 1.99 THz 处的吸收率可达 0.998［见图 7–10（d）］。基于驻波场理论可解释该超构材料吸收体的机理，金属基底中的入射波和反射波经过相干叠加产生驻波，使场能量在间隔层内被禁锢并完全耗散。

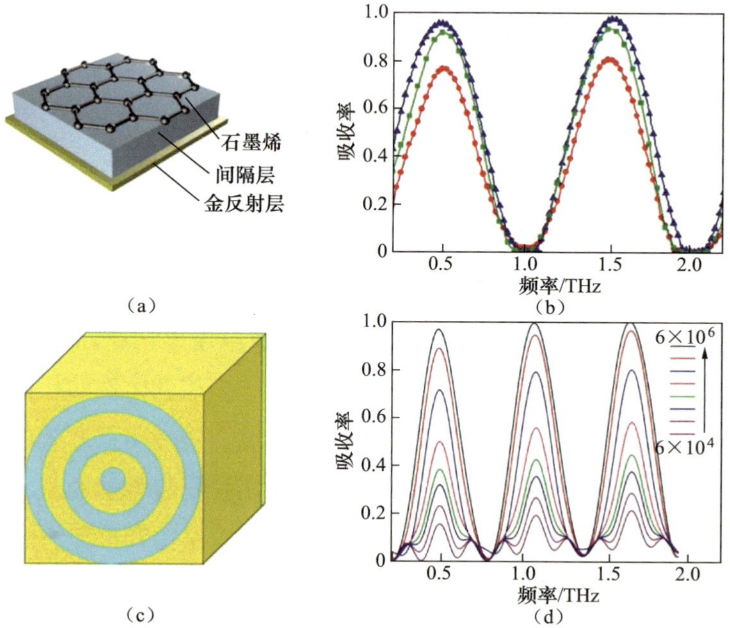

图 7–10　石墨烯 Salisbury 屏和图案化超构材料结构 [30, 33]

（a）石墨烯 Salisbury 屏结构示意；（b）太赫兹吸收曲线（三角、方块和圆点曲线的方阻分别为 689 Ω·□$^{-1}$、817 Ω·□$^{-1}$ 和 1295 Ω·□$^{-1}$）；（c）图案化石墨烯超构材料结构示意；（d）太赫兹吸收曲线

类似于金属基超构材料的结构，基于多层图案化石墨烯结构的超构材料也是实现宽波段太赫兹电磁防护的有效途径 [34–36]。Rahmanzadeh 等 [36] 设计了由方形、“十字形”和圆形这 3 层不同图案化石墨烯片组成的多层超构材料，其结构及各层图案如图 7–11（a）所示。基于等效电路模型，将图案化石墨烯层模拟为色散复阻抗［见图 7–11（b）］，在理论上设计出超构材料最佳吸收的结构参数。图 7–11（c）中的全波模拟吸收率结果表明，多层图案化石墨烯超构材料在 0.55 ～ 3.12 THz 范围内，实现了吸收率大于 0.9 的超宽频段有效吸收。通过对石墨烯超构材料结构的感应电场、表面电流和功率损耗密度的分析，表明 SPP 在能量耗散中占主导地位，是多层石墨烯超构材料的基本吸收机制。宽入射角和多极化入射下的模拟结果验证了该结构是无方向性和偏振不敏感的。

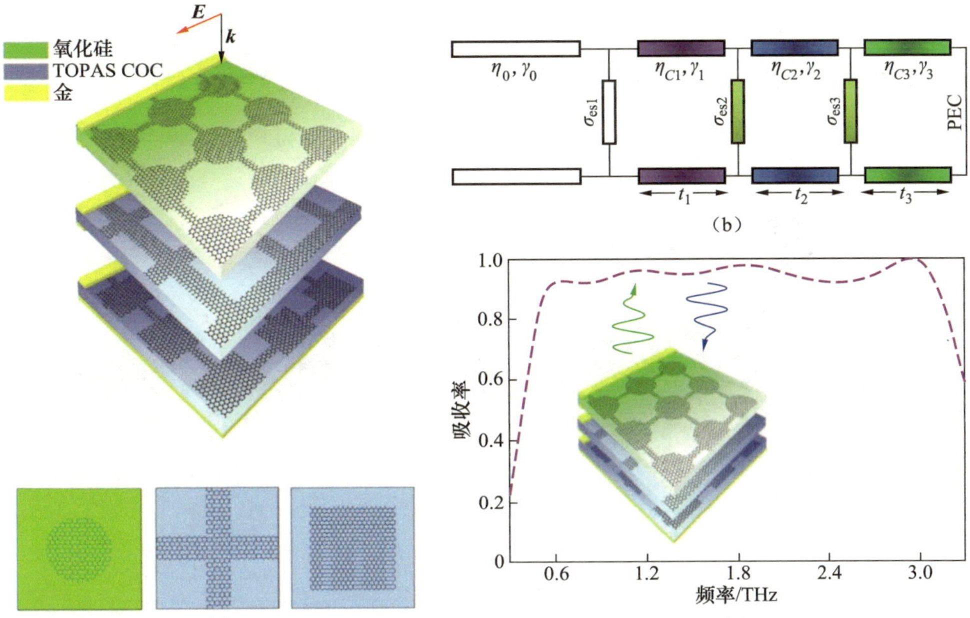

图 7-11 多层图案化石墨烯超构材料

（a）结构及图案示意；（b）传输线理论模型；（c）全波模拟吸收率结果[36]

为了进一步拓展太赫兹电磁防护材料的响应波段，可将石墨烯与金属[37-39]、水[40]等其他太赫兹响应超构材料进行复合，综合利用各组分材料的优势。基于此，Peng 等[38]设计了一种基于 4 个石墨烯“渔网”结构和一个金属双圆环构成的复合超构材料［见图 7-12（a）］，石墨烯和金属的复合超构材料太赫兹吸收率超过 0.9 的频段高达 6.46 THz（1.24 ～ 7.70 THz），如图 7-12（b）所示。同时，该吸收体对入射电磁波的偏振态和入射角也不敏感。石墨烯和金属复合超构材料的超宽带特性的形成原因主要有 3 点：（1）金属超表面增强了石墨烯超表面的 SPP，从而导致受限场增强；（2）金属超表面和石墨烯超表面共振相互耦合，使捕获的太赫兹波在金属超表面和石墨烯超表面之间交换；（3）超构材料结构表面和底面金层之间的多次反射和叠加进一步增强了吸收效果。此外，利用水的本征频散介电常数可以拓宽吸收带宽的特点，Zhang 等[40]设计了一种图案化石墨烯和水复合超构材料太赫兹吸收体［见图 7-12（c）。水包覆在 PTFE 介电材料中，并在表面设计图案化石墨烯超结构，水的频散介电常数与石墨烯谐振器相结合，拓宽了吸收体的有效带宽。模拟结果表明，复合超构材料吸收率大于 0.9

的频率范围可覆盖 4.52 ~ 9.02 THz。其中，低频的两个吸收峰由石墨烯超结构激发，高频的吸收峰由水诱导，3 个吸收峰相互叠加综合实现宽带吸收效果，如图 7-12（d）所示。与未填充水的吸收体相比，水的引入使吸收体的吸收带宽增加了 57.34%，对石墨烯超结构吸收峰的影响不大，同时对角度和偏振也不敏感。

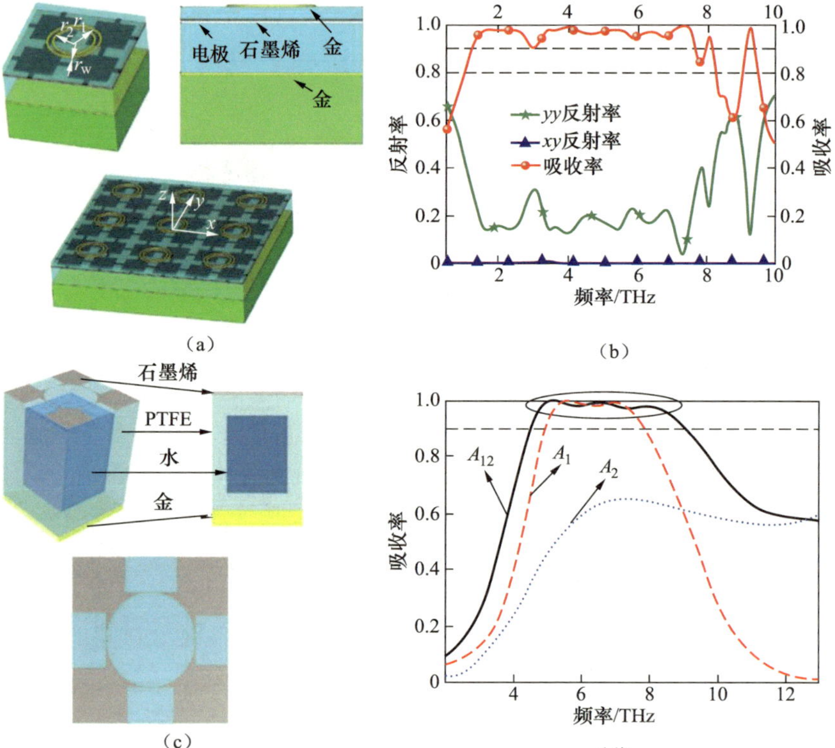

（a） （b） （c） （d）

图 7-12　石墨烯复合超构材料的结构及太赫兹吸收[38, 40]

（a）图案化石墨烯和金属复合超构材料的结构示意；（b）太赫兹吸收曲线；（c）图案化石墨烯和水复合超材料的结构示意；（d）太赫兹吸收曲线（A_{12} 为复合结构吸收体，A_1 中去除了填充水体，A_2 中去除了表面图案化石墨烯）

利用石墨烯二维材料独特的太赫兹电磁响应特性，基于石墨烯连续薄膜、图案化超结构和复合超结构的太赫兹吸收材料展现了很好的电磁防护性能，展现了广阔的应用前景，也为基于 MXene[42] 和 BP[43] 等其他二维材料的超构材料在太赫兹电磁防护领域应用提供了理论和实验基础。但是，受限于图案化石墨烯制备工艺，目前的研究多集中于结构设计和理论分析方面，实验研究的内容相对较少。

（3）太赫兹电磁防护编码超构材料

近年来，Cui 等提出了一种用于太赫兹低反射表面的编码超构材料[44–47]。与传统的超构材料不同，编码超构材料由数字化的结构单元组成，对于 1 位编码的超构材料，单元数字化结构可表示为“0”“1”，对应于电磁波的反射具有相同的振幅和相反的相位（0° 和 180°）。对于 2 位编码超构材料，单元数字化结构可表示为“00”“01”“10”“11”，其反射同样具有相同的振幅，而 4 个相位状态分别为 0°、90°、180° 和 270°。类似，3 位编码超构材料则具有 8 种单元数字化结构“000”“001”“010”“011”“100”“101”“110”“111”，也具有相同的振幅及 8 个相位状态分布（0°、45°、90°、135°、180°、225°、270° 和 315°）。从经典电磁理论来说，通过改变编码序列可实现超构材料表面散射特性的调控。图 7–13（a）～图 7–13（f）给出了不同编码排列超构材料的结构和全波模拟的太赫兹散射分布。在使用所有“1”元素的 1 位编码中［见图 7–13（a）］，超构材料表面实际上是一个完美的导电表面，依据斯内尔（Snell）定律观察到的是一个后向散射强烈的太赫兹光束，如图 7–13（d）所示。当 1 位编码使用“0”和“1”棋盘分布的排列时［见图 7–13（b）］，反射太赫兹能量分成 4 个主光束［见图 7–13（e）］。而在周期性“00”“01”/“11”“10”分布［见图 7–13（c）］的 2 位编码超构材料表面，在正入射下产生 12 个反射太赫兹光束［见图 7–13（f）］。可以看出，编码亚表面上相邻单元之间的相移导致反常反射，后向散射减少。随着编码位数的增加，反射太赫兹能量向更多方向散射，编码超表面的散射宽度显著减小。

在全波模拟的基础上，采用粒子群优化（Particle Swarm Optimization，PSO）算法来优化设计编码超构材料结构，以获得最佳的反射衰减[45, 47]。假设该编码超构材料由尺寸为 D 的 $N \times N$ 等尺寸晶格组成，每个晶格（也称为超结构单元）包含一个相同编码粒子的子阵，其反射相位为 ϕ（m, n）（1 位编码情况下为 0° 或 180°）。在平面波入射的情况下，编码超构材料表面的远场散射函数表示为

$$f(\theta,\phi)=f_{\mathrm{e}}(\theta,\phi)\sum_{m=1}^{N}\sum_{n=1}^{N}\exp\left\{-\mathrm{i}\left\{\phi(m,n)+KD\sin\left[\left(m-\frac{1}{2}\right)\cos\phi+\left(n-\frac{1}{2}\right)\sin\phi\right]\right\}\right\}$$

（7–17）

式中，θ 和 ϕ 分别为任意方向的仰角和方位角；$f_e(\theta,\phi)$ 为单个晶格的图案函数。据此，超构材料的方向函数表示为

$$\mathrm{Dir}(\theta,\phi)=\frac{4\pi\left|f(\theta,\phi)^2\right|}{\int_0^{2\pi}\left|f(\theta,\phi)^2\right|\sin\theta\mathrm{d}\theta\mathrm{d}\phi} \tag{7-18}$$

为了简化计算，通常假设“0”元素的相对相位为 0°，且忽略 $f_e(\theta,\phi)$ 项，因为在远场中晶格图案变得模糊。由此可计算具有任意编码模式超构材料的方向性函数 $\mathrm{Dir}(\theta,\phi)$，以获取电磁防护所需的低反射的编码结构。

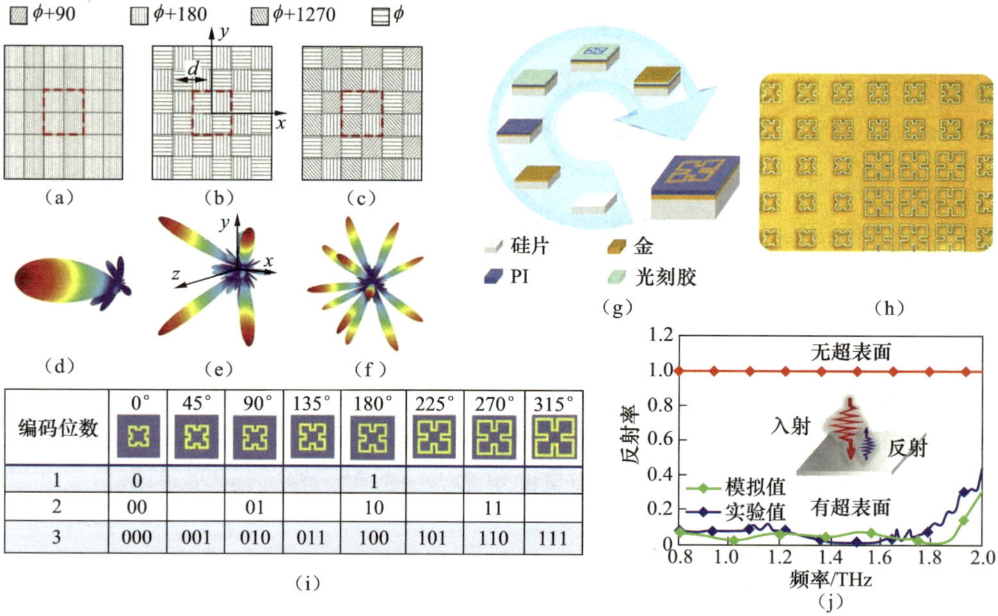

图 7-13　编码超构材料的太赫兹吸收性能[44]

（a）1 位全“1”排列编码；（b）1 位“0”“1”棋盘分布编码；（c）2 位“00”“01”/“11”“10”周期排列编码；（d）～（f）编码超表面太赫兹散射分布；（g）闵可夫斯基（Minkowski）闭环编码超构材料制备过程示意；（h）Minkowski 闭环光学图像；（i）不同 Minkowski 闭环尺寸对应的编码及相位；（j）2 位 Minkowski 闭环编码超构材料的太赫兹反射

实验结果验证了编码超构材料的电磁模拟结果，Gao 等[44]提出了一种基于 Minkowski 闭环的编码超构材料，并采用标准光刻方法制备了编码超表面，具体制备流程及结构图样示例如图 7-13（g）和图 7-13（h）所示。如图 7-13（i）所示，通过控制 Minkowski 闭环的几何尺度，在太赫兹频率下产生 1 位、2 位和 3 位编

码单元，对应于不同的反射相位。通过合理设计编码超构材料表面的不同编码分布，可有效控制太赫兹波的反射能力。图 7–13（j）给出了一种 2 位编码超构材料全波模拟和实验测试的反射结果，编码超构材料几乎在 0.8 ～ 1.8 THz 波段范围实现了低于 0.1 的反射率，后续的测试也显示了该超构材料在 0 ～ 40° 入射范围保持了低反射特征，具有宽波段和广角的太赫兹反射衰减性能。在此基础上，Yan 等 [45] 制备了柔性的宽波段和广角太赫兹反射衰减编码超构材料，进一步拓宽了编码超构材料的应用范围，使其包覆在不同形貌和尺寸的结构表面，形成有效的太赫兹电磁防护。

编码超构材料为控制太赫兹波的散射开辟了新的可能性，在高性能太赫兹电磁防护材料设计制备中展现了显著的优势。一方面，由于编码超构材料的数字化单元设计和系统设计仅需输入反射（或折射）相位，可有效缩短设计过程和降低复杂度；另一方面，编码超构材料的数字描述可从信息科学的角度重新审视超构材料，并进一步拓展其可编程性。

（4）可控太赫兹电磁防护超构材料

传统的太赫兹电磁防护超构材料为无源器件，所用材料及亚波长结构一经设计后，所响应的太赫兹波段和电磁损耗性能无法灵活改变，仅能在特定频率或较窄频率范围内工作。研究表明，石墨烯 [48–60]、相变材料 VO_2[8, 61–64]、液态金属 Hg[65, 66]、半导体 InSb[67]、金属氧化物陶瓷 [68] 和狄拉克半金属 [69] 等材料，可以通过外加刺激改变其载流子迁移率、电导率和介电常数等与太赫兹响应相关的参数，实现太赫兹电磁防护超构材料的性能可控可调，进一步提升材料的防护能力和应用范围。

石墨烯作为二维半导体，其电子迁移率和费米能级可以通过外界刺激进行控制，常用的外加控制源为静电场 [48–58]、磁场 [59] 和温度 [60] 等。通过调控石墨烯及其复合结构的共振频率，可形成对太赫兹波的不同响应。根据久保公式（KuboFormula），石墨烯的表面电导率可表达为 [57]

$$\sigma_g = \mathrm{i}\frac{\mathrm{e}^2 K_\mathrm{B} T}{\pi\hbar^2(\omega+\mathrm{i}/\tau)}\left[\frac{E_\mathrm{F}}{K_\mathrm{B}T}+2\ln\left(\mathrm{e}^{-\frac{E_\mathrm{F}}{K_\mathrm{B}T}}+1\right)\right]+\mathrm{i}\frac{\mathrm{e}^2}{4\pi\hbar}\ln\left[\frac{2|E_\mathrm{F}|-\hbar(\omega+\mathrm{i}/\tau)}{2|E_\mathrm{F}|+\hbar(\omega+\mathrm{i}/\tau)}\right] \tag{7–19}$$

式中，K_B 为玻尔兹曼常数（1.38×10^{-23} J·K^{-1}）；e 为电子电荷（1.62×10^{-19} C）；$\hbar$ 为约化普朗克常数（6.626×10^{-34} J·s）；τ 为弛豫时间（s）；T 为温度（K）；E_F 为费米能级（eV）。从式（7–19）中可以看出，通过外部刺激调控石墨烯的费米能级可实现对其表面电导率的主动有源控制。Chen 等[57] 在实验上实现了将金属光栅集成到石墨烯 Salisbury 屏超构材料中，提出了一种基于离子凝胶/石墨烯/条状 Al 亚波长结构/PI/Al 薄膜结构的电调谐太赫兹吸收材料［见图 7–14（a）、图 7–17（b）］。通过外加电压驱动石墨烯层费米能级的变化，实现了太赫兹吸收率大小的主动可控。结果表明，利用低载流子迁移率 CVD 生长的石墨烯实现可调谐的太赫兹吸收是可行的。在实现理想吸收效果的同时，通过施加相对较小的栅极电压（–2 ～ 2 V），吸收率的调制深度可达 25%［见图 7–14（c）］。基于传输线理论的数值模拟和全波模拟软件的建模仿真验证了设计的科学性和合理性，与实测结果吻合得很好。在此基础上，图案化石墨烯也被用于调控太赫兹吸收性能。Jin 等[58] 设计了基于方形图案化石墨烯超结构的相干完美吸收体，由上下两层交错排列的超结构组成，交错超结构的费米能级可分别由分布在两侧的外加电压进行单独控制，结构如图 7–14（d）所示。数值模拟结果表明，通过改变外加电压的值可有效调控吸收峰的频率，当交错微结构所施加的电压不同时，吸收体呈现出两个单独可控吸收峰［见图 7–14（e）］。而当吸收体由该超结构形成多层堆叠时，则会形成多个太赫兹吸收峰，从而实现超宽波段的有效吸收。这种图案化的石墨烯可控超结构制备过程相对复杂，可通过模板选择性刻蚀等方法进行制备[55]。

VO_2 作为一种独特的金属–绝缘体转变相变材料，当温度升至 67 ℃时，其晶格结构由单斜结构转变为四方结构，转变过程中 VO_2 从绝缘状态变为金属状态，电导率也随之提高几个数量级[8]。在太赫兹波段，由于 VO_2 的介电常数随电导率的变化急剧变化，其在可控太赫兹电磁防护材料领域得到了广泛应用[62–64]。Song 等[8] 提出了一种基于方形 VO_2 亚波长结构的宽带超构材料吸收体［见图 7–15（a）］，可在 1.436 ～ 3.448 THz 范围内实现大于 0.9 的吸收率。全波模拟结果显示，当通过改变温度将 VO_2 的电导率从 10 S·cm^{-1} 调整到 2000 S·cm^{-1} 时，吸收体在 1.696 THz 处的吸收率从 0.034 调整至 1，并且验证了其偏振不敏感和广角特性。

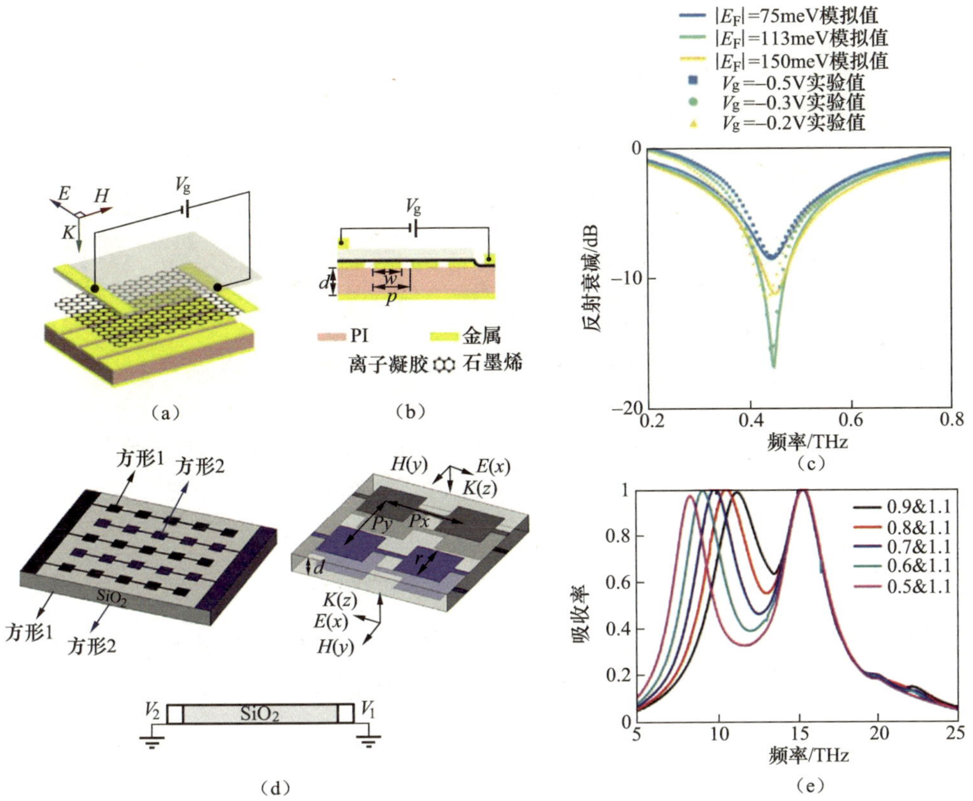

图 7-14　石墨烯复合太赫兹超构材料吸收体 [57, 58]

（a）、（b）结构示意；（c）太赫兹反射衰减；

（d）图案化吸收体的结构；（e）吸收率

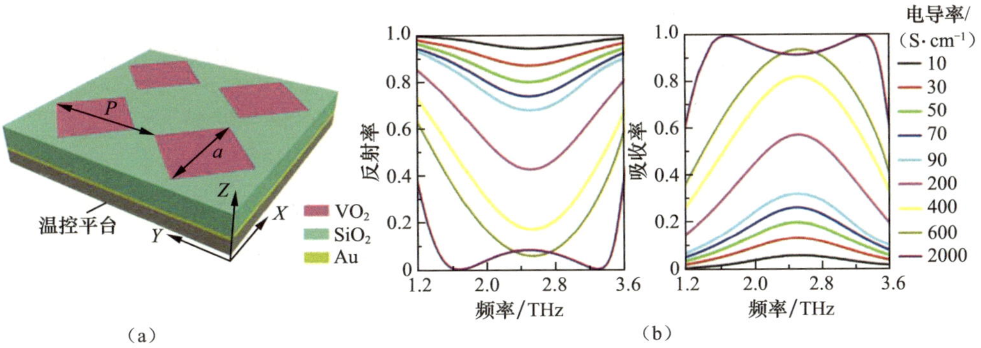

图 7-15　基于相变 VO_2 和液态金属的可控太赫兹超构材料的结构及太赫兹吸收 [8, 65]

（a）图案化相变 VO_2 超构材料的结构示意；

（b）不同 VO_2 电导率条件下的反射率与吸收率

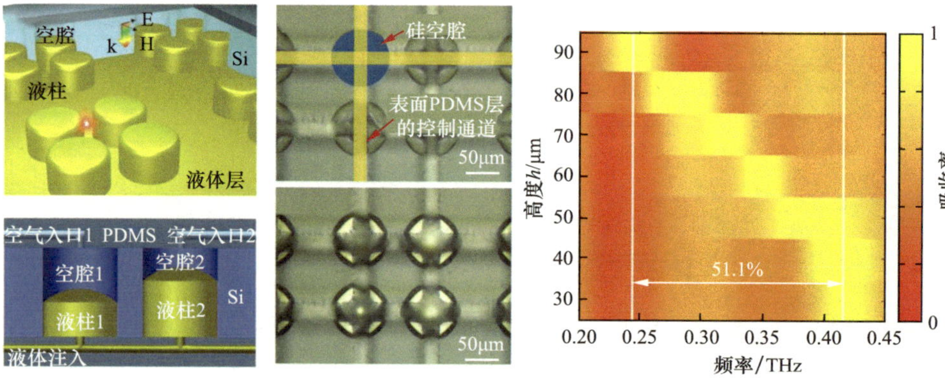

（c）　　　　　　　　（d）　　　　　　　　（e）

图 7-15　基于相变 VO_2 和液态金属的可控太赫兹超构材料的结构及太赫兹吸收[8, 65]（续）
（c）液态金属水银微柱超构材料的结构示意；（d）液态金属水银微柱超构材料的微观图像（分别为微柱未填充水银和填充水银）；（e）不同水银微柱高度超构材料的吸收率

液态金属在具有金属性的同时兼具流动性和热膨胀性，借助微流体[65]或温度[66]等外界刺激可有效控制其亚波长微结构，进而实现超构材料太赫兹电磁防护的主动控制。Song 等[65]设计并制备了一种水银微柱阵列超构材料，通过内部嵌入采用微流体控制的微导管，连续调控水银微柱在垂直方向上的高度，具体结构和微观形貌如图 7-15（c）和图 7-15（d）所示。结果表明，液态金属柱高度的变化使超构材料大于 0.9 的吸收率在 0.246 ～ 0.415 THz 之间连续变化，中心频率的调控范围为 51.1%［见图 7-15（e）］。该液态金属柱共振结构的高度可以在传播方向上改变，突破了二维平面上调谐的限制，拓宽了吸收率调控的范围。同时，液态金属基超表面可诱导出平行于入射磁场的磁偶极子，与入射磁场之间存在强烈的相互作用，产生的磁共振对入射太赫兹产生较强的禁锢和吸收。此外，超构材料对倾斜入射的太赫兹的吸收不会减弱，有望实现广角吸收。

通过施加电、磁、热和光等外界刺激，对亚波长结构材料电导率、介电特性和形貌等本征性能进行控制，可实现太赫兹电磁防护材料的有源、灵活、主动控制，进一步拓宽电磁防护超构材料的防护性能和应用范围。然而，要实现吸收能力和吸收率的高效控制，超构材料的结构通常比较复杂，在材料加工和制备过程中尚存在难题，因此，目前的研究仍以理论设计和仿真模拟为主。

（5）其他太赫兹电磁防护材料

在太赫兹波段，掺杂硅半导体具有理想的导电损耗，可以通过周期结构维持

SPP，并相应形成局域表面等离激元共振（Localized Surface Plasmon Resonance，LSPR）。方形柱[70-73]、圆形柱[74-76]、“十字形”柱[77, 78]和复杂结构[79, 80]全硅半导体空腔周期结构中存在的该等离子体模式，可实现高效太赫兹吸收。此外，全硅的单层结构吸收体制造简单、成本低且易于集成到硅基系统中，在器件制造中具有独特的优势。Cheng 等[77]通过在掺杂 Si 表面刻蚀“十字形”柱平面周期性阵列结构，制备了全硅超构材料太赫兹吸收体，其结构及微观形貌如图 7-16（a）和图 7-16（b）所示。仿真模拟和测试结果表明，吸收体在 90% 的相对带宽（0.67 ～ 1.78 THz）实现了 0.9 以上的吸收率［见图 7-16（c）］。超宽带吸收主要是由于立体的等离子体腔同时支持 SPP 和 LSPR 两种共振模式。在此基础上，Zhao 等[80]设计了 H 形柱复杂结构全硅超构材料太赫兹吸收体，在外界光刺激下实现了吸收峰频率的主动可调，其宏观和微观形貌如图 7-16（d）～图 7-16（f）所示。实验和模拟结果表明，吸收体在 1 THz 处有接近完美的吸收效果，吸收率大于 0.9 的带宽为 913 GHz［见图 7-16（g）］。同时，当外加 100 fs 的 800 nm 脉冲光刺激时，随着外加光刺激强度的增加，吸收率峰值出现 420 GHz 的蓝移，并且最大吸收率保持在 0.99 以上［见图 7-16（h）］。光激发下的动态响应取决于脉冲光在硅中的穿透深度，从而影响全硅超构材料吸收体中载流子密度的变化。

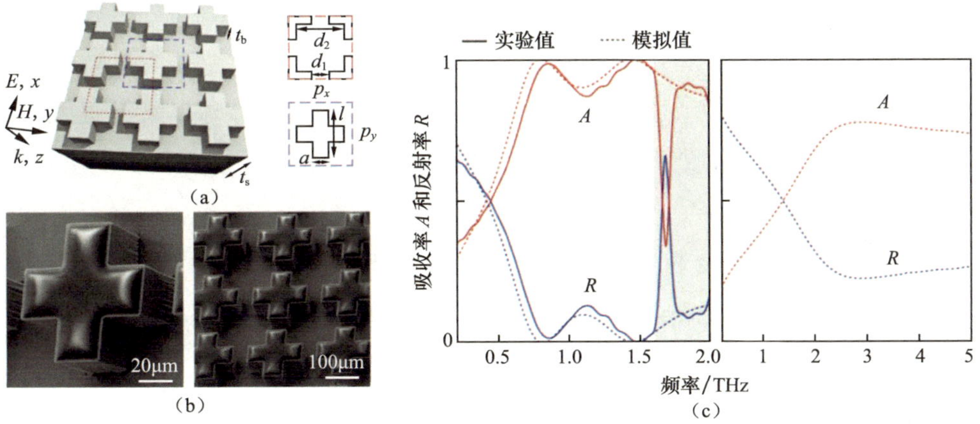

图 7-16　全硅太赫兹超构材料的结构及太赫兹吸收[77, 80]

（a）“十字形”柱全硅太赫兹超构材料的结构示意；（b）微观形貌；（c）太赫兹反射与吸收率（分别为完整超构材料和无微结构全硅）

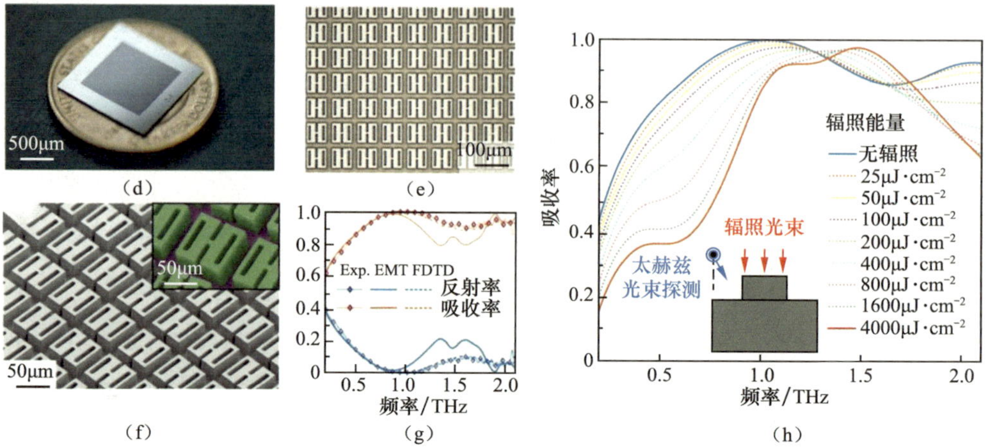

图 7–16 全硅太赫兹超构材料的结构及太赫兹吸收[77, 80]（续）

（d）H 形柱全硅太赫兹超构材料的宏观形貌；（e）、（f）微观形貌；（g）太赫兹反射与吸收结果；（h）不同辐照下的吸收率

目前，宽波段超构材料主要通过多重共振结构复合或多层超结构等方式实现，但是存在制造困难、成本高和易碎等缺点。基于此，Yang 等[81]设计了一种微模板辅助自组装的方法，制备了以陶瓷微球层、介电间隔层和金属铜膜为主体的 3 层柔性高精度太赫兹超构材料吸收体［见图 7–17（a）］。该吸收体表现出极佳的太赫兹吸收性能，并且制备方法成本低、工艺简单、周期短，为开发高效、多功能的太赫兹器件奠定了基础。实验结果表明，当将微球周期性排列组装在介电间隔层上时，可观察到多个共振吸收峰，在 0.745 THz 处的最大吸收率达 0.925，并且对入射光的偏振不敏感［见图 7–17（b）］。此外，将微球以紧凑随机结构附着在介电层上时，吸收率大于 0.9 的带宽超过 1.2 THz，中心频率为 1.8 THz［见图 7–17（c）］。

在传统的 3 层结构超构材料中，表层的亚波长结构通常采用导电材料。Gu 等[82]采用非线性光学材料 4-N,N-二甲氨基-4′-N′-甲基苯乙烯基苯磺酸酯（4-N,N-Dimethylamino-4′-N′-methyl-stilbazolium Tosylate，DAST）代替表层导电材料，制备了太赫兹 Salisbury 屏超构材料，结构如图 7–17（d）所示。DAST 作为最重要和成功的有机非线性光学材料之一，尽管像大部分有机晶体一样并不具有导电性，但是从折射率和消光系数中可以推导其具有一定的等效光导率。对应于光学声子模式中的阴阳离子对振动，DAST 在 1.1 THz 处有较强吸收，使其光学传导性有望进一步提高。DAST 薄膜可以取代超构材料表层的导电材料，在不增加 Salisbury 结构厚度的情况下提高吸收率。利用传输线理论模型优化该 Salisbury 屏的吸收光谱和结构，使其与 1.1 THz 处的 DAST 吸收峰相对应，其传输线理论模型如图 7–17（e）所示。数值模拟结果表明，DAST 膜（厚度为 4 μm）形成的 Salisbury 屏在 1.1 THz 下的吸收率达 0.929。但是，实验结果中 1.1 THz 处的吸收率为 0.668［见图 7–17（f）］，吸收峰频率与数值模拟的结果相符，吸收强度的降低则可能是由于在多晶 DAST 薄膜中，*a* 和 *b* 两个方向的偏振对吸收损耗的复合影响。

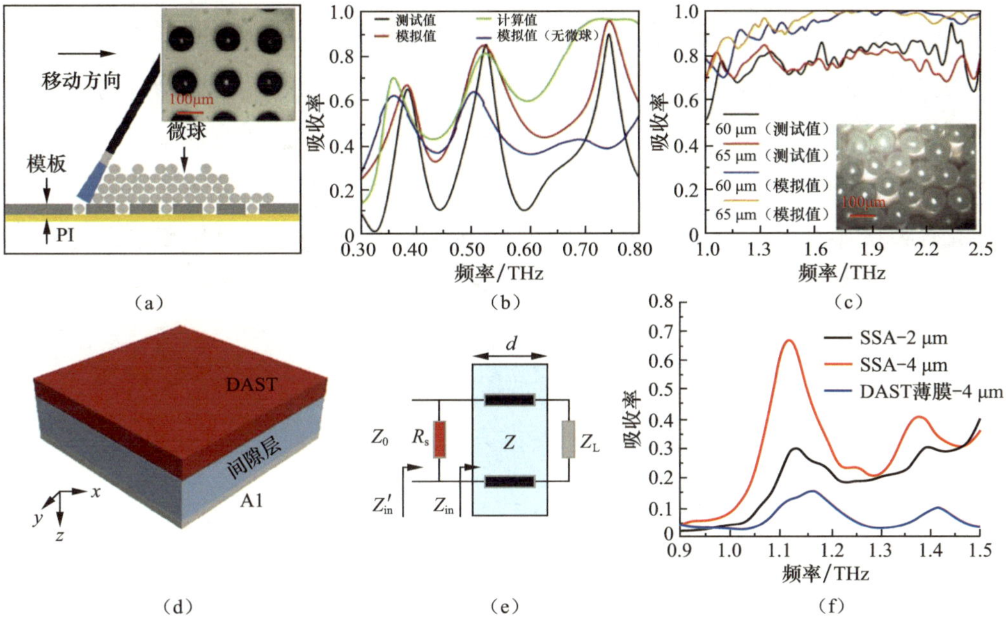

图 7–17　其他太赫兹超构材料的结构及太赫兹吸收[81, 82]

（a）模板法制备氧化锆陶瓷微珠周期结构超构材料示意及微观形貌；（b）吸收率曲线；（c）随机排列氧化锆陶瓷微珠超构材料吸收率曲线及微观形貌；（d）DAST 绝缘体 Salisbury 屏超构材料结构示意；（e）传输线理论模拟；（h）吸收率曲线

除了上述超构材料太赫兹电磁防护材料外，众多在太赫兹波段有响应的材料也用于设计制备亚波长超结构，如金属碳化物（Ta_2N_3）[83]和拓扑绝缘体（Bi_2Se_3）[84]等超结构也展现出极佳的太赫兹吸收能力，为太赫兹电磁防护超构材料的设计制备提供了更多的选择空间。

7.1.3 电磁防护本征损耗材料

太赫兹电磁防护超构材料的作用机制源于其亚波长结构对入射辐射的自然共振，其响应的太赫兹波段相对较窄。通过多结构复合和多层复合等方式，在一定程度可获得多频响应，但宽波段的损耗防护仍然是一个挑战。近年来，随着石墨烯、二维过渡金属碳化物和氮化物（MXene）和 CNT 等低维导电材料及其结构控制技术的发展，通过控制其定向排列结构[85, 86]或三维空间结构[87, 88]，可实现太赫兹的独特响应和本征损耗吸收。

1. 碳基本征损耗电磁防护材料

以 CNT、石墨烯、碳纳米纤维和石墨为代表的碳基材料，具有导电性好、结构多样、光学性能可调和制备方法简单等特点，成为太赫兹电磁防护材料的首选材料[85–87, 89–96]。CNT 作为典型的一维碳材料，由于其在一维方向上极佳的导电特征和独特的力学、化学性能，使其能够自行形成交联的三维导电网络，从而具有较好的本征电磁损耗性能，成为常用的雷达波电磁防护材料[97, 98]。另一方面，CNT 及其复合材料在从可见光到红外的宽波长范围内具有均匀的低反射率，是一种性能极好的可见光吸收和红外吸收黑色薄膜材料[99, 100]。介于二者之间，CNT 用于雷达波和红外之间的太赫兹波段电磁防护研究，近年来受到了广泛关注[85, 86, 89, 91, 93]。Hong 等[93]采用真空抽滤的方法制备了单壁碳纳米管（Single-Walled CNT，SWCNT）太赫兹电磁屏蔽薄膜，如图 7–18（a）所示。通过控制薄膜厚度有效实现了电磁屏蔽效能（Shielding Effectiveness，SE）的调控，在膜厚仅为 950 nm 时，在 2 THz 处的电磁吸收即可高达 38 dB［见图 7–18（b）］。此外，高导电的 SWCNT 薄膜还具有优异的可加工性、化学稳定性和可重塑性，以及碳材料广泛的来源和极低的密度，可取代传统的太赫兹光电应用中的金属电磁屏蔽薄膜，成为未来太赫兹电磁屏蔽材料的主流。然而，CNT 电磁屏蔽材料的本质还是通过对太赫兹波反射来实现防护，电磁波被反射后仍然存在于周围空间，并不能实现完全的防护。鉴于此，Xiao 和 Sun 等[85, 86]提出了通过对 CNT 进行定向排列形成的类似于黑体的结构来强化太赫兹波的有效吸收，并通过热化学气相沉积和转移的方法成功制备了柔性垂直碳纳米管（Vertically Aligned CNT，VACNT）太赫兹吸收体，其外观和微观形貌如图 7–18（c）所示。实验表明，VACNT 太赫兹吸收体在整个 0.1 ～ 3.0 THz 范围内有效工作，在正常入射条件下，300 μm 和 450 μm

两种厚度的吸收体平均吸收率分别为 0.989 和 0.993［见图 7-18（d）］，在 0～60° 入射角范围具有大于 0.97 的平均吸收率。同时，在弯曲角度达到 90° 时的吸收性能几乎不发生变化，并且在 300 次弯曲循环后吸收性能也均未发生明显退化。此外，吸收体的总厚度最小为 360 μm（VACNT 的厚度为 300 μm），仅为最小测试波长（0.1 THz）的 1/8，其所展现出的入射角和偏振不敏感、超宽带、柔性、低成本和轻量化等特点，为电磁干扰屏蔽、雷达截面积（Radar Cross Section，RCS）抑制和成像应用提供了可能。

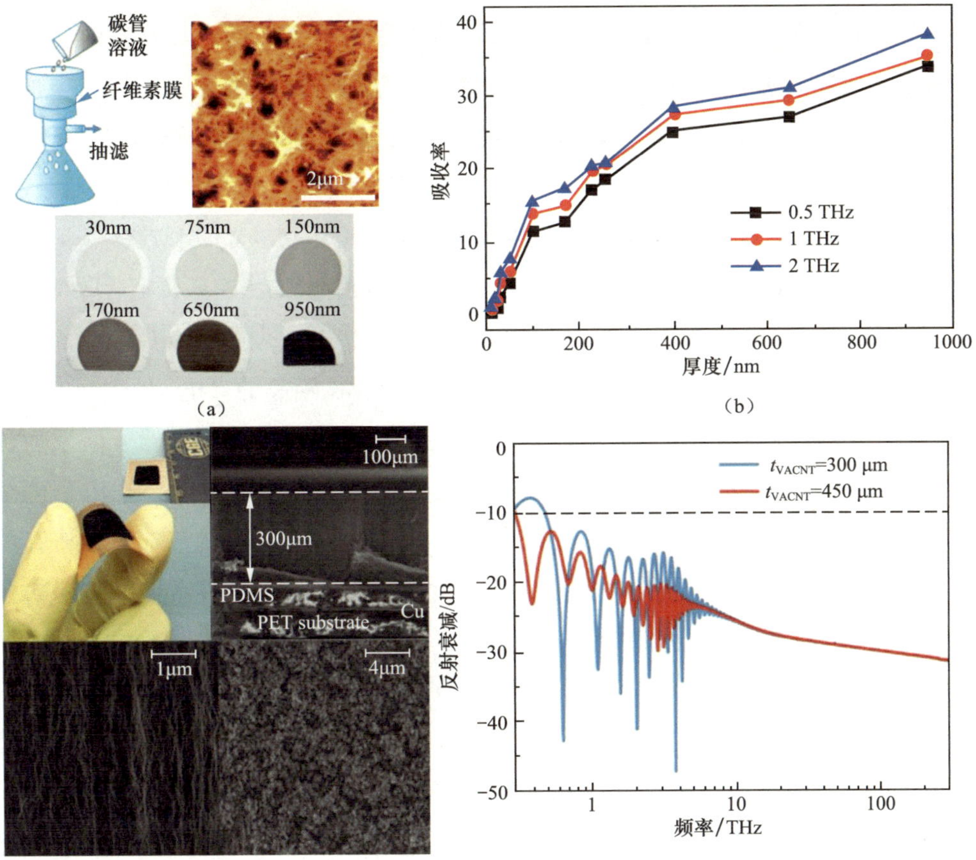

图 7-18 CNT 基太赫兹电磁防护材料[86, 93]

（a）SWCNT 电磁屏蔽膜制备过程示意、AFM 图像及不同厚度 SWCNT 膜光学图像；（b）太赫兹屏蔽性能；（c）柔性 VACNT 太赫兹吸收体的光学图像及 SEM 图像；（d）不同厚度柔性 VACNT 太赫兹吸收体的反射损耗石墨烯作为近年来热门的二维碳材料，具有高导热、高强度、大比表面积、光学透明和可调电磁响应等特性，展现出了优异的雷达波电磁损耗性能[101]，其太赫兹电磁防护性能也备受关注[87, 94, 95, 102]。Zdrojek 等[95]通过将石墨烯纳米片分散在 PDMS 基质中制备了柔性电磁屏蔽材料。不同于传统以反射机制为主的金属电磁屏蔽材料，其对太赫兹的屏蔽以吸收损耗为主，并且单位屏蔽值可超过 30 dB · cm^{-3} · g^{-1}。然而，这类石墨烯电磁防护材料由于界面失配或分散不均，会产生较大的表面反射，最大吸收强度很难达到 80%。如何调节其电磁特性以提高太赫兹吸收损耗仍是一个挑战[87]。近年来，随着石墨烯泡沫等三维多孔结构材料制备技术的发展，具有大比表面积的石墨烯纳米片建立的三维导电网络，为雷达波和太赫兹等电磁波的阻抗匹配和电磁能量衰减提供了绝佳条件[87, 94, 101, 103]。Huang 等[87]通过溶剂热法制备了密度仅为 0.8 g · cm^{-3} 的三维多孔石墨烯泡沫［见图 7–19（a）］，在 0.88 THz 处实现了 19 dB 的最优反射衰减，在正常入射条件下有效带宽（10 dB 以上的反射衰减）可达 95% 的测试带宽（测试带宽为 0.1 ～ 1.2 THz）［见图 7–19（b）］。当入射角为 45° 时，有效带宽吸收覆盖了整个测试带宽，最佳反射衰减在 0.64 THz 处达到 28.6 dB［见图 7–19（c）］。三维石墨烯泡沫的高效宽带吸收主要源于其多孔结构和长距离的导电网络。一方面，通过多孔结构设计形成有效介电常数与空气介电常数的匹配，降低表面反射；另一方面，三维石墨烯片在太赫兹辐照过程中产生表面感应电流，在电阻网络中迅速衰减并转化为热能，从而使入射太赫兹快速衰减。在此基础上，将石墨烯与 CNT[104] 和 Fe_3O_4[94] 等介电和磁性粒子复合，也可用于增强太赫兹电磁防护性能。Chen 等[94]制备了石墨烯/Fe_3O_4 三维多孔复合超轻宽波段电磁防护材料［见图 7–19（d）和图 7–19（e）］，实现了 3.4 GHz 到 2.5 THz 的超宽带有效吸收，全波段的平均反射衰减达到 –38 dB［见图 7–19（f）］。此外，三维复合材料在斜入射和不同压缩应变下也表现出稳定的吸收性能，且在 200 次重复压缩/释放循环后仍保持稳定的吸收率。磁性粒子的复合对三维石墨烯多孔网络结构的电磁特性进一步调控，极大拓宽了响应波段，为日益复杂电磁环境的主动防护提供了有力的技术支撑。

此外，通过外加刺激调控石墨烯的费米能级和载流子密度，Xu 等[105]研究了 800 nm 激光和偏压电场对石墨烯泡沫的主动调制，实现了对太赫兹屏蔽和吸收的灵活

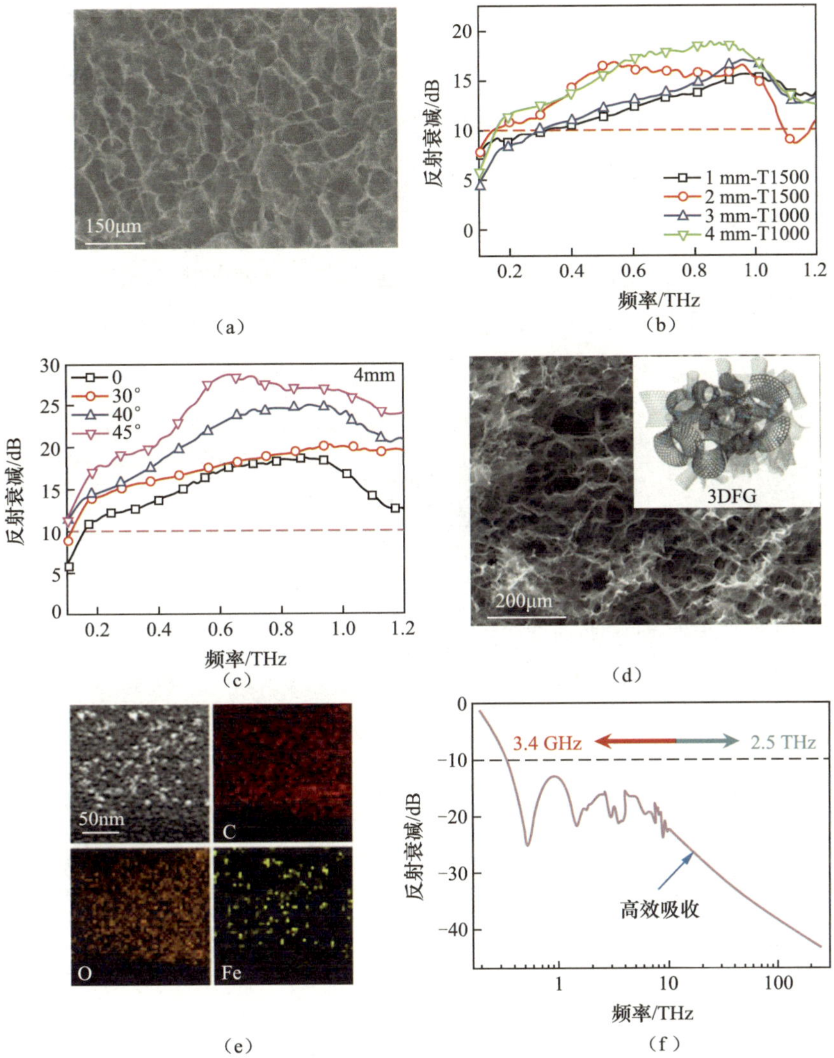

图 7–19　石墨烯三维结构材料形貌及太赫兹反射衰减[87, 94]

(a) 石墨烯泡沫的 SEM 图像；(b) 不同样品的反射衰减；(c) 不同入射角度下的反射衰减；(d) 石墨烯 /Fe_3O_4 复合结构的 SEM 图像（插图为示意）；(e) EDX 图谱；(f) 反射衰减

调控。施加外加刺激调控的示意图和石墨烯泡沫的微观结构分别如图 7–20（a）和图 7–20（b）所示。从图 7–20（c）中可以看出，在没有外加场时，石墨烯泡沫的吸收率显示出对频率的强烈依赖，从 0.2 THz 时的 0.04 吸收变化到 1.6 THz 时的 0.8。随着激励强度的增加，吸收率急剧上升，0.3 THz 低频处的吸收率由 0.13 急剧变化到 0.954，同时，1 THz 高频处的吸收率由 0.62 大幅度变化到 0.995。石墨烯的吸收特性在外加场激励下表现出良好的调制特性。无外加刺激时，石墨烯的网络结构可以看作无数的电阻-电感-电容耦合电路，太赫兹波的时变电磁场激发石墨烯泡沫内壁上的感应电流。这种长程感应电流在高阻网络中迅速衰减，使入射太赫兹波迅速衰减［见图 7-20（d）］。当激光或电场作用于石墨烯泡沫上时，产生非平衡载流子，从而使费米能级上升到更高的导带，增强太赫兹吸收［见图 7-20（e）、图 7-20（f）］。从根本上来说，由于激光照射不能进入石墨烯泡沫的内部，光生载流子只能在泡沫表面以下的浅层激发，而偏压电场可穿过整个石墨烯泡沫，从而在泡沫内的石墨烯片上产生更多的非平衡载流子，这也是电场对石墨烯泡沫的调控作用比激光强的主要原因。

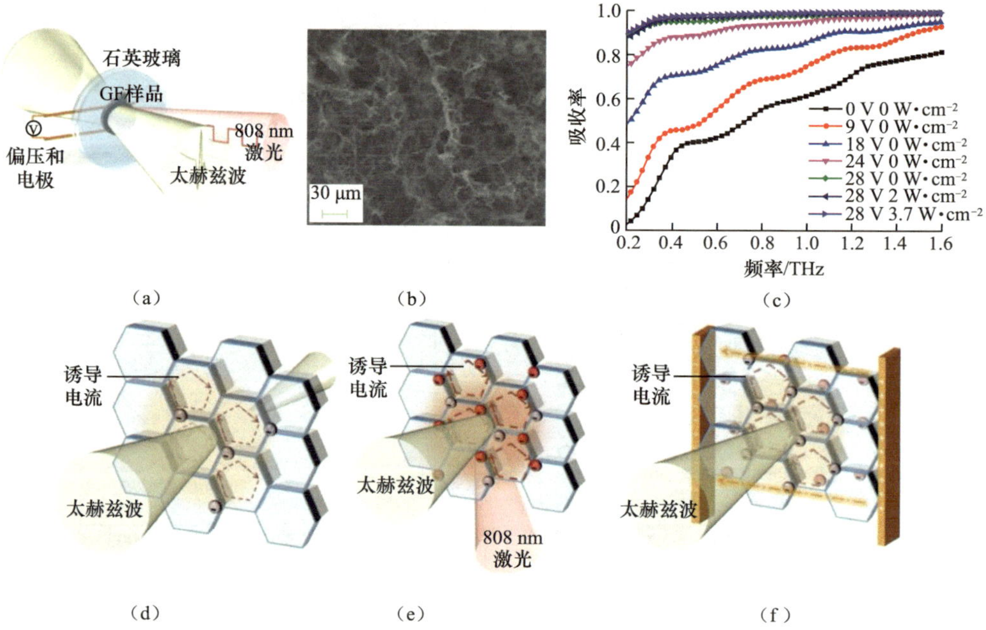

图 7-20 光电调控石墨烯泡沫太赫兹电磁屏蔽材料及太赫兹吸收[105]
（a）工作示意；（b）SEM 图像；（c）不同外界刺激下的太赫兹吸收率；（d）～（f）电磁屏蔽原理（分别为无外加场、激光刺激条件、外加电场条件）

2. MXene 基本征损耗电磁防护材料

除了碳材料外，MXene 等新型二维材料近年来也被用于太赫兹波段的电磁防护[42, 88, 106, 107]。MXene 是指一类过渡金属碳化物和氮化物二维材料，分子式一般为 $M_{n+1}X_nT_x$。近年来，因其独特的力学、结构、物理和化学性质而受到广泛关注，其中超高导电性（1500 S · cm^{-1}）和亲水表面赋予其独特的电磁响应特性和可调控结构[108–110]。二维 MXene 纳米片由于层内导电性好且具有一定的层间距，在一定程度上会诱导电磁波在其片层之间进行传导，进而增强电磁波损耗[110]。此外，Jhon 等[111]通过第一性原理计算，证实了 MXene 本征的太赫兹响应特性。基于此，Ma 等[88]采用溶剂热法制备了超轻可压缩三维多孔 MXene/GO 泡沫太赫兹电磁防护材料［见图 7–21（a）～图 7–21（c）］。该材料结合了 MXene 和 GO 的优点，形成了可调谐和超宽带的太赫兹吸收特性。MXene/GO 泡沫在 0.2 ～ 2.0 THz 的测试频率范围内具有高效的太赫兹吸收损耗，在 2.0 THz 处最大反射衰减可达 37 dB。其中，MXene 与 GO 的质量比为 1 : 5 时平均吸收损耗为最大（30.6 dB）。此外，复合泡沫在 200 次重复压缩后，吸收损耗基本保持不变［见图 7–21（d）］。类似于石墨烯泡沫结构，三维多孔的 MXene/GO 泡沫可以形成阻抗的调控和感应电流损耗，而引入具有高太赫兹响应能力的 MXene，进一步提高了太赫兹吸收性能。Lin 等[106]采用可控的离子扩散诱导凝胶化方法，通过金属离子增强的 GO 交联 MXene 片，制备出独立、轻质、可折叠和高稳定的 MXene 泡沫材料，制备过程及微观形貌如图 7–21（e）和图 7–21（f）所示。图 7–21（g）和图 7–21（h）中的 EDS 图像和高角环状暗场像（High-Angle Annular Dark Field，HAADF）-STEM 图像表明，泡沫中均匀分布着少量锌组分，纳米片紧密堆积在内壁上。这种独特的交联多孔结构和适中的导电性，使其具有更高的太赫兹屏蔽性能和更低的表面太赫兹反射［见图 7–21（i）］。测试结果表明，三维泡沫在厚度仅为 85 μm 时，电磁屏蔽效能达 51 dB，反射衰减小于 –10 dB 的频段可覆盖 0.86 ～ 2.0 THz［见图 7–21（j）、图 7–21（k）］。

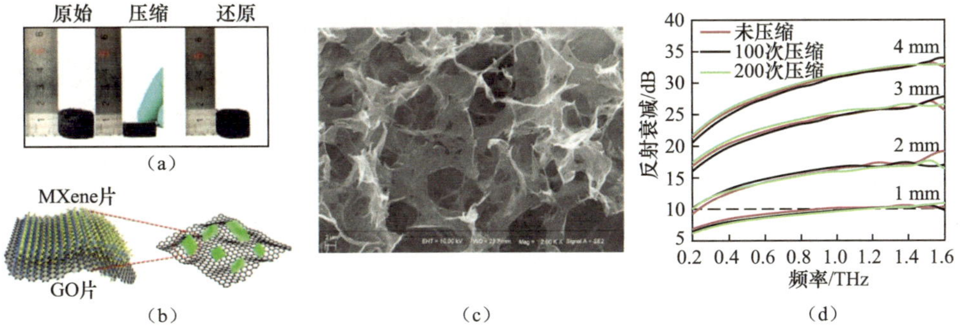

图 7–21　MXene 三维泡沫结构及太赫兹反射衰减[88, 106]

（a）MXene/GO 三维泡沫压缩前后的照片；（b）结构示意；（c）SEM 图像；（d）不同厚度样品压缩前后的反射衰减

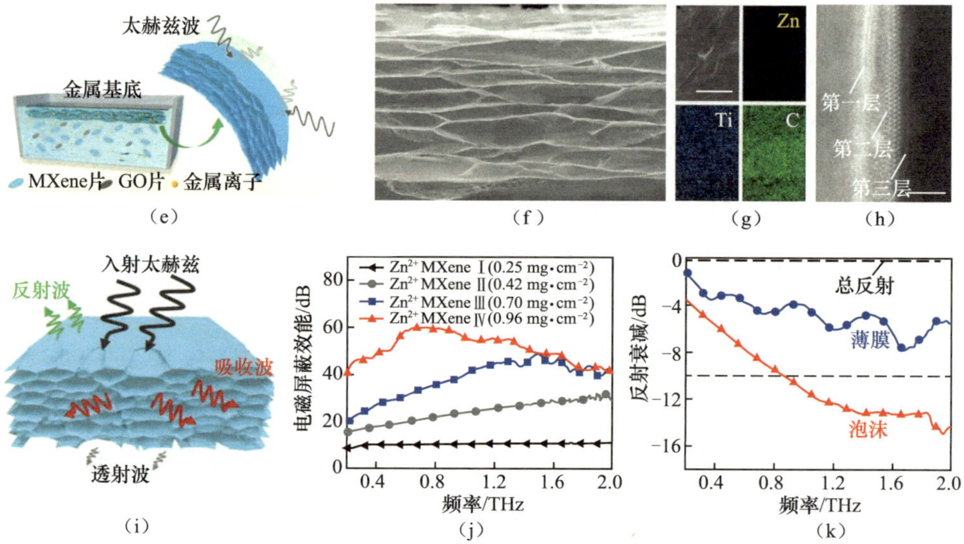

图 7–21 MXene 三维泡沫结构及太赫兹反射衰减[88, 106]（续）
（e）MXene/GO/Zn^{2+} 复合三维泡沫制备过程及结构示意；
（f）复合三维泡沫的 SEM 图像；（g）EDX 图谱；（h）复合三维泡沫的 HAADF-STEM 图像；（i）屏蔽原理；（j）电磁屏蔽效能；（k）反射衰减

此外，利用外界光刺激可抑制 MXene 导电的特性，Li 等[107]研究了超快脉冲光对 MXene 电磁屏蔽性能的调控，具体思路如图 7–22（a）所示。高导电 $Ti_3C_2T_y$ 薄膜的厚度仅为 25 nm［见图 7–22（b）］，由于吸收损耗和反射损耗的结合，其在太赫兹频段的屏蔽效率为 4×10^5 dB · cm^{-2} · g^{-1}（单位厚度），微米级厚度薄膜的电磁屏蔽效能可达几十分贝。外加 400 nm 和 800 nm 光脉冲后，MXene 薄膜在 2 ps 时间内即可产生瞬时的太赫兹透过率的增强，对电磁屏蔽产生抑制。随着照射时间的增加，对太赫兹透过率和电磁屏蔽的影响逐渐减弱［见图 7–22（c）～图 7–22（d）］。实验结果表明，在 –178 ℃到室温范围内，通过超快光脉冲在纳秒内可按需降低屏蔽效率［见图 7–22（e）～图 7–22（g）］，这些特性使得 MXene 有望用于动态控制的太赫兹电磁屏蔽和探测设备。

此外，GaN 气凝胶[112]等其他三维结构，也可用于太赫兹电磁屏蔽。CNT、石墨烯和 MXene 等低维材料形成的有序或多孔三维结构，综合了低维材料的本征性能和结构特征的优势，优化了材料表面阻抗的同时形成了太赫兹的多次散射和电传输损耗，实现了宽太赫兹波段的高效吸收损耗和防护性能的主动可控，为高性能太赫兹电磁防护器件设计提供技术基础。

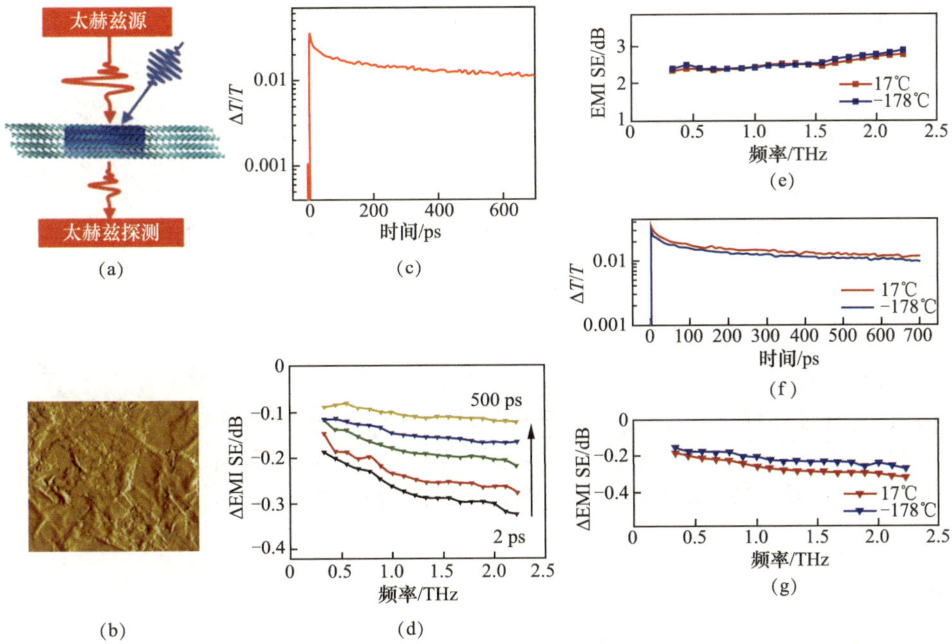

图 7-22 光脉冲对 MXene 薄膜太赫兹电磁屏蔽性能的调控[107]

（a）电磁屏蔽性能调控示意；（b）$Ti_3C_2T_y$ 薄膜的显微图像；（c）光脉冲（能量密度为 950 μJ/cm^2，波长为 800 nm，下同）对太赫兹透过率的影响；（d）光脉冲照射时间对电磁屏蔽效能的影响；（e）17 ℃和 −178 ℃时的电磁屏蔽效能；（f）光脉冲激发后太赫兹脉冲峰值的瞬态变化；（g）光脉冲激发 2 ps 后电磁屏蔽效能的变化

7.2 热管理材料

6G 时代的到来，必然伴随着信息传输、处理和储存量的急剧增大，以及电子器件小型化和半导体密集化的发展，单个电子器件内部的功耗也必然随之增加。而高功耗则会在器件局部积累热量产生 1000 W · cm^{-2} 以上的高热流密度[113, 114]，对器件正常工作和使用寿命产生非常不利的影响。因此，利用有效的技术措施和材料，对电子器件进行必要的热管理至关重要。

7.2.1 热管理与封装

热管理是指通过温度监测和冷却载体控制集成电路等器件工作温度的技术措施，通常由温度控制器、液体/空气冷却系统、匀热板、散热器和热界面材料

（Thermal Interface Material，TIM）等组成［见图 7-23（a）］[115, 116]。其中，高导热材料选择、散热器及 TIM 设计等技术的发展与材料科学密切相关。从图 7-23（b）可以看出，从热量传递的角度来看，热管理主要包括两个方面：一是要将芯片积累的热量有效传导出来，通过热界面材料和热传导介质等传递到顶部的散热器；二是将传导出来的热量快速散发出去，通过对顶部散热器的结构和材料的设计，快速将热量交换出去[117]。

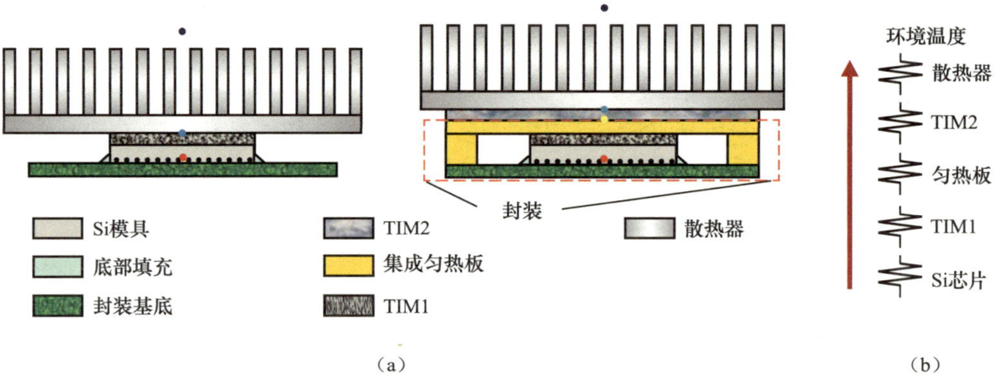

图 7-23　电子器件散热示意[117, 118]

（a）未封装热管理的电子器件和封装热管理的电子器件；（b）电子器件中的热传导路径

1. 传热学基本原理

根据传热学基本原理，物体与外界的热交换主要有热传导、热对流和热辐射这 3 种形式。热传导主要由温度差驱动，热量在同一物体的不同温度区域传递，或者在不同温度的两个物体间传递，热流可用傅里叶定律表述为[119]

$$q^{*}=-\kappa \mathrm{d}T/\mathrm{d}x \tag{7-20}$$

式中，q^{*} 为热流密度（$\mathrm{W\cdot m^{-2}}$）；κ 为热导率（$\mathrm{W\cdot m^{-1}\cdot K^{-1}}$），$\mathrm{d}T/\mathrm{d}x$ 为传输方向的温度梯度。在特定的工作温度下，热导率的高低决定了材料的导热能力。在固体材料中，热量通过原子晶格振动（声子）及电子和空穴等电荷载流子来进行传输。对于绝缘体和半导体，热导率主要由声子决定；对于金属材料，载流子的热输运占主要作用。

热对流是指利用与物体接触流体的运动，当两者之间存在温差时，物体表面的热量即可被流体带走，从而形成热交换。可用牛顿冷却方程表示为[120]

$$q^{*}=h_f(T_\mathrm{S}-T_\mathrm{B}) \tag{7-21}$$

式中，h_f 为对流换热系数（$W \cdot m^{-2} \cdot K^{-1}$）；（$T_S - T_B$）为物体表面与流体的温差（K）。对流换热的强弱主要受换热系数和流体的物理性质影响，换热系数与物体的表面形貌和尺寸相关，流体的物理性质则包括比热、热导率与密度。

热辐射为物体的自发辐射过程，自然界中有温度的所有物体都会向外界辐射能量，也会接收外界对自身的热辐射。物体的对外辐射可用斯蒂芬–玻尔兹曼方程估算：

$$Q = \varepsilon \sigma T^4 \tag{7-22}$$

式中，ε 为物体的辐射出射率；σ 为斯蒂芬–玻尔兹曼常数（大小为 5.67×10^{-8} $W \cdot m^{-2} \cdot K^{-4}$）；$T$ 为物体温度（K）。可以看出，通过增大材料的辐射出射率可有效提升其对外热辐射。由于热辐射发出能量的同时也接收外界对它的热辐射，特别是在电子器件内部的有限空间，其换热效率与热传导和热对流相比几乎可以忽略，在封闭器件中并不是热管理中主要考虑的因素。

2. 封装界面的热管理

图 7–24（a）所示为典型的集成电路及热管理封装示意，包含一个散热器、一个匀热板和两个 TIM（包括 TIM1 和 TIM2，分别应用于芯片/匀热板和匀热板/散热器接口处）[116]。TIM 通过填充非接触区域来补偿界面表面的粗糙度，如图 7–24（b）所示。在没有 TIM 的情况下，由于空气热导率极低，两个固体间的热阻较大，热量仅在有限接触的地方进行传递。当 TIM 填充在两种固体材料之间的空气间隙时，可将其连接在一起降低界面热阻，使得热量在两种材料之间的交换效率更高。

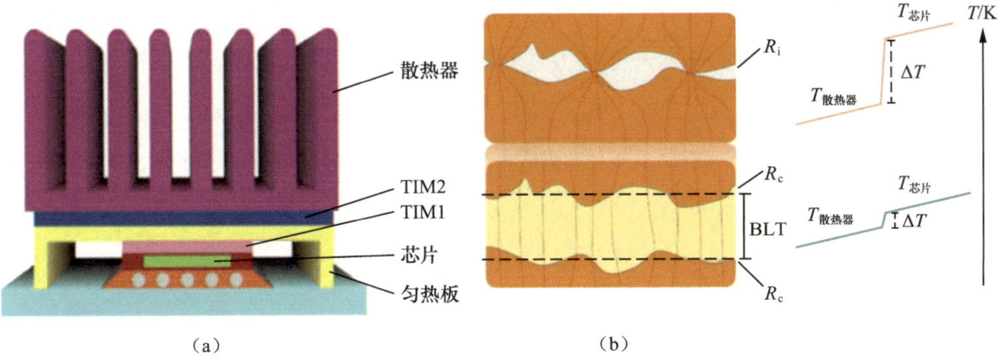

图 7–24　集成电路和热界面材料作用示意 [116, 121]

（a）典型的集成电路及热管理封装；（b）TIM 作用示意（上图为无 TIM 的情况，下图为填充 TIM 的情况）

TIM 的热性能通常用界面热阻（R_{TIM}）来评估，以衡量热量在界面上散失的难度。根据傅里叶定律，R_{TIM} 与界面上的温度变化（ΔT）有关，$\Delta T = R_{TIM} \cdot Q$，其中 Q 为热流（$J \cdot s^{-1}$）。尽可能地降低 R_{TIM} 是 TIM 研究的总体目标。界面热阻受多种元素影响，对典型的 TIM 来说，其形式表示为

$$R_{TIM} = R_{c1} + \frac{BLT}{\lambda_{TIM}} + R_{c2} \tag{7-23}$$

式中，R_{TIM} 是总界面热阻（Ω）；R_{c1} 和 R_{c2} 是 TIM 和两个基板之间界面的接触热阻（Ω）；λ_{TIM} 为 TIM 的热导率（$W \cdot m^{-1} \cdot K^{-1}$）；BLT 是界面黏合层厚度（即 TIM 的厚度，单位为 m）。从式（7–23）中不难看出，TIM 的高本征热导率和低接触热阻是获得理想热传输性能的重要因素。

TIM 作为降低电子器件接触热阻的重要材料，是将热量由发热部位传递到散热器的关键。在保证其高热导率的基础上，还需具有一定的韧性，以使其充分填入接触空隙内。此外，为满足实际使用要求，TIM 应易于安装和拆除，以及在某些工况下呈现绝缘性[115]。在传统应用层面，TIM 常通过金属焊料或在聚合物基底中添加导热介质实现。近年来，随着碳材料在 TIM 中应用研究的逐步拓展，TIM 的种类呈现多样化，主要包括碳基 TIM（CNT、石墨和石墨烯等）、金属基 TIM（焊料和合金等）和聚合基 TIM（油脂、相变材料、黏合剂和热塑性塑料等）这 3 类。

碳基材料具有的本征高热导率和柔性，是理想的热界面材料。最直接的应用方法是在聚合物基体中使用碳基填料，如金刚石、CNT、石墨和石墨烯作为填料材料，形成比传统填料导热性更高的复合浆料。然而，随着纳米材料制备技术的进步，近年来出现了一类新的碳基结构 TIM。其中，CNT 基 TIM 显示了极佳的性能，特别是垂直排列的 CNT 阵列。理论上，SWCNT 的热导率高达 3500 $W \cdot m^{-1} \cdot K^{-1}$[122]，而多壁碳纳米管（Multi-Walled CNT，MWCNT）的热导率高达 3000 $W \cdot m^{-1} \cdot K^{-1}$[123]。从力学的角度来看，CNT 具有较低的横向弹性模量，在不发生任何永久性原子变化的情况下可承受较大外部载荷。由于 VACNT 可生长成高密度的阵列，在接触面之间体积热阻较低。同时，基于化学性质稳定、膨胀系数低和柔韧性佳等特点，VACNT 成为理想的热界面材料[124–126]。其他碳基 TIM，如基于石墨烯和石墨制备的 TIM 也展现出较好的性能[113, 127]。

金属焊料和低熔点合金等金属基 TIM 可提供更高的热导率和更低的热阻，其应用也比较广泛，常用的有铟（In）、镓（Ga）、液态金属汞（Hg）和铟（In）-

铋（Bi）- 锡（Sn）合金等。对于金属基 TIM，再加工性和可靠性是需要解决的主要问题。由于纯金属和合金在温度循环过程中会被氧化，因此更稳定材料或纳米复合薄膜或是未来研究的方向。

聚合物基 TIM 由于其低成本、易用性和合理的性能，成为电子封装和设备中最常用的降低接触热阻的解决方案之一。随着对 TIM 更高的导热要求，基于 CNT、石墨、石墨烯、金刚石和非晶碳等碳材料，以及其他高导热填料颗粒的新型聚合物基 TIM 受到了广泛关注。当高导热的填充材料被添加到导热性较差的柔性聚合物、相变材料或环氧基中，获得理想的体积热导率，需形成一种折中方案——在引入足够的填充材料以达到渗透阈值的同时，不会使复合物变硬，以完全替换在凹槽中的空气和配合面缺陷。

经过多年的发展，商用 TIM 材料已经衍生出比较多的门类，包括导热硅脂、散热垫、相变材料、导热凝胶、导热胶和金属焊料等，它们各具不同的特性以应用于特定场合。商用 TIM 材料的性能对比如表 7–1 所示。

表 7–1　目前商用 TIM 材料的性能比较 [115, 128]

类型	热导率 /（$W \cdot m^{-1} \cdot K^{-1}$）	黏结层厚度 /μm	界面热阻 /（$K \cdot mm^2 \cdot W^{-1}$）	泄漏可能	应力吸收	重复使用	可替换性
导热硅脂	0.4～4	20～150	10～200	有	优	否	中
散热垫	0.8～3	200～1000	100～300	无	优	是	优
相变材料	0.7～1.5	20～150	30～70	有	优	否	中
导热凝胶	2～5	75～250	40～80	无	中	否	中
导热胶	1～2	50～200	15～100	无	中	否	差
金属焊料	20～80	25～200	<5	无	差	否	差

3. 封装材料的热管理

随着对电子器件性能要求的提高，单纯追求芯片性能提升越发困难，三维封装成为一种有效的技术途径。区别于传统的二维封装结构［见图 7–25（a）］，当多芯片封装在平面模具堆叠成三维结构时［见图 7–25（b）］，其热管理也变得越来越复杂。在三维封装中，功率耗散模具相互堆叠成立体结构，产生比二维封装更高的功率密度。更复杂的是在功率密集区和热管理器件（包括散热器、冷板和微通道等）之间，存在更多附加材料、界面和复杂的热传导路径。在传统三维封装方案中，单个模具垂直堆叠并使用焊点或其他材料连接在一起。虽然这些连接材料通常是高导热的金属材料，可作为模具间的热连接，但其与模具连接的面积较小，因此有效热传输截面受限在接触区域，在模具表面不能形成连续的热传输。在焊料凸点具有一定高度的情况下，连接之间的剩余间隙可采用底部填充材料，既可以防止腐蚀又可以提供结构支撑。而底部填充材料通常为环氧类材料，本征热导率仅为 0.1 ～ 0.2 W · m^{-1} · K^{-1}，虽与空气介质相比对热传导较好，但是利用其传输截面进行热管理的效率仍然很低。因此，需要新的各向同性高导热底部填充材料或复合材料，以增强三维封装跨平面和模具到模具热传输的能力，同时改善模具表面局部热流的平面内扩散。热管理作为三维芯片堆栈技术的一个限制因素，正在推动新材料和制冷策略的重大研发工作，以充分挖掘三维封装的性能潜力[119]。

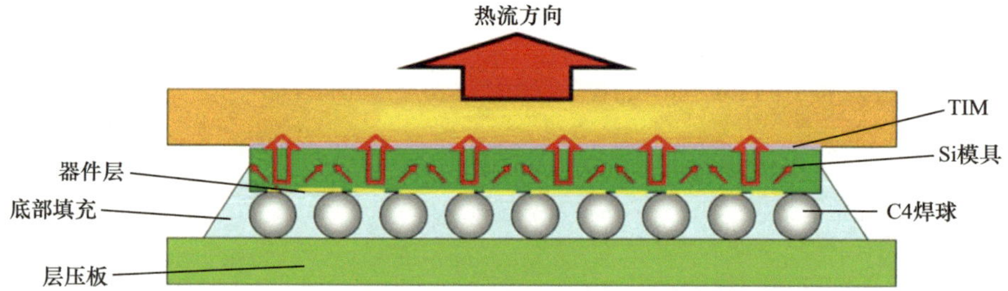

（a）

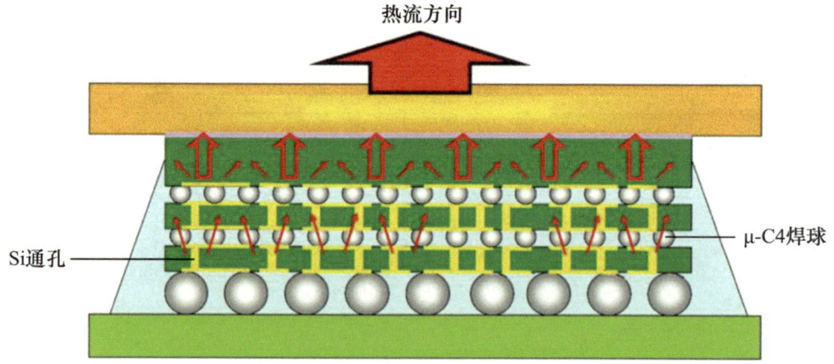

（b）

图 7-25　电子芯片封装示意[119]

（a）二维；（b）三维（箭头为热流方向）

此外，对于 6G 通信中的某些移动触屏终端，其微型化和多功能的发展趋势使得热管理的空间非常有限，有效利用包装材料和元器件进行高效散热是很好的选择。例如，透明触摸屏作为智能设备不可缺少的一部分，在满足导电性和透明性等触控要求的基础上，对其导热性等热管理性能也有一定要求。氧化铟锡（ITO）作为首选材料，面临柔性差和成本高等问题，在一定程度上限制了其应用。因此，研究人员一直致力于新材料的研发工作，尝试在透明基底表面或内部负载一定量的 CNT、石墨烯、硅薄膜和银纳米线等材料，以替代传统导电和显示材料，并实现可持续的发展。虽然这些电子器件具有可调节的热性能和光学性能，但许多透明支撑基底材料的热导率通常很低。柔性电子器件中常用 PI、PDMS、聚醚醚酮（Poly(ether-ether-ketone)，PEEK）、聚醚酰亚胺（Polyetherimide，PEI）和聚对苯二甲酸乙二醇酯（Polyethylene terephthalate，PET）等聚合物基板，热导率仅为 0.1 ～ 0.3 $W \cdot m^{-1} \cdot K^{-1}$。如图 7–26（a）～图 7–26（c）所示，当石墨烯场效应晶体管（Graphene Field Effect Transistor，GFET）使用 Al_2O_3 栅介质材料时，由于导热欠佳，当漏极场过高时会产生局部过热，热量累积既不能通过栅介质传导，也不能通过 PI 基底传导，从而造成器件的热损伤。在这种情况下，采用高导热的 h-BN 栅介质材料可有效解决此类问题［见图 7–26（d）］[119]。

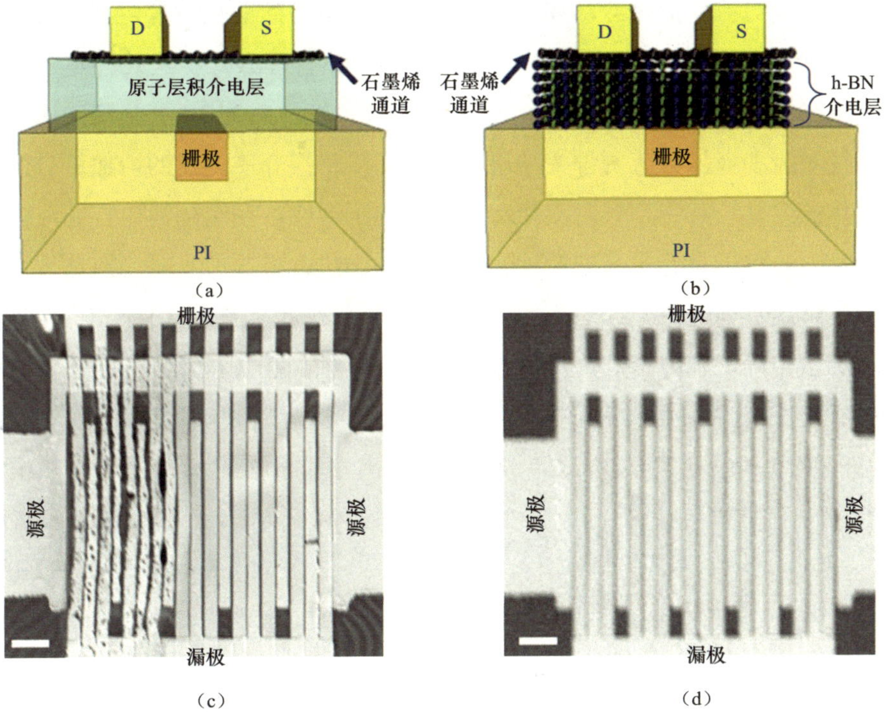

图 7–26 GFET 结构、热损伤场景及应对措施[119]

（a）PI 上制备柔性 GFET 的三维横截面；（b）GFET 的俯视图（标尺：3 μm，下同）；（c）GFET 在过高漏极场下产生热损伤；（d）h–BN 栅介质 GFET 的三维横截面

4. 封装中的热交换技术

传导出来的热量与环境空气或外加介质进行被动或主动的热交换，可实现热量的有效耗散，这是热管理末端器件降温的关键。对于 6G 应用中的低功耗器件（如移动终端等），通过自然对流和一些集成冷却配置等被动的方式，即可实现热量的耗散。自然对流主要基于散热器与空气的较大面积接触，利用散热器表面与空气的温度梯度，以及空气的流动进行热量的交换和耗散。由于自然对流的方式热传递效率较低，为进一步提升热管理的效率，目前采用的主流技术是将散热器与热管或平板热管进行集成。热管或平板热管的工作机制是利用液体在其内部毛细结构中的蒸发与冷凝过程，来实现热量的交换与耗散，可安全管理 25% 以上的热量。被动的热交换措施基本上可满足低功耗器件的热管理需求，但是对于高功耗的设备难以有效降温[117]。

因此，对于 6G 应用中基站、数据中继、移动电源和高功率辐射源等高功耗的设备，采用一些主动的降温措施必不可少。根据冷却介质的不同，主动热交换分为空气强迫对流、液体冷却和相变冷却等。其中，商业化技术包括空气强迫对流和液体冷却。图 7–27 所示为天线芯片的几种热管理方式，这几种热管理方式采取了不同的热对流降温方式[117]。图 7–27（a）和图 7–27（b）分别采用了传统强迫空气对流和液体对流两种主动冷却方式，热交换介质流速的增加可有效提升对流换热的效率。其中空气对流冷却的优点在于低成本和结构简单，而液体介质相较于空气，由于具有更高的密度、热导率和比热，将其引入对流换热体系，可进一步提高热管理的效率。目前，关于这两种方式的研究主要集中在几何布局（管道和系统结构等）和冷却剂传热系数等方面。当然，空气和液体的强迫对流换热也存在着一些共性问题，由于需要增加阀门、风机/泵、冷却通道等附件，会增加器件的重量和尺寸[129, 130]。图 7–27（c）给出一种改进的液冷主动散热模块，匀热板和两个 TIM 均可用一个高性能液态金属 TIM（Liquid Metal TIM，LMTIM）代替，其热导率要比常用 TIM 高一个数量级[131]。在正常工作温度下 LMTIM 为液体的铟镓锡合金，冷板通过其直接连接在芯片的背面，取消了匀热板和 TIM2 组件，显著降低了模块的热阻。对于 100 W 的处理器，与传统液冷相比，在芯片表面温度相同的情况下，使用该热管理措施后，允许制冷液的温度提高 5 ℃左右，有效降低了制冷液热交换后降温的功耗，并简化了结构[131, 132]。图 7–27（d）显示了

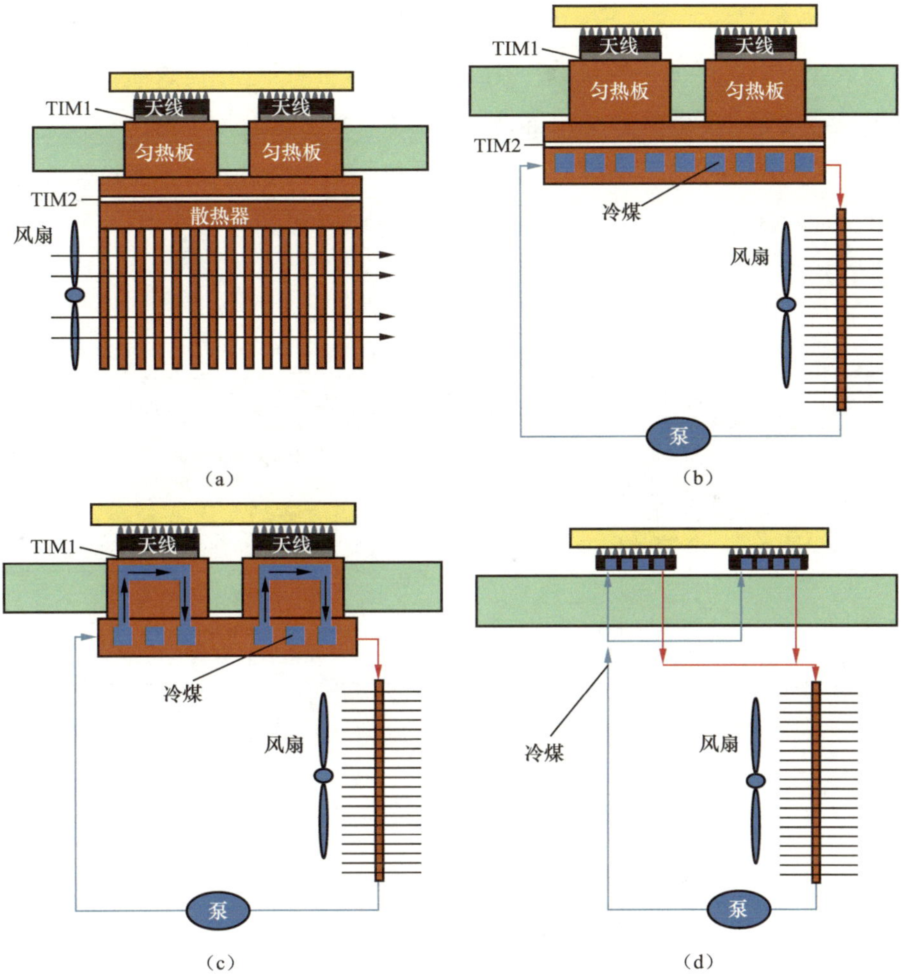

图 7-27　天线芯片的主动对流热管理方式[117]
（a）空气强迫对流；（b）液体对流；（c）液冷主动散热；（d）嵌入式冷却

一种可能用于高功率芯片的下一代嵌入式冷却结构，通过在高功率芯片或堆叠的高功率有源器件之间刻蚀一些微观间隙（约 100 μm），并采用温和的非导电介电液体流过其中带走热量，以免于在芯片电信号和流体之间进行屏蔽[117, 133-136]。其工作机制主要为，介电冷却液被泵入芯片中，在芯片区受热从液相沸腾到气相带走热量。随后，气相介质继续在通路中传输一段时间后温度降低，重新冷凝成液相进入下一循环，将热量排放到环境中。由于该冷却系统不需要冷凝压缩机，因此与典型的制冷系统相比，其工作功耗更低。研究结果表明，在实现芯片与环境温差约为 35 ℃的情况下，可以安全地管理超过 350 W · cm^{-2} 的芯片功率密度和超过 2000 W · cm^{-2} 的热点密度 [133, 134, 137]。这种体积效率高的热管理方案尽管在封装和设计方面还存在一些问题，但已经展现出广阔的应用前景和技术优势，因为其不仅有效控制了器件温度，还减小了系统尺寸、重量和功耗。

近年来一些相变材料也被用于热交换散热。相变材料利用相变过程的潜热变化，在一定程度上形成热量的耗散，具有良好的降温和均匀性 [130]。表 7-2 列举了目前常用热交换方式及其优缺点 [129]。

表 7-2　常用热交换方式及其优缺点 [129]

热交换方式	优点	缺点
空气强迫对流	成本低 应用简单、易于操作 寿命长 高度商业化	热性能差、效率低 温度均匀性差 空间尺寸大 噪声大
液体对流	降温范围大、效率高 温度均匀性好 高度商业化	安全性较差（潜在泄漏） 成本高、重量大 结构复杂、维修困难
热管技术	结构紧凑 效率高、热性能较好 寿命长	成本较高 接触热阻 未商业化
相变材料技术	成本低、结构紧凑 储能能力 降温范围大、效率高 温度均匀性较好 寿命长	热导率低 流动性、体积膨胀、重量大 安全性差（融化后潜在泄漏） 未商业化

综上，6G 未来应用中电子器件热管理的难点在于内部聚集热量的快速热传导，以及随后的热交换冷却。而随着功率密度的升高和小型化的发展，一方面对器件导热和散热的能力提出了更高要求，另一方面极大地限制了热管理空间。因此，进一步开发高导热的功能材料，辅以合理的热管理设计，已成为目前研究的重点和难点。

7.2.2　高导热材料

1. 二维高导热材料

如前所述，二维材料，如石墨烯 [138]、h-BN[139, 140]、TMDC[141]、BP[142] 等，具

有比表面积大、高热导率和性能可调等特点，在下一代 6G 通信相关电子器件的热管理中具有极大的应用潜力。此外，这些具有原子级厚度的材料由于独特的二维特征，具有优异的力学性能和平整性，使其有望应用于下一代柔性电子设备[116]。研究表明，理想石墨烯具有约 4800 ～ 5300 $W \cdot m^{-1} \cdot K^{-1}$ 的超高热导率，超过了石墨的热导率（约 2000 $W \cdot m^{-1} \cdot K^{-1}$）[143, 144]。因此，得益于其独特的二维结构和超高导热能力，石墨烯有可能成为比传统金属更好的散热材料。而另一种高导热二维材料 h-BN，则不同于石墨烯同时具有高导热性和导电性，它呈现电绝缘性，在需要电绝缘的应用场合，h-BN 将成为电子设备热管理材料的首选[113, 116, 119]。

在 6G 电子器件的热管理封装中，匀热板是一个关键部件，它的主要的作用是传递热点的热量并散发至周围区域。传统匀热板材料为薄铜箔或人造石墨箔，目前看，石墨烯等二维材料用作匀热板具有先天优势[116, 145]。石墨烯薄膜的厚度可以在几百纳米到毫米范围内调控，可满足不同应用场合的多种要求。已有研究表明，机械剥离的薄层石墨烯可使 GaN 晶体管的工作温度降低约 20 ℃，同时其处理工艺与当前的芯片工艺兼容[146]。此外，通过对 GO 分散液或石墨烯纳米片分散液进行直接蒸发[147]、真空抽滤[148]或电喷沉积[149]，可制备自支撑的 RGO 薄膜。RGO 薄膜的热导率达 1000 $W \cdot m^{-1} \cdot K^{-1}$ 以上，优于铜箔和铝箔的热扩散性能。但是，由不同制备方法获得的石墨烯薄膜在热学性能上有很大差异，大部分薄膜的面内热导率低于 1500 $W \cdot m^{-1} \cdot K^{-1}$，远低于商用热解石墨板的热导率（1950 $W \cdot m^{-1} \cdot K^{-1}$）[113]，在实际应用中仍需要进一步提升性能。目前，提升高热导率的主要方式是提高石墨烯的结晶度和增大晶粒尺寸。石墨烯的缺陷可在 2000 ℃以上的高温退火（石墨化）过程中弥补，结晶度得到提升。实验上已经验证，通过控制石墨化的温度和压力，石墨烯薄膜可获得与热解石墨板接近的热导率[150]。尽管高温退火在一定程度上可以提升晶化程度，但也会造成含氧官能团的分解，生成的气体会破坏石墨烯薄片排列的规整度，不利于热量传导。此外，高温退火后的石墨烯薄膜与热解石墨板相比，其热传导优势并不十分明显[150]。从传热机理上来说，较大晶粒尺寸的石墨烯有利于低频弹道式声子在晶粒内部的传输和跨晶界传输，从而具有超高热导率[113, 151]。Ma 等[151]采用脱附–吸附 CVD（Segregation-Adsorption CVD，SACVD）法制备了不同晶粒尺寸的多晶石墨烯薄膜。当晶粒尺寸从 200 nm 变化至 10 μm 时，薄膜热导率从 610 $W \cdot m^{-1} \cdot K^{-1}$ 增至 5230 $W \cdot m^{-1} \cdot K^{-1}$，接近机械剥离的纯净石墨烯的热导率，并展现出极大的尺寸相关性（见图 7–28）。

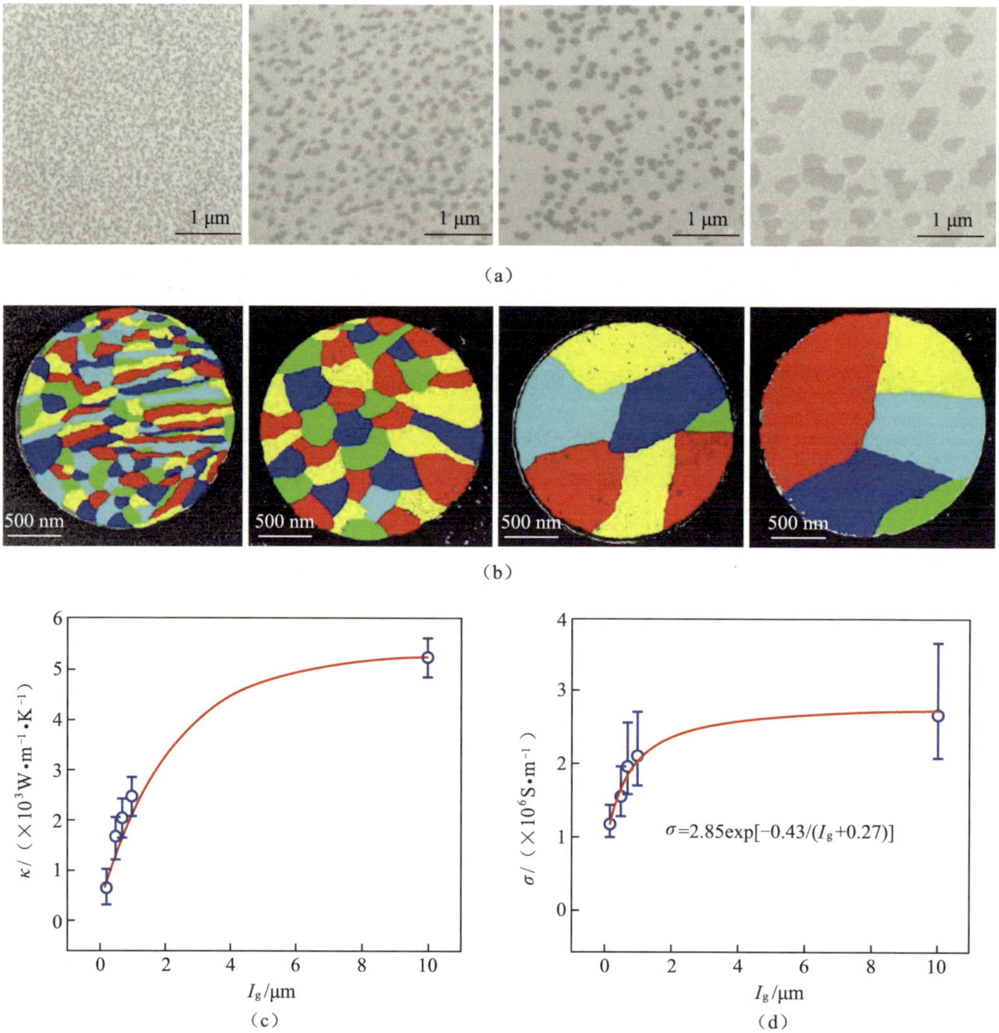

图 7–28　不同晶粒尺寸的石墨烯 [151]

（a）SEM 图像；（b）石墨烯晶粒成像；（c）热导率；（d）电导率

除了二维材料薄膜外，某些基于二维材料的泡沫、复合材料和纤维也具有不同的热管理功能，主要应用于匀热板和热界面的功能实现。针对不同的应用形式，二维材料也展现了不同的热导率，具体性能如表 7–3 所示 [113]。

表 7-3 不同二维材料在热管理中的应用形式及性能 [113]

材料	应用形式	热导率 / ($W \cdot m^{-1} \cdot K^{-1}$)	热传导方向
石墨烯薄膜	匀热板	100 ～ 3000	面内
h-BN 薄膜	匀热板	390	面内
石墨烯泡沫	热界面材料	90（压缩后）	各向同性
h-BN 泡沫	热界面材料	60（压缩后）	各向同性
石墨烯复合材料	热界面材料、薄膜	3 ～ 15	各向同性
h-BN 复合材料	热界面材料、薄膜	1 ～ 6	各向同性
石墨烯纤维	柔性匀热板、智能织物	1200 ～ 1600（单根纤维）	单向

2. 纳米微结构高导热材料

以 CNT 和石墨烯为代表的一些低维碳材料，由于具有高导热、热稳定以及化学稳定性，可以在较高的温度下工作，是未来 6G 应用中高度集成器件热管理的理想材料 [126]。虽然其本征热导率很高，但单个纳米管或纳米片之间的接触热阻很大，作为聚合物基 TIM 的高导热填料时，对整体热导率的提升并不明显 [121, 126, 139, 152]。随着纳米技术的发展，通过对结构的全尺度控制，在材料制备和组装过程中控制其取向，使其按特定的方向进行有序排列，则可充分发挥其导热和散热的作用 [121]。

自 2004 年首次提出将 VACNT 用作 TIM 以来 [153]，VACNT 一直是纳米结构高导热材料研究的热点和重点 [124, 126, 154–159]。VACNT 阵列由垂直于基板的高密度且排列良好的 CNT 组成（见图 7–29），通常由 CVD 催化生长的方式实现 [121]。虽然 CNT 的热导率高达 3000 $W \cdot m^{-1} \cdot K^{-1}$ [122, 123]，但由于 CNT 本身的缺陷和杂质，以及相对低的填充密度，VACNT 的体积热导率值要低得多，一般约为 10 $W \cdot m^{-1} \cdot K^{-1}$ [157]。已有研究表明，增大 CNT 的填充率可以在一定程度上提升 VACNT 的热导率，填充率为 10% 的热导率达 267 $W \cdot m^{-1} \cdot K^{-1}$ [155]。当然，改善 VACNT 导热性能的最直接方法是改善 CNT 的固有热导率，并降低其与界面之间的接触热阻。而一般情况下（TIM 厚度小于 30 μm），相对于热导率来说，接触热阻对界面热阻的影响占主导地位。CNT 顶端与基底之间的接触热阻，比其根部与生长基底之间的热阻大约高一个数量级 [155, 160]。两侧接触热阻的巨大差异，主要归因于 CNT 顶端与基底之间仅有约 15% 接触，而未接触部分的热传导几乎可以忽略不计[121]。

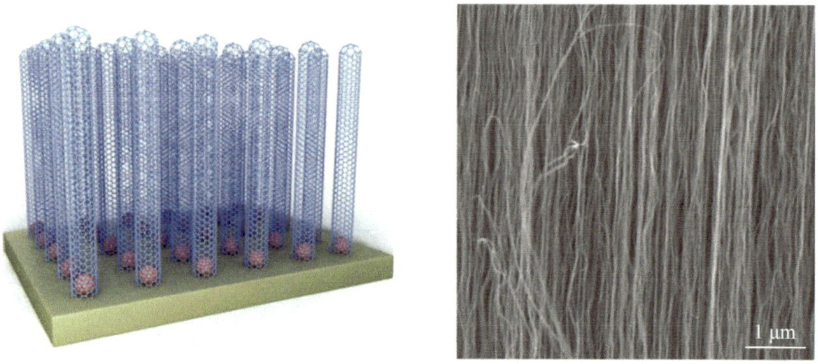

(a)　　(b)

图 7–29　VACNT 的结构

(a) 结构示意；(b) SEM 图像[126]

目前已开发出多种方法来改善 CNT 与基底之间的接触热阻[121]。首先，为了改善图 7–30（a）中 CNT 顶端与基底的硬性接触，在两个基底上分别生长 VACNT，将 CNT- 基底界面替换为 CNT-CNT 界面，如图 7–30（b）所示。实验结果表明，Si-CNT-CNT-Cu 界面的热阻值远低于 Si-CNT-Cu 直接接触的热阻值[161]。此外，为提升 VACNT 使用的灵活性，直接在金属基底两侧生长 VACNT，所制备的 TIM 可作为散热垫应用于多种场合，如图 7–30（c）所示。虽然该方法原则上等价于两个 VACNT 的结合，但实际上中间的金属片与基板可以形成较好的相容性，从而增加两侧 CNT 接触面积。Cola 等[162]制备的 VACNT 包覆箔片 TIM 展现了与单侧 VACNT 相当的热阻值。在此基础上，通过金属键或化学键将 CNT 和基底进行键合，可有效降低接触热阻，如图 7–30（d）所示。在自由 CNT 端部使用焊料进行金属键合，焊料穿透 VACNT 并接触更大比例的 CNT，界面热阻可降低一个数量级[162]。然而，CNT- 金属界面的固有接触热阻本身较大，在一定程度上限制了接触热阻的进一步降低。尽管聚合物的热导率较低，但使用 CNT- 聚合物界面进行键合却可以降低总的界面热阻，进而提升 VACNT 的热传导性能[158, 163]。在实际应用中，受 VACNT 生长工艺的限制，其作为 TIM 时存在规模化生产性能一致性和成本难以控制等问题，限制了进一步商用化的进程。

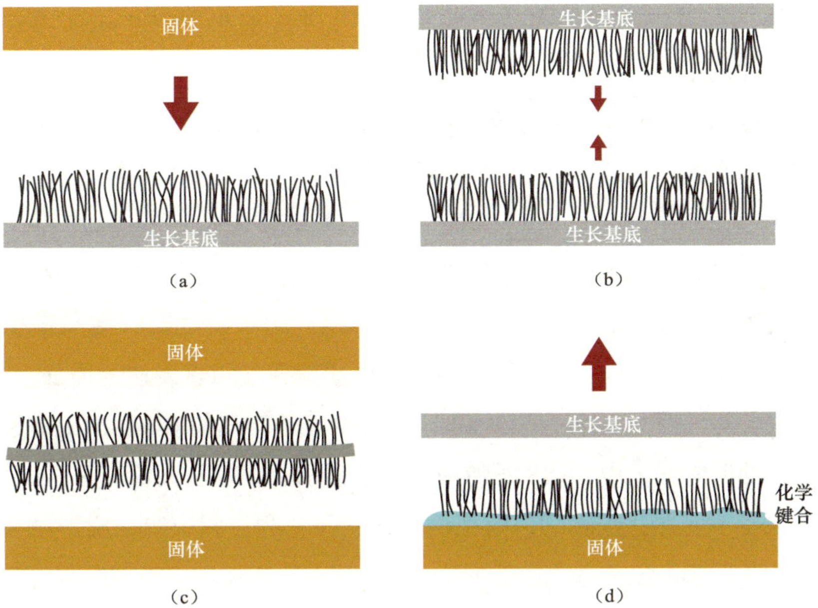

图 7-30　VACNT 界面结构示意[121]
(a) 单侧生长；(b) 两侧生长；(c) 金属基底双面生长；(d) 固体基底化学键合

对于石墨烯而言，微观结构和石墨烯层片的取向对组装后结构的热学和力学性能有重要影响。例如，石墨烯纤维的热学、电学性能和弹性模量受石墨烯层片的取向和晶畴的宏观有序度等因素的影响。提升强度所需要的官能团和石墨烯层片堆叠等非均匀结构也是声子和电子散射的中心，这会使材料的导热和导电性能显著降低[152, 164]。因此，同时获得高导热和高强度是相互矛盾的，需要对结构进行更精细的控制。目前，石墨烯的主要制备工艺，如湿法纺丝[164]、自组装[165]和真空抽滤[127]等，仅能将石墨烯或 GO 片平整地排列成水平层状结构，垂直排列的宏观结构尚无法通过简单的直接组装工艺来实现。同时，针对石墨烯宏观结构和微观结构的研究，尚未实现石墨烯层片从完全水平堆叠到垂直排列的控制。而垂直排列三维石墨烯的开放式结构有助于改善离子的传输性。此外，垂直排列的石墨烯片结构可同时提升热管理系统的横向和纵向热导率，优化其热管理效率[152]。在传统湿法制备石墨烯纤维的工艺中，流体流动辅助组装过程中产生的集肤效应，会导致明显的不均匀核壳或芯鞘结构，从而降低力学和输运性能。同时，由于沿微通道横向流动剪切应力梯度的作用，纤维表面石墨烯片排列整齐，但在纤维内部排列不规则。研究发现，通过对前驱 GO 溶液浓度、流速和微流通道形状等参数的调控，可对 GO 片的流变特性产生明显影响，进而控制石墨烯层片的排列。

与传统前驱体溶液中常用的大分子或胶体（尺寸一般小于 100 nm）不同，二维石墨烯纳米片的横向尺寸明显大很多，接近于微通道的尺寸。在这种情况下，流体辅助组装受 GO 片横向尺寸和微通道大小的影响明显，可通过调节微通道几何形状的方法，在另一个维度控制 GO 流动形态和石墨烯片的排列方式[152]。

Xin 等[152]采用原位小角度 X 射线散射（Small Angle X-ray Scattering，SAXS），研究了尺寸、形状限制及流型对射流辅助组装的影响（见图 7–31）。在静态溶液中，GO 片随机排列呈液晶状。当 GO 溶液在微通道中流动时，受通道壁的剪切应力作用，GO 片倾向于在平行于流动方向重新对齐。随着流速的增加，SAXS 图像逐渐呈现各向异性［见图 7–31（a）］，表明流速增加使 GO 片的对齐性增强，呈现出更大的取向度（由 SAXS 图像中的数字表示）。在较高流速下，GO 片的取向度基本保持不变并达到饱和，仅由微通道的尺寸和形状决定。扁平微通道中的取向度明显高于管状微通道。这是由于 GO 溶液在管状通道中流动时仅有一维的取向顺序，而在各向异性的扁平通道中流动时，GO 片呈现出二维的有序排列（一个沿 z 方向，另一个沿 y 方向）。此外，通过降低通道高度可获得更大长宽比，进一步改进纤维的取向度［见图 7–31（b）］。图 7–31（c）中石墨烯纤维表面和断面形貌显示出整齐的层层堆叠结构，且没有任何孔洞或无序结构，这表明扁平微通道不会在横截面产生任何趋肤效应，纤维的取向度和致密性提高。图 7–31（d）中的样品分别为采用直径为 160 μm 的管状通道，以及高度分别为 300 μm、200 μm 和 100 μm 的扁平状通道湿纺得到的石墨烯纤维。随着取向度的增大，其热导率和抗拉强度均有效提升。

此外，通过调节湿法纺丝过程中流动模式，可在更大范围内控制石墨烯层片的取向和微观结构，实现取向度的增强［见图 7–31（e）］或垂直排列［见图 7–31（i）］。一方面，通过沿流动方向收缩微通道截面，可产生显著的拉伸流，来改善层片的取向度。采用收缩截面积的同轴喷头产生的拉伸流，则可制造较大尺寸的石墨烯管［见图 7–31（f）］。在收缩流和趋肤效应最小化共同作用的情况下，管壁内石墨烯层片的取向度较高［见图 7–31（g）和图 7–31（h）］，退火后的热导率达到（1260 ± 47）$W \cdot m^{-1} \cdot K^{-1}$。另一方面，通过将 GO 液晶分散液从收缩通道泵入膨胀的通道，产生的阶跃膨胀流有助于在垂直于流动的方向上形成均匀排列的薄片［见图 7–31（i）］。产生的高拉伸应力使 GO 片方向从水平方向反向对准垂直方向，并可从阶梯膨胀流中获得垂直定向排列的层片构成石墨烯棒［见图 7–31（j）和

图 7-31（k）]。从广角 X 射线散射（Wide Angle X-ray Scattering，WAXS）谱中可明显观察到 (100)/(101) 和 (102) 平面的散射光斑，而 (002) 和 (004) 平面的散射消失，这进一步证明垂直排列层片的存在［见图 7-31（l）]。微流控技术辅助实现高有序石墨烯结构的方法可扩展到其他二维材料，用于制备多功能有序结构。

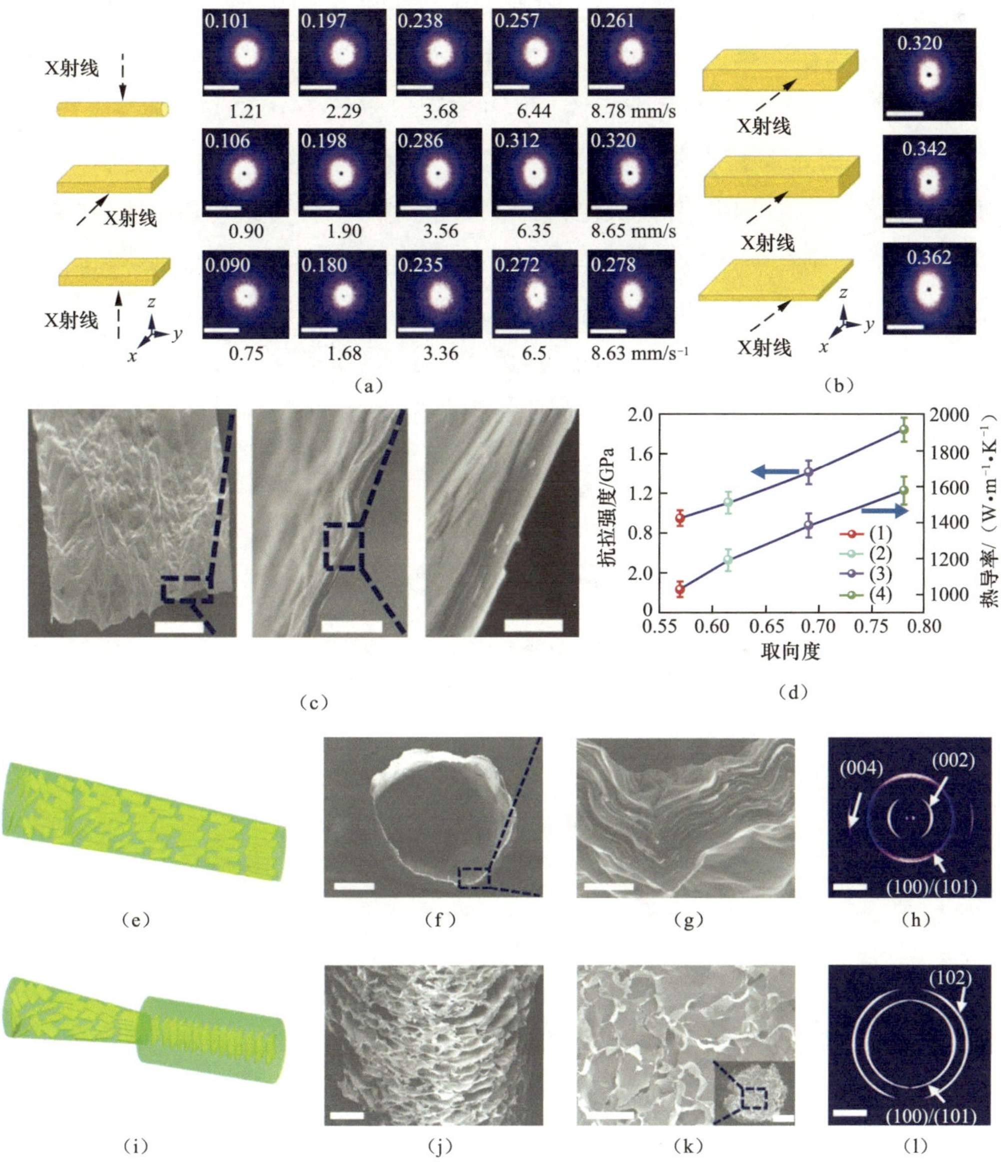

图 7-31　微流辅助组装石墨烯纤维[152]

（a）SAXS 图像表征 GO 排列的取向度；（b）不同厚度的扁平微通道内 GO 排列的有序度；（c）表面和断面形貌；（d）抗拉强度和热导率；（e）～（l）石墨烯纤维的形貌和 WAXS 谱

3. 立方晶型高导热材料

6G 应用中电子器件小型化和半导体器件集成化的发展，必然使单位面积功率密度急剧增大，这对高效热管理技术提出了更高的要求。在大多数现代电子设备中，硅被认为是一种相对较好的导热衬底，但其室温热导率约为 140 W · m^{-1} · K^{-1}，无法满足未来更高导热散热要求，室温下热导率超过 1000 W · m^{-1} · K^{-1} 的超高导热材料成为研究热点 [119]。对于金属材料（如银或铜），由于自由电子可以同时传递电荷和热，其热导率很高，但在室温下仍低于 1000 W · m^{-1} · K^{-1}（见图 7–32）。而对于半导体和绝缘体，热主要通过声子输运，晶格动力学、非谐性和缺陷之间的复杂相互作用决定其热学性能。由声子主导进行热传递的材料非常多，其中金刚石一直被公认为是室温下导热最佳的材料。天然金刚石和同位素富集的 99.9% ^{12}C 金刚石的热导率分别为 2270 W · m^{-1} · K^{-1} 和 3450 W · m^{-1} · K^{-1} [166]。然而，天然金刚石是稀缺和昂贵的，因此一方面需要提高人造金刚石的生长速度和晶体质量，另一方面需要寻找可替代的高导热材料。

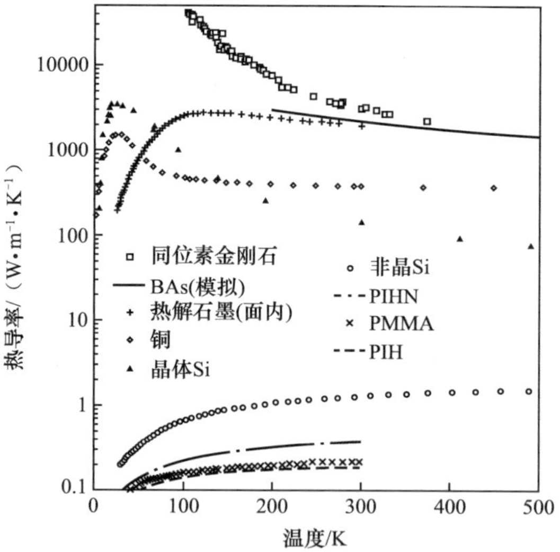

图 7–32　典型材料的热导率 [119]

除了金刚石，研究人员还发现了 SiC、磷化硼和立方氮化硼（c-BN）等一系列高导热非金属材料。这些材料由强键合的轻质元素分布在非谐性简单点阵中构成，形成高声子群速度和低声子散射 [167]。与磷化硼和 c-BN 等不同，砷化硼（BAs）中具有原子量更大的 As 元素，其理论热导率较低。但 Lindsay 等通过第一性原理计算发现，BAs 具有与金刚石相当的高热导率[168, 169]。这是因为声学声子和光学声子的质量不同，所以两种声子之间存在较大的能量间隙，这大大降低了高群速声学声子与低群速高频局域光学声子之间的散射。此外，As 原子只有一种同位素，控制着相对短波声子的原子运动，因此 BAs 热导率对较轻 B 原子的同位素杂质不敏感。因此，BAs 异常的振动特性导致其弱声子–声子散射和声子–同位素散射，其室温热导率可达 1200 $W \cdot m^{-1} \cdot K^{-1}$，是导热性最好的材料之一[170]。

由于天然材料中不可避免地存在同位素，通过同位素控制获取超高热导率一直是最有效的途径之一，其中，c-BN 在 B 同位素富集后可具有 2000 $W \cdot m^{-1} \cdot K^{-1}$ 以上的热导率[169, 171]。Chen 等[171]制备了 N（99.6% ^{14}N 和 0.4% ^{15}N）与不同比例 B 同位素形成的化合物，分别为 $c^{nat}BN$（21.7% ^{10}B 和 78.3% ^{11}B）、$c^{10}BN$（99.3% ^{10}B 富集）、$c^{11}BN$（99.2% ^{11}B 富集）和 $c^{eq}BN$（53.1% ^{10}B 与 46.9% ^{11}B）[见图 7–33（a）～图 7–33（c）]。通过理论模拟热传输过程发现，高阶的非谐声子间相互作用对 c-BN 热导率的影响相对较小。与磷化硼和 BAs 相比，声子–同位素散射作用对热导率有更显著的影响，并呈现出与原子质量比之间的负相关性[见图 7–33（d）。通过改变 B 同位素的丰度，可有效调控其热导率。实验结果表明，天然 c-BN 晶体（$c^{nat}BN$）的热导率约为 850 $W \cdot m^{-1} \cdot K^{-1}$，而 $c^{10}BN$（$c^{11}BN$）同位素富集晶体的热导率则超过 1600 $W \cdot m^{-1} \cdot K^{-1}$。同时，在 –23 ～ 227 ℃温度范围内，同位素富集 c-BN 的热导率介于 BAs 与金刚石之间，且热导率随温度下降的速率比 BAs 小（与金刚石类似），这对一些高功率电子器件来说是非常重要的[见图 7–33（e）]。声子平均自由程分布的模拟结果表明，热导率较大的 $c^{10}BN$ 和 $c^{11}BN$ 同位素富集晶体对应的声子自由程也较长，具有较强的尺寸效应[见图 7–33（f）]。

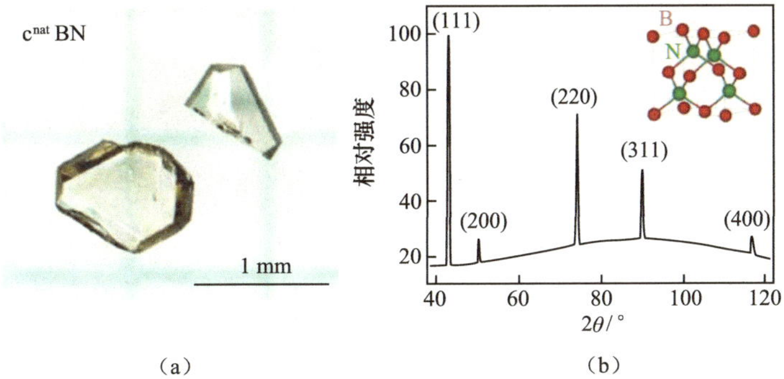

（a） （b）

图 7–33 同位素富集 c-BN[171]

（a）天然 c-BN 晶体的光学图像；（b）$c^{10}BN$ 晶体的 XRD 谱

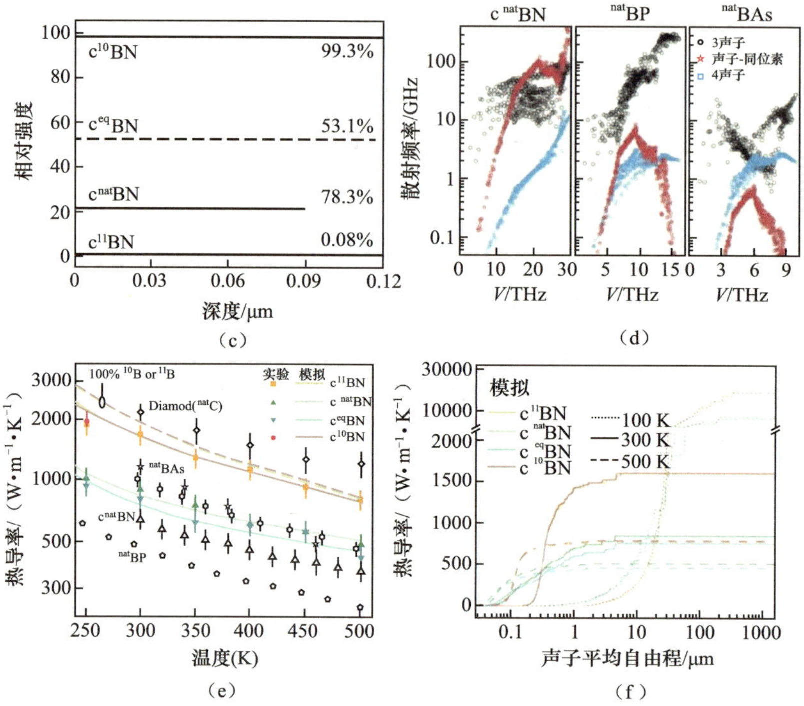

图 7–33　同位素富集 c-BN [171]（续）

（c）TOF-SIMS 谱；（d）声子散射概率；（e）热导率；（f）累积热导率

4. 聚合物导热材料

从软体机器人、柔性智能传感到虚拟现实等未来 6G 应用，聚合物凭借其密度低、耐用、柔韧、耐腐蚀和易于加工等特点，获得了广泛应用。若能将聚合物用作热管理材料，则可为器件的传热和散热提供更多的选择和空间。然而，聚合物的热导率通常很低（0.1 ～ 0.5 $W \cdot m^{-1} \cdot K^{-1}$），在热管理应用中受到了很大的限制 [172, 173]。

聚合物本体的低热导率，主要源于高分子链的复杂形态和构象。其结构包括高分子链周期性排列的结晶区域和随机缠绕的非晶区域，如图 7–34（a）所示 [172]。在正常状态下，聚合物中的非晶区域通常占主导地位，非晶态的周期性缺失严重限制了振动模式，从而导致较低的热导率。因此，研究人员尝试通过改善聚合物的微观形态来优化导热性能。其中，较常用的方式是调控结晶度和高分子链排列等方式。目前已在实验上通过机械拉伸 [173, 174]、纳米模板 [175] 和静电纺丝 [176] 等方法，在一定程度上实现了对聚合物内部分子链形态的有序控制，明显提升了热导率。例如，通过将聚乙烯（Polyethylene，PE）纤维进行 400 倍机械拉伸获得直径 50 ～ 500 nm、长度数十毫米的纳米纤维，其热导率达 104 W·m^{-1}·K^{-1}[174]。采用模板电聚合法制备的直径为 50 nm 的聚噻吩纳米纤维，热导率提高了 20 倍以上[175]。除了控制高分子链的排列外，还可以通过调控主链和侧链结构，以及链间耦合作用来提升聚合物的热导率［见图 7-34（b）］。较高的键拉伸和角弯曲刚度通常会导致较高的热导率[172]。一般来说，sp^2 杂化的双—C=C—键会导致较高的热导率，主要有以下两个原因：一是—C=C—键的键能是 sp^3 杂化—C—C—键的 2.8 倍；二是连续的 sp^2 键形成离域的共轭 π 键，限制原子处于同一平面，从而大大提高分子链的旋转刚度[177]。当引入不同类型的侧链时，可改变分子链的拓扑结构，从而引起振动动力学和热导率的变化。一般情况下，引入侧链会导致热导率的减小，侧链越重或越长，则热导率越低[178]。但也有一些研究表明，侧链也可能导致聚合物的热导率增大，具有长侧链和线性侧链的共轭聚合物的热导率提高了 160%。分子动力学模拟进一步揭示了线性侧链和长侧链倾向于增加共轭聚合物的结构顺序，从而使热导率增加[179]。此外，提高链间耦合强度也可以提高聚合物的热导率。例如，聚合物盐（如聚乙烯磺酸钙盐）由于链内离子之间的强静电力作用，热导率可达 0.67 W·m^{-1}·K^{-1}，高于大多数聚合物的热导率（0.2 ～ 0.3 W·m^{-1}·K^{-1}）[180]。除了离子链交联，氢键是另一种相对较强的链间交联，其强度是范德瓦耳斯力的 10 ～ 100 倍，可导致更高的热导率[181]。综上，图 7-34（c）给出了影响聚合物本体热导率的相关物理因素[172]。

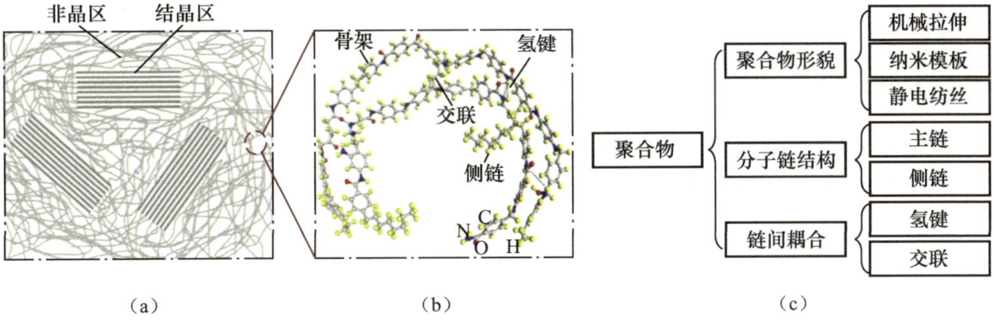

图 7-34 聚合物及其复合材料[172]

（a）聚合物结晶和非晶区域示意；（b）分子链结构示意；（c）聚合物热导率的影响因素

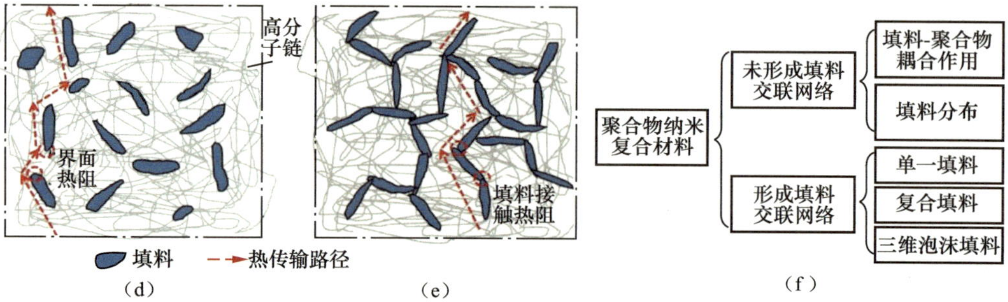

图 7-34　聚合物及其复合材料 [172]（续）
（d）未形成填料网络的聚合物复合材料示意；（e）形成填料网络的聚合物复合材料示意；
（f）聚合物纳米复合材料热导率的影响因素

除了改变聚合物中高分子链的形态外，提高聚合物导热性的另一种常用方法是将聚合物与高导热填料混合制备复合材料 [172]。常用的高导热填料主要为金属填料、陶瓷填料和碳质填料等。图 7-34（d）～图 7-34（f）给出了聚合物纳米复合材料的结构示意、热传输过程和影响热导率的物理因素。当填料浓度较低，不会形成填料网络时，热导率主要由填料与基体的耦合作用决定，影响因素包括界面热阻、填料的浓度和几何形状［见图 7-34（d）］。在这种情况下，热导率随填料浓度的变化呈非单调趋势。例如，实验制备的 MWCNT@ 聚丙烯复合材料，随着 MWCNT 体积负载量的增加，填料分布均匀，热导率上升。当基体中 MWCNT 的负载体积百分比达到 3 % 时，部分 MWCNT 必须弯曲或团聚以适应小的填充体积，引起界面热阻增加，热导率明显下降。随后，热导率会二次升高，主要源于填料聚集形成的团簇间的热传导 [182]。同时，纳米填料的加入也会影响聚合物的结晶，SWCNT 和 MWCNT 都可以作为成核剂，提高聚合物的结晶速率，从而提高基体的热导率，降低界面热阻 [183, 184]。此外，通过调控填料的粒径，一方面可以优化接触面积降低界面热阻 [185]，另一方面也可以缩短纳米复合材料中能量载流子的平均自由程 [186]，从而对热导率产生显著影响。当填料浓度足够大时，浓度高于临界值（即渗透阈值）时，可形成互连导热网络［见图 7-34（e）］[172]。虽然单一填料可以形成一个三维网络，但仍有许多空隙无法被填料紧密填充。此时，引入另一种填料则可填补空位，进一步提高热导率。与单一填料相比，复合填料可导致一定程度的热导率增加，然而填料间的接触热阻仍较大，即使采用填料网络，复合填料的热导率仍然低于许多高热导率的无机材料。近年来，由 h-BN、石墨烯等材料构成的多孔三维泡沫填料因其固有的无接触热阻的三维网络结构而备受关注[187, 188]。

研究人员通过对 PE 薄膜的机械拉伸实验发现，与传统研究认为聚合热导率仅由结晶区域大小及其排列决定的观念不同，该实验证明了拉伸后非晶区域的变化显著影响了聚合物的热导率，提出了对聚合物热导率调控的新解释[173]。按图 7–35（a）所示的方法对预压的 PE 薄膜进行拉伸后，薄膜沿拉伸方向自组织成清晰的纤维状结构。随着拉伸比从 10［见图 7–35（b）］增到 110［见图 7–35（c）］，薄膜内纤维的直径减小，导致更平滑和更致密的织构。通过高分辨率广角和小角度同步辐射 X 射线散射，对不同拉伸比下的结晶取向度和结晶度进行分析。结果表明，取向度在拉伸比仅为 2.5 时，从初始态的零迅速增加，接近晶体完全定向排列的饱和值。结晶度也呈现类似的变化趋势，拉伸比小于 10 时结晶度迅速增加，随后在拉伸达比到 110 的过程中，结晶度稳定增长至 90% 以上［见图 7–35（d）］。而从图 7–35（e）中的热导率数据来看，拉伸比为 2.5 时，热导率（4.5 $W \cdot m^{-1} \cdot K^{-1}$）比初始值（0.38 $W \cdot m^{-1} \cdot K^{-1}$）提升了 10 倍以上。10 倍拉伸之后，在取向因子几乎完全饱和且结晶度缓慢增长的情况下，拉伸比达到 110 时热导率又增加了 10 倍，达到 62 $W \cdot m^{-1} \cdot K^{-1}$。这充分说明其他导热增强机制的存在，结晶度在高拉伸比下的弱增长显然不足以解释热导率的显著提高。甚至，随着拉伸比的增加，热导率并没有呈现饱和的迹象。为了进一步证明非晶区的主导作用，根据测试获得的结晶和非晶结构参数，建立唯象的一维热传输模型，推导得到结晶区域和非结晶区域的热导率。理论分析结果表明［见图 7–35（f）］，在较高拉伸比下非晶区域热导率呈现明显的增长，50 倍拉伸时约为 5.1 $W \cdot m^{-1} \cdot K^{-1}$，110 倍拉伸时约为 16.2 $W \cdot m^{-1} \cdot K^{-1}$。拉伸后的非晶区不再是随机的无序分子链，而是自发形成了一定的取向度，具有更多的伸展和定向排列链。可以预计，无论是 PE 还是其他聚合物材料，进一步提高非晶相的热导率将是开发下一代导热聚合物的关键。

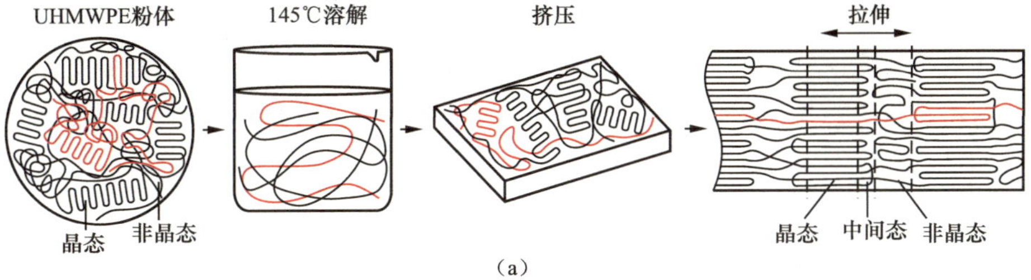

（a）

图 7–35　聚乙烯薄膜的结构与热学性能[173]
（a）微结构变化过程示意

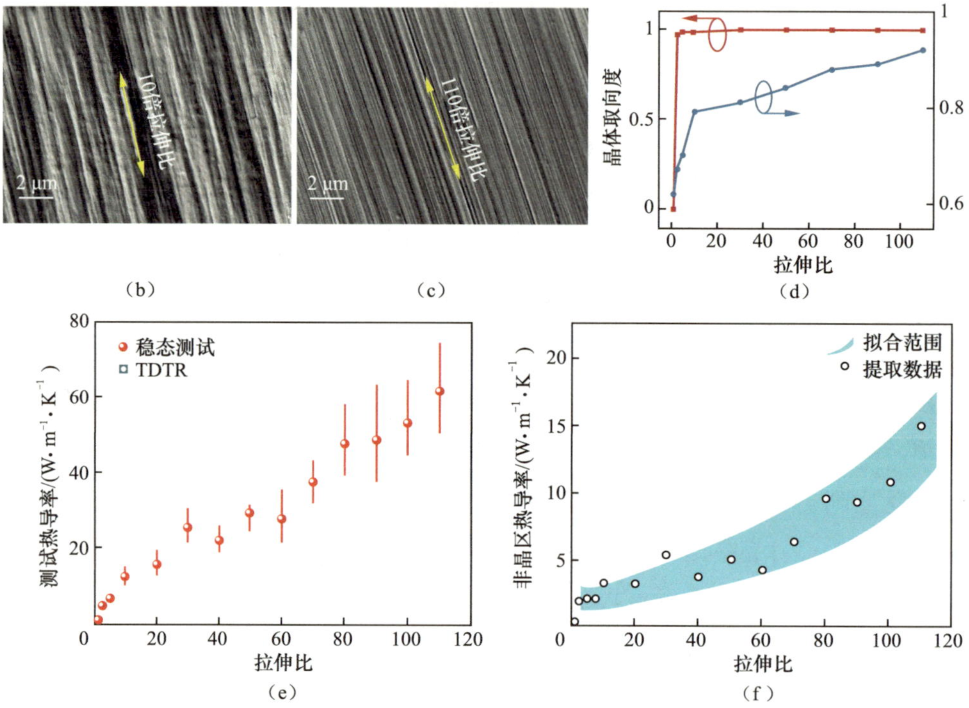

图 7-35　聚乙烯薄膜的结构与热学性能[173]（续）

（b）、（c）SEM 图像；（d）晶体取向度和结晶度变化；（e）热导率变化；（f）非晶区热导率变化

7.3　本章小结

针对未来 6G 应用中可能出现的电磁防护和热管理问题，本章从材料科学的角度介绍了基本原理和相关材料研究的现状。在电磁防护材料方面，重点关注了 6G 通信中可能出现的太赫兹波段电磁防护等新问题，从电磁波传输的损耗和电磁屏蔽机理入手，梳理了可用于太赫兹电磁防护的超构材料和本征损耗材料。首先，基于等效介质理论、传输线理论、耦合模理论和干涉理论等模型，分析了超构材料设计的基本物理学机理。在此基础上，通过调研近年来太赫兹电磁防护超构材料的理论和实验进展，系统梳理了金属基超构材料、石墨烯基超构材料、编码超构材料、可控超构材料和其他超构材料的研究现状。作为超构材料太赫兹电

磁防护材料的性能补充，对CNT、石墨烯等碳基本征电磁防护材料，以及MXene基本征电磁防护材料的研究现状和最新进展进行了分析。无论是超构材料还是本征损耗材料，均已显现出优异的太赫兹电磁防护能力和可控可调性能，同时也展现出各自独具的特点，可应用于不同的电磁防护场合和领域。

在热管理材料方面，着眼于未来6G应用中电子器件可能存在的导热、散热问题，梳理了热管理的一些有效技术措施和材料现状。基于传热学的基本原理，分析了电子器件封装中存在的界面高热阻和封装空间受限问题，并梳理了目前热界面材料、封装材料和热交换技术的现状。在此基础上，聚焦于6G未来应用中可能用到的高导热材料，总结了二维结构、纳米结构、立方晶型和聚合物等高导热材料的现状和最新进展。该部分内容可为未来6G应用中热管理材料的设计、研究和开发提供基本的理论指导和技术参考。

参考文献

[1] YEN T J, PADILLA W J, FANG N, et al. terahertz magnetic response from artificial materials [J]. Science, 2004, 303(5663): 1494.

[2] TAO H, LANDY N I, BINGHAM C M, et al. A metamaterial absorber for the terahertz regime: Design, fabrication and characterization [J]. Opt Express, 2008, 16(10): 7181-7188.

[3] 黄智宇 , 陈宏辉 , 马文乐 , 等 . 太赫兹隐身及屏蔽材料研究进展 [J]. 高等学校化学学报 , 2019, 40(06): 1103-1115.

[4] TAO H, BINGHAM C M, STRIKWERDA A C, et al. Highly flexible wide angle of incidence terahertz metamaterial absorber: Design, fabrication, and characterization [J]. Phys Rev B, 2008, 78(24): 4.

[5] LANDY N I, BINGHAM C M, TYLER T, et al. Design, theory, and measurement of a polarization-insensitive absorber for terahertz imaging [J]. Phys Rev B, 2009, 79(12): 6.

[6] XU R J, LIU X Y, LIN Y S. Tunable ultra-narrowband terahertz perfect absorber by using metal-insulator-metal microstructures [J]. Results Phys, 2019, 13: 102176.

[7] YU P, BESTEIRO L V, HUANG Y, et al. Broadband metamaterial absorbers [J]. Adv Opt Mater, 2019, 7(3): 1800995.

[8] SONG Z, JIANG M, DENG Y, et al. Wide-angle absorber with tunable intensity and bandwidth realized by a terahertz phase change material [J]. Optics Communications, 2020, 464: 125494.

[9] DUAN G, SCHALCH J, ZHAO X, et al. A survey of theoretical models for terahertz electromagnetic metamaterial absorbers [J]. Sensors and Actuators A: Physical, 2019, 287: 21-28.

[10] DUAN G, SCHALCH J, ZHAO X, et al. Analysis of the thickness dependence of metamaterial absorbers at terahertz frequencies [J]. Opt Express, 2018, 26(3): 2242-2251.

[11] DUAN G, SCHALCH J, ZHAO X, et al. Identifying the perfect absorption of metamaterial absorbers [J]. Phys Rev B, 2018, 97(3): 035128.

[12] MA S, XIAO S, ZHOU L. Resonant modes in metal/insulator/metal metamaterials: An analytical study on near-field couplings [J]. Phys Rev B, 2016, 93(4): 045305.

[13] HUANG L, CHOWDHURY D R, RAMANI S, et al. Impact of resonator geometry and its coupling with ground plane on ultrathin metamaterial perfect absorbers [J]. Appl Phys Lett, 2012, 101(10): 101102.

[14] LANDY N I, SAJUYIGBE S, MOCK J J, et al. Perfect metamaterial absorber [J]. Phys Rev Lett, 2008, 100(20): 207402.

[15] LIU S, CHEN H, CUI T J. A broadband terahertz absorber using multi-layer stacked bars [J]. Appl Phys Lett, 2015, 106(15): 151601.

[16] DIEM M, KOSCHNY T, SOUKOULIS C M. Wide-angle perfect absorber/thermal emitter in the terahertz regime [J]. Phys Rev B, 2009, 79(3): 033101.

[17] TAO H, BINGHAM C M, PILON D, et al. A dual band terahertz metamaterial absorber [J]. Journal of Physics D: Applied Physics, 2010, 43(22): 225102.

[18] MA Y, CHEN Q, GRANT J, et al. A terahertz polarization insensitive dual band metamaterial absorber [J]. Opt Lett, 2011, 36(6): 945-947.

[19] WANG B X, ZHAI X, WANG G Z, et al. A novel dual-band terahertz metamaterial absorber for a sensor application [J]. Journal of Applied Physics, 2015, 117(1): 5.

[20] KENNEY M, GRANT J, SHAH Y D, et al. Octave-spanning broadband absorption of terahertz light using metasurface fractal-cross absorbers [J]. ACS Photonics, 2017, 4(10): 2604-2612.

[21] WU M, ZHAO X, ZHANG J, et al. A three-dimensional all-metal terahertz metamaterial perfect absorber [J]. Appl Phys Lett, 2017, 111(5): 051101.

[22] JEONG J, KIM D, SEO M, et al. Strongly localized ohmic absorption of terahertz radiation in nanoslot antennas [J]. Nano Lett, 2019, 19(12): 9062-9068.

[23] YE Y Q, JIN Y, HE S. Omnidirectional, polarization-insensitive and broadband thin absorber in the terahertz regime [J]. J Opt Soc Am B, 2010, 27(3): 498-504.

[24] GRANT J, MA Y, SAHA S, et al. Polarization insensitive, broadband terahertz metamaterial absorber [J]. Opt Lett, 2011, 36(17): 3476-3478.

[25] ZHANG H F, LIU J X, YANG J, et al. A polarization-insensitive broadband terahertz absorber with a multilayer structure [J]. Results Phys, 2018, 11: 1064-1074.
[26] LU Y, LI J, ZHANG S, et al. Polarization-insensitive broadband terahertz metamaterial absorber based on hybrid structures [J]. Appl Optics, 2018, 57(21): 6269-6275.
[27] ZHANG Y, CEN C, LIANG C, et al. Dual-band switchable terahertz metamaterial absorber based on metal nanostructure [J]. Results Phys, 2019, 14: 102422.
[28] FEI Z, RODIN A S, ANDREEV G O, et al. Gate-tuning of graphene plasmons revealed by infrared nano-imaging [J]. Nature, 2012, 487(7405): 82-85.
[29] ANDRYIEUSKI A, LAVRINENKO A V. Graphene metamaterials based tunable terahertz absorber: effective surface conductivity approach [J]. Opt Express, 2013, 21(7): 9144-9155.
[30] GAO R-M, XU Z C, DING C F, et al. Intensity-modulating graphene metamaterial for multiband terahertz absorption [J]. Appl Optics, 2016, 55(8): 1929-1933.
[31] ARIK K, ABDOLLAHRAMEZANI S, KHAVASI A. Polarization insensitive and broadband terahertz absorber using graphene disks [J]. Plasmonics, 2017, 12(2): 393-398.
[32] QI Y, LIU C, HU B, et al. Tunable plasmonic absorber in THz-band range based on graphene “arrow” shaped metamaterial [J]. Results Phys, 2019, 15: 102777.
[33] MIN WOO J, KIM M S, WOONG KIM H, et al. Graphene based salisbury screen for terahertz absorber [J]. Appl Phys Lett, 2014, 104(8): 081106.
[34] WANG Y, SONG M, PU M, et al. Staked graphene for tunable terahertz absorber with customized bandwidth [J]. Plasmonics, 2016, 11(5): 1201-1206.
[35] WU B, TUNCER H M, NAEEM M, et al. Experimental demonstration of a transparent graphene millimetre wave absorber with 28% fractional bandwidth at 140 GHz [J]. Sci Rep-Uk, 2014, 4(1): 4130.
[36] RAHMANZADEH M, RAJABALIPANAH H, ABDOLALI A. Multilayer graphene-based metasurfaces: robust design method for extremely broadband, wide-angle, and polarization-insensitive terahertz absorbers [J]. Appl Optics, 2018, 57(4): 959-968.
[37] ALAEE R, FARHAT M, ROCKSTUHL C, et al. A perfect absorber made of a graphene micro-ribbon metamaterial [J]. Opt Express, 2012, 20(27): 28017-28024.
[38] PENG L, LI X-M, LIU X, et al. Metal and graphene hybrid metasurface designed ultra-wideband terahertz absorbers with polarization and incident angle insensitivity [J]. Nanoscale Adv, 2019, 1(4): 1452-1459.
[39] JADEJA R, CHAROLA S, PATEL S K, et al. Numerical investigation of graphene-based efficient and broadband metasurface for terahertz solar absorber [J]. J Mater Sci,

2020, 55(8): 3462-3469.

[40] ZHANG H, LING F, WANG H, et al. A water hybrid graphene metamaterial absorber with broadband absorption [J]. Optics Communications, 2020, 463: 125394.

[41] AMIN M, FARHAT M, BAĞCL H. An ultra-broadband multilayered graphene absorber [J]. Opt Express, 2013, 21(24): 29938-29948.

[42] CHOI G, SHAHZAD F, BAHK Y M, et al. Enhanced terahertz shielding of MXenes with nano-metamaterials [J]. Adv Opt Mater, 2018, 6(5): 1701076.

[43] QING Y M, MA H F, CUI T J. Tailoring anisotropic perfect absorption in monolayer black phosphorus by critical coupling at terahertz frequencies [J]. Opt Express, 2018, 26(25): 32442-32450.

[44] GAO L-H, CHENG Q, YANG J, et al. Broadband diffusion of terahertz waves by multi-bit coding metasurfaces [J]. Light: Science & Applications, 2015, 4(9): e324-e324.

[45] YAN X, LIANG L, YANG J, et al. Broadband, wide-angle, low-scattering terahertz wave by a flexible 2-bit coding metasurface [J]. Opt Express, 2015, 23(22): 29128-29137.

[46] LIU S, CUI T J, XU Q, et al. Anisotropic coding metamaterials and their powerful manipulation of differently polarized terahertz waves [J]. Light: Science & Applications, 2016, 5(5): e16076-e16076.

[47] LIU S, CUI T J. Concepts, working principles, and applications of coding and programmable metamaterials [J]. Adv Opt Mater, 2017, 5(22): 1700624.

[48] XU B Z, GU C Q, LI Z, et al. A novel structure for tunable terahertz absorber based on graphene [J]. Opt Express, 2013, 21(20): 23803-23811.

[49] ZHANG Y, FENG Y, ZHU B, et al. Graphene based tunable metamaterial absorber and polarization modulation in terahertz frequency [J]. Opt Express, 2014, 22(19): 22743-22752.

[50] HE X, ZHONG X, LIN F, et al. Investigation of graphene assisted tunable terahertz metamaterials absorber [J]. Opt Mater Express, 2016, 6(2): 331-342.

[51] XIAO B, GU M, XIAO S. Broadband, wide-angle and tunable terahertz absorber based on cross-shaped graphene arrays [J]. Appl Optics, 2017, 56(19): 5458-5462.

[52] HE X, YAO Y, ZHU Z, et al. Active graphene metamaterial absorber for terahertz absorption bandwidth, intensity and frequency control [J]. Opt Mater Express, 2018, 8(4): 1031-1042.

[53] HUANG X, HE W, YANG F, et al. Polarization-independent and angle-insensitive broadband absorber with a target-patterned graphene layer in the terahertz regime [J]. Opt Express, 2018, 26(20): 25558-25566.

[54] XU Z, WU D, LIU Y, et al. Design of a tunable ultra-broadband terahertz absorber based on multiple layers of graphene ribbons [J]. Nanoscale Res Lett, 2018, 13(1): 143.

[55] JIANG Y, ZHANG H D, WANG J, et al. Design and performance of a terahertz absorber based on patterned graphene [J]. Opt Lett, 2018, 43(17): 4296-4299.

[56] QI L, LIU C, SHAH S M A. A broad dual-band switchable graphene-based terahertz metamaterial absorber [J]. Carbon, 2019, 153: 179-188.

[57] CHEN X, TIAN Z, LU Y, et al. Electrically tunable perfect terahertz absorber based on a graphene salisbury screen hybrid metasurface [J]. Adv Opt Mater, 2020, 8(3): 1900660.

[58] JIN X, WANG F, HUANG S, et al. Coherent perfect absorber with independently tunable frequency based on multilayer graphene [J]. Optics Communications, 2019, 446: 44-50.

[59] CHENG R, ZHOU Y, LIU H, et al. Tunable graphene-based terahertz absorber via an external magnetic field [J]. Opt Mater Express, 2020, 10(2): 501-512.

[60] SHI C, HE X, LIU F, et al. Investigation of graphene-supported tunable asymmetric terahertz metamaterials [J]. J Opt Soc Am B, 2018, 35(3): 575-581.

[61] YAHIAOUI R, OUSLIMANI H H. Broadband polarization-independent wide-angle and reconfigurable phase transition hybrid metamaterial absorber [J]. Journal of Applied Physics, 2017, 122(9): 093104.

[62] LIU J J, FAN L L. Development of a tunable terahertz absorber based on temperature control [J]. Microw Opt Techn Let, 2020, 62(4): 1681-1685.

[63] SONG Z Y, WEI M L, WANG Z S, et al. Terahertz absorber with reconfigurable bandwidth based on isotropic vanadium dioxide metasurfaces [J]. IEEE Photonics J, 2019, 11(2): 7.

[64] HUANG J, LI J, YANG Y, et al. Active controllable dual broadband terahertz absorber based on hybrid metamaterials with vanadium dioxide [J]. Opt Express, 2020, 28(5): 7018-7027.

[65] SONG Q H, ZHU W M, WU P C, et al. Liquid-metal-based metasurface for terahertz absorption material: Frequency-agile and wide-angle [J]. APL Mater, 2017, 5(6): 066103.

[66] ZHANG H F, WANG Z L, HU C X, et al. A tailored broadband terahertz metamaterial absorber based on the thermal expansion feature of liquid metal [J]. Results Phys, 2020, 16: 102937.

[67] WANG J, ZHANG H, ZHANG X, et al. Tunable terahertz plasmonic perfect absorber based on arrow-shaped InSb array [J]. 2018 Cross Strait Quad-Regional Radio Science and Wireless Technology Conference (Csqrwc), 2018, 3.

[68] LI W, CHENG Y. Dual-band tunable terahertz perfect metamaterial absorber based on strontium titanate (STO) resonator structure [J]. Optics Communications, 2020, 462: 125265.

[69] FANG P, SHI X, LIU C, et al. Single- and dual-band convertible terahertz absorber based on bulk Dirac semimetal [J]. Optics Communications, 2020, 462: 125333.

[70] PU M, WANG M, HU C, et al. Engineering heavily doped silicon for broadband absorber in the terahertz regime [J]. Opt Express, 2012, 20(23): 25513-25519.

[71] WANG J, LANG T, SHEN T, et al. Numerical study of an ultra-broadband all-silicon terahertz absorber [J]. Applied Sciences, 2020, 10(2): 436.

[72] WU J, LIU X Y, HUANG Z. Broadband light absorption with doped silicon for the terahertz frequency [J]. Opt Laser Technol, 2019, 119: 105657.

[73] JING X F, CHU C F, LI C X, et al. Enhancement of bandwidth and angle response of metasurface cloaking through adding antireflective moth-eye-like microstructure [J]. Opt Express, 2019, 27(15): 21767-21778.

[74] WITHAYACHUMNANKUL W, SHAH C M, FUMEAUX C, et al. Plasmonic resonance toward terahertz perfect absorbers [J]. ACS Photonics, 2014, 1(7): 625-630.

[75] WANG Y, ZHU D, CUI Z, et al. All-dielectric terahertz plasmonic metamaterial absorbers and high-sensitivity sensing [J]. ACS Omega, 2019, 4(20): 18645-18652.

[76] NIE P, ZHU D, CUI Z, et al. Sensitive detection of chlorpyrifos pesticide using an all-dielectric broadband terahertz metamaterial absorber [J]. Sensors and Actuators B: Chemical, 2020, 307: 127642.

[77] CHENG Y Z, WITHAYACHUMNANKUL W, UPADHYAY A, et al. Ultrabroadband plasmonic absorber for terahertz waves [J]. Adv Opt Mater, 2015, 3(3): 376-380.

[78] LIU H, LUO K, TANG S, et al. An ultra-wideband THz/IR metamaterial absorber based on doped silicon [J]. Materials, 2018, 11(12): 2590.

[79] LIU X, ZHANG Q, CUI X. Ultra-broadband polarization-independent wide-angle THz absorber based on plasmonic resonances in semiconductor square nut-shaped metamaterials [J]. Plasmonics, 2017, 12(4): 1137-1144.

[80] ZHAO X, WANG Y, SCHALCH J, et al. Optically modulated ultra-broadband all-silicon metamaterial terahertz absorbers [J]. ACS Photonics, 2019, 6(4): 830-837.

[81] YANG D, ZHANG C, JU X, et al. Multi-resonance and ultra-wideband terahertz metasurface absorber based on micro-template-assisted self-assembly method [J]. Opt Express, 2020, 28(2): 2547-2556.

[82] GU Y, XU X, WANG F, et al. Salisbury screen terahertz absorber formed with an insulator: 4-N,N-Dimethylamino-4′-N′-methyl-stilbazolium tosylate (DAST) [J]. ACS

Omega, 2019, 4(5): 9204-9210.

[83] DENG G, YANG J, YIN Z. Broadband terahertz metamaterial absorber based on tantalum nitride [J]. Appl Optics, 2017, 56(9): 2449-2454.

[84] WU J, LIANG Y, GUO J, et al. Tunable and multichannel terahertz perfect absorber due to tamm plasmons with topological insulators [J]. Plasmonics, 2020, 15(1): 83-91.

[85] SUN L M, ZHU M M, ZHAO C, et al. Wafer-scale vertically aligned carbon nanotubes for broadband terahertz wave absorption [J]. Carbon, 2019, 154: 503-509.

[86] XIAO D Y, ZHU M M, SUN L M, et al. Flexible ultra-wideband terahertz absorber based on vertically aligned carbon nanotubes [J]. Acs Appl Mater Inter, 2019, 11(46): 43671-43680.

[87] HUANG Z, CHEN H, HUANG Y, et al. Ultra-broadband wide-angle terahertz absorption properties of 3D graphene foam [J]. Adv Funct Mater, 2018, 28(2): 1704363.

[88] MA W L, CHEN H H, HOU S Y, et al. Compressible highly stable 3D porous MXene/GO foam with a tunable high-performance stealth property in the terahertz band [J]. Acs Appl Mater Inter, 2019, 11(28): 25369-25377.

[89] JEON T I, SON J H, AN K H, et al. Terahertz absorption and dispersion of fluorine-doped single-walled carbon nanotube [J]. Journal of Applied Physics, 2005, 98(3): 034316.

[90] SEO M A, LEE J W, KIM D S. Dielectric constant engineering with polymethylmethacrylate-graphite metastate composites in the terahertz region [J]. Journal of Applied Physics, 2006, 99(6): 066103.

[91] SEO M A, YIM J H, AHN Y H, et al. Terahertz electromagnetic interference shielding using single-walled carbon nanotube flexible films [J]. Appl Phys Lett, 2008, 93(23): 231905.

[92] DAS A, MEGARIDIS C M, LIU L, et al. Design and synthesis of superhydrophobic carbon nanofiber composite coatings for terahertz frequency shielding and attenuation [J]. Appl Phys Lett, 2011, 98(17): 174101.

[93] HONG J T, PARK D J, MOON J Y, et al. Terahertz wave applications of single-walled carbon nanotube films with high shielding effectiveness [J]. Applied Physics Express, 2011, 5(1): 015102.

[94] CHEN H, HUANG Z, HUANG Y, et al. Consecutively strong absorption from gigahertz to terahertz bands of a monolithic three-dimensional Fe3O4/graphene material [J]. Acs Appl Mater Inter, 2019, 11(1): 1274-1282.

[95] ZDROJEK M, BOMBA J, ŁAPIŃSKA A, et al. Graphene-based plastic absorber for

total sub-terahertz radiation shielding [J]. Nanoscale, 2018, 10(28): 13426-13431.

[96] WANG R, XIE L, HAMEED S, et al. Mechanisms and applications of carbon nanotubes in terahertz devices: A review [J]. Carbon, 2018, 132: 42-58.

[97] CHE R C, PENG L M, DUAN X F, et al. Microwave absorption enhancement and complex permittivity and permeability of Fe encapsulated within carbon nanotubes [J]. Adv Mater, 2004, 16(5): 401-405.

[98] WEN B, CAO M S, HOU Z L, et al. Temperature dependent microwave attenuation behavior for carbon-nanotube/silica composites [J]. Carbon, 2013, 65: 124-139.

[99] LEHMAN J, YUNG C, TOMLIN N, et al. Carbon nanotube-based black coatings [J]. Applied Physics Reviews, 2018, 5(1): 011103.

[100] KONGKANAND A, MARTíNEZ DOMíNGUEZ R, KAMAT P V. Single wall carbon nanotube scaffolds for photoelectrochemical solar cells. Capture and transport of photogenerated electrons [J]. Nano Lett, 2007, 7(3): 676-680.

[101] ZHANG Y, HUANG Y, ZHANG T F, et al. Broadband and tunable high-performance microwave absorption of an ultralight and highly compressible graphene foam [J]. Adv Mater, 2015, 27(12): 2049-2053.

[102] CHEN H H, MA W L, HUANG Z Y, et al. Graphene-based materials toward microwave and terahertz absorbing stealth technologies [J]. Adv Opt Mater, 2019, 7(8): 16.

[103] LI J S, XIE Y Z, LU W B, et al. Flexible electromagnetic wave absorbing composite based on 3D rGO-CNT-Fe_3O_4 ternary films [J]. Carbon, 2018, 129: 76-84.

[104] HUANG Z, CHEN H, XU S, et al. Graphene-based composites combining both excellent terahertz shielding and stealth performance [J]. Adv Opt Mater, 2018, 6(23): 1801165.

[105] XU S T, FAN F, CHENG J, et al. Active terahertz shielding and absorption based on graphene foam modulated by electric and optical field excitation [J]. Adv Opt Mater, 2019, 7(18): 1900555.

[106] LIN Z, LIU J, PENG W, et al. Highly stable 3D $Ti_3C_2T_x$ MXene-based foam architectures toward high-performance terahertz radiation shielding [J]. Acs Nano, 2020, 14(2): 2109-2117.

[107] LI G, AMER N, HAFEZ H A, et al. Dynamical control over terahertz electromagnetic interference shielding with 2D $Ti_3C_2T_y$ MXene by ultrafast optical pulses [J]. Nano Lett, 2020, 20(1): 636-643.

[108] HANTANASIRISAKUL K, GOGOTSI Y. Electronic and optical properties of 2D transition metal carbides and nitrides (MXenes) [J]. Adv Mater, 2018, 30(52):

1804779.
[109] WANG H, WU Y, YUAN X Z, et al. Clay-inspired MXene-based electrochemical devices and photo-electrocatalyst: State-of-the-art progresses and challenges [J]. Adv Mater, 2018, 30(12): 1704561.
[110] SHAHZAD F, ALHABEB M, HATTER C B, et al. Electromagnetic interference shielding with 2D transition metal carbides (MXenes) [J]. Science, 2016, 353(6304): 1137-1140.
[111] JHON Y I, SEO M, JHON Y M. First-principles study of a MXene terahertz detector [J]. Nanoscale, 2018, 10(1): 69-75.
[112] BRANISTE T, ZHUKOV S, DRAGOMAN M, et al. Terahertz shielding properties of aero-GaN [J]. Semiconductor Science and Technology, 2019, 34(12): 12LT02.
[113] FU Y F, HANSSON J, LIU Y, et al. Graphene related materials for thermal management [J]. 2d Materials, 2020, 7(1): 42.
[114] MANNO M, YANG B, KHANNA S, et al. Microcontact-enhanced thermoelectric cooling of ultrahigh heat flux hotspots [J]. IEEE Trans Compon Pack Manuf Technol, 2015, 5(12): 1775-1783.
[115] HE P, GENG H Y. Research progress of advanced thermal management materials [J]. Journal of Materials Engineering, 2018, 46(4): 1-11.
[116] SONG H, LIU J, LIU B, et al. Two-dimensional materials for thermal management applications [J]. Joule, 2018, 2(3): 442-463.
[117] YE N. Packaging Technologies [J]. Antenna-in-package technology and applications, 2020, 57-88.
[118] RAZEEB K M, DALTON E, CROSS G L W, et al. Present and future thermal interface materials for electronic devices [J]. Int Mater Rev, 2018, 63(1): 1-21.
[119] MOORE A L, SHI L. Emerging challenges and materials for thermal management of electronics [J]. Mater Today, 2014, 17(4): 163-174.
[120] 韩立. 高功率半导体激光热特性分析与热管理技术研究 [D]. 长春: 长春理工大学, 2017.
[121] HANSSON J, NILSSON T M J, YE L L, et al. Novel nanostructured thermal interface materials: a review [J]. Int Mater Rev, 2018, 63(1): 22-45.
[122] POP E, MANN D, WANG Q, et al. Thermal conductance of an individual single-wall carbon nanotube above room temperature [J]. Nano Lett, 2006, 6(1): 96-100.
[123] KIM P, SHI L, MAJUMDAR A, et al. Thermal transport measurements of individual multiwalled nanotubes [J]. Phys Rev Lett, 2001, 87(21): 215502.
[124] YAO Y G, TEY J N, LI Z, et al. High-quality vertically aligned carbon nanotubes

for applications as thermal interface materials [J]. IEEE Trans Compon Pack Manuf Technol, 2014, 4(2): 232-239.

[125] CHUNG S H, KIM H, JEONG S W. Improved thermal conductivity of carbon-based thermal interface materials by high-magnetic-field alignment [J]. Carbon, 2018, 140: 24-29.

[126] PING L Q, HOU P X, LIU C, et al. Vertically aligned carbon nanotube arrays as a thermal interface material [J]. APL Mater, 2019, 7(2): 020902.

[127] DAI W, MA T F, YAN Q W, et al. Metal-level thermally conductive yet soft graphene thermal interface materials [J]. Acs Nano, 2019, 13(10): 11561-11571.

[128] HANSSON J, ZANDEN C, YE L L, et al. Review of current progress of thermal interface materials for electronics thermal management applications [J]. 2016 IEEE 16th International Conference on Nanotechnology (IEEE-Nano), 2016, 371-374.

[129] LIU H Q, WEI Z B, HE W D, et al. Thermal issues about Li-ion batteries and recent progress in battery thermal management systems: A review [J]. Energy Conv Manag, 2017, 150: 304-330.

[130] LANDINI S, LEWORTHY J, O'DONOVAN T S. A Review of phase change materials for the thermal management and isothermalisation of lithium-ion cells [J]. J Energy Storage, 2019, 25: 100887.

[131] CHAINER T J, SCHULTZ M D, PARIDA P R, et al. Improving data center energy efficiency with advanced thermal management [J]. IEEE Trans Compon Pack Manuf Technol, 2017, 7(8): 1228-1239.

[132] SCHULTZ M, GAYNES M, PARIDA P, et al. Experimental investigation of direct attach microprocessors in a liquid-cooled chiller-less data center[C]//Proceedings of the 14th InterSociety Conference on Thermal and Thermomechanical Phenomena in Electronic Systems (ITherm), May 27-30, 2014, Orlando, FL. New York: IEEE, 2014.

[133] SCHULTZ M D, PARIDA P R, GAYNES M, et al. Microfluidic two-phase cooling of a high power microprocessor part A: Design and fabrication[C]//Proceedings of the 16th IEEE InterSociety Conference on Thermal and Thermomechanical Phenomena in Electronic Systems (ITherm), May 30-Jun 02, 2017, Orlando, FL. New York: IEEE, 2017.

[134] SCHULTZ M D, PARIDA P R, GAYNES M, et al. Microfluidic two-phase cooling of a high power microprocessor part B: Test and characterization[C]//Proceedings of the 16th IEEE InterSociety Conference on Thermal and Thermomechanical Phenomena in Electronic Systems (ITherm), May 30-Jun 02, 2017, Orlando, FL. New York:

IEEE, 2017.

[135] ZHOU F, JOSHI S N, LIU Y H, et al. Near-junction cooling for next-generation power electronics [J]. Int Commun Heat Mass Transf, 2019, 108: 104300.

[136] FAN S M, DUAN F. A review of two-phase submerged boiling in thermal management of electronic cooling [J]. Int J Heat Mass Transf, 2020, 150: 119324.

[137] PARIDA P R, SRIDHAR A, SCHULTZ M, et al. Modeling embedded two-phase liquid cooled high power 3D compatible electronic devices[C]//Proceedings of the 33rd Annual Semiconductor Thermal Measurement, Modeling and Management Symposium (SEMI-THERM), Mar 13-17, 2017, San Jose, CA . New York: IEEE, 2017.

[138] PRASHER R. Graphene spreads the heat [J]. Science, 2010, 328(5975): 185.

[139] GUERRA V, WAN C Y, MCNALLY T. Thermal conductivity of 2D nano-structured boron nitride (BN) and its composites with polymers [J]. Prog Mater Sci, 2019, 100: 170-186.

[140] LOEBLEIN M, TSANG S H, PAWLIK M, et al. High-density 3D-boron nitride and 3D-graphene for high-performance nano-thermal interface material [J]. Acs Nano, 2017, 11(2): 2033-2044.

[141] RADISAVLJEVIC B, RADENOVIC A, BRIVIO J, et al. Single-layer MoS2 transistors [J]. Nature Nanotechnology, 2011, 6(3): 147-150.

[142] LUO Z, MAASSEN J, DENG Y, et al. Anisotropic in-plane thermal conductivity observed in few-layer black phosphorus [J]. Nat Commun, 2015, 6(1): 8572.

[143] BALANDIN A A, GHOSH S, BAO W Z, et al. Superior thermal conductivity of single-layer graphene [J]. Nano Lett, 2008, 8(3): 902-907.

[144] BALANDIN A A. Thermal properties of graphene and nanostructured carbon materials [J]. Nat Mater, 2011, 10(8): 569-581.

[145] JO I, PETTES M T, KIM J, et al. Thermal conductivity and phonon transport in suspended few-layer hexagonal boron nitride [J]. Nano Lett, 2013, 13(2): 550-554.

[146] YAN Z, LIU G, KHAN J M, et al. Graphene quilts for thermal management of high-power GaN transistors [J]. Nat Commun, 2012, 3(1): 827.

[147] SHEN B, ZHAI W T, ZHENG W G. Ultrathin flexible graphene film: An excellent thermal conducting material with efficient EMI shielding [J]. Adv Funct Mater, 2014, 24(28): 4542-4548.

[148] LIANG Q Z, YAO X X, WANG W, et al. A three-dimensional vertically aligned functionalized multilayer graphene architecture: An approach for graphene-based thermal interfacial materials [J]. Acs Nano, 2011, 5(3): 2392-2401.

[149] XIN G Q, SUN H T, HU T, et al. Large-area freestanding graphene paper for superior thermal management [J]. Adv Mater, 2014, 26(26): 4521-4526.

[150] WANG N, SAMANI M K, LI H, et al. Tailoring the thermal and mechanical properties of graphene film by structural engineering [J]. Small, 2018, 14(29): 1801346.

[151] MA T, LIU Z B, WEN J X, et al. Tailoring the thermal and electrical transport properties of graphene films by grain size engineering [J]. Nat Commun, 2017, 8: 14486.

[152] XIN G Q, ZHU W G, DENG Y X, et al. Microfluidics-enabled orientation and microstructure control of macroscopic graphene fibres [J]. Nature Nanotechnology, 2019, 14(2): 168-175.

[153] SAMPLE J L, REBELLO K J, SAFFARIAN H, et al. Carbon nanotube coatings for thermal control [J]. Itherm 2004, Vol 1, 2004: 297-301.

[154] HUANG H, LIU C H, WU Y, et al. Aligned carbon nanotube composite films for thermal management [J]. Adv Mater, 2005, 17(13): 1652-1656.

[155] TONG T, ZHAO Y, DELZEIT L, et al. Dense, vertically aligned multiwalled carbon nanotube arrays as thermal interface materials [J]. IEEE Trans Compon Packaging Technol, 2007, 30(1): 92-100.

[156] MARCONNETT A M, YAMAMOTO N, PANZER M A, et al. Thermal conduction in aligned carbon nanotube-polymer nanocomposites with high packing density [J]. Acs Nano, 2011, 5(6): 4818-4825.

[157] MARCONNET A M, PANZER M A, GOODSON K E. Thermal conduction phenomena in carbon nanotubes and related nanostructured materials [J]. Rev Mod Phys, 2013, 85(3): 1295-1326.

[158] KAUR S, RARAVIKAR N, HELMS B A, et al. Enhanced thermal transport at covalently functionalized carbon nanotube array interfaces [J]. Nat Commun, 2014, 5: 3082.

[159] KONG Q Y, BODELOT L, LEBENTAL B, et al. Novel three-dimensional carbon nanotube networks as high performance thermal interface materials [J]. Carbon, 2018, 132: 359-369.

[160] COLA B A, XU J, FISHER T S. Contact mechanics and thermal conductance of carbon nanotube array interfaces [J]. Int J Heat Mass Transf, 2009, 52(15-16): 3490-3503.

[161] COLA B A, XU J, CHENG C R, et al. Photoacoustic characterization of carbon nanotube array thermal interfaces [J]. Journal of Applied Physics, 2007, 101(5):

054313.
[162] COLA B A, XU X F, FISHER T S. Increased real contact in thermal interfaces: A carbon nanotube/foil material [J]. Appl Phys Lett, 2007, 90(9): 093513.
[163] LI Q W, LIU C H, FAN S S. Thermal boundary resistances of carbon nanotubes in contact with metals and polymers [J]. Nano Lett, 2009, 9(11): 3805-3809.
[164] XIN G Q, YAO T K, SUN H T, et al. Highly thermally conductive and mechanically strong graphene fibers [J]. Science, 2015, 349(6252): 1083-1087.
[165] MAITI U N, LIM J, LEE K E, et al. Three-dimensional shape engineered, interfacial gelation of reduced graphene oxide for high rate, large capacity supercapacitors [J]. Adv Mater, 2014, 26(4): 615-619.
[166] WEI L H, KUO P K, THOMAS R L, et al. Thermal-conductivity of isotopically modified single-crystal diamond [J]. Phys Rev Lett, 1993, 70(24): 3764-3767.
[167] SLACK G A. Nonmetallic crystals with high thermal-conductivity [J]. J Phys Chem Solids, 1973, 34(2): 321-335.
[168] BROIDO D A, LINDSAY L, REINECKE T L. Ab initio study of the unusual thermal transport properties of boron arsenide and related materials [J]. Phys Rev B, 2013, 88(21): 214303.
[169] LINDSAY L, BROIDO D A, REINECKE T L. First-principles determination of ultrahigh thermal conductivity of boron arsenide: A competitor for diamond? [J]. Phys Rev Lett, 2013, 111(2): 025901.
[170] KANG J S, LI M, WU H, et al. Experimental observation of high thermal conductivity in boron arsenide [J]. Science, 2018, 361(6402): 575.
[171] CHEN K, SONG B, RAVICHANDRAN N K, et al. Ultrahigh thermal conductivity in isotope-enriched cubic boron nitride [J]. Science, 2020, 367(6477): 555.
[172] HUANG C L, QIAN X, YANG R G. Thermal conductivity of polymers and polymer nanocomposites [J]. Mat Sci Eng R, 2018, 132: 1-22.
[173] XU Y, KRAEMER D, SONG B, et al. Nanostructured polymer films with metal-like thermal conductivity [J]. Nat Commun, 2019, 10(1): 1771.
[174] SHEN S, HENRY A, TONG J, et al. Polyethylene nanofibres with very high thermal conductivities [J]. Nature Nanotechnology, 2010, 5(4): 251-255.
[175] SINGH V, BOUGHER T L, WEATHERS A, et al. High thermal conductivity of chain-oriented amorphous polythiophene [J]. Nature Nanotechnology, 2014, 9(5): 384-390.
[176] CANETTA C, GUO S, NARAYANASWAMY A. Measuring thermal conductivity of polystyrene nanowires using the dual-cantilever technique [J]. Rev Sci Instrum,

2014, 85(10): 104901.

[177] LIU J, YANG R G. Length-dependent thermal conductivity of single extended polymer chains [J]. Phys Rev B, 2012, 86(10): 104307.

[178] MA H, TIAN Z T. Effects of polymer topology and morphology on thermal transport: A molecular dynamics study of bottlebrush polymers [J]. Appl Phys Lett, 2017, 110(9): 091903.

[179] GUO Z, LEE D Y, LIU Y, et al. Tuning the thermal conductivity of solar cell polymers through side chain engineering [J]. Phys Chem Chem Phys, 2014, 16(17): 7764-7771.

[180] XIE X, YANG K X, LI D Y, et al. High and low thermal conductivity of amorphous macromolecules [J]. Phys Rev B, 2017, 95(3): 035406.

[181] KIM G-H, LEE D, SHANKER A, et al. High thermal conductivity in amorphous polymer blends by engineered interchain interactions [J]. Nat Mater, 2015, 14(3): 295-300.

[182] PATTI A, RUSSO P, ACIERNO D, et al. The effect of filler functionalization on dispersion and thermal conductivity of polypropylene/multi wall carbon nanotubes composites [J]. Compos Part B-Eng, 2016, 94: 350-359.

[183] GRADY B P. Effects of carbon nanotubes on polymer physics [J]. J Polym Sci Pt B-Polym Phys, 2012, 50(9): 591-623.

[184] WURM A, LELLINGER D, MINAKOV A A, et al. Crystallization of poly(epsilon-caprolactone)/MWCNT composites: A combined SAXS/WAXS, electrical and thermal conductivity study [J]. Polymer, 2014, 55(9): 2220-2232.

[185] NOH Y J, KIM H S, KU B C, et al. Thermal conductivity of polymer composites with geometric characteristics of carbon allotropes [J]. Adv Eng Mater, 2016, 18(7): 1127-1132.

[186] ORDONEZ-MIRANDA J, YANG R G, ALVARADO-GIL J J. On the thermal conductivity of particulate nanocomposites [J]. Appl Phys Lett, 2011, 98(23): 233111.

[187] LI X H, SHAO L B, SONG N, et al. Enhanced thermal-conductive and anti-dripping properties of polyamide composites by 3D graphene structures at low filler content [J]. Compos Part a-Appl S, 2016, 88: 305-314.

[188] CHEN J, HUANG X Y, ZHU Y K, et al. Cellulose nanofiber supported 3D interconnected BN nanosheets for epoxy nanocomposites with ultrahigh thermal management capability [J]. Adv Funct Mater, 2017, 27(5): 1604754.

第 8 章

6G对材料科学的推动

人类的未来取决于其所创造的材料。在未来 10 年，借助 AI 和量子计算，新材料的发现将以指数级的速度增长。新材料的发现使材料与结构的定制更容易实现。例如，纳米材料和低维材料已逐渐融入人类的日常生活，显著提升了医药、能源、芯片等的功效和性能。

本书介绍的内容展示了新材料（科学）的利用如何促进 6G（技术）进步，而 6G 技术的发展同样也将推动材料科学的发展（见图 8–1）。技术不仅可以满足人类的生产和生活需要，也可以推动科学的进步和发展。例如，在瓦特改良蒸汽机后，科学家们开始就这一技术奇迹思考以下问题：为什么蒸汽机比之前的动力机械效率更高？热和动力之间是什么关系？哪些燃料可以用来驱动发动机？这些发动机的效率如何？在一定量的燃料中可以提取多少能量？如何使发动机更省燃料，如何减少动力传递过程中的损失？针对这些问题，科学家们发展了不同的定理和理论，最终建立了一门叫作“热力学”的新学科。技术可以为科学提供新的工具、方法和数据，扩大科学的研究范围，提高科学的研究效率，解决科学的难题，创造科学的新领域。例如，计算机技术、网络技术、遥感技术、生物技术等都为科学的发展做出了重要贡献。同时，技术与科学是相互促进、相互依存、相互影响的，是人类文明进步的双重动力。

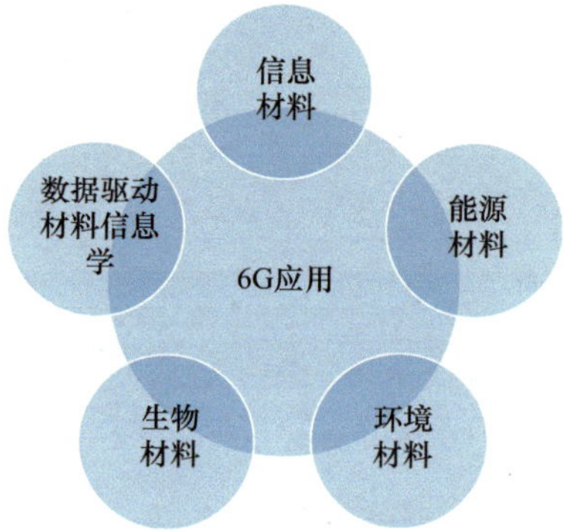

图 8–1　6G 应用推动材料科学发展

信息技术推动了人类对新材料和新概念的研究、开发和需求，新材料和新概念的应用要求显著提高材料的性能。微电子产品需要不断改进，以满足性能要求，同时保持可靠性。从长远来看，未来几代微电子和纳米电子产品都依赖于先进材料来进行晶圆级（芯片级）的前端和后端工艺及组装和封装。只有使用先进材料才能实现信息时代生产力的大幅提升。晶体管和互连线的缩放给微电子带来了很大的发展空间。然而，传统的器件和互连结构的缩小严重限制了器件性能，新器件结构和先进材料必须突破这些限制。微处理器的应用推动了晶体管栅极堆叠和片内互连结构的材料创新，这给材料科学带来了全新的挑战。结合目前高性能计算芯片发展趋势来讲，通过等比例缩放晶体管长度的二维化模式来延展摩尔定律已经变得越来越难，需要从第一性原理出发来理解摩尔定律背后所反映的芯片发展规律，即芯片技术的持续进步是生产力不断发展的缩影。摩尔定律是关于芯片技术进步的一种定量化的具体表现形式，可简单、抽象地概括为“单位面积芯片在每瓦每单位成本的基础上实现更高计算能力”。虽然在先进制程进入 5 nm 以后，摩尔定律的延续已经有所放缓，但微观层面芯片设计依旧持续朝着更高的计算密度、更大的存储密度和更紧的连接密度这 3 个方向持续推进，同时行业中新理念和新技术方法仍将为摩尔定律注入新的血液，如采用非经典结构，从结构的设计及布局来实现芯片面积的微缩，从而促使摩尔定律在“另类”层面得以实现。

8.1　6G 应用中的材料信息学

材料信息学的核心是提出一种材料科学研究新范式。传统的材料研究方式是在大量由实验或计算得到的数据中进行单一搜索，而材料信息学能够通过对材料的关键要素（即材料的“基因”）进行高通量鉴定和“基因序列测定”来实现有导向的材料研发，从而控制目标材料的性能。材料信息学大大缩短了新材料的研发和应用周期，是近年来蓬勃发展的材料领域之一。结合材料信息学在 6G 中的应用，下面重点介绍材料信息学中的材料基因组工程和大数据技术与应用。

8.1.1　材料基因组工程

随着科技的不断发展，传统的依赖试错和实证实验的材料研发模式难以满足社会对于提升新材料研发速度的需求，新材料研发方法、研发与应用之间的快速转化成为材料领域的热点。基于这一需求，由性能反推结构将是未来材料研发的重要思路，而材料基因组工程正是这一思路的集中体现。

20 世纪中后期，材料基因组工程的相关技术开始逐步形成。1965 年，三元合金相图首次通过成分梯度分布技术一次实验快速完成，这一制备方式首次提出“多样品”实验思想，是高通量组合材料实验技术的雏形。20 世纪 80 年代，药物、催化剂等有机物的研发中引入了组合化学方法，提高了研发效率并降低了研发成本。这种“多样品组合”的思想在 20 世纪 90 年代被美国劳伦斯伯克利国家实验室引入材料研究领域。同时，由于集成电路等技术的发展，高通量组合材料实验技术得以实现，并在超导材料等领域取得了一定的成果。随后，高通量组合材料实验技术逐渐被材料科学工业领域接受和应用。2011 年，美国正式启动“材料基因组计划”[1-3]，希望在短期内将材料从发现、制造到应用的速度至少提高一倍，成本至少降低一半。此后，多个国家相继开展了在材料基因组工程方面的研究，我国也于 2011 年召开了以“材料科学系统工程”为主题的香山科学会议。

与“人类基因组”技术类似，材料基因组技术是通过高通量实验装置对样品进行高通量表征，并将所获得的材料性能数据存储在数据库中，再利用数据挖掘等技术得到材料“成分-结构-性能”的映射关系的技术。通过这一技术，材料基因组工程建立材料的原子排列、相的形成、显微组织的形成、宏观性能与使用寿命这 4 个方面之间的联系，将成分-结构-性能关系和数据库与计算模型结合起来，进而改变传统材料研究方法，加速材料研发进程。通过材料基因组计划，材料研发的成本、速度和成功率都将得到大幅提升，满足性能需求的材料可以迅速设计、研发并投入使用，这在技术快速更新迭代的环境下具有重要意义。

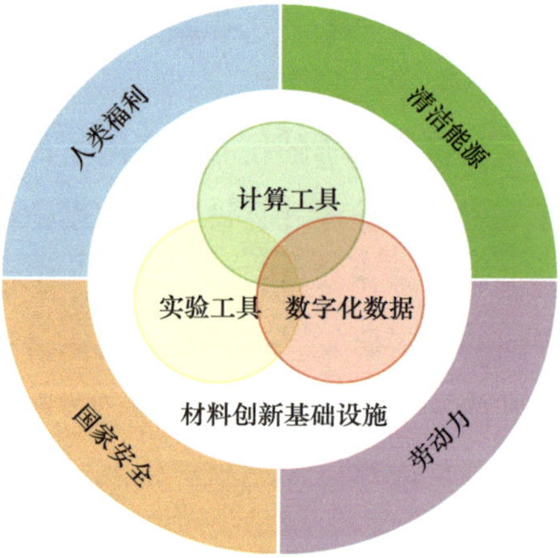

图 8-2 材料基因组计划框架

如图 8-2 所示，材料基因组技术包括高通量材料计算（计算工具）、高通量材料实验（实验工具）和材料数据库（数字化数据）3 个要素。三者根据实际情况协同工作可使材料研发过程中的理论与实验结合更加紧密，迅速排除不确定因素，更快得到结果。

在高通量材料计算方面，目前主要的计算工具有第一性原理计算与相图计算（Calculation of Phase Diagram，CALPHAD）两类[4]。第一性原理计算对所采用的算法有较高的要求，但伴随着计算机技术的发展，包括电子结构和总能量在内的大部分性能都可以通过第一性原理计算获得，由此预测材料的热力学、动力学和力学性质。但是对于多组元扩散模拟，尚不能直接通过第一性原理计算获得所有需要的数据。考虑到 CALPHAD 具有有效、快速和准确的特点以及第一性原理计算的广泛适用性，将二者结合是未来高通量材料计算的发展趋势。

利用多种高通量材料实验可以确定成分–相–性能的关系以及验证理论模型。高通量材料实验使得针对微观结构下的微区性能的实验更加普遍。此前，大多数材料测量实验的对象多为块体样品，因而得到的结果是样品的平均值或极值而非微区的性能。通过高通量材料实验，可以获得以往无法测得的微区性能。高通量材料实验常用的实验工具包括扩散多元节方法、高通量材料性能测试和数字化微观结构的表征与分析等。

目前，许多科研机构已开始建立自己的材料数据库，如力学性能数据库、金属弹性性能数据库、材料腐蚀数据库等。材料数据库可以避免不必要的重复测试和实验，进一步加快材料的研发，降低成本。其中，计算材料数据库是物理、生物、化学等学科交叉的数据库，克服了传统材料数据库功能单一、数据量较少、覆盖面较窄、共享性差等缺点，有助于新材料开发和产业化周期的缩短。常用的计算材料数据库包括材料基因工程数据库、无机晶体结构数据库、宇航结构金属数据库等。但是，目前仍然缺少一个能够将不同数据库有机地联系起来的国际标准，推动材料数据库的标准化是未来材料数据库发展的大方向。

材料基因组工程依赖于材料基因组学的研究思路进行。材料基因组学研究的第一步便是数据收集与整理，一般占据整个研究过程一半以上的时间。在这一过程中，数据是否具有完备性和代表性，数据选择、数据预处理和数据转换是否充分，最终决定预测和选择的误差大小。在数据整理结束后进行第二步，建立描述符集合并利用统计学手段对其进行整理。经过整理的描述符集合在第三步中与合适的机器学习算法一同用于预测统计模型的建立。如果数据集中包含冗余或者不相关的特征且移除这些特征并不会过多损失数据信息，那么在建立预测模型的过程中可以通过特征选择（即从特征空间中选择相关的特征子集用于建模）来移除这些信息，进而提升模型性能，使其更具可解释性。值得注意的是，将机器学习与计算机模拟结合是避免错误的筛选方向、节省建模所耗费的时间和资源的关键方法。建模完成后，预测模型进入可靠性检验及投入应用阶段，可正式进行材料的研究和设计。

发现具有优异性能的新材料是材料基因组工程中的一个热点话题。近年来，机器学习在这一问题上提供了众多解决方案。机器学习是 AI 和数据科学的核心，通过算法学习实现了材料信息学、生命科学、医药等学科的跨学科交互。在材料信息学领域，机器学习帮助研究人员在大量数据之间发现和建立联系，有利于发现实验参数和材料性能间的相关性。

机器学习的连接数据与材料性能的桥梁作用的重要性在材料基因组工程中体现得尤为突出。材料基因组计划的目标是快速、准确地预测材料性能和研发新材料，因此材料数据集和数据分析工具的互操作性是完善材料基因工程的一个决定性要素。而机器学习正是实现这一目标的必要环节。机器学习常与统计推断结合，在材料基因工程中起到创造和改进模型的作用，使材料研发效率和预测精度都得到了大幅提升。但是，目前能够用于机器学习的材料领域的数据量仍然很小，因而通过现有数据进行机器学习后得到的预测结果虽然与真实结果很接近，但是无法真正提供实验指导。这也意味着无法通过机器学习完全确定材料的“基因”。尽管有研究提出通过改进机器学习的应用模型来得到更为准确的预测结果，但应当明确的是，数据量是模型预测的主要影响因素。要使机器学习在材料基因组工程中发挥更重要的作用，根本方法是加强材料数据库的建设，并完善材料数据的抽取途径。目前机器学习在材料基因组工程中面临的问题不仅体现在机器学习算法方面，也存在于深度学习方面。

在 3 个要素的紧密配合和机器学习的助力下，材料基因组工程在多个材料领域有所应用。我国的材料基因组工程围绕着“加速应用”这一中心而开展，优先选择能源材料、环境材料、生物医学材料等对国家、社会和民生有着重要影响的材料进行试点，目前已经取得了一定的成果，为材料基因组工程的广泛应用提供了理论指导和经验积累。

材料基因组工程在推动 6G 通信技术的实现和发展方面具有巨大的潜力。在发展 6G 技术并最终达到“万物互联”状态的过程中，需要大量满足特定性能需求的新材料。但是，根据过去移动通信系统 10 年一代的更新速度，在 6G 进入商用阶段前留给材料研发的时间并不长，传统材料研发模式在这一过程中面临着巨大的压力。因此，材料基因组工程作为材料研发和设计的“加速器”，是 6G 通信技术的系统概念和技术研究快速进行的保障之一。

8.1.2 大数据技术与应用

从材料信息学的发展路径来看，为了通过信息学的手段寻找物质结构和功能的关系，材料基因组工程要完成对材料数据库的建立、整合和优化等工作。构建大数据是利用大数据的基础，依托数据库对数据进行获取、汇集、上传、评价和挖掘。互联网技术的发展使数据库逐渐转变为在线模式。各类材料数据库主要包括材料的力学性能、物理性能、晶体结构、热力学和动力学等方面的数据，专题数据库包括无机晶体结构数据库（The Inorganic Crystal Structure Database，ICSD）、开放量子材料数据库（Open Quantum Material Database，OQMD）、有机小分子和金属有机晶体结构的剑桥结构数据库（Cambridge Structure Database，CSD）等。限于新计算理论和实验方法的发展，数据量呈现逐年缓慢增长的趋势。材料的各种物理、化学性能等数据仍然相对简单，有效地记录材料的加工过程、晶体学数据等非数值数据并形成可靠的标准非常重要，同时也有很大难度，目前尚没有较好的晶体学数据描述符合标准。相对而言，材料科学领域对数据管理、保存和提取的要求过于宽松，对数据的整理和利用有很大影响。另外，各大数据库自成体系，缺乏共享，也无通用的数据格式标准，不同数据库之间对数据准确性的控制不一，限制了数据的充分利用。

大数据的特点可以用 4V 来概括：大量（Volume）、多样（Variety）、准确（Veracity）、高速（Velocity）。近年来，大量工作集中于通过高通量的计算或组合实验来提高数据的体量。多样的发展依赖于更好的数据描述方法，这使数据库能存储结构化、非结构化和半结构化的数据；发展更新的计算理论和更好的实验方法也有助于建立更多维度的数据库。此外，各个数据库之间的合作及融合也是提升数据多样性的重要过程。准确和高速的大数据分析主要依赖于优质的算法和更强大的运算能力，这充分说明材料信息学的核心技术是材料科学和计算机科学的深度交叉。

在已建立数据库的基础上，还需通过信息学方法对数据进行有效利用。（1）在没有先验原理支撑的情况下，通过统计和计算技术确定有效的数据搜索分析方法，从高维度、复杂且不完整的大数据中提取基于数据的经验模型。材料信息学反过来指导材料科学的理论发展，与其形成双向的联系。（2）通过信息学方法，学习数据库所依赖的模型之外的信息，形成知识之间的新联系，甚至通过已有数据检验通过计算和实验得到的数据或预测未知的数据。机器学习在其中起到关键的基础性作用——从材料的非结构化数据中生成描述符，在数据挖掘过程中提高计算速度和质量，帮助数据挖掘工具获得自适应改进和处理模糊数据的特性。基于此，原本存储和检索已知信息的数据库成为发掘新信息、新知识的宝库。为此，需要运用数据可视化、数据挖掘和材料集成设计平台建设等信息学工具。

数据可视化将高维度的复杂数据和信息通过图表化等方法呈现为易于大脑理解、分析的视觉形式，帮助解释材料性能和材料结构之间的关系，探索其中的规律。数据挖掘则更为关键，它在材料信息大数据中运用机器学习方法，对数据进行整理、优化和清洗。建立数据联系和模型并不断改进的整个流程，是材料信息学在计算机领域的核心，主要用于材料性能的预测优化和新材料的设计开发。材料集成设计平台技术则是面向研究人员的，以材料基因组工程为基础，集成数据库、计算、分析和测试表征系统，进行材料成分设计、性质预测及机理解释。

在大数据中进行数据挖掘的建模过程是目前材料信息学关注的核心问题。计算材料学是在提供先验假设的前提下构建接近真实情况的模型，再进行理论计算，获得材料结构、性能等数据，对材料基因组工程起到重要作用。但材料信息学则力图借助信息学工具进行逆向研究，即在没有明确的先验假设的情形下，利用材料的“基因”数据识别出新的模型，并利用数据和人为调整对模型进行完善和改进。该模型与先验模型的最大区别在于，其建立不只基于理论假设，还借助实验和计算方法得到的大量模糊数据，因此是一种“软”建模（Soft Modeling），但又由实验和计算方法得到，优于完全经验模型。当然，如果软建模足够成功，应着力于用理论充分解释，将其恢复为传统的“硬”模型。软建模的信息学方法（机器学习方法）主要有 4 类：概率估计、回归、聚类和分类。机器学习还可以使用概率估计或主成分分析来发现新材料。机器学习和统计推断经常结合使用，可以有效、准确地预测材料系统的各种特性。遗传算法等智能算法还可以用于优化模型参数。

材料信息学中的大数据方法已经有许多成功应用的案例。前文中提到的软建模理论在材料领域最典型的例子之一是通过数据挖掘方法建立材料的理论模型。数据挖掘方法建立理论模型有 3 个特点：

（1）可以跳过建立先进而完整的物理理论模型，这一步骤是建立数据模型之后的副产品，但缺少这一步，使用数据挖掘方法仍能完成建模，体现出材料信息学方法在加速数据应用和成果转化方面的优势；

（2）数据挖掘方法建立的理论模型对广泛的参数建立了可靠的定量关系，为实验提供有价值的参考，可以极大地节省成本；

（3）数据挖掘方法具有数据量需求大、研究方法交叉度高等难点，尚不能快速产生各类模型，但也同时显示了该领域的巨大发展空间和潜力。

早在材料信息学发展起来之前，计算材料学一直致力于通过理论计算的手段减少重复的试错式实验流程，以便更快、更方便地寻找合适的材料，材料信息学采用更新的手段继承了这一目标。目前，基于组合材料学和高通量制备技术的材料开发已经有许多研究方向，其中数据挖掘工具往往起到辅助分析的作用，随着材料筛选范围的扩大和方法泛用性的提高，大数据工具会发挥更为重要的作用。当前材料集成设计平台的发展空间还很大，应用较少，但随着计算机性能的提高和计算方法的改进，计算机模拟可以解决越来越多的材料问题。

在材料信息学发展起来的十几年中，随着高通量实验方法和计算仿真理论的不断发展，材料信息学大数据研究的基础越来越坚实，体现在各类材料数据库的容量和维度逐渐变大。但要更好地利用这些数据库，不同数据库之间的联系仍有待建立，大量潜在的新数据有待探索，许多模型还有待建立。另外，机器学习的应用仍有很大的空间，目前对大型材料数据库的机器学习研究主要集中在基于已有材料或基于明确性能需求的材料设计上，或对某种影响因素较少、相关材料数据充分的模型的建立上。共享和可重复的材料数据是推进材料信息学大数据应用的关键。数据库和数据分析工具的相互操作性是通过信息学方法实现知识创造的关键要素。在拥有复杂数据的前提下，材料信息学的首要目标是快速、准确地预测材料的各种特性并发现新材料。在机器学习帮助下的数据挖掘方法已朝着这个目标迈出了必不可少的一步，充当中间环节的桥梁，使用数据来发现、设计和优化新材料，最终构成材料数据分析工具。目前，可用于材料领域机器学习的数据规模仍然很小，即便是通过机器学习也很难生成对材料特性和新材料发现的精准预测。预测结果通常仅接近真实数据的概率值，不能真正用于实验指导。即便存在对于小规模数据集的改进方法，数据集的规模仍是影响模型预测精度的主要因素。因此，寻找更好的高通量实验方法、计算理论和算法，快速积累材料数据，更广泛地使用大数据技术来发现新的结构-性能关系，是未来的发展方向。

8.2 6G应用中新材料的发展趋势

从2G发展到6G，通信技术的每一代革新都离不开新材料的突破。如前所述，相较于 5G 系统，6G 在通信速率、时延、能耗及覆盖深度等方面都将面临更高的挑战。传统的无线通信难以达到全面的高速覆盖，6G 网络需进一步扩展 100 GHz 以上的频谱资源，充分共享高频毫米波、太赫兹和可见光等超高频无线频谱资源。为满足上述要求，无线通信材料的选择需完成大规模革新。新一代通信材料应适应更高的载波频率、更大的通信带宽，且具有更高的效率和高线性度的信号功率输入/输出。基础材料及新材料技术的发展是提升 6G 系统效率的关键，高频电磁波技术的新材料及与电磁波相匹配的新型复合材料/超构材料是未来的研究热点（见图 8–3）。

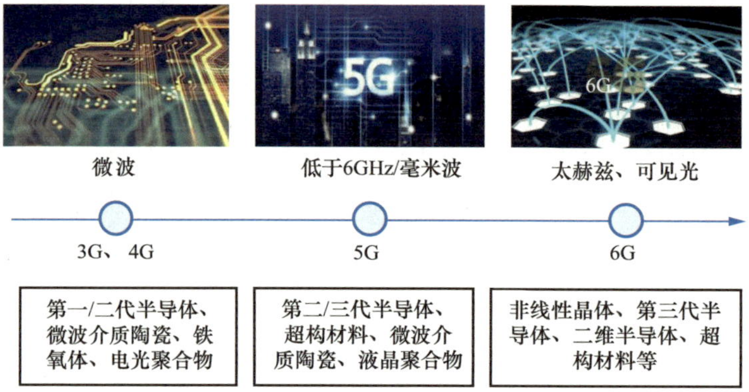

图 8–3 新型频谱通信材料与半导体材料的发展

太赫兹通信系统在过去的 20 年内发生了一场革命，越来越多的新型高功率辐射源、高灵敏度探测器及高效调制器逐渐崭露头角。非线性晶体、Ⅲ-Ⅴ族半导体、量子阱、半导体纳米线、超构材料和新型二维半导体等材料是高性能太赫兹通信器件的发展方向。对于适用于无线局域网络及水下通信等场景的可见光通信系统，基于Ⅲ-Ⅴ族半导体的等离子体 LED、硅基 LED 与光电二极管等转换器件是促进其发展的重要环节。

此外，由不同金属合成的新型晶体化合物具有极强的电磁波吸收能力，是未来无线通信射频器件的首选吸波材料。时间编码超构材料利用可编程超表面在空间域和频率域同时调控电磁波，可以很好地缩减雷达和通信散射截面，适用于未来的卫星通信和计算成像系统。

6G 将实现海陆空天一体化、太赫兹调制及同人工智能、大数据、云计算、区块链、能源技术和量子技术等新技术的有机结合。第三代半导体材料是解决 6G 通信技术的核心材料。基于第三代半导体的器件，包括二极管、晶体管、倍频器、混频器、调制器和接收器等，在太赫兹波段的工作效率都需要进一步提升，除了器件的加工工艺外，对材料本身的性能的优化无疑是未来最需要不断探索的方向之一。

新型功能材料也将在 6G 应用中发挥关键作用。功能材料涉及的领域非常广泛，例如基于新型光电材料的发展而不断改进的自由空间光通信技术，该技术可以在室内环境中实现每秒太位的数据传输速率，从而实现 6G 高速接口。新型铁电材料的发展和不断小型化的存储技术则有助于在单位晶圆上制备数量更多的器件，延续摩尔定律。新型光热电材料的发展助力实现太赫兹天线阵列等。

6G 应用中的电磁防护材料应进一步满足厚度薄、重量轻、响应频带宽和吸收效率高等使用要求，并在此基础上实现太赫兹防护性能的可控可调（见图 8-4）。针对电磁防护超构材料，随着材料微纳加工技术的进步，充分利用石墨烯等二维材料和掺杂硅等其他材料的介电可调特征，一方面实现图案化二维材料超表面电磁防护材料的成熟制备，另一方面在硅基芯片中实现加工超构材料结构的充分利用，切实提升太赫兹防护超构材料的可调可控能力和器件实用化水平。在本征损耗太赫兹防护材料方面，通过对材料纳米结构（孔洞结构或层间距等）的精确控制，或其他损耗介质（电介质或磁介质等）的掺杂改性，在进一步减小材料厚度和减轻重量的基础上，实现太赫兹响应频段的增宽和吸收效率的增强。

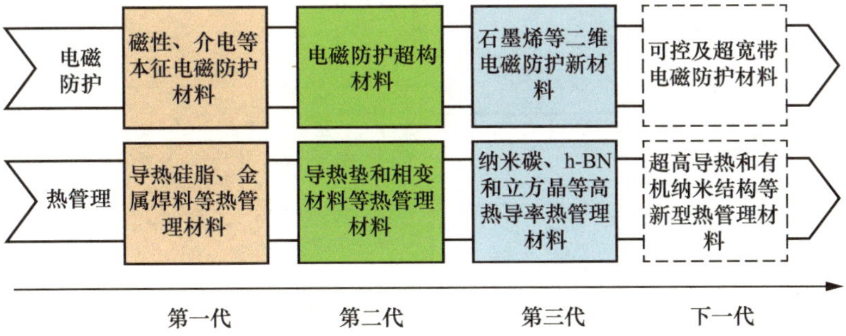

图 8-4　电磁防护与热管理材料的发展

6G 应用中的热管理材料也需要顺应器件小型化、柔性化和芯片集成化的发展趋势，在提升热传导性能的同时实现综合性能的全面优化。一方面，针对局部热流密度过大的问题，持续开展金刚石、c-BN 和 BAs 等已有超高导热材料的性能优化和批量制备研发，以及新型超高导热材料的技术开发工作，为 6G 应用中超高导热材料的器件化应用提供技术基础。另一方面，充分利用 6G 器件中原有的不良导热部件进行热管理，如介电材料和聚合物外壳等，在可替换部位更换高导热材料（如使用绝缘 h-BN 介电材料等）的基础上，进一步开展导热填料的纳米结构控制和聚合物材料的本征导热优化等研究，在最大限度上充分利用器件空间进行高效的热管理。

8.3 本章小结

以材料基因组工程为基础，大数据驱动的材料分析计算是材料科学的未来发展范式（见图 8-5）[5]。材料基因组的高通量计算工具和新计算理论的研究是未来的研究趋势。材料数据库可以存储和应用通过计算和实验方法得到的大量材料数据，在全球材料研究机构都已开始材料数据库建设的前提下，机器学习对数据的清洗、识别、处理和建模应用过程起到重要的助推作用。

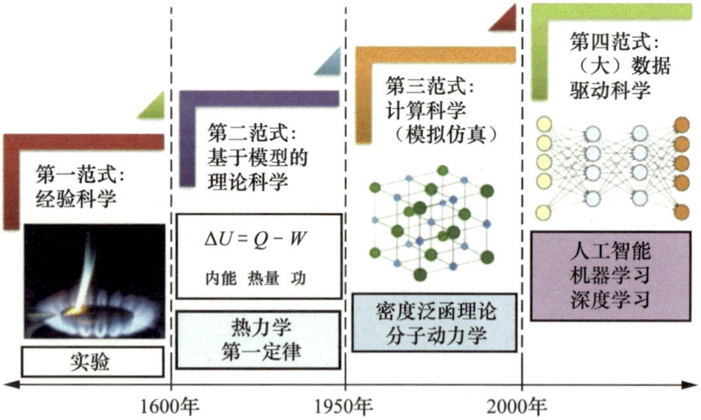

图 8-5 材料科学发展范式

信息学工具主要包括数据可视化、数据挖掘和材料集成设计平台等，机器学习在这些工具中起到重要作用。借助数据挖掘建立理论模型、通过大数据预测和寻找具有优异性能的材料、采用材料集成设计平台设计材料是目前大数据分析的 3 个主要应用方向。如同 20 年前的生物信息学一样，材料信息学的发展正处于起步阶段。6G 时代是材料信息学发展的重要机遇，不仅可以作为“研发加速器”支撑 6G 发展过程中的大量材料研发需求，也将在通信和计算技术的发展中获得巨大的帮助。可以预测，在 6G 时代，材料数据库中的数据将进一步充实和完善，直到实现“4V”，计算仿真能力会进一步发展。随着新一代具有材料科学和计算机科学背景的科研人员加入科研队伍，材料科学将在 6G 时代涌现出大量发展机遇，帮助人类更好地发现和部署先进材料。

参考文献

[1] 赵继成 . 材料基因组计划简介 [J]. 自然杂志 , 2014, 36(002): 89-104.

[2] 刘利民 . 材料基因工程：材料设计与模拟 [J]. 新型工业化 , 2015, 5(12): 71-88.

[3] 李云琦 , 刘伦洋 , 陈文多 , 等 . 材料基因组学的发展现状、研究思路与建议 [J]. 中国科学 : 化学 , 2018, 48(03): 243-255.

[4] POTYRAILO R, RAJAN K, STOEWE K, et al. Combinatorial and high-throughput screening of materials libraries: Review of state of the art [J]. ACS combinatorial Science, 2011, 13 (6): 579-633.

[5] AGRAWAL A, CHOUDHARY A. Perspective: Materials informatics and big data: Realization of the “fourth paradigm” of science in materials science [J]. APL Materials, 2016, 4(5): 053208.